生命的起源-进化理论之扬弃与革新

——哲学中的生命，生命中的哲学

谢 平 著

科 学 出 版 社
北 京

内 容 简 介

进化论早在古希腊哲学的思辨中就已破土萌芽，但直到19世纪才在博物学的春风中争妍斗艳。博物学催生了两个代表性的科学进化理论——拉马克的内在复杂化趋势、用进废退和获得性遗传以及达尔文的随机变异、生存斗争与自然选择，后者被誉为19世纪三个最伟大的科学成就之一，成为人们膜拜的圣典，而前者却长期遭受封杀。现代遗传学最终选择了向达尔文主义的妥协，并用所谓的“中心法则”将获得性遗传彻底诋毁。达尔文主义并非完美无瑕：“自然”究竟意指何物？为何地球上的生命热衷于不停地创造新物种？自然界若无目的性，那么一个没有目的的选择会是什么？若无拉马克主义，人的心智何以能如此伟大，动物的本能和习性又从何而来？

哲学家对生命起源的兴趣要逊色许多，或许因为太过遥远，而可供辨识的痕迹也几乎消失殆尽，虽擅长冥想，也只得束手坐视。科学家挣扎于灰雾蒙蒙之中，但提出了各种妙想天开的假说。试问：为什么要生？何为生命之本质？何为原始生命创造之动因？生命通过何种机制实现了从单纯的（光）化学性向原始生命性再到肉体与精神之统一性（人性）的扬升？本书勾画了一种生命起源的新途径，包括第一个细胞如何诞生、光合作用如何起源、生命如何逆中心法则演化、细胞如何开始分裂、细胞遗传机制（密码的通用性）如何形成等。其实，光能才是生命起源与扩展的根本动因，生命正是在光合系统的演化中开启了梦幻之旅！

本书绝不是对圣典的妄论，而是一种扬弃与革新，兼顾专业性和科普性。可供生命起源、进化生物学、分子生物学、生物哲学、遗传学、发育生物学、生物化学、生理学、生态学、生物地理学、动物学、植物学、微生物学、人类学、生命科学史、系统科学等领域的科研人员、师生及感兴趣的社会公众参考。

图书在版编目(CIP)数据

生命的起源：进化理论之扬弃与革新：哲学中的生命，生命中的哲学／谢平著．—北京：科学出版社，2014.6

ISBN 978-7-03-040907-2

Ⅰ.①生… Ⅱ.①谢… Ⅲ.①生命起源-研究 Ⅳ.①Q10

中国版本图书馆CIP数据核字（2014）第120298号

责任编辑：韩学哲 贺窑青／责任校对：朱光兰
责任印制：赵 博／封面设计：耕者设计工作室

科学出版社出版
北京东黄城根北街16号
邮政编码：100717
http://www.sciencep.com

北京华宇信诺印刷有限公司印刷
科学出版社发行 各地新华书店经销

*

2014年6月第 一 版 开本：787×1092 1/16
2017年1月第二次印刷 印张：26
字数：482 000

定价：180.00元

The Aufhebung and Breakthrough of the Theories on the Origin and Evolution of Life

——Life in Philosophy and Philosophy in Life Sciences

By Xie Ping

Science Press

Beijing

前　言

生命从何而来？又驶向何方？这既是哲学也是科学的终极困惑。对哲学来说，人既是主体又是客体，但也是生命的一种存在形式，因此，忽视生命的本质就不可能深刻认知人类自身，更不可能完美诠释哲学，这就是为何哲学从来都不乏生命的身影。生命的起源和演化的复杂与悠长程度远远超出了一切自然科学所能驾驭的范畴，因此，对此的科学探索需借助哲学家的深邃思辨。

假如你想挑战在几十亿年的时间尺度，在如此广袤的地球表面，生命是何时、何地及如何起源这样的问题，而且不但没有可以辨识的化石记录，连它的近亲可能也早已化为乌有；假如你还要冥思在如此悠长的历史过程中第一个原始的单细胞生物是怎样演化出包括像我们人类这种繁复而睿智的动物在内的数千万个物种（绝大部分俱已灭绝）这样的难题，而我们还得局限于一个人的生命又是如此匆猝（百年之计）的现实，那我们如何才能从纷繁杂乱的现实世界与支离破碎的历史残迹中接近真理呢？在生命起源的浓浓雾霭之中，现代科学也完全失去了悦目赏心的灿烂与绚丽！

进化在我们身边还留有可以辨识的印迹，因此，我们还能不断地获取感性经验；但对生命起源来说就没那么幸运了，因为已经时过境迁，远古的祖先很可能早已销声匿迹或改头换面了。因此，对信奉知识只能源于经验的人来说，生命起源是不可能被认知的。当然，理性主义者则会乐观地认为人的心智可获得一切知识。而我赞赏哲学家康德的见解，即经验对知识的产生是必要的，但不是唯一的要素，要将经验转换为知识，还需要理性（或称为范畴）——人类独有的一种天赋。

本书（共分为12章）聚焦于生命科学的两大领域——生命起源和生物进化，它们在一些层面上又交汇融合、唇齿相依。由于关系到对人类自身的认知，从古至今人们对它们的思索或探究就未曾歇息，包括哲学家、社会学家、生物学家、化学家……乃至社会大众。以下对本书的梗概或精髓予以简述。

1. 进化论——从古希腊到19世纪的拉马克和达尔文

早在2000多年前的古希腊，哲学家们就凭借对万物本原（万物由它组成，最初自它产生，之后又复归于它）的思索，认为生命是由无机的物质元素产生，是宇宙演化的产物，甚至提出了所有的生命都来自海洋以及人是从鱼而来的惊人猜测。当然这还缘于他们所秉持的变化发展与普遍联系的世界观。这种猜测甚至与现代科学的总体认知惊人的一致，堪称理性思维的杰作！但在宗教统治的中世纪，物种被戴上了神创论与不变论的帽子。

进入 18 世纪，博物学（对大自然进行宏观观察和分类）日渐兴盛，关于动植物的知识快速积累，一些进化论的先驱——马耶、布丰、达尔文的祖父等开始崭露锋芒。到 19 世纪，终于迎来了两位进化论的巨星——法国的拉马克和英国的达尔文，前者主张内在复杂化趋势、用进废退与获得性遗传，后者信奉随机变异、生存斗争与自然选择。他们都认为生物具有变异性，但前者更强调（主动的）适应性变异，而后者则强调（被动的）随机性变异，并添加了一种筛选机制。

达尔文认为，每个种族都会产出过剩的个体，而食物和空间是有限的，每个个体都要为生存而斗争，而个体间由于随机的变异会呈现出生存能力的差异，于是只有最适者才能成功地繁殖出更多的后代而使种族延续下去。这在现在看来只是一个简单的推论，但在当时却是改变思维的一个飞跃。凭借着丰富翔实的博物学资料和天才的雄辩，达尔文塑造出了一个气势磅礴的进化理论，从此成为人们膜拜的圣典。当然，那时动植物化石的稀缺限制了他对物种演化历史的把握，而对遗传的无知则阻碍了他对变异机制的认识。

古希腊的进化观停留于一种哲学揣测，因为生命是物质世界的一类，当然也属于哲学家理性思维的范畴。而 17 ~ 18 世纪的博物学家对动植物进行观察的时空尺度有了很大的扩展，这促进了通过举证对进化规律的剖析，当然也会借助哲学的思辨。由于物种形成如此漫长，人的一生绝不可能目睹一个完整的过程，而且化石证据也零散细碎，因此，拉马克和达尔文的进化论都只是一种推理性的猜想，并未提供可以验证的途径。

2. 后拉马克–达尔文时代

在博物学巅峰时期诞生的拉马克/达尔文的进化论，却并未坚韧地根植于博物学的宏阔之中，它们均在微观论点——前者的获得性遗传和后者的渐变论上遭逢抨击。提出种质论的魏斯曼认为子代只继承生殖细胞的遗传特性，而与体细胞无关；揭秘 DNA 双螺旋结构的克里克声称，信息按一条永远不能颠倒的线路单向流动：DNA→RNA→蛋白质（所谓的“中心法则”，虽然信息偶尔也能沿 RNA→DNA 流动）。因此，这些遗传学家与拉马克势不两立，都彻底否定其获得性遗传。

遗传学家德弗里斯基于对月见草畸变的观察提出了“突变论”；另一个遗传学家摩尔根则基于果蝇的研究认为，生物变异完全来自新的突变，因此宣称，进化的动力并非自然选择，而是突变压力，自然选择不过是消极地淘汰有害突变而已。对达尔文来说，即使渐变论被否定，依然留有两个武器——生存斗争与自然选择。后来，一些达尔文的追随者将群体遗传学整合进了达氏的进化论，但也不过是大树旁点缀的绿草而已。

遗传学家有攻击的权柄，但问题是，如何用一种瞬时的现象或机制去评骘一个需要数十万年至数千万年的成种过程的真实性呢？还有，难道没有任何来自体细胞的适应印迹可以遗传吗？如果信息只能沿 DNA→RNA→蛋白质的方向流动，那生命的适应性还存在吗？此外，遗传学家所说的突变与博物学家眼中的变异并非一物，前者指基因，后者指表象，只有统一在同一个尺度上，才能分清孰是孰非。即便这样，事情也非如此简单。例如，你可能认为一株细菌容易突变为另一株，但一种大象容易突变成另一种吗？因此，突变或变异的进化效能还依赖于物种体制的复杂性，而这成型于悠长岁月中的进化与延绵。

虽然被遗传学家所摒弃，但拉马克主义依然显身于一些哲学家的进化观中。哲学家柏格森认为进化的延绵使机体日益复杂，日益脱离简单的机械性，如果没有进化继承与延绵，何以会出现如此的差异呢？哲学家德日进不反对外因的作用，但认为内因才是生命具有正向演化的主要动力，因为如果没有内在的动力，怎么会有结构复杂化与意识并进呢？因此，德日进的进化观可视为外因性的达尔文主义和内因性的拉马克主义的一种调和，但更钟情于后者。

3. 对达尔文进化论的质疑

达尔文进化论的“三驾马车”并非完美无瑕。其一，他自己坦诚并不清楚产生变异的真正原因。当然，现代的遗传学研究已经明晰地揭示了这一点，在此不再赘述。

其二，达尔文未能对“自然”给予清晰界定。他说，“自然选择在世界上每日每时都在仔细检查着最细微的变异，把坏的排斥掉，把好的保存下来加以累积”。在达尔文的眼中，自然似乎是神！如果自然果真是能够成功保护其臣民的神，而且“只为被它保护的生物本身的利益而进行选择……”，那么绝大多数物种就不应该遭受灭绝之厄运，自然就不会一轮接一轮地丢弃它自己曾精心呵护、选择与保护下来的臣民。显然，在达尔文的眼中未见自然的目的性，而一个没有目的的选择到底是什么呢？

其三，进化的动因也非达尔文所说的唯有生存斗争。生存竞争客观存在，见于同种或异种的个体之间。试问，既然物种间（远缘或近缘）存在残酷的生存斗争，且任何一个物种都必定会最大化地维护种族的生存或利益，那为何旧物种还要不断地去创造新的同类而增加被它灭绝的风险呢？

达尔文从他的先行者那里继承、综合再加上创新，提出了一种科学的进化论，不失为那个时代的伟大理论。但遗憾的是，它显然无法回答这样的进化疑问：为何生命要不停地创造新物种（导致数百万个物种簇拥于一个有限的地球上）？如果自然界没有目的性，那一个没有目的的自然选择会是什么呢？如果没有拉马克主义，人类之心智何以能得到如此伟大的进化，动物的本能和习性又从何而来呢？

4. 进化论之扬弃

达尔文自然选择中的“自然”到底应为何物？笔者认为，如果将“自然”换成“生态位”可使“选择”更为明晰。这样就可以将自然界中的某种生态位比喻为类似人工育种的特定选择目的，就像人为的选择可使个体的差异更易显露出来一样，生态位越多，就越容易出现种群间的生殖隔离，因此就越容易分化出新的物种。100 多年来，人们已经习惯使用达尔文的自然选择，这也无妨，只要将这个“自然”理解为“生态位”即可。生态位就是支撑一个物种生存要素的总和，包括食物资源、空间资源、与其他物种之间的关系和一切其他生存条件。它是物种内在生理性与外在现实性之间不断相互作用的产物，可以变化或细分。许多物种的生态位往往相互重叠，这也是物种间竞争存在的缘由。正是由于物种间生态位的相似性或重叠性，才使不同的生物产生出十分相似的形态结构，以达到同样的生存目的或生态功能（趋同进化）。地球的生命史也是一部物种和生态位协同演化的历史。

真的只有生存斗争才是进化的唯一推动力吗？试问，谁能说寒冷的极地或酷热的沙漠生存斗争就不激烈呢？那里的物种既要经历残酷的种内和种间竞争，又要与严酷的自然环境斗争，但动植物种类却十分稀少。而在富饶的热带雨林，竞（斗）争未必就更为残酷，但却有琳琅满目的动植物在那儿栖息。因此，生存竞争虽是普遍存在的事实，但与物种分化（至少分化速率）之间未必一定就是正的相关关系。大量事实表明，物种间的协作或互惠（如显花植物-传粉昆虫）对物种分化的推动也是十分重要的。依笔者之见，不管斗争也罢，共生也罢，适应也罢，都还不是能够说明什么才是驱动地球上产生出数以百万计的生物物种的根本原因！

为何地球上演化出数以百万计的生物物种？对进行有性生殖的物种来说，变异其实主要源自减数分裂中同源染色体之间的交换与重组，任何一个物种都不断地重复着遗传变异累积—基因库分裂—遗传变异再累积—基因库再分裂……的循环，因此，即使没有生存斗争，物种的分化永远也不会停息。物种“嗜好”无目的性的创造，否则，旧物种怎能不断创造出与自己竞争（甚至会被其消灭）的新物种呢？岛屿上易出现新物种的现象不仅说明隔离对物种分化的重要性，也说明物种基因库的变异性：假如一个物种的基因库亘古不变的话，即便一些个体漂上了某个孤岛，不论时光流逝多久，它应该还是原来的物种，还能与原来种群的个体交媾。当然，不同物种基因库分裂的速率会有（甚至很大的）差异。

为何不同类群的物种分化速率是如此的不同？有颚动物（昆虫和多足类）的种数接近 100 万，而全世界的大象（长鼻目）才有 3 种；动物（消费者）超过百万种，植物（生产者）也有几十万种，而细菌（主要是分解者）只有 1 万多种。在茫茫海洋中飘荡的初级生产者仅是一些单调的微藻，而陆地上覆盖的植物从低矮的草本到参天的巨树，五颜六色、琳琅满目。进化绝不仅是茫然而随机的，在宏观方向上，它蒙受源自生态功能（生产者、消费者和分解者）和生存环境（陆生和水生）的强烈塑造，承受不同的选择压力。物种的分化速率会因体制可塑性的差异而有天壤之别。进化是微观随机性与宏观方向性的对立统一，既可停滞于一种平淡无奇的组合式变化，也可是富于创造性的延绵。绝没有一个物种可以永生，它要么被生态性地（环境或其他物种）覆灭，要么生理性地消逝于漂变之中。

没有获得性遗传，种族的本能及诸多习性从何而来呢？如果一切进化性变异只能是偶然的突变，难以想象人类何以能使自身的心智升华至如此玄妙与伟大的境界，难以理解在数以百万计的动物物种中，为何只有人能如此幸运。置身于一个无限多变的世界之中，遗传永远不可能满足一切生存需求，它也只能是本能和一些生存原则（种族的记忆）的承袭，降临世界中后，个体还必须在现实的生存实践中去不断地学习、记忆与同化，经过无数世代的发展之后才能对种族的本能进行扩充与更新。因此，个体的适应性是生命永恒的秉性，而它所遵循的一条法则就应该是拉马克的用进废退，并历经漫长岁月的演化，才最终有可能作为种族的遗传特性所固定，这便是获得性遗传。试问，在进化上，一个不可能获得的适应性对种族的赓续而言到底有何意义呢？由无数之点，终还不能描画成线吗？

5. 生命的起源——永恒的谜底？

早在古希腊，哲学家就猜出生命是宇宙演化的产物，按现代术语来说，就是由无机的元素演化而来的。生命的起源是通过化学途径实现的——从古希腊哲学家恩培多克勒到 19 世纪的英国博物学家达尔文和德国哲学家恩格斯再到 20 世纪的苏联生物化学家奥巴林和美国化学家米勒。这一总体结论毋庸置疑，但生命起源的过程依然是未解之谜。在过去的近一个世纪中，对生命起源的追求从未停息，争议也从未消歇，流传着各种新奇的理论或假设。在这里，人人自诩为真理，因为既不能证实，也无法证伪。

在现存的生化系统中，没有蛋白质的参与，DNA/RNA 的复制便无法完成，而没有 DNA/RNA 携带的遗传信息及组装平台，蛋白质也无从生产。这种互为因果的生命体系到底是如何演化而来的呢？一些人坚持蛋白质在先，一些人则认为核酸在先，还有一些人认为不分先后。蛋白质和核酸的这种关系也可归结为是先有复制（基因）还是先有代谢这样的问题。但没有一个观点在逻辑或证据上可以令人信服。

关于第一个细胞是如何起源的问题就更难回答了，哪怕是今天存在的最简单的细胞，其复杂与精细程度都令人难以想象。生物大分子（DNA-RNA-蛋白质）和细胞是有先后之分还是同步进化的呢？对那些主张生物大分子的进化在先的人来说，是什么机制推动了这种进化呢？为何数百万种生物仅使用一套遗传密码呢？细胞分裂机制是如何产生的呢？那个所谓的最后的普遍性共同祖先（the last universal common ancestor，LUCA）还存在吗？这些都还隐藏于迷雾之中。这是一个富于想象的世界。当仔细审视五彩缤纷但又相互矛盾的假说时，笔者想起了意大利中世纪诗人但丁的一句名言："太阳从这一个峡谷使那边成为早晨，使这边成为薄暮；使那半球明亮，这半球阴暗……"。这些学说给笔者的感觉是好像人人都在眺望宇宙，但用的不是望远镜而是显微镜。

生命进化还留有一路的痕迹，但大自然早已将 LUCA 在地球上的烙印抹平，如何借助超凡的理性去追溯它的痕迹呢？人们依然离不开瞬时性机制，虽然还可到太空中去寻找一些残迹去重构（不如说推测）地球诞生之初的化学情景。

6. 生命起源理论之革新

生命起源需要什么样的化学构件？笔者认为，在原始地球上应该存在构成原始生命的基本化学构件，生命之旅必定是从这些"零部件"的组装开始启程的。这些基本构件包含构成细胞膜的脂质分子、构成电子传递链的各种电子载体和能量载体（ATP 和 NADP）。最初的生命涌动可能就是伴随着电子和质子流动的一系列氧化还原反应的耦合。两亲分子在水环境中自我装配成囊泡结构（细胞被膜的前身），这是个性化生命发展的前提，只有当有机分子包裹于隔离性的结构之中才有向生命演进的可能。原始汤中生命构件的存在证据来自有机物的模拟实验、彗星和陨石等的有机化学分析等。

将化学构件组装成细胞的动因是什么？关于生命从简单有机分子到生物大分子的化学进化，随机论是一种主流的说法，但一些人质疑，如果仅凭随机，难以产生如此复杂的生物大分子。因此，确认生命演化的目的性或许有助于揭开这一谜团。能量是推动地球上一切化学反应的根本动力，而地球上的所有生命也是需要能量（绝大部分来自太阳光能）支撑的物质性实体。生命的起源可归结为光合作用的起源，因此，最初的生命构件正是为了光合作用，而大自然只是花了数亿年的时间，将这些"零部件"拼接成型并不断优化与完善。这也是随机性与方向性的对立统一。如果不是随机的，就不必花费数亿年的时光，但若是缺乏方向性，那像光系统这样的复杂机构也许根本不可能产生。如果没有脂质囊泡的自发生成，没有光合作用的牵引，有机汤怎么可能以及为什么一定要形成细胞呢？没有这些，有机分子怎么就不可以在汤中一直漂荡呢？

为何说神奇的卟啉环点亮了生命之光？简单地说，没有它就不会有光合作用。卟啉是由 4 个吡咯环串结成的杂环化合物，是光化学反应中心和电子传递链的核心结构。镁卟啉是叶绿素的核心结构，既能感受光子又能传递电子，分布于所有光合生物。血红素（叶绿素的同系物）的核心结构为铁卟啉，与蛋白质结合成细胞色素（Cyt），存在于几乎所有生命类群（光能或化能、放氧或非放氧、厌氧或好氧）的电子传递链中。Cyt 同系物的氧化还原电位差异巨大，使它们能够嵌入不同组合的电子传递链。笔者先假设 Cyt 是最古老的分子，最初在化能自养生物的电子传递链中发挥重要作用，之后衍生出叶绿素，最终光合自养生物得以诞生。但地球表面的化能物质在空间和数量上均是有限的，绝不可能像光能那样的广袤，那样的取之不尽和用之不绝。对一个需要数亿年的生命起源过程来说，难以想象化能物质如何能支撑自然界完成如此伟业！因此，更为可能的途径是，以叶绿素为核心的光化学反应中心在光合系统的起源中得到不断的选择、发展与优化，其中一部分叶绿素分子演变成了血红素，作为 Cyt 的辅基在电子传递链的不同节点承担角色。形式多样的 Cyt 是如此的成功，竟成为非光合细菌的电子传递链之必需。因此，古老的卟啉环可视为生命起源自光合作用的有力证据，正是它特有的感光性才点亮了生命之光，这个神奇之环是一切生命运转的灵魂！

生物大分子是如何演化而来的？蛋白质、RNA 和 DNA 是生命的“三驾马车”：蛋白质是高效的催化剂，DNA 是遗传信息的载体，RNA 是两者的桥梁。核苷酸是核酸的构件，因含高能磷酸键，只需蛋白酶的催化即可缩合（不再需要额外的能量）。氨基酸不是高能化合物，蛋白质种类繁多且结构复杂，因此，蛋白质合成需要活化的能量，还需要复杂的识别与调控机制。核苷酸 ATP（光合作用的产物）能使氨基酸活化成氨酰-tRNA，从而在温和条件下使氨基酸缩合。可以设想，早期地球上存在各种 RNA 链，一些（后来的 tRNA）偶尔能带上活化的氨基酸，而另一些 RNA（后来的 rRNA）能与氨基酸或肽链结合，并能将活化的氨基酸与之拼装，在这种反复相互作用的过程中慢慢建立起肽链的氨基酸顺序与核苷酸排列之间的关系，并发展到具有信息储存意义的 mRNA。RNA 的分化应该是为了更好地服务于光合作用相关的肽链的合成，否则就只能永远停留于混沌之中。为了适应细胞的分裂行为，细胞中储存在各种 mRNA 中的遗传信息的整合就成为了选择的方向，把所有 mRNA 的信息连接起来，就是向 DNA 方向发展的起航。也许可以认为，随着蛋白质的增多，mRNA 也相应增多，偶尔一个整合性的 mRNA 长链更好地匹配了细胞的分裂行为，这样就会得到选择。原核生物多顺反子的存在，可视为是 mRNA 拼接成长链 DNA 的一个过渡阶段的证据；另一个证据是，在 DNA 聚合酶根据模板复制新的 DNA 链之前，必须依赖一段 RNA 引物。因此，大分子的演化似乎与“中心法则”正好相反！

细胞分裂机制是如何形成的？细胞是生命个体进化的基础，它本质上必须是一个独立的半开放体系，通过膜允许养分（小分子）的进入及代谢物的排出，但大分子肯定难以自由通行。在一个有限的前细胞体中，光合作用导致大分子有机物的累积以及随之而来的细胞破裂。或许正是对反复的细胞破裂过程（脂质的化学特性决定了它们在水溶液中能自发形成脂双层的球形结构）的选择、记忆与优化催生出了一种程序化的细胞分裂模式。这似乎与现在细胞体积的周期性变化相吻合：细胞分裂形成的新细胞，其最初的体积只有母细胞的一半，但随着新原生质的迅速合成，细胞不断增大，到母细胞一般大小时，便又进行分裂……如此循环往复。这是生命起源中最重要的进化事件之一，因为借助细胞分裂进行自我复制是所有生命的一个最根本的特性。

为何所有生命都使用共同的遗传密码？即使是我们今天见到的最简单的细胞，其遗传系统的精巧与复杂程度都令人难以想象，它绝不可能一蹴而成，也一定是在漫长的演化过程中不断优化与完善的结果。生命早期的原始细胞肯定只能进行无性生殖，可能类似于一个超级泛种，不同的细胞之间肯定存在有遗传物质的交换与优化机制，否则，如何去想象今天生物界唯一的密码系统呢？这绝不可能是德国生物化学家、诺贝尔奖得主艾根宣称的所谓“一旦–永存”的选择机制，就像今天还能够在细菌那里见到的，原始细胞之间一样也会进行类似的遗传物质的交换。否则，为何现在最简单细胞中的遗传–生化运作机制也会如此复杂呢？

令人惊叹的是，早在2000多年前，古希腊哲学家就大胆地预言了地球生命的起源：宇宙演化的产物（恩培多克勒）、源自海洋（阿那克西曼德）、由原子碰撞而成（伊壁鸠鲁）……这是古代圣贤的唯物与动态变化哲学思辨的产物，之后则沉匿入神创论的苍冥虚空之中——漫长的中世纪！现代科学使人们对生命机器运转的复杂机制有了相当深刻的认知，但对生命缘何能脱离原初的化学性则依然宛如一片雾霭：漫无目的的随机论及其变形——自组织论、智能设计论……那是神明之举，不是宗教的，就是自然的！德国哲学家莱布尼茨（1646～1716年）曾冥想过一个神秘的有活动能力的“单子”，视之为生命的源泉——这唯心但客观！其实这个“单子”就应该是原子，它具有内部活动的源泉——绕原子核永远运动的电子，一切生命不过是它的衍生之物罢了。强大的核力在宇宙中塑造出邈邈苍穹与群星璀璨，而温和的阳光驱动着各种原子或元素的离合，进而在大地上雕刻出羽色斑斓与万花掩映。因此，寻求阳光的恩泽便是寄居于地球表面的一切原始生命的内禀目的性（这大概就是法国哲学家柏格森寻找的那个生命冲动的本原），科学地这称之为光合作用，进而发展出繁衍与求生……而第一个细胞的诞生就应该是物质从单纯的化学性向个体的生命性成功扬升的标杆！

什么是真理呢？德国纳粹戈培尔曾说，“谎言重复一千遍即是真理”。古罗马诗人卢克莱修在《物性论》一书中有这样一句名言：“因为庸人惯于惊讶和崇拜隐藏在乖僻的语言底下的东西，认为凡他们愚蠢的耳朵听起来很甜蜜或用巧妙雕琢的词句所粉饰的就是真理”。但笔者很欣赏德国哲学家康德的灼见，即真理取决于它如何关联于客观实在，或者说真理就是知识与客体的一致性。但笔者琢磨着在生命起源与进化这样的领域，如果一个理论越能更广泛而合理地解释与之相关联的事实或现象，它就应该越是接近真理。例如，在无法确定LUCA到底为何物（可能早已被不可唤回的岁月带走）的背景下，仅靠从现存生命中获得的经验与知识，要想通过人类现有的范畴框架来完美无瑕地揭示几十亿年前在地球的某个角落中发生的生命起源之谜，也许会被认为是天方夜谭！有人断言，人类永远无法知晓生命起源之谜，但这也绝不是我们可以放弃探索的理由，关键是如何将在有限的时间、空间及对象中获得的经验或线索来进行外延与拼接，它需要像考古那样去挖掘证据，像侦探那样去推导和想象丢失的环节，再像素描那样勾画出事件的整体轮廓……它需要化学家与生物化学家的微观知识，需要生态学家的宏观智慧，还需要哲学家的理性思维与超然远览！对生命起源的探索宛若倚靠于精密的显微镜在一个广阔无垠的地球上去追寻那遥远过去或已逝去的渺小身影！

之前，笔者花了两年时间，完成了专著《从生态学透视生命系统的设计、运作与演化——生态、遗传和进化通过生殖的融合》（谢平，2013），致力于揭示有性生殖的起源与生态遗传学本质，而“性的为什么”曾被称为进化生物学的皇后问题。在那本专著中，只有很少的笔墨（第十二章的第一节）用于描述进化论，但是，当笔者从生殖、遗传与生态的综合视角俯视时，那个曾经灿烂无比的进化论之破颓便一览无余了。后达尔文时代，虽然生命科学的微观证据如雨后春笋，但却丢失了宏观性的体制与生态的灵魂，因此在进化上难以驾驭漫长的时间过程、广袤的空间尺度及繁复的生命类群……要将这些耦合起来，就更难以置信了！

因此，在该专著出版之后，笔者便开始了对已有进化理论的梳理、审视与扬弃，但很快发现，对进化动机的理解离不开对生命本质的认知（这却进入到了哲学的世界），而这又关乎另一个密切相关的领域——生命起源，形象地说，如果进化论是在勾画一条巨龙，那生命最初的起源则是点睛之笔！生命起源更是一个人类认知的荒原，亟待认知的创新，而笔者感悟到，自己曾涉足过的广泛领域的知识让笔者如虎添翼，使笔者得以勾勒出一个关于生命起源的新蓝图。这就是为何取这样一个书名《生命的起源-进化理论之扬弃与革新》的缘由。本书的精华部分为第六章和第十二章，读者可以先阅读这两章，再回溯其他相关的章节；第一章相对独立，涉及哲学的本原与动因，而哲学被视为全部科学之母。本书的撰写仅用了一年多的时间，又由于涉及众多的领域，疏漏难免，恳请读者谅解、批评与指教。

笔者为研究员（隶属于中国科学院水生生物研究所），现任中国科学院生态系统研究网络东湖湖泊生态系统试验站站长及中国科学院生态系统研究网络水体分中心主任（Xieping@ ihb. ac. cn）。本书的出版得到中国科学院生态系统研究网络东湖湖泊生态系统试验站及淡水生态与生物技术国家重点实验室的资助。承蒙同事倪乐意研究员和陈隽研究员对本书清样的悉心校对，不胜感激。

谢　平

2014 年 3 月于武汉

目　　录

第一章 哲学、本原与动因

有些人因爱好财富而被左右，有些人因热衷于权力和支配而盲从，但是最优秀的人则献身于发现生活本身的意义和目的。他设法揭示自然的奥秘，热爱知识，这种人就是哲学家。

——毕达哥拉斯（Pythagoras，公元前 572 ~ 前 497 年）

事实上，从纯粹思维的需要，是以人类精神必先经过一段遥远的路程为前提的；可以这样说，这是一种必须的需要已经满足之后的需要，是一种人类精神一定会达到的无所需要的需要，是一种抽掉直观、想象等的质料的需要，也即抽掉欲望、冲动、意愿的具体利害之情的需要，而思维规定则恰恰掩藏在质料之中。

——黑格尔（Georg Wilhelm Friedrich Hegel，1770 ~ 1831 年）

知识是人类得以从本能驱动的动物心智中挣脱或蜕变出来的重要推动力，而古代哲学就是这一伟大变革的催化剂——正是那些渊然深识的哲学家们在人类认知的茫茫寒夜里最先点燃了希冀与智慧的篝火，并历经数千年的风雨洗礼，才终于迎来了现代科学知识的快速积聚与喷涌！哲学家们走过了属于他们的伟大而辉煌的岁月——虽然其与生俱来的幽邃、权威与神圣早已开始被充斥着物质性与现实性的科学、技术的洪流无情地淹没与吞噬……一面是科学技术不断高飏，恰似灿烂朝霞，而另一面是传统哲学日薄西山，宛如过眼云烟！

然而，略感欣慰的是，专业哲学家地位的没落并不代表哲学已经灭亡，它依然以一种隐秘的姿态为一些热爱哲学的科学家提供着强有力的思维武器，为他们穿凿大自然的奥秘并成功通向未知的彼岸搭起桥梁。在这片孤傲之地，科学与哲学相互遮掩又映照衬托，并不时漾出悦耳的旋律。

在古老沧桑的地质历史过程中，地球上诞生了一种独特而神奇的物质形态——生命，并演化出而今令人惊叹的无限纷繁与万紫千红。如何才能窥视匿藏于这森罗万象的生命世界中的本质与奥秘呢？可否借助哲学家的惊人洞察力来实现这一目标？这就是本书何以将哲学作为开端的缘由。

古希腊伟大的哲学家柏拉图（Plato，公元前 427 ~ 前 347 年）将惊奇作为哲学的开端。19 世纪德国哲学家黑格尔（Georg Wilhelm Friedrich Hegel，1770 ~ 1831 年）说，哲学是一种特殊的思维运动，是对绝对的追求。“现代物理学之父”爱因斯坦说，如果把哲学理解为在最普遍和最广泛的形式中对知识的追求，那么，哲学显然就可以被认为是全部科学之母。哲学家从来就没有停止过对生命

(我们人类自身也是一种生命的存在形式）本质的思考，自古希腊时代起，生命的本原就是一代代哲学家孜孜不倦探求的自然奥秘之一。如果哲学家漠视对生命本原的探索，就不可能认识人类自身，也就根本不可能有什么哲学的存在。本章重点介绍与形而上学相对应的辩证法，它是哲学家对生命本原和动因得以正确认识的基石。

一、哲学、形而上学与辩证法

1. 哲学

谁最先发明了“哲学”一词？哲学源自于希腊语 φιλοσοφα（philosophia），意即“热爱智慧”。希腊文 philosophia 是由 philo 和 sophia 两部分构成，philein 指爱和追求，sophia 指智慧。因此，在古希腊，哲学就是一种对智慧的追求。据说，最早使用 philosophia 一词的是毕达哥拉斯（公元前 570 ~ 前 497 年）。1874 年，日本启蒙家西周在《百一新论》一书中将 philosophy 一词翻译为汉文“哲学”，1896 年前后由康有为等将此传入中国，沿用至今。

何谓“哲学”？古希腊伟大的哲学家亚里士多德（Aristotle，公元前 384 ~ 前 322 年）将以研究“作为存在的存在”、本体的性质、变化的原理和终极原因等作为“第一哲学”，将以研究自然、运动的原因和原理作为“第二哲学”（汪子嵩等，1997）。笔者十分赞赏英国哲学家罗素（Bertrand Arthur William Russell，1872 ~ 1970 年）对何为“哲学”的精彩描述，“哲学，就我对这个词的理解来说，乃是某种介乎神学与科学之间的东西。它和神学一样，包含着人类对于那些迄今仍为确切的知识所不能肯定之事物的思考；但是它又像科学一样是诉之于人类的理性而不是诉之于权威的，不管是传统的权威还是启示的权威。一切确切的知识——我是这样主张的——都属于科学；一切涉及超乎确切知识之外的教条都属于神学。但介乎神学与科学之间还有一片受到双方攻击的无人之域；这片无人之域就是哲学”（罗素，2008）。总之，科学照耀凡夫，神学启蒙信徒，而哲学垂爱智者！

古代哲学就是从神话中发展而来的，这种神话阶段被称为哲学的史前史。正如罗马共和国末期的诗人和哲学家卢克莱修（Titus Lucretius Carus，公元前 99 ~ 前 55 年）所说，“因为人们看见大地宇寰有无数他们不懂其原因的现象，因此以为有神灵操纵其间。而当一朝我们知道无中不能生有，我们就将更清楚地看到我们寻求的：那些由之万物才被创造的元素，以及万物之成如何未借神助”（卢克莱修，1981）。

哲学按地域划分大致可以分为西方哲学和东方哲学。最早的西方哲学出现在古希腊时期，而主要东方哲学之一的中国哲学起源于东周时期，以孔子的儒家、老子的道家、墨子的墨家及晚期的法家为代表，而在之前的《易经》一书中已经开始讨论哲学问题。西方哲学经历了古希腊罗马哲学、中世纪哲学、近代哲学和现代哲学等几个时期。

何谓“哲学家”？哲学家喜爱对万事万物穷根究底，探本寻源，他们习惯在静谧中遐思，常常用孤独的灵感来挖掘隐秘的哲理或真理。哲学家能将凡俗化为真理，将真理保存为永恒。哲理恰似甘露，被一代又一代的芸芸众生所品尝，又似篝火，为寒黑中的行者们导航。渐渐地，从哲学涓涓流出了许多蜿蜒的分支，这就是各种各样的具体科学。之后，哲学与科学踏上了协同演化之旅——它们相互渗透、相互促进并互为因果，度过了相互颐养与交相辉映的黄金岁月。

法国哲学家和医学家拉·梅特里（Julien Offroy de La Mettrie，1709～1751年）是这样形容明哲之人的，“一个人从天上往地下看，别人就都变得渺小不足道了，最宏伟的宫殿就都变成了草棚，千军万马就显得像一群为了一粒谷而拼命打架的蚂蚁”（梅特里，1996）。

人的哲学思想是如何产生的呢？亚里士多德在其《形而上学》一文中说道：“不论现在，还是最初，人都是由于好奇而开始哲学思考，开始是对身边所不懂的东西感到奇怪，继而逐步前进，而对更重大的事情发生疑问，如关于月象的变化、关于太阳和星辰的变化及关于万物的生成”（亚里士多德，1993）。

拉·梅特里强调经验和观察的重要性，他说，“在那些曾是哲学家的医生们的记录里，处处都是经验和观察，但那些不曾做过医生的哲学家们，却一点经验和观察都没有。前者打着火把走遍了、照亮了人身这座迷宫；只有他们才为我们解开了那些隐藏在层层帷幕之下的机括，这些帷幕遮蔽了为我们所看不到的无数奇迹……至于其他的那些人，尤其是神学家，能够告诉我们一些什么呢？听他们恬不知耻地决定一个他们根本没有能力认识的问题，这不是可笑么？”（梅特里，1996）。

德国哲学家恩格斯（Friedrich Von Engels，1820～1895年）说，“事实上，一切真实的、详尽的认识，都只在于我们在思想中把个别的东西从个别性提高到特殊性，然后再从特殊性提高到普遍性，在于我们从有限的东西中找到无限的东西，从暂时的东西中找到永久的东西，并且使之确定下来。然而普遍性的形式是在自身中闭合的形式，因而是无限性的形式；它是把许许多多有限的东西综合为无限的东西”（恩格斯，1925）。哲学的抽象，莫不就是如此！

何谓哲学的根本问题？就是思维和存在、意识和物质之间的关系问题，即思维和存在、意识和物质何者为本原？思维和存在是否是同一的？古希腊哲学家曾将哲学问题归为3类：有关世界的本质与真理的问题；有关我们如何知道或认识真理的问题；有关生命的意义与道德实践的问题。这3类问题就形成了3个哲学的基础学科，即形而上学（metaphysics）、知识论（epistemology）和伦理学（ethics）。

2. 形而上学

据说，形而上学这个术语的起源不甚清楚，按照亚里士多德的看法是“研究存在者（existent）之为存在者的一门科学”，即对存在（being）及其“诸原则”和“诸原因”的研究，或者说形而上学思考的就是存在（存在着的实体）和它的原因（实体由之而形成的过程）（斯通普夫和菲泽，2008）。西方的形而上学一般包括本体论、自然神学和哲学逻辑。

黑格尔把形而上学作为与辩证法（dialectic）相对立的一种机械教条主义（只讲形式，不究实质）的研究方法来批判，认为它用孤立、静止、片面的眼光看世界，主张一切事物孤立存在而永远不变。德国哲学家马克思（Karl Heinrich Marx，1818～1883 年）沿用了黑格尔的这种定义。

3. 辩证法

据称，古希腊哲学家苏格拉底（Socrates，公元前 469～前 399）确信，得到可靠知识的最可靠的方法就是通过受到规训的对话，这种对话所起的作用就像一名思想的助产士，他称这个方法为辩证法（斯通普夫和菲泽，2008）。古希腊哲学家赫拉克利特（Heraclitus，公元前 540～前 480 年）因主张“一切皆流，无物常住”的动态哲学观而闻名于世，被认为是朴素唯物主义辩证法思想的代表性人物，堪称辩证法的奠基人之一。

辩证法是关于对立统一、普遍联系和变化发展的一种哲学学说，也是与形而上学相对立的一种世界观和方法论。它起源于古希腊哲学家的一种朴素的唯物主义自然观，但即便是今天，辩证法对我们认识自然，特别是生命系统的本质规律依然十分重要。

恩格斯（1925）对古希腊哲学家的动态世界观给予了高度评价：“18 世纪上半叶的自然科学在知识上，甚至在材料的整理上是这样的高于古希腊时代，它在观念上把握这些材料方面，在一般的自然观上却是这样地低于古希腊时代。在希腊哲学家看来，世界在本质上是某种从混沌中产生出来的东西，是某种发展起来的东西、某种逐渐生成的东西”。

二、哲学家关于万物本原的认识历程

一般来说，哲学家关注万事万物，而科学家只关注部分（或个别）事物。哲学不可回避的一个根本问题就是解释世间万物的最初根源，称之为本原（arche，也译为“始基”）。据说，这一范畴最先是古希腊哲学家阿那克西曼德（Anaximander，公元前 610～前 546 年）开始使用的。人类早就认为海洋和水是万物之源，不过最初这种思想是通过神话的形式表现的。希腊神话中也有将黑夜作为最先的力量，万物的始原，这便是后来自然哲学家所说的宇宙开始时的混沌状态。公元前6世纪以前，在希腊流行的一种宗教——奥菲斯教认为，有了时间就有了运动，有了运动就将原来混沌一片的东西区别开来（汪子嵩等，1997）。

依据对本原认识的不同，哲学被分成两大学派——唯心主义（认为精神是世界的本原，物质是意识的产物）和唯物主义（认为物质是世界的本原，意识是物质的产物）。唯心主义进一步分为客观唯心主义、主观唯心主义和绝对唯心主义；唯物主义又分为古代朴素唯物主义、近代形而上学唯物主义与辩证唯物主义。此外，主张世界只有一种本原的称为一元论（如唯物主义一元论、唯心主义一元论），主张世界有物质和精神两种互不依赖、彼此独立的本原的称为二元论。

从表1-1中可以看出，希腊哲学关于万物本原的学说分为两派，一派是从较为具体的物质性元素（水、气、火、土等）开始，但在解释万物本原时遇到许多无法解决的矛盾；另一派则寻找更为一般的物质性本原（原子等），毕达哥拉斯学派将事物的数量关系抽象出来，认为一般的“数”才是事物的根本原则，甚至夸大到认为“数”是先于具体事物和决定具体事物的东西（汪子嵩等，1997）。

亚里士多德在其《形而上学》一文中指出：“事物所由之生成的东西，就是万物的本原。”他说，“在那些最初进行哲学思考的人们中，大多数都认为万物的本原是以质料为形式，一切存在着的东西都由它而存在，最初由它生成，在最终消灭时又回归于它”（亚里士多德，1993）。万物由它组成，最初从它那里产生出来，最后又复归于它——这种本原显然就是元素具有的特征，这是在泰勒斯（Thales，公元前624～前546年）以后才逐步发展起来的，到恩培多克勒（Empedocles，公元前490～前430年）和阿那克萨戈拉（Anaxagoras，公元前488～前428年）时得到明确的说明（汪子嵩等，1997）。

表1-1　关于万物本原的认识历程

学者	万物之成分	年代
泰勒斯 Thales	水	公元前624～前546年
阿那克西曼德 Anaximander	无定者	公元前610～前546年
阿那克西美尼 Anaximenes	气	公元前585～前528年
毕达哥拉斯 Pythagoras	数	公元前572～前497年
赫拉克利特 Heraclitus	火	公元前540～前480年
巴门尼德 Parmenides	—	公元前510年～?
恩培多克勒 Empedocles	土、气、火、水	公元前490～前430年
阿那克萨戈拉 Anaxagoras	元素“种子”	公元前488～前428年
留基波 Leucippus	原子和空间	公元前460年～?
德谟克利特 Democritus	原子和空间	公元前460～前360年

续表

学者	万物之成分	年代
第欧根尼 Diogenēs	气	公元前404～前323
亚里士多德 Aristotle	土、气、火、水	公元前384～前322年
伊壁鸠鲁 Epicurus	原子和空间	公元前342或341～前270年
莱布尼茨 Gottfried Wilhelm Leibniz	单子	1646～1716年
黑格尔 Georg Wilhelm Friedrich Hegel	土、气、火、水	1770～1831年
怀海特 Alfred North Whitehead	现实实有或现实机缘	1861～1947年

资料来源：汪子嵩等（1997）；斯通普夫和菲泽（2008）

恩格斯在《自然辩证法》一书中在引述了亚里士多德关于本原的定义后指出，“因此，在这里早已完全是一种原始的、自发的唯物主义了，它在自己的萌芽时期就十分自然地把自然现象的无限多样性的统一看成不言而喻的，并且在某种具有固定形体的东西中，在某种特殊的东西中去寻找这个统一，如泰勒斯就在水里去寻找”(恩格斯，1925)。

令人感叹的是，面对浩瀚的宇宙和纷繁的万物，在科学知识极为缺乏的古希腊，哲学家们就试图凭借其独特的洞察力，去窥视匿藏于自然界万事万物之中的统一性原理。事实上，这些思想为后来的自然科学对物质世界的认识也带来了宝贵的启迪。

三、古希腊哲学家关于变化发展与普遍联系的世界观

在古希腊那样的年代，人们对物质世界的组成不可能准确知晓。即便如此，也没能阻挡哲学家对广瀚无涯的宇宙与自然的好奇之心，他们通过假设一定的物质世界的构成成分，提出了各种各样的关于物质世界变化过程与规律的学说。

1. 泰勒斯——最早的西方哲学家，认为万物由水产生又复归于水

泰勒斯被认为是最早的西方哲学家，因为他是第一个用抽象的哲学语言论述万物的根源或来源问题的人，他认为水是本原，宣称地浮在水上……。据说，泰勒斯没有直接使用本原一词，但他所说的水有本原的含义，则是没有疑问的（汪子嵩等，1997）。

亚里士多德在谈到为何泰勒斯认为水是万物的本原时说，“也许是由于观察到万物都以湿的东西为滋养料，而且热本身就是从湿气里产生，并靠潮湿来维持(万物从其中产生的东西，也就是万物的本原。他得到这种看法，可能是由于这个缘故，也可能是由于万物的种子有潮湿的本性，而水则是潮湿本性的来源)”。伪普卢塔克说，“泰勒斯揣想，一切事物都由水发生而又复归于水，因为：第一、

像一切生物的种子都以湿润为其原则一样，一切动物也同样都以湿润为其原则；第二、一切植物都由水得到养料，由水而结果实，如果缺水，它们就要枯萎……”（汪子嵩等，1997）。当然，泰勒斯虽然提出了万物由水产生、最后又复归于水的思想，但他并未试图去解释这种产生和复归是如何进行的。

2. 阿那克西美尼——气的稀散和凝聚引起物质性质的变化

亚里士多德在《形而上学》一文中指出，“阿那克西美尼和第欧根尼则认为气先于水，在一切物体中它是最高的本原”（亚里士多德，1993）。阿那克西美尼（Anaximenes，公元前585～前528年）认为，“它（气）由于变得更加浓厚或稀薄，就有不同的外观。当它消解得更加稀薄时，变为火；当它变得浓厚时，就变成风，然后是可以看到的云。当它更浓厚时，就产生水；再浓厚就成为土，最浓厚时就成为石头。结果是，产生影响最大的是热和冷这一对对立……使物质集合和凝聚的是冷，使它稀散和松弛的则是热”（汪子嵩等，1997）。无论如何，这是第一次说明万物如何从本原产生而又复归于本原的过程。

阿那克西美尼提出的气的稀散和凝聚引起物质性质的变化就隐含了一种量和质（形式）的关系，或者说蕴含了量变导致质变这样一种事物固有的变化特性的思想萌芽。而且，稀散和凝聚本身就是一对矛盾，是相互冲突的对立面，而正是这一对立面的斗争，推动了事物的运动与变化。

3. 赫拉克利特——一切皆流，无物常住

赫拉克利特说，“这个世界对一切存在物都是同一的，它不是任何神所创造的，也不是人所创造的；它的过去、现在和未来永远是一团永恒的活火，在一定的分寸上燃烧，在一定的分寸上熄灭……一切事物都换成火，火也换成一切事物，正像货币换成黄金，黄金换成货币一样”（屈万山，1987）。在这里，他主张万物由火产生又复归于火，且火的燃烧与熄灭遵循一定的规律。

赫拉克利特说，“走下同一条河的人，经常遇到新的水流……我们既踏进又踏不进同样的河流，我们既存在又不存在……人不能两次踏进同一条河流，所以它分散又团聚，接近又分离”（屈万山，1987）。在这里，他主张一切皆流，无物常住。

赫拉克利特说，“太阳每天都是新的……每一天都与另一天相似”（屈万山，1987）。在这里，他似乎是在诠释变化性与稳定性之间的关系，即只有具有相对的稳定性，万物才有存在的基础。

4. 恩培多克勒——四“根”学说

恩培多克勒认为，万物皆由土、火、气、水四种“根”组成。他在《论自然》残篇中说，“我要说一个双重的道理：在一个时候，‘一’由‘多’生成，另

一个时候，‘一’又分解为多；火、水、土和极高的气……所有这些都是相等的，有着同样的寿命，但是每一种都有不同的能力，有它自己的特性，它们依次在时间的循环中占据优势。在这些东西之外，没有任何东西产生和消灭；如果它们不断被毁坏，它们就不再存在了；还有什么东西能增加这个全体，它又从哪里来？既然它们没有空虚，它们又怎能消灭呢？不，只有这些东西存在，它们互相奔赴，时而成为这个，时而成为那个，而它们是始终不变的”。显然，恩培多克勒吸收了巴门尼德关于存在不能从非存在产生，也不能变为非存在的思想，以及全体不生不灭，没有空虚等基本思想，而且开始用量来规定质——在这一点上比阿那克西美尼的量与质的关系更加明晰一些（汪子嵩等，1997）。

恩培多克勒所说的“根”究竟是何含义呢？可能是借植物从根生长出来以比喻基础与起源之类的意思，而亚里士多德第一个将恩培多克勒的四“根”说成是四种物质性元素（汪子嵩等，1997）。简单地说，恩培多克勒认为，这四种基本要素（根）是不变的，但特性各异，它们的离合导致了世间万物的生灭（各种各样的事物皆由它们不同比例的组合而产生，而分解则是个别事物的消亡），整个世界处于一与多的永恒循环之中。

恩培多克勒说，“因为从这些东西（元素）中产生一切过去、现在和将来存在的事物；树木、男人、女人、兽类、鸟类、水生的鱼，甚至连长寿的最尊贵的神也是这样产生的。因为只有这些东西（元素），它们相互穿插，由于它们混合变化的不同，成为不同的事物”。他以画家作画为例对此进行了生动的阐述，“就像画家画出奉献给神的丰富多彩的图画一样，那些善于绘画艺术的人用手选取各种颜色的颜料，将它们混合起来，这一样多一点，那一样少一点，画出酷肖各种事物的形象，画出树木、男人和女人、兽类和鸟类，以及养在水里的鱼，甚至还有永生的最尊贵的神；不要让你的心灵受到欺骗，以为无数存在的有生灭的事物还有别的其他来源，除此（四根）之外没有别的东西了”（汪子嵩等，1997）。

恩培多克勒认为，元素粒子结合构成物体，包含着无数微小的“孔道”，不同物体所含孔道的大小不同；和另一物体的孔道相吻合的粒子，就可以进入那个物体，否则就不能。所以他说“水与酒可以合在一起，水与油却不能融合”。亚里士多德批评恩培多克勒自相矛盾，一方面否认空虚，另一方面又主张元素粒子的间断性与孔道结构，两者自相矛盾（汪子嵩等，1997）。

恩培多克勒说，“任何变灭的东西的基质，都没有真正的产生，在毁灭性的死亡中也没有终结，有的只是混合物和混合物的交换，产生只是人们给这些现象所取的一般名称……‘一’和‘多’是有定的（受限制的），它们循环往复，按聚散而生灭”。因此，他的四元素说已经有粒子化、孔道结构和数量比例的规定这三个特点，这可以说是化学元素的最初萌芽（汪子嵩等，1997）。

5. 阿那克萨戈拉——“种子”学说

①万物由无限多元的“种子”生成

阿那克萨戈拉提出了著名的“种子”学说。辛普里丘在《‘物理学’注释》一书中记载道，阿那克萨戈拉接受了巴门尼德（Parmenides，公元前515~前445年）关于“存在不能从非存在产生，也不能变为非存在”的原理，认为，“当那些事物这样被分别规定时，我们就应该知道，它们全部是既不能增多也不能减少，因为多于全体是不可能的，它们始终如一”（汪子嵩等，1997）。

阿那克萨戈拉认为，“最初万物都在一起，数目上无限多，体积上无限小。因为小才能是无限的。一切都在一起，由于它们微小，所以不能分离区别开来……”。由此概括出他的种子说：“既然有这些情况，我们就应该设想，在每一个复合体中，包含着一切种类的许多东西，万物的种子。它们具有各种性状、颜色和气味”（汪子嵩等，1997）。

阿那克萨戈拉认为，“希腊人在说到产生和消灭时是用词不当的。因为没有什么产生或消灭，只有事物的混合和分离。所以他们应当确切地称产生为混合，称消灭为分离”（汪子嵩等，1997）。正如亚里士多德在《物理学》一文中指出的，“阿那克萨戈拉主张本原是无限多样的，或许是由于他接受了自然哲学家的普遍意见，即认为存在不能从非存在产生。由于这个原因，他们使用‘一切结合在一起’这样的词句，某一类事物的产生被归结为性质上发生变化，有些人则说成是结合和分离”（亚里士多德，1991a）。

②同类事物由同类事物增聚

辛普里丘在《‘物理学’注释》一书中记载道，阿那克萨戈拉提出这样的问题：“头发是怎样从非头发产生的，肉是怎样从非肉产生的?”他自己这样回答道，“在同一个胚芽中就有着头发、指甲、血管、肌肉等，这些表现为粒子，如此小而不可见，但是它们逐渐生长，变得明显了”（汪子嵩等，1997）。

关于植物的营养与生长，阿那克萨戈拉主张，“任何事物都不能从虚无中产生，每一事物只能靠同类事物来培育……同类事物由同类事物增聚。因此他提出，这些东西是早已包含在食物中的，而在培育树木的水中必定也包含了木、茎、叶子和果实了”（汪子嵩等，1997）。

③ 一切包含一切，万物不能彼此割裂

阿那克萨戈拉认为，在宇宙开初的混沌中，所有种子混合在一起，种子包含生成万物的成分。辛普里丘在《‘物理学’注释》一书中说，“他（阿那克萨戈拉）不仅称混合物全体在大小上是无限的，而且说到每一个同类部分中都包含万物，恰如全体一样。它们不仅是无限，而且是无限个无限”（汪子嵩等，1997）。

阿那克萨戈拉说，“既然大东西和小东西所含的成分在数目上是相等的，因此，所有一切东西都在每一件事物之中。要将它们分离开来是不可能的，一切事物都含有每一事物的成分……我们的统一的宇宙中所有的事物并不是彼此割裂的，不是可以用斧头将它们彼此割裂——热从冷、冷从热——开来的”（汪子嵩等，1997）。

当然，万物无限多样的性质不可能被包含在最初的物质本原中。但是，“种子”说是哲学关于万物本原的认识从一种或少数几种具体的物质（如泰勒斯的水、阿那克西美尼的气、赫拉克利特的火和恩培多克勒的四‘根’）或抽象的数（毕达哥拉斯）向统一的原子论发展的一个有价值的过渡。

6. 留基波和德谟克利特——原子学说

留基波（Leucippus 公元前 460 年 ~ ?）和德谟克利特（Democritus，公元前 460 ~ 前 370 年或前 356 年）被称为“原子论”的创始者。据赛奥弗拉斯特所说，留基波“设置了无数在永恒运动着的元素——称为原子——并且主张它们的形状的数目是无限的，因为没有什么理由说为什么任何原子只能有一种形状而不能有另外的一种。另外，他主张‘非存在’和‘存在’一样，也是存在的，而且二者同等地是事物生成的原因。他设定原子的本性是坚固和充实，他说，这就是‘存在’，它在虚空中运动，他将它（虚空）称为‘非存在’，并且主张它并不比‘存在’更少存在。他的伙伴阿布德拉的德谟克利特以相同的方式提出充实和虚空就是本原……”（汪子嵩等，1997）。

7. 亚里士多德——变化的不同形式

亚里士多德说，存在着自然由之造出各种事物的某种原材料，他称之为简单物体，即气、火、土和水（恩培多克勒的四“根”），而这些物体互相结合，就形成新的实体。他区分了变化的主要形式——生灭、质变和增减。他指出“当相反面的变化在数量方面时，就是增加和减少；当发生在地点方面时，就是移动；当发生在属性方面，即性质方面时，就是质变；当其结果是属性或一般的偶性的变化，没什么保持不变时，就是生成，相反的即为消灭”（亚里士多德，1991b）。

恩格斯是这样评价古希腊哲学的：“在希腊哲学家看来，世界在本质上是某种从混沌中产生出来的东西，是某种发展起来的东西，某种逐渐生成的东西”。这是一种动态的世界观——自然界生成着并消逝着，“整个自然界，从最小的东西到最大的东西，从沙粒到太阳，从原生生物到人，都处于永恒的产生和消灭中，处于不断地流动中，处于无休止的运动和变化中。只有这样一个本质差别：在希腊人那里是天才的直觉的东西，在我们这里是严格科学的以经验为依据的研究结果，因而也就具有确定得多和明白得多的形式”（恩格斯，1925）。

四、古希腊哲学家关于对立统一与万物动因的世界观

古希腊哲学家不仅想知道万物如何变化，更试图揭示万物为何变化，即万物变化的动因。他们借助一种辩证的思维逻辑，主张对立面的斗争是事物运动变化的真正源泉。

1. 早期的毕达哥拉斯学派——数与事物的对立，辩证法的萌芽

希腊哲学一开始就在讨论对立的问题，如毕达哥拉斯学派列出 10 类对立的表。亚里士多德在《形而上学》一文中说，毕达哥拉斯学派认为，“数学上的本原也就是一切存在的本原，既然在各种本原中，数目自然就是最初的……在整个自然中数目是最初的，数目的元素也就是所有存在物的元素……他们说本原有 10 对，并且按顺序排列出来：有限与无限、奇数与偶数、单一与众多、右方与左方、雄性与雌性、静止与运动、直线与曲线、光明与黑暗、善良与邪恶、正方与长方……这就是存在物的本原是互相反对的……”(亚里士多德，1993)。

亚里士多德批评毕达哥拉斯学派是想以不动的数的原则来解释运动的事物，这是不可能的，因为缺乏动因：“他们没有谈到，如若只设置了有限与无限、奇数与偶数，那么运动从哪里来呢？再者，没有运动变化，生成和消灭怎样可能？在天上诸天体的运转怎样可能？此外，即便如他们所说，大小是由这些东西构成，而这一点也被证明了，何以可能有的物体轻，有的物体重呢？”(亚里士多德，1993)。

有关对立的思想，毕达哥拉斯学派以前就有了：阿那克西曼德认为冷和热、干和湿都是从阿派朗中分离出来的；阿那克西美尼认为本原——气的稀散和凝聚生成万物。这些都是有关对立的思想，只是他们未专门提出对立来，没有将对立说成是事物的本原。将“对立”说成是事物的本原，可能是从毕达哥拉斯学派开始的（汪子嵩等，1997）。

黑格尔在《哲学史讲演录》一书中评价道，这只是“简单的列举”，“这是关于对立的详细规定的一个粗率的开始，没有秩序，没有深意”，“在这里，发展的必然性和证明是找不到的；对于二元之由统一中发展出来的理解是缺乏的。普遍的范畴只是以完全独断的方式得到和固定下来；所以都是枯燥的、没有过程的、不辩证的、静止的范畴”（汪子嵩等，1997）。

2. 赫拉克利特——相反者相成，对立面在斗争中转化与发展

赫拉克利特被认为是辩证法最早的奠基者，其思想的核心是——相反者相成，对立者统一，斗争者变化。他认为发展是对立面的斗争与相互转化，这也是产生万物的根源。

①相反者相成，对立者统一

赫拉克利特说，“自然也追求对立的东西，它是从对立的东西产生和谐，而不是从相同的东西产生和谐。例如，自然便是将雌和雄配合起来，而不是将雌配雌，将雄配雄。自然是由联合对立物造成最初的和谐，而不是由联合同类的东西……结合物既是整个的，又不是整个的，既是协调的，又不是协调的，既是和谐的，又不是和谐的，从一切产生一，从一产生一切”(屈万山，1987)。

赫拉克利特说，“他们不了解如何相反者相成，对立造成和谐，如弓与六弦琴……上升的路和下降的路是同一条路……疾病使健康舒服，坏使好舒服，饿使饱舒服，疲劳使休息舒服……在圆周上，起点和终点是重合的”（屈万山，1987）。

基于赫拉克利特的思想，列宁在“谈谈辩证法问题”一文中说道，“统一物之分为两个部分以及对它的矛盾着的部分的认识，是辩证法的实质”（列宁，1915）。

②发展是对立面的斗争与统一

赫拉克利特说，“互相排斥的东西结合在一起，不同的音调造成最美的和谐；一切都是从斗争产生的……在我们身上，生与死、醒与梦、少与老，都始终是同一的东西。后者变化了，就成为前者，前者再变化，又成为后者”(屈万山，1987)。列宁（1915）说，“发展是对立面的‘斗争’……发展是对立面的统一(统一物之分为两个相互排斥的对立面以及它们之间的相互联系)”。

赫拉克利特说，“应当知道，战争是普遍的，正义就是战争，一切都是通过斗争和必然性而产生的”(屈万山，1987)。在这里，赫拉克利特可能主要是针对人类，但也适用于万物。因此，对生物界来说，这就是所谓的生存斗争。19 世纪中叶，英国博物学家达尔文认为，个体数量增长的无限性与资源的有限性之间的矛盾不可避免地引起生存斗争，从而推动了物种的进化。这应该就是赫拉克利特所说的那种斗争的一种。

3. 恩培多克勒——外在的“爱”与“争”导致宇宙万物的离合

恩培多克勒认为，构成物质世界的土、气、火、水四种元素本身并没有组合与分离的能力，其离合源自一对相互对立的动因——“爱”和“争”(或“恨”)。前者是一种吸引和结合的力量，因它事物得以生成，而后者是一种排斥和分散的力量，因它事物分离与消灭。

①万物的动因——“爱”与“争”

恩培多克勒说，“一切适合于结合的东西都彼此相似，在阿佛洛狄忒（爱的女神）结合在一起。至于那些在来源、混合和形式上非常不同的东西，则彼此极端仇视，完全不习惯于结合，忧伤地受‘争’的支配，这是‘争’将它们造成的……因为它们（爱和争）以前存在，以后也将同样存在，我相信，这一对力量是会万古长存的……在一个时候，万物在‘爱’中结合为一；在另一个时候，个别事物又在‘争’的冲突中分离”（汪子嵩等，1997）。亚里士多德在《形而上学》一文中评价道，“和他的前人相反，恩培多克勒是第一个将这个原因分开来，假定不是一种动力因，而是两种不同的相反的原因”（亚里士多德，1993）。

其实，赫拉克利特早已认识到对立面之间的统一，已提出了斗争是万物之父，万物在对立面的斗争中产生的辩证哲学思想。所不同的是，恩培多克勒将万物的动因聚焦到了一个具体的对立之动因——“爱”和“争”，虽然他也将万物的生灭看成是这两种对立力量相互斗争的结果。当然，恩培多克勒并未能说清楚他的“爱”和“争”到底为何本性。

②生存就是毁灭，毁灭就是生存

恩培多克勒说，“生灭事物的产生和消灭都是双层的：万物的结合既生成一个东西，又毁灭了一个东西，而当元素分离解体时候，另一些东西又生成了”（汪子嵩等，1997）。这正是物质不灭思想的一种朴素表述，即生成与毁灭不可分离，生成就是毁灭，毁灭就是生成。

亚里士多德在《形而上学》一文中说，“照他（恩培多克勒）的学说，必然得出，争，像它是毁灭的原因一样，也是存在的原因，同样的，爱也不单是存在的原因；因为当它将事物结集为‘一’时，也就破坏了所有别的东西”（亚里士多德，1993）。黑格尔在《哲学史讲演录》（第一卷）中称赞道，“一般来说，没有分离的联合和没有联合的分离是不存在的——这是一个深刻的看法。同一性与非同一性就是这样的彼此不能分离的思想范畴”（黑格尔，1959）。

③爱使异类相聚，争使同类相聚

恩培多克勒将同类相聚作为元素和物体运动的法则，但这种同类相聚并不是爱的结合作用的结果，恰恰相反，正是争将混合物分离，才能造成同类相聚，而爱的作用乃是使异类相聚。这两种自发的力量支配着元素和物体不同的运动倾向，因此也造就了由各种元素结合而成的千差万别的世间万物（汪子嵩等，1997）。

如果恩培多克勒所说的就是现代意义的元素，那现已发现的元素多达 118 种（其中 94 种存在于地球上），元素之间的离合机制也是多种多样（既有外因，也有内因）的，即便如此，他所说的爱使异类相聚在一些层面上还是十分准确的（如正、负离子相互吸引）。无论如何，恩培多克勒的元素之间亲和与离散的对立统一推动宇宙万物悠忽生灭的哲学思想对后世的科学与哲学的影响深远。

正如科学史学家萨姆伯斯基在 1954 年出版的《希腊人的物理世界》一书中所指出的，“近代物理学家们对恩培多克勒凭直觉提出吸引力和排斥力同时存在，感到惊讶。甚至以我们今天的经验来说，物理学家们仍得引入这两种力。同重力吸引相对立的还有宇宙中在起作用的排斥力，通过银河系的衰变，导致宇宙的膨胀。在原子领域，我们知道正电荷和负电荷，它们同极相斥，异极相吸；而在核物理学中，我们也不能免除排斥力和吸引力的假定”（汪子嵩等，1997）。

4. 阿那克萨戈拉——“努斯”是万物的动因

赫拉克利特将对立面的斗争作为万物的动因，恩培多克勒将“爱”与“争”作为万物的动因，而阿那克萨戈拉并未在他的“种子”中有植入任何动因的想法，他选择了设置一个外部的精神实体——“努斯”作为万物的动因。努斯在希腊语中意指心灵或理性，这里作为一种精神性本原。

①阿那克萨戈拉的对立统一

辛普里丘在《‘物理学’注释》一书中记载，阿那克萨戈拉认为，宇宙混沌初始，万物都混在一起，“湿的和干的相混，热的和冷的相混，明的和暗的相混”。此外，“阿那克萨戈拉反对说雪只是白的。他论证说：雪是凝冻的水，而水是黑的，由此可知雪也是黑的”。他还说，“在小的东西中没有最小的东西，总是还有更小的东西；因为存在不能分割成为非存在；而大的东西也总有更大的东西，大东西和小东西在数量上相等，每个东西本身都是既大又小的”（汪子嵩等，1997）。

②“努斯”是万物的动因

据辛普里丘在《‘物理学’注释》一书中的记载，阿那克萨戈拉说，“别的事物都分有每个事物的部分，只有努斯是无限的，它不是和别的事物相混，而是自己单独存在的……努斯能支配一切有灵魂的事物，不论大的小的。努斯也支配整个漩涡运动，使它在最初开始旋转。它从一个小范围开始旋转，现在已经扩展到较大的范围，还要越转越大。一切混合的东西、分离和相区别的东西，都被努斯所认知。所有一切过去存在的东西、一切过去存在而现在已不存在的东西，以及一切现在存在和将来要存在的东西，都是由努斯有序安排的；包括漩涡运动以及由此分离开的星辰、太阳、月亮、气和以太。正的漩涡运动造成了分离，将稀的和浓的、热的和冷的、明的和暗的、干的和湿的分离开来……浓的和湿的、冷的和暗的结合在一起，到现在是大地的地方；稀的和热的、干的、明的结合到以太的外空”（汪子嵩等，1997）。

③异类相知

据赛奥弗拉斯特在《论感觉》一书中的记载，“阿那克萨戈拉认为异类相知，因为相同的是不会被相同的所作用的……如果一个事物和我们一样热或冷，和它接触时我们是不会感到热或冷的，我们也不能用相同的去认知甜或苦；我们只能用热认知冷，用咸认知淡，用苦认知甜，按照各相反的程度去感知它们”（汪子嵩等，1997）。“异类相知”可看成是赫拉克利特的“相反者相成”在感觉过程中的体现，但像冷-热、咸-淡也是一种量变的范畴。

5. 亚里士多德——同类物被同类物作用，相反面总在同类中

亚里士多德认为，两个对立东西的质料（质料指事物由之构成的东西）是相同的和同一的：“从本性上来讲，物体被物体作用，味道被味道作用，颜色被颜色作用，一般而言，同类物被同类物作用。其原因是，相反面总在同类中，而彼此动作与承受的正是相反面……”（亚里士多德，1991b）。这似乎是阿那克萨戈拉的异类相知说的补充，那里的异类也必须是具有相同质料的事物。

亚里士多德阐述了生成与消灭之间的辩证关系：“所有事物总是处于运动之中，而总是或者生成或者毁灭……生成是非存在的消灭，消灭是非存在的生成……变成单纯的非存在的路径是单纯的消灭，变成单纯的存在的路径则是单纯的生成……在实体方面，一物的生成总是另一物的消灭，一物的消灭总是另一物的生成”（亚里士多德，1991b）。这是恩培多克勒所说的生存就是毁灭、毁灭就是生存思想的另一种表述，这种辩证的表述方式在德国哲学家黑格尔那里得到了过度的发扬。

在对万物变化动因的解释上，与毕达哥拉斯、赫拉克利特、恩培多克勒、阿那克萨戈拉相比，亚里士多德并未提出什么新的创见。

五、莱布尼茨——“有活动能力的”单子

德国哲学家莱布尼茨（Gottfried Wilhelm Leibniz，1646～1716年）问道，为什么我们不能认为一切事物都是复合的或聚合起来的呢？“既然有复合的实体，则必定有单纯的实体，因为复合的东西只不过是单纯实体的集合或聚合”。他认为，真正单纯的实体就是单子（monas），它无广延，没有形状和大小，是一种非三维性的力或能，它代表单一体，或者那种作为一的东西……简单实体、生命、灵魂、精神都是单一体，所以全部自然都是充满生命的。他认为，单子不只是相互独立、相互区别的，它们也在自身中包含有它们的主动性源泉：“有某种充分性使单子成为了它们内部活动的源泉，并且可以说，使它们成为了非有形实在的自动机”（斯通普夫和菲泽，2008）。乍一见，莱布尼茨的这个单子好像有点缥缈

无定、宛如幽灵！

正是赋予单子如此特性，莱布尼茨提出了连续律，宣称“自然不作飞跃”，在被创造的事物中，每个可能的位置都被占据了，以至于一切变化都是连续的，静止和运动都是对方的一个方面，通过无限小的变化而融入对方，“所以静止的法则应当被看成是运动的法则的一个特例”（斯通普夫和菲泽，2008）。显然，这与他的一切事物都是复合或聚合而成的观点相吻合。19 世纪的博物学家达尔文在阐述其进化论时也引用了同样的格言，主张生物进化是通过微小变异的连续累积而不是“飞跃”。

拉·梅特里对单子假说给予了无情的抨击：“莱布尼茨主义者们，以他们的所谓单子建立了一个谁也不懂的假定。与其说他们物质化了心灵，不如说他们把物质心灵化了”（梅特里，1996）。尽管这样的批评并不是没有一点道理，但是莱布尼茨关于一切事物都是由包含有内部活动性源泉的单子聚合而成的观点还是颇有价值的，只不过应该将他的单子换成原子。

依笔者之见，莱布尼茨的这个朦胧浮现的单子固然是一种唯心主义思维的产物，但如果将单子视为原子，则他的一些观点不无道理。事实上，一切物体都是复合的或聚合起来的，只不过不是他的单子，而是我们现在知道的原子，而与他的“单子”不同，原子是三维的，有广延、形状和大小。此外，原子也包含了内部活动的源泉——绕原子核（在一定的轨道中）永不停息地运动的电子，这也是一种内在的力或能。一切自然实体都是由原子聚合而成的，神奇的生命也是如此，而灵魂与精神也不过是它的衍生之物。虽然与核能（原子核的粒子之间的结合能）相比，化学能是如此的微不足道（相差近 5 千万倍），但它却演绎出姹紫嫣红的生命世界！

六、黑格尔的客观唯心主义辩证法

德国哲学家黑格尔是历史上第一位将辩证法体系化的哲学家。与古希腊哲学家们一样，黑格尔也认为世间万物处于不断运动与变化之中，主张运动和发展的源泉在于事物的内在矛盾，而不是外力的推动，在这一点上，他与一些古希腊哲学家的观点（如赫拉克利特的“斗争者变化”等）并无本质的区别。但他用一种独特的方式来解释这种变化的动因：“正—反—合”的逻辑推演模式。

1. 黑格尔哲学的开端——“有”和“无”

黑格尔在《逻辑学》一书中说，“一个哲学的本原，当然也表现了一种开端，但并非主观的，而是客观的，即一切事物的开端……开端既然是哲学的开端，从那里，便可以说根本不能对开端用任何更详密的规定或肯定的内容”（黑格尔，1922）。简单地说，一个哲学的开端也就是构成其逻辑体系的最根本的抽象规定性。

①为何黑格尔将“纯有”作为其哲学的开端？

黑格尔用两个抽象的概念——“纯有”和“纯无”作为其辩证哲学的开端。他说，“为了进入哲学，纯有既不需要其他的准备，也不需要别的思考和线索……对那种主张，用例子来做经验的说明，在这里却完全是多余的。因为这个有与无的统一，作为最初的真理，是一次便永远奠定了的，并且构成了一切后来东西的环节”（黑格尔，1922）。黑格尔的“有”也可以译为“存在”，“无”也可以译为“非存在”。

黑格尔的“纯有”和“纯无”的概念似乎借鉴于巴门尼德和东方哲学，他说“埃尼亚派最早有了纯有这种简单的思想，尤其是巴门尼德把纯有当成绝对物，当成唯一的真理，在他遗留下来的残篇中，他以思维的纯粹热情，第一次以绝对的抽象来理解有，说出：唯‘有’有，而‘无’则全没有。——大家都知道，无、空，在东方的体系中，主要在佛教中，是绝对的本原”（黑格尔，1922）。

②“有”与“无”之不可分离性

黑格尔是怎样定义“纯有”和“纯无”这两个概念的呢？他说，“有、纯有——没有任何进一步的规定。有在无规定的直接性中，只是与它自身相同，而且也不是与他物不同，对内对外都没有差别……有，这个无规定的直接的东西，实际上就是无，比无恰恰不多也不少……无、纯无；无是与它自身单纯的同一，是完全的空，没有规定，没有内容，在它自身中并没有区别”（黑格尔，1922）。

黑格尔说，“无论天上地下，都没有一处地方会有某种东西不在自身内兼含有与无两者……至于自称为普通的或健全的人的知性，若是它抛弃了有与无之不分离性，那就让它试一试，去找出一物与它的他物分离的例子吧”（黑格尔，1922）。依笔者之见，这其实是赫拉克利特的“万物皆变”思想的不同表述，只是，黑格尔运用了一种晦涩难懂的表述方式。

③“有”与“无”之对立统一

黑格尔说，“纯有与纯无是同一的东西。这里的真理既不是有，也不是无，而是已走进了——不是走向——无中之有和已走进了——不是走向——有中之无。但是这里的真理同样也不是两者的无区别，而是两者并不同一，两者绝对有区别，但又同样绝对不会分离、不可分离，并且每一方都直接消失于它的对方之中。所以，它们的真理是一方直接消失于另一方之中的运动，即变。在这一运动中，两者有了区别，但这种区别是通过同样地立刻把自身消解掉的区别而发生的”（黑格尔，1922）。

依笔者之见，黑格尔通过在“纯有”和“纯无”中预植入相互转化的内涵，使两者对立统一，而有与无的对立统一导致变——正是黑格尔辩证法的核心。其实，这与赫拉克利特的“相反者相成、对立者统一、斗争者变化”的思想并无本质差别，而且与其说是真理，不如说是一种假设性的哲学学说，虽然它构筑在一种独特的抽象思维模式之上。此外，黑格尔之意也与亚里士多德所说的“生成是非存在的消灭，消灭是非存在的生成”不无关联。可以这样说，黑格尔关于事物运动变化源自自身内部的对立统一的观点借自古希腊哲学家，只是在形式上做了逻辑化或理论化的包装而已。

④黑格尔对形而上学的批判

黑格尔说，“Ex nihilo fit（从无得无）是形而上学中曾被赋予重大意义的名言之一。从那句话所看到的，或者只是无内含的同意反复；或者假如说变在那里要有实在的意义，还不如说既然从无只是得无，那么，在那里变实际上并不存在，因为无在那里仍然是无。变包含着：无不仍然是无，而过渡到它的他物，过渡到有。当后来的、尤其是基督教的形而上学，抛弃了‘从无得无’这句名言时，它便主张了从无到有的一个过渡。无论它是如何综合地或仅仅表象地看待这句话，即使在这最不完善的联合中，也包含着这样一点，在这一点上，有与无相合了，它们的区别消失了。‘从无得无，无就是无’这句话的真正重要性，在于它与一般的变对立，从而也与‘从无创造世界’对立……把‘有只是有，无只是无’当做原则的哲学观点，可以称为同一性体系；这种抽象的同一性乃是泛神论的本质”（黑格尔，1922）。

2. 黑格尔辩证法的体系

黑格尔的《逻辑学》一书由有论、本质论和概念论三部分组成，其辩证逻辑体系的核心是两组概念（有—无—变，质—量—度）和一个循环的三段式推演模式。

①有—无—变

黑格尔从“有”开始，推论到它的对立面“无”，“有”与“无”既对立又统一，“有”与“无”的统一就是“变”（也译为“生成”）。变既是有的持续存在，又是非有的持续存在；或者说，它们的持续存在只是它们的合而为一；它们的这个持续存在，也恰恰就是那个扬弃它们的区别的东西。

黑格尔还指出了变与“过渡”和“综合”的联系与区别。他认为，过渡与变是同一的；只是由此过渡及彼的有、无两者，在过渡中，更多被想象为互相外在的、静止的，而过渡也是在两者之间出现而已。变就是有与无这种内在的综合；但是因为综合的意义最接近于彼此相外的现成的东西的外在联结，所以不用综合、综合的统一等名词是对的。

黑格尔“有—无—变”的思想显然来源于赫拉克利特思想的启迪，他说，“深奥的赫拉克利特举出变这个全面性更高的概念，来反对那种简单片面的抽象”。并且说：“有比无并不更多一点”。或者说：“一切皆流，也就是一切皆变”（黑格尔，1922）。

②质—量—度

黑格尔认为“变”的结果使原来毫无规定性、极不确定的东西开始具有一定的特性，从而可以依它的规定性与别的东西明显相区别开来，即变的结果使该物具有一定的“质”,“质”又过渡到它相反的概念——“量”，而“质”与“量”的统一就是“度”。这里的“度”，即“尺度”是一种关系，但不是一般关系，而是质和量相互规定的关系，或者说“度”是有“质”的量。

黑格尔用质—量—度来刻画事物的量变与质变之间的相互转化，如果没有它，万物何以能变呢？换句话说，如果相信任何事物都会变化，那就必须承认任何事物都需用质与量两种特性来予以度量，质是万物得以相互区分的基础，量是它们相互转化的根据，而两者的联系就是度。

③三段式推演模式

像人类思维这种不断扬升的演化过程是如何得以实现的呢？黑格尔提出了一种独特的三段式推演模式：正题、反题和合题，而一个合题又成为一个新的正题……如此循环往复，直到到达绝对理念。他主张思维遵循这种运动模式，是一种不断发展与自我完善的连续过程，即从最初的存在概念不断运动最终到达绝对理念。

笔者认为，黑格尔的三段式推演模式就是质—量—度的一种特例，适合于解释像人类思维这样的方向性演化过程，或许对解释动物界普遍存在的学习与适应过程也具有重要意义。黑格尔的扬弃也十分贴切，在这种演化模式中，不是完全否定，是一种继承性的改变或创新，这与我们现在知道的物种创造通过基因库的修修补补的方式也十分吻合。总之，黑格尔的正—反—合的循环模式是对一些进步式生物演化过程的完美抽象。

当然，黑格尔的绝对理念是一种客观唯心主义观念的产物，他主张概念本身能动地自我否定，外化自身（为经验事物）同时又返回自身的过程，是概念向自己内部的不断深化。所谓客观唯心主义，就是认为某种客观的精神或原则是先于物质世界并独立于物质世界而存在的本体，而物质世界或现象世界则不过是这种客观精神或原则的外化或表现，黑格尔的“绝对观念”都是这种作为世界本体的客观精神或原则。

④对立统一的普遍性

黑格尔指出，“一切有的东西，在出生中，本身就有它消逝的种子，反过来，死亡也是进入新生的门户：这种通俗的，特别是东方的谚语，在根本上表现了同样的有与无的合一。但是这些表现都有一个基质，过渡就在那个基质上出现，有与无被认为在时间上是分开的，正像它们被设想为在时间中是相互交替的那样，而不是从它们的抽象去想，因而也不是去想它们本身是同一的”（黑格尔，1922）。

黑格尔说：“思辨的东西，在于这里所了解的辩证的东西，因而在于从对立的统一中把握对立面，或者说，在否定的东西中把握肯定的东西”（黑格尔，1922）。这与古希腊哲学家阿那克萨戈拉的“异类相知”如出一辙。很显然，对立统一并不是黑格尔的原创，因为一些古希腊的哲学家，如毕达哥拉斯、赫拉克利特、恩培多克勒等早有提及，但是，黑格尔通过质—量—度的概念及正—反—合的模式说明了事物是如何在对立统一中实现本质变化的，因此，黑格尔的辩证思想显得更为逻辑化和体系化。

3. 黑格尔列举的对立统一

除了有和无、质和量外，黑格尔还列举了许多种对立统一，如两极性、肯定与否定、偶然性与必然性、直接与间接、有限与无限等，它们既相互对立，又相互依存，而且不可分割。黑格尔认为，运动是空间和时间的实现，质量是静止和运动的统一。

两极性：黑格尔说，“两极是两个生动的终端，每一端都是这样设定的：只有与它的另一端相关联，它才存在；如果没有另一端，它就没有任何意义……例如，我们就不能割掉北极，把磁体砍成两截，每一截又都是一个完整的磁体……”（黑格尔，1986）。这是一种区别的规定，在这种区别中，被区别者是联系而不可分的——在这样的方式下，一种规定性，如力，它所借以保持其独立性的那种抽象形式，即同一性形式，消逝了；而规定的形式、区别的形式，它同时又作为一个留在同一性中的不可分离者，出现了。

肯定与否定：黑格尔说，“前者是已经建立的、已被反思的有，后者是已经建立的、已被反思的无。但是，肯定的和否定的东西都包含着抽象的基础，前者以有为基础，后者以无为基础”（黑格尔，1922）。

偶然性与必然性：恩格斯说，“黑格尔提出了前所未闻的命题：偶然的东西正因为是偶然的，所以有某种根据，而且偶然的东西正因为是偶然的，所以它也就没有根据；偶然的东西是必然的，必然性自己规定自己为偶然性，而另一方面，这种偶然性又宁可说是绝对的必然性”（恩格斯，1925）。

直接与间接：黑格尔说，“无论在天上、在自然中、在精神中或任何地方，都没有什么东西不同时包含直接性和间接性，所以这两种规定不曾分离过，也不可分离，而它们的对立便什么也不是"(黑格尔，1922)。

有限与无限：黑格尔说，"有限与无限这两个规定，无论是应用到时间和空间，应用到世界，或是作为精神之内的规定，它们都是在同样的冲突之中"（黑格尔，1922）。

总的来说，黑格尔在古希腊哲学家（特别是赫拉克利特和亚里士多德）的基础之上，构筑了他的客观唯心的辩证思想体系，虽然采用了一种非常晦涩难懂的叙述方式。在古罗马哲学家普罗克洛（Proklus，412~485 年）的三段式思想理论（万物发展都可分为停留、前进、回复三个阶段）基础上，黑格尔提出了一种独特的三段式逻辑推演——"正—反—合"，它似乎能很好地描述人类认知的发展过程（或许还包括生物界普遍存在的学习与适应现象），这也许就是它为何如此抽象的缘由。但如果能将"正—反—合"的模式局限于生命世界（包括人类社会）的运动与发展，或许是一种明智的选择。

七、唯物主义的辩证法——古希腊哲学与黑格尔哲学的统一

恩格斯（1925）指出："辩证法直到现在还只被亚里士多德和黑格尔这两个思想家比较精密地研究过"。唯物主义辩证法是对黑格尔辩证思想的总体继承（只是用唯物主义取代了黑格尔的唯心主义），但也对古希腊哲学思想进行了现代科学的诠释。

1. 唯物主义辩证法之根——古希腊的朴素辩证法与黑格尔的唯心主义辩证法

恩格斯（1925）认为，希腊哲学家的辩证思维还以原始朴素的形式出现，"在希腊人那里，正因为他们还没有进步到对自然界的解剖、分析——自然界还被当成一个整体而从总的方面来观察。自然现象的总联系还没有在细节方面得到证明，这种联系对希腊人来说是直接的直观的结果……对希腊人而言，形而上学在细节上是正确的，那么，对形而上学而言，希腊人在总的方面，就是正确的……在希腊哲学的多种多样的形式中，差不多可以找到以后各种观点的胚胎、萌芽"。

黑格尔认为，精神、思维、观念是本原的东西，而现实世界只是观念的摹写，而马克思和恩格斯则反对这种唯心主义的出发点。恩格斯指出："不论在自然科学或历史科学的领域中，都必须从既有的事实出发……不是构造种种联系放入事实中去，而是从事实中去发现这些联系，而且在发现了之后，要尽可能地用经验去证明。"而马克思则说，"辩证法在黑格尔手中被神秘化了……在他那里，辩证法是倒立着的。为了在神秘外壳中发现合理的内核，必须把它倒过来"（恩格斯，1925）。

恩格斯指出："有一个深入人们意识的辩证法的古老命题：两极相通……两个哲学学派：具有固定范畴的形而上学学派，具有流动范畴的辩证法……一极已经作为 in nuce（在内核内）的东西存在于另一极之中、一极在一定点上就转化为另一极，以及整个逻辑正是从前进着的各种对立中发展起来的。这在黑格尔那里是神秘的，因为范畴在他看来是现在的东西，而现实世界的辩证法是它的单纯的反映。实际上刚刚相反：头脑的辩证法只是现实世界（自然界和历史）的运动形式的再现"。

恩格斯（1925）将辩证法概括为以下三个规律：量转化为质和质转化为量的规律；对立的相互渗透的规律；否定之否定的规律。这三个规律在黑格尔的著作《逻辑学》一书中均有详细论述，只不过黑格尔是以唯心主义的方式只将其当成单纯的思维规律来看待的，而恩格斯则把它倒转过来了。例如，"否定之否定"就是黑格尔的"正—反—合"的不同表述，"正"的事物由于内部矛盾的推动过渡到"反"，这是第一个否定；再由"反"过渡到它的反面——"正"，称之为否定之否定。否定之否定是一种"扬弃"，是在肯定一部分的基础之上的再发展，是一种前进和上升。

2. 万物皆变——一切产生出来的东西，都一定要灭亡

在引用了德国诗人歌德（Johann Wolfgang Von Goethe，1710～1782 年）的这句名言之后，恩格斯惊人地预测了地球生命的未来命运："也许会经过多少亿年，也许会有多少万代生了又死；但是这样的时期无情地到来，那是日益衰竭的太阳热将不再融解从两极逼近的冰，那时人们越来越多地聚集在赤道周围，最后就是在哪里也不再能找到足以维持生存的热，那时有机生命的最后痕迹也将一点一点地消失；而地球，一个像月球一样的死寂的冰冷的球体，将在深深的黑暗里沿着越来越小的轨道围绕着同样死寂的太阳运转，并且最后就落到太阳上面。其他的行星也将遭到同样的命运，有的比地球早些，有的比地球迟；代替安排得和谐的、光明的、温暖的太阳系的，只是在宇宙空间里循着自己的孤寂的道路行走着的一个冰冷的、死了的球体"（恩格斯，1925）。

就连自然规律都不是永恒的，而只有历史的自然规律。恩格斯（1925）说："水在摄氏零度和摄氏一百度之间是液体，这是永恒的自然规律，但是要使这个规律能够成为有效的，就必须有水、一定的温度和标准气压。月球上没有水，太阳上只有构成水的元素，对这两个天体来说，这个规律是不存在的……我们的整个公认的物理学、化学和生物学都是绝对地以地球为中心的……如果我们想谈谈那些同样适合于从星云到人的一切物体的普遍自然规律，那么我们剩下的就只有重，也许还有能量转换理论的最一般说法……随着把这个能量转化理论普遍地逻辑一贯地应用到一切自然现象上去，这个理论本身就变成一个宇宙系统从产生到衰亡中一个接一个地发生的变化的历史表现，因而会变成在其中每个阶段上由不

同的规律来支配的历史……”

3. 物质不灭——任一物质的灭亡必将伴随另一物质的产生

恩格斯是这样来诠释宇宙万物之永恒变化性的："无限时间内天体的永恒重复的先后相继……这是物质在其中运动的一个永恒的循环……在这个循环中，物质的每一种有限的存在方式，不论是太阳或星云、个别的动物或动物种属、化学的化合和分解，都同样是暂时的，而且除了永恒变化着、永恒运动着的物质以及这些物质运动和变化所依据的规律以外，再也没有什么永恒的东西。但是，无论这个循环在时间和空间中如何经常地和如何无情地完成着，无论有多少亿万个太阳和地球产生和灭亡，无论要经历多长时间才能在一个太阳系内而且只在一个行星上造成有机生命的条件，无论有无数的有机物必定先产生和灭亡，然后具有能思维的脑子的动物才从它们中间发展出来……无论这一切，我们还是确信：物质在它的一切变化中永远还是物质，它的任何一个属性都不会丧失。因此，物质虽然在某个时候一定以铁的必然性在地球上毁灭自己最高的精华——思维着的精神，而在另外的某个地方和另外的某个时候一定又以同样的铁的必然性把它重新产生出来”。

简单地说，恩格斯基于古希腊时代的朴素哲学思想，加上新的天体与生命科学知识，试图更加深入地诠释宇宙间万物的循环变化及物质的不灭性，强调了物质按照一定规律在永恒的循环中永不停息地运动与变化的本质特性。

4. 恩格斯列举的对立统一

与黑格尔类似，恩格斯也用了许多具体的事例来说明对立统一，认为当它们被分开来考察时，都相互转化。他说，“所有的两极对立，总是取决于相互对立的两极彼此的相互作用；这两极的分离和对立，只存在于它们的相互依存和相互含摄之中。反过来，它们的相互含摄，只存在于它们的相互分离之中，它们的相互依存，只存在于它们的相互对立之中”（恩格斯，1925）。

同一与差异：恩格斯说，“植物、动物、每一个细胞，在其生存的每一瞬间，都既和自己同一，又和自己相区别，这是由于各种物料的吸收和排泄，由于呼吸，由于细胞的形成和死亡，由于进行着循环……就是在无机的自然界中，作为同一性的同一性实际上也是不存在的。每一个物体都不断地受到力学的、物理的、化学的作用，这些作用经常在改变这个物体，在修改它的同一性……地质学就是这种不断变化的历史……差异性包含在同一性之中，才具有真理性”（恩格斯，1925）。恩格斯批判了形而上学的同一性观念，他说，“旧形而上学意义下的同一性命题是旧世界观的基本命题：a＝a。每一个事物自身和它自身同一。一切都是永恒的，太阳系、星体、有机体都是如此”（恩格斯，1925）。

必然与偶然：恩格斯以达尔文的进化论为例，阐述了如何从无限的偶然变异认识物种进化的必然规律："达尔文在他的划时代的著作中，是从最广泛地存在着的偶然性的基础出发的。正是那些在个别的种内部各个个体间的有无限的偶然的差异，正是那种增大到突破种的特性……使达尔文不得不对直到当时生物学中一切规律性的基础，对直到当时处于形而上学的僵硬的和不变性中的种的概念提出疑问”（恩格斯，1925）。

原因与效果：恩格斯说，“一系列的运动形式，机械运动、热、光、电、磁、化学的化合和分解、凝聚状态的转变、有机的生命，这一切……都是互相转化、互相制约的，在这里是原因，在那里就是效果，并且在这儿各种不断变换的形式中的运动的总和是不变的……交互作用是事物的真正的终极原因……只有从这个普遍的交互作用出发，我们才能达到现实的因果关系”（恩格斯，1925）。

质与量：恩格斯说，“每一种质都有无限多的量的等级，如颜色深浅、硬和软、寿命的长短等……存在的不是质，而只是具有质并且具有无限多的质的物。两种不同的物总有某些质（至少在物体性这个属性上）是它们所共有的，另外某些质是在程度上不同的，还有另外某些质可能是这两种物之一所完全没有的。如果我们分别拿两种极不相同的物——如一块陨石和一个人——来比较……在两者之间还配备有一个无限系列的其他自然物和自然过程，它们使我们有可能把从陨石到人的这个系列填补起来，使我们有可能指出每一物在自然中的地位，因而认识它们”（恩格斯，1925）。

归纳与演绎：恩格斯说，“由于进化论的成就，生命机体的全部分类都脱离了归纳法而回到‘演绎法’，回到亲缘关系上来了——任何一个种属都是严格地由于亲缘关系而从另一个种属演绎出来的，而单纯用归纳法来证明进化论是不可能的，因为进化论是完全反归纳法的……假如归纳法真的不会出错误，那么有机世界的分类中接连发生的变革是从什么地方来的呢？这些变革是归纳法的最独特的产物，然而一个变革推翻了另一个变革的成果”（恩格斯，1925）。

八、生命世界中的对立统一

生命也是一种物质，只不过它是由极为复杂而特殊的有机物组成罢了。生命世界中也充满着各种生命形式的相互作用（联系）、运动、发展与演化。那是否对立统一也是驱动生命系统中的核心动因呢？

1. 个性与共性

细胞是生命诞生的必经之路，而细胞是按一定的共性规则组织起来的个性化实体，是个性与共性的对立统一。生命之个性试图从共性中逃逸，而共性则使个性向一些核心聚集与收敛。生命从共性演化出个性，又在更高的层次上走向新的共性，并以此去引领更高级的个体性……。

美国物理学家、诺贝尔物理学奖得主盖尔曼在《夸克与美洲豹——简单性和复杂性的奇遇》一书中说，基本粒子没有个性（如所有电子都是严格地可与其他电子交换的，光子也一样），而博物学家研究的是有个性的物种，包括我们人在内的生物（盖尔曼，2002）。法国哲学家、神学家和古生物学家德日进（Teilhard de Chardin，1881~1955 年）在《人的现象》一书中说，存在“宇宙间两种东西的竞争，一个是统一起来的‘重复体’（multiple），而另一个是未组织的‘纷纭体’（multitude）……”（de Chardin，1955）。歌德在“个体与全体”一诗（创造于 1821 年）中说，“为了置身于无限之中，个体情愿消逝无踪”。

一般来说，一个对象越是处于简单的物质层次，共性特征越明显，而越处于复杂的层次，个性越明显。或者说，简单性易于共性化，而复杂性易于个性化。因此，生命（细胞）起源之初就是一个共性的物质世界个性化的过程，但是生命又在更高的层面上发展出共性——创造了以 DNA 为基础的遗传过程，并通过细胞分裂制造出携带种族共性的个性化实体。因此，从这个侧面来看，生命也是在个性与共性的对立统一中起源、发展与演化而来的。

2. 开放性与封闭性

个性化的细胞还必须解决开放性和封闭性之间的矛盾。生命系统是开放性与封闭性的对立统一，它既是开放的，也是封闭的，既不能完全开放，也不能完全封闭。如果它完全开放，就不会有生命的个性，一切生命形式将不复存在；而如果它完全封闭，就不能与外界发生相互作用，即不能与外界进行物质和信息的传递或交换。生命的起源就是一种从完全的开放性中引入一定封闭性并寻求相对平衡的过程。

生命细胞必须是一种半开放系统，它必须允许一些物质的进出，但不能是全部。它无时无刻地与所处的外部环境发生作用，汲取营养物质，将化学能转化为热能，不断加工信息……。因此，生命也是在开放与封闭的对立统一中实现结构与功能的不断发展与演化的。

3. 生与死

一切生者为何都逃脱不了死亡之宿命？或者说，生为何一定需要死呢？在笔者看来，这不过是一种演化的产物。在生命开始之时是否就存在生理性死亡呢？好像并非如此，如细菌的增殖方式就是一分为二，笔者称这是一种生理性的永生模式，现在的原核生物以及一些单细胞的真核生物依然保留了这种原始模式。但是，在现实世界中，任何个体又都逃避不了死亡——不论由于何种原因。

多细胞真核生物显然选择了一种完全不同的道路——将死亡过程生理化与程序化，当然这是筛选出来的合理性（相对于种族的利益而言）。这种程序性生理死亡的控制有时精确得简直难以置信！这就是发育与生存的程序化问题——为了个体，需要细胞的程序性死亡；为了种族，需要个体的程序性死亡！

因此，生命既是生，也是死。自然界不会存在永生的个体，死亡是新生的必然前提。种族赋予个体生命之恩惠，但也给予个体死亡之厄运。种族赋予个体求生之本能，在生与死的对立统一中，实现一种特殊的生命运动——种族的延绵与发展。个体生死，种族亦然。

此外，个体在生理性上的生—死模式还体现了物种的生态对策，即追求数量的 r–对策和追求质量的 K–对策，而这种生态对策还依赖于物种行使的生态功能与栖居的生存环境。物种的寿命设计正是反映了这种与生态对策相关联的生与死的对立统一。

4. 遗传（稳定）与变异

为何遗传（稳定）与变异是对立统一的？所谓遗传是指经由基因的传递，使后代获得亲代特征的过程，因此，遗传维持物种在世代间的稳定，而变异则破坏这种稳定，这两个对立的因素存在于一个统一的生命体之中。

遗传与变异是生命的本质特征，两者缺一不可。没有遗传就不会有任何物种的存在，而没有变异，就不会有新物种的分化，也就根本不可能在地球上演化出数以百万计的生物物种。正是遗传与变异之间的对立统一才是推动物种不断分化（一种生命运动）的内在动力，而这种对立统一是借助于生殖（特别是有性生殖过程中内禀的遗传变异特性）的平台来推动物种分化的。这种特殊的生命运动将会无限的持续下去，但地球表面的物种数最终趋向一个平衡水平。

为何遗传与变异的对立统一会推动物种不断分化呢？这与保持遗传性的基因库的特性密切相关。存在于一个物种的所有个体中的基因及其组合与关联方式称为基因库。基因的变异可以使基因库中的遗传多样性增加（如等位基因），这一方面可增加物种的适应性，但另一方面变异的不断增加又不可避免地将会削弱基因库的稳定性（如降低个体间交配的成功率），从而导致基因库的分裂，因此而形成新的物种。因此，在基因库的层面上来看，这种多样性与稳定性之间的矛盾导致了物种不断分化这一特殊的生命运动过程。

上述的这些范畴（个性与共性、开放性与封闭性、生与死、遗传与变异）都可以看成是位于同一个生命个体内部的矛盾，对立面可以相互转化，这种对立统一推动相关的生命运动形式或模式的不断发展与演化。

5. 种间的对立关系——捕（牧）食者与猎（食）物

还存在一些物种之间的对立关系，如牧食者与植物、捕食者与猎物、病原菌（寄生虫）与宿主等。牧食者以植物为食，而植物则发展防御（化学的、结构的等）来与之对抗，之后牧食者再创造出新的手段来破除防御，而植物再找出新的手段与之抗衡……。捕食者与猎物之间也存在类似的关系，是一种不断演化的追逐与逃跑、猎杀与抵抗的游戏，其结果是动物们生长出各式各样的进攻与防御武器，演化出飞墙走壁、飞奔如梭的运动能力，发展出各种各样的令人惊叹的拟色或拟态的本领……。但是，这种对立面不能直接转化，牧食者不能转化为植物，植物也不能转化为牧食者，捕食者与猎物也如此。这种对立关系的根源在于营养，而且不是互相依赖，是高营养级生物对饵料或猎物的依赖，因此就无法找到辩证法所说的统一性。这种看似“零和游戏”的物种之间的生与死的对立，确确实实也是能够推动物种分化的生态动力。

当然，这种源于物种之间相互对立（或许也可称之为“外在矛盾”）的推动力最终还得依赖于生命个体内在的对立统一（如遗传与变异）去实现。从表象上来看，甚至物种之间的协作关系（如显花植物与传粉昆虫）也是推动物种分化的极为重要的生态动力，当然，这也得依赖于生命个体的遗传与变异的对立统一。这些似乎恰如伟人毛泽东所说：“外因是变化的条件，内因是变化的根据，外因通过内因而起作用”。笔者认为，在生物世界中，这种外因可以是对立，也可以是协作，但内因必须有内在的对立统一的驱动力。

生命世界包含诸多的结构层次与运动形式，因此蕴含有各种各样的对立统一。还有比遗传-变异更根本的对立统一吗？答案是，有！这就是电子和原子核之间相互吸引与排斥的对立统一。原子核带正电荷，而核外电子带负电（电子质量约为质子质量的1/1836），它们之间既吸引又排斥（这种排斥力既来自原子核外电子之间的静电库仑斥力，也来自核外电子高速绕核运动的离心力），是物质世界在最微观层面上的一种对立统一体，地球上万物的变迁都可收敛于此，即一切更高层面的对立统一都是自它衍生而来。这样，哲学家关于个别事物的内在矛盾与事物间的普遍联系就从化学上得到了有机的融合。因此，从化学上来看，围绕原子核高速运动的电子以及它们在不同元素的原子之间的迁移、组合或共享才是地球上万物变迁的真正动因。当然，对宇宙来说，像太阳这样的恒星涌现的巨大能量辐射则是由核反应（如将氢变成氦的核聚变，此时两个能量足够高的氢核克服库仑斥力而发生了融合，质量亏损的同时释放出巨大能量）所驱动的，据称在现有的化学元素中，除氢之外均是通过天然核反应合成的。此外，核反应可能在地球内部（地核）也在发生，只不过没有太阳那么强烈而已。从某种意义上来说，天然的核反应塑造了现存的宇宙环境（包罗地球倚赖的太阳系），而地球则在太阳光能的驱使下，主要通过电子介导下的简单化合物的组合与链接开启了生命的演化之旅，但这并非元素的创新而只是它们的重排或重组。

九、围绕辩证法之争

1. 对事物中存在对立统一因素的否定

拉·梅特里在他于1748年匿名出版的《人是机器》一书中隐含地对辩证法

进行了猛烈的抨击："用不着说，我指的就是那些空洞、烦琐的观念，那些千篇一律的可怜的理论，硬说有两个不断地相互接触、相互影响的实体绝对不相容地对立着；只要偏见和迷信还在地面上留有影子，这样的滥调是不会停止的"（梅特里，1996）。只能说，这是一种情绪性的无端攻击，虽然黑格尔的确也喜欢使用一些隐晦不清的语言，但也不至于弃之如敝屣。

2. 对"正题—反题—合题"或"否定之否定"的批判

①有理的批评

恩格斯在《反杜林论》一书中说："……一颗大麦粒得到它所需要的正常的条件，落到适宜的土壤里，那么它就会在热和水分的影响下发生特有的变化：发芽；而麦粒本身就消失了，被否定了，代替它的是生长起来的植物，即麦粒的否定。而这种植物的生命正常进程是怎样的呢？它生长，开花，结实，最后又产生大麦粒，大麦粒一成熟，植物就渐渐死去，它本身被否定了。作为这一否定之否定的结果，我们又有了原来的大麦粒，但不是一粒，而是加了10倍、20倍或30倍……在数学上也是一样。我们试取任何一个代数的数，如 a，如果我们否定它，我们就得到 $-a$（负 a）。如果我们否定这一否定，以 $-a$ 乘 $-a$，那么我们就得到 $+a^2$，就是说，得到了原来的正数，但是已经处在了更高的阶段，即二次幂的阶段"（恩格斯，1970）。一些反对者借机对辩证法大肆抨击，认为这是一种认识论的灾难。笔者也认为恩格斯将这个大麦粒生活史的过程以及代数的运算过程作为否定之否定的例子，确实是不合时宜，是一个失败的举例。

另外，黑格尔和恩格斯将辩证法的三段式当成支配万事万物的普遍规律也是不合适的，也因此而遭受到了大量的批判。一些批评者认为，即使是人类社会也不可能到达像他们设想的那种绝对精神或和谐天堂的境地。它不是教条，而应该限定于一定的对象，也应该设置一定的边界条件。

②无理的批评

奥地利籍学术理论家和哲学家波普尔（Karl Popper，1902～1994年）用社会科学的例子来批驳辩证法的三段式，他提醒人们注意辩证法家所用的隐喻："辩证法说正题'产生'了它的反题。实则只是我们的批判态度产生了反题，如果缺乏这种态度——情况往往如此——就不会产生反题。同样，我们必须当心，不要以为正题同反题之间的'斗争''产生'了合题。斗争是一种理解力，理解力必然可以产生新思想，而人类思想史中却有许多无益的斗争最后一无所获。即使得到了合题，说它'保留'了正题和反题中的最好成分，通常也只是对这一合题的相当粗糙的描述"（Popper，1968）。

法国生物学家、诺贝尔生理学或医学奖得主莫诺（Jacques Lucien Monod，

1910～1976年）则用生化例子来予以批驳，他说，“阻抑剂使转录失活；反过来，诱导剂又使阻抑者自身失活。经过二重否定后得到了正的效应，得出了一个‘肯定’的结果。我们可以再加上一句，这种否定之否定的逻辑并不是辩证的：它并没有产生一个新的命题，只是复述了早已用遗传密码记录在DNA结构中的原来的说法。生物学调节系统的逻辑不遵循黑格尔哲学的定律”（莫诺，1977）。

恕我直言，波普尔和莫诺列举的批判辩证法的这种例子与恩格斯列举的支持辩证法的大麦粒和（$-a$）^{2}的例子一样，都是既可笑又愚蠢，也不过是井蛙之见。在笔者看来，波普尔和莫诺的思维在近距离上的分辨率过高，就如为了眺望那广袤无垠的宇宙，需要的不是极精密的显微镜而是超广角的望远镜一样。因此，对宇宙万物真谛的认识离不开哲学的博大精深。在高瞻远瞩的伟大哲人（如赫拉克利特、亚里士多德、黑格尔等）面前，那些装扮得一副怡然自得模样的批评者，在哲学上仍然是些可怜的凡夫俗子，智慧之差可谓不啻天渊！恰如诗人歌德所言，“最难忍受的蠢事乃是蠢人劝告聪明人”。再想想罗素的那句名言，来自科学和神学对哲学的攻击也不难理解。

需要指出的是，辩证法也绝不是像一些人批评的那样只是一种咬文嚼字或辞藻雕琢，至少它有时也可以帮助人们拨开障眼的知识迷雾，将挣扎在黑暗之中的凡者带入美丽、光辉与澄明之境。

3. 将辩证法等同于一种万物有灵论

莫诺（1977）批评道，“黑格尔的假定是，支配宇宙演化的最一般的规律是辩证法规律；在认为除了精神之外再也没有什么永恒的和真正的实在的体系中，这个假设是适得其所的……要想原封不动地保留这些主观的规律，并把它们当成纯粹物质宇宙的规律来加以运用，那就是以最明目张胆的方式去提出万物有灵论的设想……唯物辩证法仍然试图提出一个系统的主观的解释，通过这种解释，自然界就表现为具有一种向上的、积极的、创造性的意向，也就是说，自然界总是有一种目的的。这一切使自然成为可解释的和有道义上的意义的。但不管它怎么乔装打扮，我们总还可以识破它无非是‘万物有灵论的设想’的翻版”。依笔者之愚见，思辨贫乏的“慷慨”还不如悭吝，一个不毛的荒原上何以能铺盖上五色斑斓、飘逸出馥郁花香呢？

4. 辩证法——至少在具有灵魂的生命世界是有用的法则

首先关于黑格尔提出的“正—反—合”(被恩格斯称之为“否定之否定”）模式，虽然它不可能毫无条件或边界地被扩展到整个宇宙，但是，在具有适应性或学习功能的生物界和人类社会，仍然有它自身的存在价值。其一，它能很好地诠释人类思维是一种朝向自我完善与自我发展的连续过程；其二，生命从简单向复杂（特别是在通往人类这一个分支上）的进化之旅或许也受控于某种类似的机制。法国哲学家、诺贝尔文学奖得主柏格森（Henri Bergson，1859～1941 年）在《人的现象》一书中提出的关于生命（进化）就是一种延绵的思想其实也是黑格尔学说的另一种表述（柏格森 1907）。连波普尔也承认，“简直无可置疑，辩证法三段式很好地描述了思想史的某些步骤，特别是观念和理论的某些发展，以及根据这些观念或理论所兴起的社会运动的某些发展”（Popper，1968）。

量变与质变的关系也不是子虚乌有。在生命世界的各种层次广泛存在量变与质变之间的相互转化。例如，在决定物种性状的基因库中变异的不断累积（量变）终将导致基因库的分裂而产生新的物种（质变），基因库的变异累积—分裂—变异累积……的循环往复是一种从量变到质变、再积累量变再到质变……的循环过程，因此，生物物种的分化正是融合于这种量变与质变的相互转化之中的。

试问，如果没有从量变到质变的飞跃，地球上的生命是如何从一般的分散的有机分子进化到有组织的细胞的呢？德日进说，“大分子的形成这一段宇宙上的时期绝不只是我们所说的演化时期上的附加阶段而已。它还应有更重要的意思，即需要有一个结束它或综合它的临界点的存在。这就是我们所说第一个细胞出现时就必须有第一阶段的演化上的中断这个观念的意义”（de Chardin，1955）。

关于对立面的斗争与统一，早在 2000 多年前的古希腊，赫拉克利特就将其视为事物发展的动因。试问，是什么驱动着地球上的物种接二连三地纷纷诞生的呢？石头为什么不能生出另一个一模一样的石头，而只有生命能够如此呢？物种的不断分化不正是由于其遗传与变异之间的矛盾或相互作用所推动的吗？由物种之间的对立或斗争所推动的生命形式的发展与演化的例子也举不胜举，如植物与牧食者、捕食者与被捕食者、寄生者与宿主……。

结　　语

存在于地球上的一切生灵都会不同程度地感受着日月星辰、风雨雪霜、春夏秋冬等自然之起落韵律，也无一例外地经历或目睹着无尽的生死轮回、世事变迁甚或沧海桑田，不知何时，我们的祖先——智人不再满足于对身边的花草树木、飞禽走兽、群山万壑等的认知，也开始好奇地琢磨在广瀚无涯的宇宙中那雷霆轰鸣的闪电、深邃邈远的苍穹、琳琅熠烁的群星……随着从原始的动物性中的慢慢蜕变，人类的祖先从无意识的感受逐渐发展到有意识地观察与思考这些自然现象变迁的规律性也就不足为奇了——这就迎来了哲学的诞生。2000 多年前的古希腊哲学家用一种朴素的辩证唯物主义哲学观解释了世界的本原及动因，为后来的哲学家和科学家提供了有用的思维工具，其影响延续至今。虽然这些古圣先贤们对物质性的认识不够准确，但却能超然远览，对统御宇宙万物的动因或抽象规律性之见解颇具启迪性，为人类的认知提供了一种玄秘的圣器。

关于量变与质变，法国哲学家德日进曾精辟地指出，“不管是哪一类的东西，只要在量度上超过了某种程度，它必然会突然改变它的形式、状态或性质。圆弧收敛、表面聚集成一点、液体沸腾、细胞分裂，而直觉也会在积累的事实上冒发出来……临界点到达，就好像爬上梯子，包含了境界的转变——在发展的过程中有了这样的跳跃……在自然界中，如没有长久的成熟期便不能有深刻的改变”（de Chardin，1955）。

在德国哲学家黑格尔那里得到系统化与升华的辩证法，为人们认识世界之动因提供了一把有用的钥匙，即从事物内在的对立统一中去把握对立面及其相互转化（或渗透），从否定的东西中把握肯定的东西，从量变中把握质变，等等。黑格尔认为，人类的思维是一种运动，遵循一种三段式的演进模式——正题、反题和合题，之后，合题又成为一个新的正题……如此循环往复，这是一种朝向自我完善的自我发展的连续过程，如果借用柏格森的说法，这就是一种延绵。有机体中的遗传与变异是驱动物种不断分化的内在动力，因此，生命的发展与演化也是由其内在的对立统一所推动的。

从古希腊开始，具有辩证思维的哲学家们就一直在探寻或思索什么才是控制万物变化的统一性动因这样的问题。从赫拉克利特的对立面的斗争、恩培多克勒的“爱”与“争”、阿那克萨戈拉的“努斯”（指心灵或理性），到莱布尼茨的有活动能力的“单子”……，这其中，阿那克萨戈拉与莱布尼茨都假定了一种精神性本原，不同之处在于前者是外部的，而后者是内部的。莱布尼茨认为存在一种有活动能力的“单子”，一切事物皆由它聚合而成，因此充满生命活力。虽然这个神秘的“单子”被扣上了“物活论”或“唯心论”的帽子，但它的启迪性却不可否认。笔者认为，只要将这个想象的“单子”换成科学的原子，一切就迎刃而解了，即万事万物的变迁都可追溯至原子核与高速绕行电子之间的吸引与排斥的对立统一以及电子在不同原子核之间的迁移、组合或共享。试问，难道这不正是关于地球上万物动因的最根本的物质性解释么？

第二章　自然界之循环

在圆周上，起点和终点是重合的

——赫拉克利特（Heraclitus，公元前540～前480年）

太阳在始终不停地运行，时间一到，黑夜也必须放出光明

——歌德（Johann Wolfgang von Goethe，1749～1832年）

古希腊哲学家认为，一切皆流，无物常住，这似乎是在说世事瞬息万变。但是没有万物的相对稳定性，何以有万物之存在呢？世间的万事万物都不可能永恒存在，就像生命，有生的那一刻，就必定会有死的那一刹。哲学家用了两个词——“生成”与“消灭”来形容这样的过程。而唯有循环一词既可意味永恒的变化，也可意味永恒的存在（不管它是在抽象的意义上或在相对的意义上）。

事实上，我们人类寄居的这个自然界也是由无数种大大小小的循环构成的一种极为错综复杂的地球系统。例如，季节的更替是人人都容易理解的一种对称性循环：春—夏—秋—冬，周而复始，循环往复，它起因于地球绕太阳的周期运动。生物圈中的生产者—消费者—分解者则是一种在生态系统水平的物质循环，它贯穿了一系列特定生源要素（C、N、P、S等）的循环。植物的发芽—生长—开花—结果是在生物个体水平的一种生活史循环。而细胞中的三羧酸循环、卡尔文循环等则是生化水平的代谢循环。

2000多年前的古希腊哲学家就开始从事物的生成与消灭来探讨自然界中事物的循环。那时人们还缺乏关于物质构成的科学认识，哲学家只是提出了许多关于物质成分的假说。只要是物质性的存在，它的生成就不可能无中生有，而它的消灭也不是化为乌有。本章简略地介绍哲学家对循环的思考以及自然界中与生命运动相关的出现在不同结构层次上的若干循环。

一、循环的生成与消灭——概念与逻辑

古希腊哲学家亚里士多德在《论生成与消灭》一文中对事物的生成与消灭的问题进行了系统的论述与分析（亚里士多德，1991b），认为宇宙的生成不衰在于万物的循环生成与消灭。

1. 亚里士多德论生成、消灭与质变

① 基本概念

亚里士多德（公元前384～前322年）对他之前的古代哲学家关于生成与质变的观点进行了分析，认为这取决于他们对构成事物的质料成分的看法。他说，“主张万物皆由单一元素构成的人们，必然宣称生成和消灭是质变……而那些主张物种比一更多的人必定要区分质变和生成；因为生成和消灭是多种元素集合与分散的结果……恩培多克勒说‘自然万物全无生成，只有被混合物的混合与分离’……”。

亚里士多德规定了量变、质变与生成（消灭）之间的关系：“载体之所以是连续性生成的质料因，是因为变化要成为相反面……当相反面的变化发生在数量方面时，就是增加和减少；当发生在地点方面时，就是移动；当发生在属性方面，即性质方面时，就是质变；当其结果是属性或一般的偶性的变化，没什么保持不变时，就是生成，相反的即为消灭。”

事物存在寿命吗？亚里士多德说，“各类事物的时间（生命）有一个数目，并因此而得以区分。因为万物都有次序，每个生命和时间都被一个期间度量，虽然不是全都用同一期间度量，而是有些用较短的期间，有些用较长的期间；因为有些的度量是一年，有些则较长或较短”。

如何区别生存与消失呢？亚里士多德说，大多数人认为“区别的依据是感知性与非感知性；因为当变成可以感知的质料时，他们就说生成了，当变成不可见的质料时，就称为消灭了。他们区分存在与非存在是根据被感知和没被感知，正如可知的东西存在，不可知的东西不存在一样……”。

②生成和消灭的辩证关系

生成和消灭一定是事物的相互变化吗？亚里士多德认为：“变成单纯的非存在的路径是单纯的消灭，变成单纯的存在的路径则是单纯的生成……如若有单纯的生成，某物就会单纯地从非存在生成，这样，说非存在属于某物就会是真的了……在一种意义上，事物生成于单纯的非存在，但在另一种意义上，却总是生成于存在。因为必定有某种潜能上是，但现实上不是的先在的东西……如果某物生成，它显然会潜在地是一个实体，虽然现实地不是，生成会出于它，消灭必然变成它。”

生成不衰竭可能吗？亚里士多德说：“为什么事物被毁坏时生成总在继续，因为，正如当一物已成为不可感知的和不存在的时，人们说纯粹的消灭一样，当一物从不可感知的状态出现时，他们也说从非存在中生成。所以，无论载体是不是某物，生成都出于非存在。因此，一物生成于非存在与一物消灭为非存在是一

样的。可见，生成不衰竭是可能的；既然生成是非存在的消灭，消灭是非存在的生成。”

为什么有些事物被说成是单纯的生成和消灭，而另一些则不是呢？亚里士多德认为，“这是由于范畴的不同；因为有些表示某一‘这个’，有些表示‘这种性质’，有些则表示‘如此数量’。所以，不表示实体的那些东西，就不能被说成单纯的生成，而只是什么生成……在实体方面，一物的生成总是另一物的消失，一物的消失总是另一物的生成”。

2. 亚里士多德论必然性—永恒性—无限性—循环性

亚里士多德在《论生成与消灭》一文中问道：“是由于此物的消失即彼物的生成，此物的生成即彼物的消灭，才使得变化永无止息吗?”，他推理道：“如果被消灭之物消失为非存在，而非存在即是无……如果存在的某物总是不断消失，那为什么宇宙整体没在很久前耗尽蚀光呢，假如每个生成物由以生成的质料有限的话？生成不衰的原因不是因为它由以生成的质料无限，这是不可能的。在现实方面，没有什么是无限的，只有在划分上潜在的无限……”（亚里士多德，1991b）。这其实是在诠释宇宙的永恒存在与永恒变化——永不停息的生成与消灭，因此，必然是一种循环的方式。

汤姆逊在《古代哲学家》一书中说，在赫拉克利特（公元前540～前480年）看来，“‘在这一循环的边缘上，开端和终结是相同的’。每一个终结就是一个开端，因此，既没有开端，又没有终结；世界是永恒的”（屈万山，1987）。

亚里士多德在《论生成与消灭》一文中说，“如果事物的生存是必然的，它的生存就是永恒的，而如果是永恒的，也就是必然的。因此，如果某物的生存是纯粹必然的，它就必定是循环的，即返回自身。因为生成必然要么有限度，要么无限度；如果无限度，它必定要么是直线式，要么是圆圈式。但是，如果生成是永恒的，就不可能是直线式，因为它没有开端，无论我们向下考虑（当成将发生的事）还是向上追溯（当成已出现过的事）。但生成必然有开端，虽然不是有限的，而是永恒的。因此它必然是圆圈式……正是在圆圈式的运动和生成中，才有纯粹的必然，也就是说，如果过程是圆圈式，其中的每一个环节必然会生成或已经生成，如果过程是必然的，它们的生成就是圆圈式”（亚里士多德，1991b）。这精彩地诠释了必然性—永恒性—无限性—循环性之间的辩证关系。正如亚里士多德所说，“既然无限没有开端，也就不会有使其他环节必然生成的第一者”，他相信必然的生成必定是一种返回自身的循环方式。

3. 黑格尔——认识的无限循环过程

德国哲学家黑格尔（1770～1831年）精辟地阐述了认识的无限循环过程，他在《逻辑学》一书中解释哲学开端时指出：“开端的规定性，是一般直接的和抽象的东西，它的这种片面性，由于前进而失去了；开端将成为有中介的东西，于是科学向前运动的路线，便因此而成为了一个圆圈……那个造成开端的东西，因为它在那里还是未发展的、无内容的东西，在开端中将不会被真正认识到，只有在完全发展了的科学中才有对它的完成了的、有内容的认识，并且那才是真正有了根据的认识”（黑格尔，1922）。也就是说，他并不认为开端就是绝对真理，而需要一个不断循环发展的过程以接近绝对真理。在这里，黑格尔似乎是借用了赫拉克利特关于“在圆周上，起点和终点是同一的”的说法，并将其引申到了认识过程。黑格尔（还有赫拉克利特）的这种辩证思维被一些现代科学家所仿效。

黑格尔在他的《自然哲学》一书中指出，“个体性把自身规定为特殊性或有限性，而又否定这种有限性，并向自身回归，在过程的终点使自己恢复为开端，这是一个无限的过程”（黑格尔，1986）。

4. 马克思——具有历史性轨迹的循环

德国哲学家马克思（1818～1883 年）认为，自然界“从最小的事物到最大的事物，从一粒沙子到太阳……到人，都处于……永不休止的运动与变化之中”，但是自然界也不是简单地以一个永远不变、周而复始的轨迹运动的，它经历着一种真正的历史。变化意味着出现新的结构和前所未有的形式，引起变化的仅仅是事物的量的改变，量的改变就产生了具有新的质的东西（斯通普夫和菲泽，2008）。也就是说，马克思认为周而复始的循环是具有历史性轨迹的，但其实，这类似于黑格尔的思想，就是黑格尔所说的“正—反—合”的模式。

二、非循环的世界观——走向上帝

在神学统治的中世纪，哲学家否认循环的世界观，认为上帝是其他万物得以存在的基础。阿维森纳和安瑟伦的观点就是这样的案例。

1. 阿维森纳

阿拉伯哲学家阿维森纳（Avicenna，980～1037 年）说：凡是开始存在的东西（就像我们经验到的一切事物那样）必定有一个原因。需要一个原因的事物被称为可能的存在。原因如果也是可能的存在，那它肯定也是被先前的存在所产生的，而这先前的存在也必定有一个原因。但是不可能有这样的一个无限系列。所以，必定有一个第一原因，其存在不是可能的而是必然的，它的存在在他自身之中而不是来自于一个原因，而这种存在也就是上帝（斯通普夫和菲泽，2008）。

2. 安瑟伦

基督教经院哲学家和神学家安瑟伦（Anselmus，1033～1109年）认为，每一个存在着的事物，要么由于某物而存在，要么由于无而存在，显然，它不能产生于无，因此，剩下的选择就只能是二者之一：一个事物要么是被别的事物所产生，要么是被它自己所产生。它不可能被它自己所产生，因此在它存在之前它是无。说它被某种别的东西所产生，将意味着事物之间相互产生，但这也是荒谬的。因此，必定有唯一一个来自自身且使其他万物得以存在的东西，而这就是上帝（斯通普夫和菲泽，2008）。

三、宇宙与地球地貌的循环生成与消灭

宇宙与地貌的变化都是自然界中最为漫长的过程，宇宙循环只是一种假说，地貌循环则是一种根据知识进行的间接推理，虽然是极为可能的。

1. 宇宙——无始无终，循环往复

古希腊哲学家阿那克西曼德（公元前610～前546年）认为同时并存着许多世界和宇宙体系，它们全都会消灭，在它们的创生和毁灭之间有一种不断的交替，并相信这个循环的过程是有严格的必然性的："万物由之所生的东西，万物毁灭后由于必然性复归于它；因为万物按照时间的秩序，为它们彼此间的不正义而受到惩罚并相互补偿"（斯通普夫和菲泽，2008）。他认为一切事物都有开端，而"无限"没有开端，世界自它而生，又复归于它。

类似地，现代的天体物理学家也提出了所谓循环宇宙模型理论，认为宇宙无始无终，即宇宙既没有"诞生"之日，也没有终结之时，只是在一次又一次大爆炸—大反冲之中循环往复，以至无穷。最近 Frampton 等提出了一种称为"小撕裂模型"来支持循环宇宙模型理论，它是基于这样的一种推理，即所能观测到的"可见物质"仅占宇宙质量的很小一部分，而占据主导地位的是暗能量，这种神秘物质的密度似乎是不随时间改变的，这就意味着，即便宇宙随时间推移不断膨胀，暗能量也不会随之被稀释。而且，随着宇宙的无限膨胀，物质连接物、原子和分子等基本粒子，甚至亚原子粒子都将被撕裂。既然所有的物质都被撕裂了，那么它们还能再次聚合在一起，形成新的恒星和星系，循环往复，这样就解决了传统的循环宇宙模型中面临的熵的悖论问题。其实，只有回到循环之上，宇宙之生灭的合理性才会更容易扎根于人类的心灵或认知之中。

2. 地貌——隆升与侵蚀的轮回

早在古希腊，亚里士多德就在《天象学》一文中指出，"地球的相同地区并

非总是潮湿或干燥，而是依据河流的生成与干枯发生变化。因此，陆地与海洋也发生变化，并非一些始终是陆地，另一些始终是海，而是在曾为陆地的地方现在成了海，现在是海的地方又重新变成陆地。我们必须认为，这种变化依照某种次序，而且是循环的……当河流在一个地方退落并消失时，就相应地在另外的地方生成……既然时间是无限的，宇宙是永恒的，那么，塔奈斯河与尼罗河就都不会永远流淌，它们曾经流经的地方总有一天要干涸；因为它们的行为有界限，而时间却没有。同样的说法也适于一切其他河流”（亚里士多德，1991c）。当然，这与赫拉克利特万物皆变的观念并无本质差别。

19 世纪末，美国地理学家戴维斯（Davis，1899）提出了所谓“地貌轮回说”或“侵蚀轮回说”的学说：构造运动使地壳隆升成山地，之后不断经受流水的侵蚀，可区分为以河流下蚀作用为主的幼年期，以侧蚀作用为主的壮年期和侵蚀微弱地面降低为缓坡的老年期，到最后地面被夷平为准平原（图 2-1）。然后地壳再次隆升，进入下一个轮回。这即所谓河流侵蚀轮回。类似地还有风蚀轮回、冰蚀轮回和海蚀轮回等。因此，地貌是构造、营力和时间的产物。当然，地貌的循环变化并非是一种绝对对称性的循环过程。

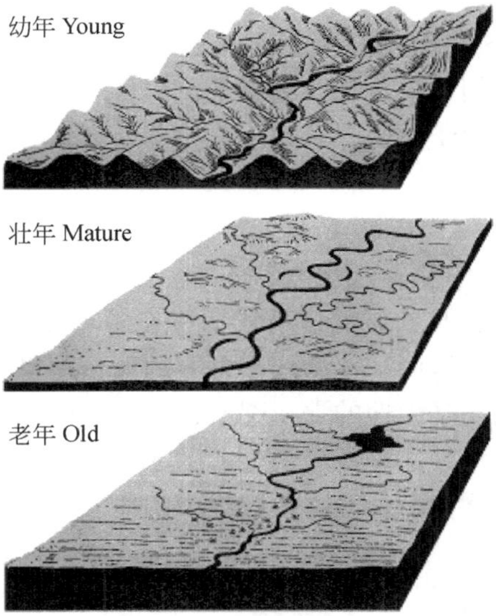

图 2-1　河流侵蚀轮回中不同时期的示意图（引自 www. staff. amu. edu. pl）

四、自然界中元素的循环生成与消灭

1. 哲学家思考的循环

对古希腊的哲学家来说，无论他们认为世界的本原是一种单一的成分或是多种成分，他们都认为物质循环地生成与消灭。例如，泰勒斯（公元前624 ~ 前546年）提出万物是从水产生的，最后又复归为水；赫拉克利特（公元前540 ~ 前480年）说，“火生于土之死，气生于火之死，水生于气之死，土生于水之死”。伊壁鸠鲁（Epicurus，公元前342或341~前270年）在论人的死亡与痛苦时，也谈到了一种物质的循环，他说，死亡不会使任何人烦恼，因为只有活着的人才有痛苦或快乐的感觉，人死了之后，就没有感觉了。这是因为构成我们身体和心灵的原子散开了，也就是说不再有这个特殊的身体和心灵了，有的只是大量的各不相同的原子而已，这些原子回复到物质的原初存在，继续进行新的构成物的循环之中。

古罗马诗人卢克莱修（公元前99~前55年）在《物性论》一书中说，“我将为你揭示事物的始基，自然用它来创造一些，用它来繁殖和养育一切，而当一件东西终于被颠覆的时候，它又使它分解为这些始基。在我的论说中我想把这些东西称为质料、产生事物的物体、事物的种子或原初物体，因为万物以它们为起点而获得存在……任何东西都不绝对消灭，虽然看起来好像如此；因为自然永远以一物建造他物，从不让任何东西产生，除非有他物的死来做补偿”（卢克莱修，1981）。

卢克莱修说，“原初物体有坚实的单一性，否则它们就不能被保存着，经过亿万年，经过无限的时间，以备补充消竭了的许多个世界”。这与留基波和德谟克利特及伊壁鸠鲁等的原子学说一脉相承，这些与现代科学所揭示的元素的特性惊人的一致！

法国哲学家霍尔巴赫（Paul-Henri Dietrich baron'd Holbach，1723~1789年）在其于1770年匿名发表的专著《自然的体系》一书中描述道：“动植物和矿物，到了一定时期，就要把它们从自然借来的那些原素或原质归还给自然，就是说，重新放在事物的总的堆积里面，重新放回万有的大仓库里去。那时候，土重新收回曾经作为物体之基础和坚固性的那一部分；空气则取得与它自己类似的部分以及最稀薄最轻的部分；水带走它所易于分解的那部分；火则断绝它和原有事物的联系，自由地去同其他物体配合。这样解组、解体、分化、分散了的动物的基础部分，将要形成新的配合；它们用来养活、保持或来毁灭新的事物，而在其他一些植物中，等到它们成熟了，便来养活和保持新的动物；这些新的动物，轮到它们，又来遭受和最初那些动物所遭受的同样的命运。这就是自然永恒不变的进程，这就是一切存在的事物必须循行的永恒的循环。就是这样，运动使宇宙的各部分的这一些从那一些产生出来、保存一些时候，然后又相继地被它们破坏掉，而存在物的总和却是永远一样的”（霍尔巴赫，1964）。由于那时自然科学知识十分有限，霍尔巴赫对一些现象的描述在现在看来也已经不是十分准确了，但是他领悟到了自然（按现在的科学语言就是生态系统）中物质的永恒循环，甚至似乎已经朦胧地映射出了生产—消费—分解这一生态系统的核心循环过程。

2. 现代案例——碳的循环

现在我们知道的关于地球上主要生源要素的循环包括碳循环、氮循环、磷循环等。以碳循环为例，大致可分为碳的生物循环和非生物循环两种基本过程。碳的生物循环包括光合作用和呼吸作用两个基本过程。

光合作用：大气中的 CO_2 进入陆生和水生态系统（图 2-2），绿色植物（包括低等藻类）运用光合色素吸收和传输太阳能（E），并通过光化学反应裂解水，放出氧的同时，将 CO_2 还原成简单的糖类，用于体内的一系列生物合成与代谢。光合作用的总反应式如下：

$$6CO_2 + 6H_2O + E \longrightarrow C_6H_{12}O_6 + 6O_2$$

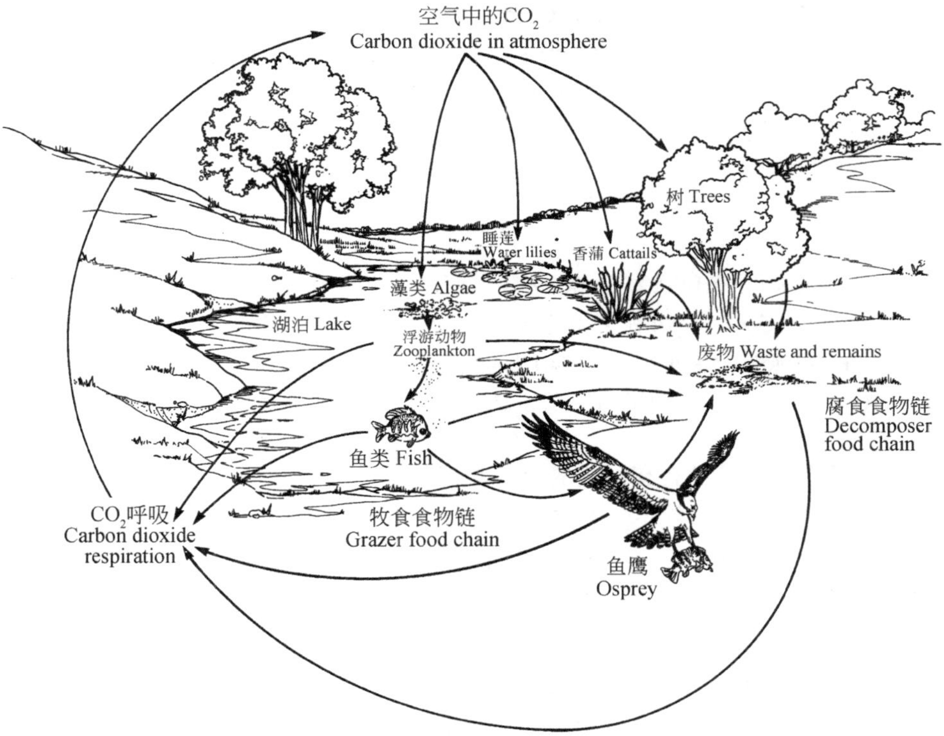

图 2-2　碳的生物化学循环示意图。碳在环境（空气和水）与生物体之间往复循环。碳被植物和藻类捕获，流向牧食者、肉食者和分解者。在这些生物体内，为获取能量有机物被分解并释放出 CO_2，使碳的循环得以持续（引自 Chiras，1991）

呼吸作用：光合作用所产生的一部分有机化合物在植物体内，或通过异养微生物，或通过牧食/腐食食物链在动物体内被分解产生生物能量、CO_2 和水：

$$C_6H_{12}O_6 + 6O_2 \longrightarrow 6CO_2 + 6H_2O + E$$

这是光合作用的逆反应。毫不夸张地说，在地球的生命圈层中，没有什么比这两个方程式反应的过程更为重要的了！

此外，碳还有一种非生物的循环过程。由地球内热驱动的构造过程不断地将海洋的沉积层冲入地幔中，其后又作为火成岩被火山过程流回。在这个过程中，CO_2被火山释放到大气中，再被风化作用所消耗（图 2-3）。

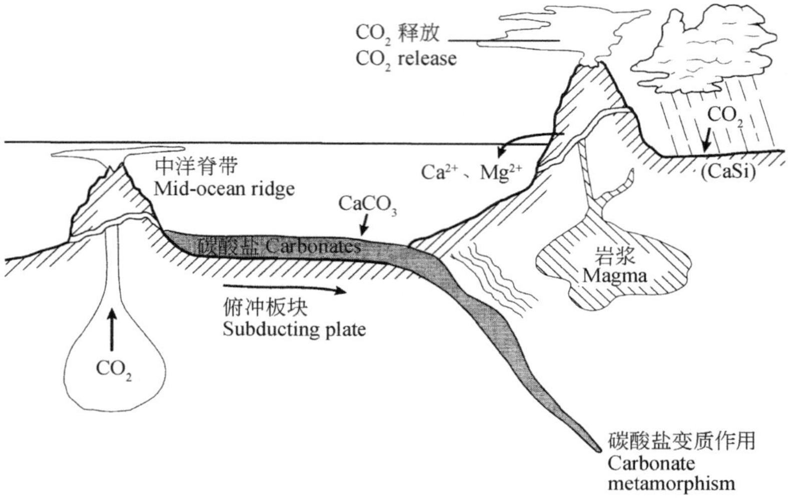

图 2-3　碳的地球化学循环示意图。CO_2从与中洋脊带的岩浆室相通的火山口中逃逸到海洋和大气中。CO_2与土壤和岩石中的硅酸盐进行交换，置换出 Mg 和 Ca 离子，而 Mg 和 Ca 则通过河流进入海洋。在海洋，Mg 和 Ca 又以碳酸盐的形式沉淀，沉降到板块边界的上层地幔中。俯冲带的 CO_2在高温、高压的条件下被释放，聚集在与火山相通的岩浆室中（Falkowaki，2002）

可以设想，如果没有有机质的分解与消耗，地球表面早就被植物残骸厚厚地覆盖，生命自身或许早就不复存在了。但是这并未发生，而且分解者和消费者还能利用植物的“废物”——O_2，又将植物固定的基本元素（CO_2）归还给大气，这真是自然界的神奇啊！这种关系演绎得如此淋漓尽致——使得包括我们人类在内的所有动物离开了植物的废弃物——O_2便无法生存了！可以推测，在动物诞生之前，原始海洋的生命系统可能只被结构简单的生产者和分解者所统治，随着动物的诞生和植物的登陆，生命才迎来了前所未有的扩张与繁荣。

需要指出的是，大自然虽然如此聪明，但也绝非那样的尽善尽美。其实，看似平衡的循环实则并非如此。如果是平衡的，那为何地球诞生以来，大气圈的氧气会不断上升？为何有那么多的石油和煤炭在地下得以埋葬（虽然人类正一步步地将它们燃烧殆尽送返回大气圈）？很显然，这是一种通过短期的循环来推动长期缓慢变化的模式。当然，在自然界的历史长河之中，人类作为动物界的一员（许多现代的人类似乎正在逐步淡忘这样的记忆），正在以前所未有的强悍，不断地改造着自然的进程，特别是不懈地强化自然界的整体呼吸作用而削弱整体光合作用，以满足人们对财富与享乐的需求，但谁知未来的福兮祸兮！

五、自然界中生命的循环生成与消灭

1. 个体的生活史循环

霍尔巴赫（1723～1789年）指出："同一个动物，因为它的机体的性质，会连续不断地从简单的需要走向复杂的需要，而这些需要同样也是它的本性的结果。例如，我们所赞美的美丽的蝴蝶就是这样，最初，它是一个没有生命的卵，热力从这卵中孵出一条虫来，虫变成蛹，接着它就变成一只我们看到的有着最鲜明的色彩的带翅的昆虫：达到这种形态之后，它便传种繁殖；最后完成自然交给它的任务，或者走完自然为它的族类划就的变化的圈子之后，它就是被剥去装饰，而必须消逝"（霍尔巴赫，1964）。霍尔巴赫说，类似的变化存在于一切植物中，人的情形也是如此。图2-4是蝴蝶个体的生活史循环。

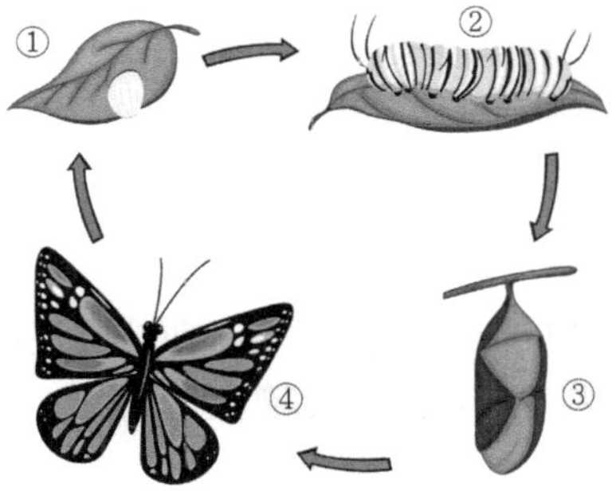

图2-4　蝴蝶的生活史。①卵—②幼虫—③蛹—④成虫的循环
（来源：www. edplace. com）

诗人歌德在"人性的界限"一诗（创作于1781年）中形象地说道，"一个小小的圆圈圈住了我们一生，世世代代的人持久地排在我们的生存之无尽的链条上"。

2. 组织水平的循环——血液循环

英国的哈维（William Harvey，1578～1657年）是著名的生理学家和医生，也是近代生理学的奠基人之一。他通过对数十种动物的实验研究，发现了血液循环的规律，即血液受心脏推动，沿着动脉血管流向全身各部，再沿着静脉血管流回心脏，这是一个（在有生之年）永不停息的循环过程。他于1628年出版了《心血液运动论》一书，公布了他的理论。图2-5是一个血液循环的示意图。

3. 生化水平的循环——艾根的超循环

诺贝尔化学奖得主——德国化学家艾根（Manfred Eigen，1927年～）在

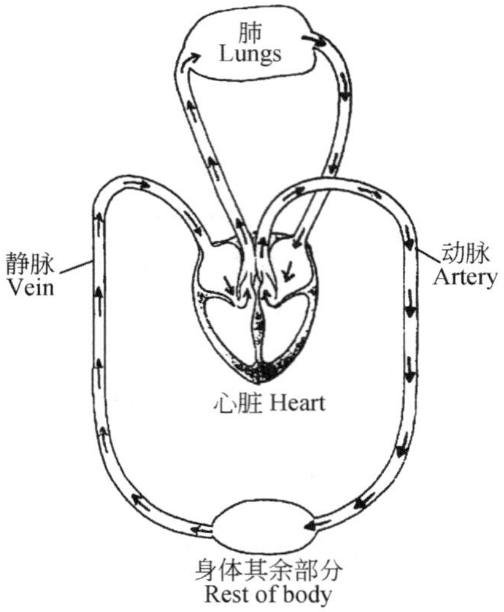

图 2-5　血液循环的示意图（引自 www. tattoodonkey. com）

《超循环论》一书中将生化水平的循环分为三个层次——反应循环、催化循环和超循环（hypercycle）。

反应循环：酶所催化的反应就是这一类，在这类反应循环中，反应物 S 通过催化剂 E 的作用，生成产物 P，最后催化剂又返回到起始状态。这样，在一定的期限内，酶可以循环使用。

催化循环：这一类反应循环中至少有一步是自催化反应，即至少有一个中间产物是自催化剂（所谓自催化是指反应的产物本身又作为催化剂，加速或延缓反应物向产物变化），如 DNA 的自我复制就是一种催化循环。

超循环：这是一类由循环构成的循环，或者说，由反应循环耦合起来的催化循环就称为超循环。这里主要是指功能上循环耦合联系起来的循环，即所谓的催化超循环。在超循环组织中，每一个组元既能自复制，又能催化下一个组元的自复制。超循环本身还可以再分为不同的等级，如基本的超循环、复合超循环等。

图 2-6 就是一个假想的催化超循环系统，含有两种大分子，多核苷酸（I_i）被多肽（E_i）所催化，后者又是前者的转录产物。艾根的超循环理论认为，反应循环是一个自我再生的过程，催化剂经过一个循环又再生出来；催化循环是一个自我复制的过程，产物自身作为催化剂又指导反应物再生出产物；超循环不仅自我再生、自我复制，而且还能自我选择、自我优化，从而向更高级的复杂性进化（沈晓峰和曾国屏，1989）。

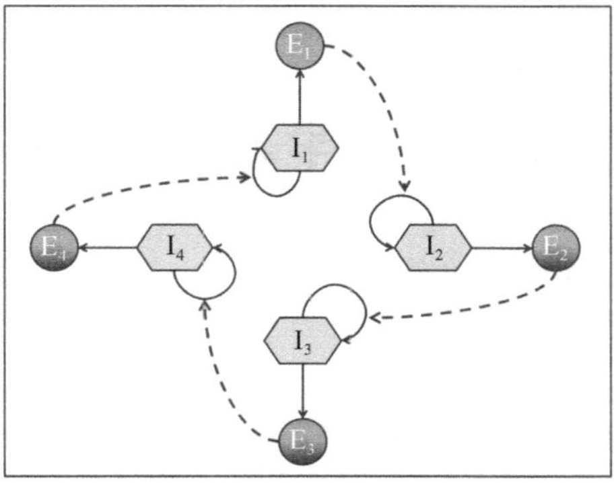

图 2-6　一个假想的超循环的示意图。每个红色的环表示单个的自催化系统。绿色的虚线表示一个自催化组分对另一个的放大效应（引自 Luiz Alexandre Silva）

结　语

生命的存在与运行就是通过在各种不同生命层次（生化、组织、个体和生态系统）上的一系列循环来实现的，如在生态系统中元素的地化循环、个体的生活史循环、组织的物质循环和细胞中的生化反应循环（如三羧酸循环等）。因此，它们就是生命车轮中的车轮，“碾”出了尘世中的姹紫嫣红、万花掩映！

还有，连一些重要的生物分子（如苯环、吡咯环、嘌呤环、嘧啶环、吡嗪环等）也是环状的，没有这些象征着循环意义的有机化合物，所有的生命根本不会存在。令人百思不得其解的是，为何生命要在各种花样中变幻着这种循环或环形的游戏呢？莫非是为了去追逐一种永恒的象征？或者干脆承认，生命的本质就是循环，虽然它不是永恒，但它借用了这种永恒的法则，通过一个又一个卑微而短暂的循环向那宏伟的种族永恒不断延绵！就像一个永恒的圆圈是由无数的点所构成的一样，个体恰似这渺小的点，而种族亦如那飞舞旋转的圈！

让我们欣赏哲学家叔本华对自然界的循环所作的精辟阐述吧。他说，“不论在哪里都无例外，自然的纯粹象征是圆形，因为圆形是循环的图示。这实是自然界中最普遍的形式，上至天体的运行，下至有机体的生生死死，万物之中的所行所为，只有借这种图示，才可能在时间的流动中产生一种现实存在，即眼前的自然”。诗人歌德曾说，“让开端跟着结束紧紧地结合一处”，这循环的寓意恰如该诗（创作于约 1801 年）的题名——“变化中的持续”！

第三章 欧洲哲学家和科学家对生命本质的认识历程

灵魂乃是有生命躯体的原因和本原……所有自然躯体都是灵魂的工具。

——亚里士多德（Aristotle，公元前384～前322年）

自然也以同样的质料生成我们的祖先，然后又毁掉他们而生成我们的父辈，然后又生成我们，一代接着一代。这种继续的生成之流是永不停止的，和它相对立的毁灭之流也是永不停止的……

普鲁塔克（Plutarchus，46～120年）

生命到底是什么？它时而像幽谷中隐隐的回响，时而似泉水里倒映着的月儿幽光，时而如那转瞬即逝的流星……它是现实，又是幻影，它有欢悦，又有惆怅，它温婉静谧，也放纵嚣张……。春天的姹紫嫣红为何要匆匆化为尘埃？为何生命像这样来而复去宛如潮汐？为何生命要这样始于绚烂而终于冥晦？

什么是生命的本原？从古至今，这一直都是哲学家试图阐释的重要问题之一。在遥远的古代，神秘的灵魂常常被视作生命的本原，因为，人们普遍相信，没有灵魂便没有生命。在原始的宗教那里，一般认为灵魂是一种超自然的非物质的组成部分，寄居于人或其他物质躯体之内并对之起主宰作用，可脱离躯体而独立存在，人死亡后其灵魂也称为鬼魂。无论如何，生命与灵魂似乎从来未能清晰地割舍过。希腊早期的哲学家们一般倾向于将世界的本原与灵魂相等同。

贝希（1998）说，生命在古人面前就是一个黑匣子，充满着奥妙与神秘。而哲学家正是一些凭借超人的思维、逻辑与天才试图在茫茫黑暗之中窥视这些奥妙的智者。本章的目的就是梳理古希腊以来（主要是）哲学家的生命观，以探本溯源。令人感慨的是，古代哲人对生命本质的见解如此之博大精深，让我们望尘莫及！

一、早期希腊哲学中的物活论思想

一般认为，早期的哲学是在摆脱宗教迷信的束缚下产生的。古希腊哲学家信奉朴素唯物论，他们将世界的本原归为水、气、火、土等物质性的东西。一方面，他们相信物质是永恒运动的，但另一方面又无法解释运动是如何得以实现的。那时，一些哲学家认为万物都具有灵魂，这就是所谓的物活论（汪子嵩等，1997）。物活论的根本问题就是混淆了有机物和无机物的本质界限。

1. 泰勒斯——灵魂是一种引起运动的能力，无生命的事物也有灵魂

泰勒斯（公元前624～前546年）以提出水为万物的本原而著名。亚里士多德在《论灵魂》一文中说，“根据泰勒斯的有关记载来判断，他似乎认为灵魂是一种引起运动的能力，他说过磁石有灵魂，因为它推动了铁”（亚里士多德，1992a）。

第欧根尼·拉尔修根据亚里士多德的记载说：“亚里士多德和希庇亚斯说，他（泰勒斯）认为即使是无生命的事物也有灵魂，他以琥珀和磁石来证明这一点”（汪子嵩等，1997）。恩格斯在《自然辩证法》一文中说，“早在泰勒斯那里，灵魂就被看成了某种特殊的东西，某种和肉体不同的东西（如他硬说磁石也有灵魂）”（恩格斯，1925）。

2. 阿那克西美尼——灵魂是气

阿那克西美尼（公元前585～前528年）以主张气为万物的本原而著名。艾修斯说，“阿那克西美尼声称，一切存在事物的本原是气。万物从气产生出来，消解后又复归为气。他说：‘正如我们的灵魂是气，它将我们结合起来，同样，呼吸和气也包围着整个宇宙’。这里，气和呼吸是在同一语意上使用的”（汪子嵩等，1997）。

3. 赫拉克利特——灵魂是火

赫拉克利特（公元前540～前480年）说，“当他们（指赫拉克利特家乡的爱非斯人）诞生的时候，他们就期待着活下去，并且期待着死去或安息，他们遗留下子女，子女也是要死去的”。他意识到人类从生到死以及有生必有死的必然规律（屈万山，1987）。

赫拉克利特认为灵魂就是火，是火的燃烧变化。他说，“对于灵魂来说，死就是变成水；对于水来说，死就是变成土。然而水是从土而来，灵魂是从水而来的”，他认为火转化为水的过程，就是灵魂与肉体结合的过程，也即灵魂之死；反之，水蒸发为气、气上升为火的过程，就是灵魂与肉体分离的过程，也即灵魂之生，他认为灵魂有生有死，“我们生于灵魂之死，灵魂生于我们之死”，这里埋下了灵魂轮回说和个体灵魂不死的种子（屈万山，1987）。

赫拉克利特说，“正如蜘蛛坐在蛛网中央，只要一个苍蝇碰断一根蛛丝，它就立即发觉，很快地跑过去，好像因为蛛丝被碰断而感到痛苦似的，同样情形，人的灵魂当身体的某一部分受损害时，就连忙跑到那里，好像它不能忍受身体的损害似的，因为它以一定的联系牢固地联结在身体上面”（屈万山，1987）。这似乎是在说灵魂操控着动物的感觉，对于人来说，灵魂似乎就是思维。在赫拉克利特看来，活着的肉体是离不开灵魂的。依笔者之见，如果在今天，将（种族）

灵魂的物质基础理解为遗传基因的话，生的过程就是（种族）灵魂的传递，而死则是个体灵魂的灭亡。因此，我们既不生于灵魂之死，灵魂也不生于我们之死。

4. 恩培多克勒——每种元素都是某一灵魂

恩培多克勒（公元前490～前430年）以提出万物的本原为土、气、火与水四种原素而著名。信奉一种形而上学的二元论，将世界切割为“形式的”智慧世界与感觉世界，即认为人的一切知识都来自天赋，以潜在的方式存在于人的灵魂之中，因此知识不是对世界物质的感受，而是对理念世界的回忆。

亚里士多德在《论灵魂》一文中说，“恩培多克勒认为灵魂是由所有元素构成的，甚至每种元素都是某一灵魂……同样，柏拉图在《蒂迈欧》一书中也指出灵魂是由元素构成”（亚里士多德，1992a）。

5. 德谟克里特和留基波——球形的原子是灵魂

德谟克里特（公元前460～前360年）以率先提出原子论（万物由原子构成）而著名。亚里士多德在《论灵魂》一文中说，“德谟克里特据此说，灵魂是某种火和热；由于形状和原子是无限的，他便说球形的原子是火和灵魂，它们就像空中浮动的尘埃，在穿越窗户的阳光照射下被显现出来……留基波也持有同样的观点。他们把这种球形的原子称为灵魂，因为这种形状最容易穿过任何物体，并且由它们自身的运动而引起他物的运动，他们认为是灵魂将运动赋予生物的。他们还认为呼吸是生命最本质的东西……动物有了这种能力就能生存”（亚里士多德，1992a）。

6. 第欧根尼——气既是灵魂又是理智

第欧根尼（Diogenēs，公元前404～前323）也认为灵魂是气。据辛普里丘在《‘物理学’注释》一书中的记载，第欧根尼认为，“人和其他动物都是用气，通过呼吸它而生活的。所以对他们来说，它（气）既是灵魂又是理智，这是明白显示的：如果它移去，他们就要死亡，理智也要消失”（汪子嵩等，1997）。

显然，古希腊时期人们对呼吸的生理功能还一无所知，或许只是感觉到呼吸出来和进去的都是气，而一旦停止呼吸，人就要死亡，就是说，只有人在呼吸时，生命才会存在，因此，也就得出了气是生命和灵魂这样的结论。

二、阿那克萨戈拉——植物也有心灵，灵魂就是心灵

古希腊哲学家阿那克萨戈拉（公元前488～前428年）以提出万物的本原为“种子”而著名。亚里士多德在《论植物》一文中谈及关于植物是否有灵魂，是

否有欲望、痛苦、快乐和分辨能力时说，“阿那克萨戈拉和恩培多克勒断言，它们是被欲望运动的，而且强调指出，它们有感觉、痛苦和欢乐。阿那克萨戈拉说，植物也似动物，也有欢乐和痛苦，他是从植物叶片的凋落和生长推出这种结论的……有些人断言植物有灵魂，因为他们观察到植物被生成、营养和生长，以及有年少、鼎盛和因年迈而枯朽的各阶段，而这些特性是任何无灵魂的东西都不可能与植物共有的。正因为植物具有这些特性，所以他们同样也相信，植物受欲望影响……阿那克萨戈拉、德谟克利特和恩培多克勒则宣称，植物具有理性和认识”（亚里士多德，1995）。亚里士多德批评道：“我们应把这些观点视为谬误坚决抛弃，以确立健康的正确理论。我们说，植物既没有欲望，也没有感觉。因为如果不源于感觉，欲望是不存在的”（亚里士多德，1995），亚里士多德在《论灵魂》一文中说，“阿那克萨戈拉实际上把灵魂和心灵等同起来了”（亚里士多德，1992a）。

三、毕泰戈拉的灵魂观——灵魂不朽，且轮回转世

古希腊哲学家毕泰戈拉（也称为毕达哥拉斯，Pythagoras，公元前 570 ~ 前 490 年）以提出万物本原为数而著名。波菲利在《毕泰戈拉传》一文中说，“首先，他认为灵魂是不朽的；其次，灵魂能够移居到其他生物中去，而且循环反复出现，以致没有一件绝对新的东西；最后，因此可以说一切生命的东西都是血脉相通的。毕泰戈拉似乎是第一个将这些信仰传入希腊的人”。但毕泰戈拉的这些思想显然不是自己创造出来的，根据西罗德的记载，古埃及早就认为人的灵魂是不灭的；肉体死亡以后，人的灵魂还要投生到其他生物中去，经过陆地、海洋和空中的一切生物以后，再投生到人体中来；整个一次循环大约需要 3000 年才能完成（汪子嵩等，1997）。正如德国诗人歌德所说，“人的灵魂像是水；它来自天空，它升向天空，它必须又降到地上，它永远循环”。

亚里士多德在《论灵魂》一文中说，毕泰戈拉学派的“有些人声称灵魂与空气中的尘埃是同一的，而另外一些人则认为灵魂是使尘埃运动的东西”（亚里士多德，1992a）。恩格斯在《自然辩证法》一书中十分形象地说，“在毕泰戈拉学派那里，灵魂已经是不死的和可移动的，肉体对它来说是纯粹偶然的”（恩格斯，1928）。

在人们的心中，灵魂本来就是一种看不见、抓不着的无形之物，如果认为它与肉体不同，且可以独立存在并永恒不朽的话，这样的灵魂就只能称为一种精神性本体，并逐渐发展成原始的宗教唯心论，进而成为哲学唯心论的萌芽（汪子嵩等，1997）。

四、亚里士多德的“系统”生命观——灵魂与躯体的结合

早在2000多年前，亚里士多德就对生命的本质提出了无与伦比的深刻见解，他的很多思想或学说即便对今天的人们也极具启迪性。

1. 亚里士多德的“生命”定义

亚里士多德对生命给出了定义，认为生命是灵魂与躯体的结合。他在《论灵魂》一文中说，“在自然物体中，有些有生命，有些则没有生命。所谓生命，乃是指自己摄取营养、有生灭变化的能力。所有有生命的自然躯体都是实体，这样的实体必然是结合而成的。它是这样一种躯体，即具有生命的躯体，但躯体并不是灵魂。躯体并不隶属于某个主体，它自己即是主体和质料。所以，灵魂，作为潜在地具有生命的自然躯体的形式，必然是实体，这种实体就是现实性……灵魂就是潜在具有生命的自然躯体的第一现实性，而且这样的躯体具有器官……植物的各个部分虽然十分简单，但也具有自己的器官，如叶片保护果皮，果皮保护果实，植物的根犹如嘴，因为根和嘴的用处都是摄取营养……生命这个词可以在多种意义上被叙说，只要以下任何条件存在，我们就可以说一个事物有生命，如理智、感觉、位置上的运动和静止，或摄取营养的运动及生成与灭亡……正是由于这种摄取营养的本原，一切生物才有生命……”（亚里士多德，1992a）。

亚里士多德认为生命是一种“实体”，他是这样来解释的：“实体有三种意义，形式、质料及这两者的结合。其中质料是潜能，形式是现实”（亚里士多德，1992a）。按现代的语言来说，实体是由一定的物质构成的具有一定结构或形态的物体。

亚里士多德诠释的生命的本质特性包含生命个体的独立实在性、自我营养性、自我生灭性、内在目的性、内在遗传性、自我建造性及有机整体性。他指出了生命对营养摄取的依赖性，按现代语言来说，类似于生命系统的开放特性。这里亚里士多德虽然没有使用“系统”“组织”等现代系统论词汇，但诠释的正是一种寓意深刻的系统生命观！

亚里士多德认为，生命不仅仅是单纯的躯体，更是灵魂与躯体相融的结合体，一般的灵魂会被误认为带有神秘的宗教色彩，但亚里士多德的灵魂观却是唯物的，具有深刻的科学意义。

2. 亚里士多德论灵魂

亚里士多德梳理了关于灵魂的若干主要问题：“它是某个东西和实体呢，还是性质或数量或我们所指出过的某一别的范畴呢……灵魂是潜在的还是现实的……灵魂是有部分还是没有部分，所有灵魂是同类还是不同类；如果不同类，

其区别是在属上还是在种上……所有属性是为灵魂所有者共有呢，抑或任一属性都为灵魂自身所独有……”（亚里士多德，1992a）。

①灵魂——自身内具有动静本原

亚里士多德说，“有灵魂的和无灵魂的东西似乎有两个最大的差别，这就是运动和感觉……有些人说，运动是灵魂最显著的第一的特点，他们相信自身不能运动的东西绝不可能产生运动，所以他们认为灵魂是某种能运动的东西”（亚里士多德，1992a）。因此，亚里士多德说，“只有在自身内具有动静本原的自然躯体才有灵魂”。他说，“灵魂是我们已说过的那些能力的本原，并且由它们来定义，即由营养能力、感觉能力、思维能力及运动能力来定义”（亚里士多德，1992a）。

②灵魂与躯体不可分离

亚里士多德认为“生物既包括灵魂也包括躯体”，“灵魂的属性和生物的自然质料不能分离，它们的本性即存在于质料之中”，“生物的形式是灵魂，或是灵魂的部分，或是某种离开灵魂便不能存在的东西……只要灵魂一旦完结，肉体就会在空气中消散并腐败”。他主张“灵魂的属性和生物的自然质料不能分离，它们的本性即存在于质料之中”，“灵魂自身绝对不是躯体。它不是躯体，而只是依存于躯体”（亚里士多德，1992a，1997）。

③灵魂是生命构建的原理

亚里士多德认为：“正是灵魂使质料成为动物的本质或实体，而不是相反”。他说，“躯体并不是灵魂的现实，相反，灵魂是某种躯体的现实”，“任何个体的现实性都自然地存在于它的潜能之中……灵魂显然是一种现实性，是具有这种潜能的东西的原理”，“灵魂是在原理意义上的实体，它是这样的躯体，是其所是的本质”（亚里士多德，1992a）。

④灵魂依种类不同而异

亚里士多德认为，“灵魂寓于躯体之中，存在于某一个别躯体之中；而不像前人所说的那样，把灵魂硬塞进任一躯体之中，而不论是什么东西的躯体或什么性质的躯体……”（亚里士多德，1992a）。

⑤种子中也有灵魂

亚里士多德在《论灵魂》一文中指出：“潜在地作为生命而存在的东西不可能没有灵魂，而是具有灵魂的；种子、果实便是这种潜在的躯体……灵魂是现实……躯体是潜在的存在……”（亚里士多德，1992a）。

⑥灵魂控制生殖

亚里士多德认为，在灵魂的指挥下，“假如生物是完美无缺的，而且其生长是自动的，那么它们就会产生出另一和它们自身同样的生物来，从动物生出动物，从植物生出植物，它们以此尽量地分享永恒和神圣，这就是所有生物所追求的目标，所有合乎自然而行动的生物都以此为目标来进行活动”（亚里士多德，1992a）。按现代的语言来说，这是在谈生命具有的内禀的遗传特性。

⑦ 营养灵魂、感觉灵魂和理智灵魂

亚里士多德在《论植物》一文中说，“有些人断言植物有灵魂，因为他们观察到植物被生成、营养和生长，以及有年少、鼎盛和因老迈而枯朽的各阶段，而这些特性是任何无灵魂的东西都不可能与植物共有的。正因为植物具有这些特性，所以他们同样也相信，植物受欲望影响”（亚里士多德，1995）。

亚里士多德在《论灵魂》一文中说，“有些生物具有我们所说的灵魂的一切能力，有些只具有其中某几种，还有些仅具有某一种……植物仅有营养能力，而其他的生物还具有感觉能力”（亚里士多德，1992a）。他认为正是这个造成了物种之间的区别。

因此，亚里士多德依据生命功能的表现形式，将灵魂分为三个等级，最低的是植物灵魂或营养灵魂，其次是动物灵魂或感觉灵魂，而最高的是人类灵魂或理智灵魂。

3. 亚里士多德的灵魂观——原始遗传思想的萌芽

在科学还仅停留在哲学家冥想的古希腊时代，亚里士多德能以如此惊人的智慧来窥视生命的本质，真是令人敬佩。他几乎仅用直观的表象加上一些逻辑推理就十分精确地诠释了生命的抽象的遗传本质。换句话说，只要把他的“灵魂”一词换为“遗传物质”，他对遗传特性的诠释几乎接近完美。

试问，亚里士多德的关于灵魂的阐述不是指遗传物质又是指什么？难道不可以认为亚里士多德的“灵魂”之说是对现代科学的“遗传物质”或“基因”的最原始或最朴素的阐述么？

亚里士多德在《论灵魂》一文中说，“相对于植物来说，即使有些部分被相互分割，也显然能够生存，虽然每种植物在现实上，其灵魂是单一的，但潜在地都是众多的”（亚里士多德，1992a）。按现代的说法，这显然是在说植物的营养繁殖，现已知道，多细胞生物的每个细胞中都单独有一套完整的遗传物质（DNA），因此一些能够进行营养繁殖的植物（或一些无脊椎动物）都能从个体的部分长出新的完整的个体。

当然，一般动物的灵魂控制着个体的感觉与响（适）应，对高级动物（包括人类）来说，这便是意识与思维。动物的意识是一种复杂的神经反应，是一种与生俱来的自我认知与自我适应能力的综合，而思维则是一种只有人才具有的高级认识能力，它通过人脑对现实事物的自觉的整理与加工，辨析出客观世界的关系与联系，并通过语言与行为表达出来。思想似乎是更高的阶段，是指客观存在反映在人的意识中经过思维活动而产生的架构或范式。因此，当人们广义地将灵魂视为思维或思想时，就只能是针对人了。

从现代意义上来看，广义的灵魂在本质上是一种匿藏于遗传物质中的生命原则，操控着种族生命个体的构建与功能。每个种族（或物种）都有其特定的灵魂，它通过生殖过程代代相传，直到种族绝灭。

4. 躯体是灵魂的运载工具

亚里士多德在《论灵魂》一文中说，“所有自然躯体都是灵魂的工具。动物的躯体就是为其灵魂而存在，植物的躯体也是这样”（亚里士多德，1992a），这是对种族灵魂（遗传物质）与个体关系的绝妙阐述。柏拉图主义（Platonism）认为，灵魂是生物形体的规则和信息，所以是永存但不是永生。

英国进化生物学家道金斯（Clinton Richard Dawkins）在《自私的基因》一书中说，“我们都是生存机器——作为运载工具的机器人，其程序是盲目编制的，为的是永久保存所谓基因这种禀性自私的分子……我们是生存机器，但这里‘我们’并不单指人，它包括一切动植物、细菌和病毒”（道金斯，1981）。如果将亚里士多德的灵魂换成基因，道金斯的观点不就是源自于亚里士多德的观点吗？

五、亚里士多德论动植物生存的动因——食物与繁殖

亚里士多德在《动物志》一文中说，“动物的一切行为均和性配与生殖有关，或与食物的及时供应有关，或是为了防备冷热及季节的变换”（亚里士多德，1996）。

1. 动物围绕食物与繁殖而辛劳

亚里士多德在《动物志》一文中说，“动物生活的一部分在于繁殖方面的行为，另外一部分则在于食物方面。因为一切动物的辛劳及生活正好都围绕着这两个方面……每一种动物的躯体都含有水分，若是由于自然或强制的原因失去了水分，动物就会死亡”（亚里士多德，1996）。动物必须具备与摄食相关的基本构造。亚里士多德说，“一切动物所共有的部分，是动物靠其进食的部分和容纳食物的部分……大多数动物除上述部分外还共同具有的部分是，靠其排泄由食物而来的残余物之部分……”（亚里士多德，1996）。

2. 土地是植物之母，太阳是植物之父

亚里士多德在《论植物》一文中说，“食物的吸收是植物出于本原的本性，而这是动物和植物共同的特性……植物需要阳光、适宜的气候和更多的空气，在它的生长季节，尤其需要这些。植物营养的某种本原来源于土，它们生成的另一个本原出自太阳。阿那克萨戈拉说，植物的湿源于土……土地是植物之母，太阳是植物之父”（亚里士多德，1995）。亚里士多德说，“有些植物只有一条根，如绵枣，它从胚芽生成，发芽很细，由于在土下，才长粗，且在追随阳光的过程中逐渐生长分枝；因为在阳光照射时，它就生长”（亚里士多德，1995）。很显然，亚里士多德已经认识到了来自土壤的养分和水分及来自太阳的阳光对植物生存的重要性，按我们今天的知识来看，这就是植物光合作用的三个基本要素。

3. 呼吸是动植物的共同特征吗？

亚里士多德在《论呼吸》一文中说，“阿那克萨戈拉和第殴根尼都认为所有动物都呼吸，他们解释鱼和牡蛎呼吸的方式。阿那克萨戈拉说，当鱼用鳃排出水时，它们通过吸入进入嘴里的空气而呼吸，因为并不存在什么真空；第殴根尼说，当鱼借助于嘴里的真空，用鳃排出水时，它们就从嘴周围的水中吸到了空气，这意味着水中有空气”。但是，亚里士多德却认为鱼是不可能进行呼吸的（亚里士多德，1992b）。亚里士多德在《论植物》一文中说，“阿那克萨戈拉宣称植物有呼吸。但这怎么可能呢，我们发现，甚至许多动物也无呼吸……”（亚里士多德，1995）。关于呼吸的问题，亚里士多德的一些看法显然是不正确的。因为那时还不知道呼吸的生理过程，只是基于空气的吸入与呼出的一种感官的认识。现已知道，一切动植物都进行呼吸。

4. 植物无感觉，动物中只有人才有意想

亚里士多德在《论植物》一文中说，“感觉是动物生命的共同原因，正是它造成了生与死的区别……植物不是动物，因为在它之中没有感觉”（亚里士多德，1995）。亚里士多德在《动物志》一文中说，“在诸多动物中，只有人才能够意想。很多动物都有记忆并可调教，但除人外，没有动物能够随意回想过去”（亚里士多德，1996）。

5. 为了食物的种内和种间争斗

亚里士多德在《动物志》一文中说，“有些动物为肉食，有些为草食，有些为杂食；还有一些专赖某一种食物”，在动物中“有的群居，有的散居……群居动物中有着为全体所共有的某一特性……群居动物中有一些服从某种领导，另一些则不受统治。例如，鹤与蜜蜂服从某一领袖……”（亚里士多德，1996）。亚里

士多德在《论植物》一文中说，“植物是为了动物才被创造出来的，但是，动物的被创造却不是为了植物”（亚里士多德，1995）。

亚里士多德在《动物志》一文中说，“那些居于同一地区并且依赖同样的东西为生的动物彼此之间会进行争斗。因为它们的食物若是匮乏，即便是同种的动物也会相互交战……所有动物均与肉食动物相斗，而这类动物也与其他动物相斗，因为它们以动物为食……但若是食物十分丰足，可以设想当今那些令人恐惧的、悍野的动物将会变得驯良起来……”（亚里士多德，1996）。关于猎食者之间的争斗，亚里士多德举例说，“鹫与龙蛇相斗；因为鹫以蛇类为食。还有‘猎户’蜂与毒蜘蛛；因为‘猎户’蜂捕食毒蜘蛛”（亚里士多德，1996）。

亚里士多德关于动物食性的概念到现在都还是生态学的常用词汇，他还阐述了相当明晰的食物链观念。亚里士多德还如此深刻地分析了动物间的生存斗争，而2000多年之后，达尔文以此为基础（他自称受到人口学家马尔萨斯的启迪）加上自然选择构建了著名的物种进化理论。

6. 动物为了生存而迁徙

亚里士多德在《动物志》一文中说，“有些动物定居一处，有些则迁徙各方……还有一些动物，先居住在水中，后来改变了原形，出水营生，如在血蠕虫那里见到的情形，（因为它们首先居住）在河里，（随后它们的形态有了改变并且）从它们中生出（蚊蚋并出水营生）……有些动物在夜间活动，如猫头鹰与蝙蝠；另有一些动物则生活在白天”（亚里士多德，1996）。

亚里士多德在《动物志》一文中说，“一切动物对于暖寒变化均有与生俱来的感应，恰如人类中有的冬天蛰入居室，有的因邑土广阔而于暑天避于凉邑，寒天避于暖所，动物中那些能够变换其居处者也正是这样。有些留居于其惯熟了的同一地区的动物能找到有用的抵御办法，另一些则要迁徙……有些动物是从附近地区迁徙而来的，另一些则可以说是迁自世界的尽头，鹤即是这样做的……鱼类也会以相同的方式迁徙……”（亚里士多德，1996）。

亚里士多德在《动物志》一文中说，“所有游入滂沱海的鱼类既是为了食物（因为淡水使得食料更充足和更优良），又是因为这里凶猛的大鱼相对要少一些……它们游入滂沱既为了食物也为了产卵……当它们产完卵而新生幼鱼已有所增长后，它们于昴星没去后随即游出滂沱”（亚里士多德，1996）。

六、卢克莱修的灵魂观——身体能死，灵魂也然

卢克莱修（公元前99～约前55年）在其哲理长诗《物性论》中，讨论了人的灵魂、心灵和身体三者之间的关系，以及生命对营养的依赖。

1. 身体是灵魂的容器

卢克莱修认为，灵魂和心灵是一物，是结合着的实体，而身体就好像是灵魂的容器，并相信灵魂是有死的，即如果身体能死，灵魂也然。他说："心灵和身体是同时出生的，并且一起长大和衰老……如果灵魂是不朽的，是在人诞生时进入人体之内的，那么何以我们一点记不起前生前世？为什么我们没有保留下一些从前所做的事情的痕迹？但是如果说心灵的能力已经被改变得这样厉害，以致关于过去所做的事情它都已失掉了一切的记忆，那么，这种状态，我想，离我们称为死者已相去不远。因此，显然以前曾经存在的已经死去，现在存在的，是现在才被造成"的（卢克莱修，1981）。

他所说的"灵魂"与亚里士多德所说的在本质上相同，在现代意义上来说就是"遗传物质"，这样他所论述的灵魂、心灵和身体三者之间的关系也不无道理。以笔者来看，"灵魂"并不是对过去完全没有记忆，只是这种记忆是在种族的水平，并且跨越漫长的时间尺度，与其说是对个体行为的记忆，不如说是对特征性环境的适应性记忆。或者说，灵魂是对种族生命痕迹与生存原理的一种记忆，它还记载了与之相适应的生命构建的蓝图。

2. 任何生命离不开营养

卢克莱修说，"万物是从自己的物质长大并取得营养。这也就是为什么如果大地没有固定的雨季，就不会产生出那些使我们欢悦的东西，而无论什么生物，如果得不到食物，就再不会延续其种族而保全其生命……如果不是因为一切有生的东西都有它的永久不变的原料，从这些原料能生出来的永远是有定"（卢克莱修，1981）。他认为每种生物都由每种生物所特有的原料组成，它决定了物种的本质特性，这被现代的知识证明并不完全正确。

卢克莱修说："这些常常是十分重要的：那些始基与什么样的别的始基、以什么样的位置结合在一起，以及它们相互间取得和给予了什么样的运动；因为这些始基构成天空海洋和陆地，河流、太阳、五谷、树木和生物，——但只有当它们以不同的方式和不同的东西混合并不停运动的时候。真的，在我们这些诗句里，你看见许多因素为许多字所共有，虽然你必须承认每句诗每个字彼此即使意义不同，也是声音有别，——这些字母竟能够做出这么多事情，单单由于它们次序的改变。但是那些作为事物始基的东西，它们能有更多不同方式的结合，由之不同的东西就能一一产生"。2000 多年前，卢克莱修就提出了如此深刻的见解，按现代的语言，若将始基换成"元素"，世间万物的结构即迎刃而解，这种组装方式普遍见于各个层级的生命结构——生物大分子（蛋白质、DNA）、组织（细胞）等。

卢克莱修还问道："为什么自然不能制备躯体巨大而能跋渡大海，或者以双手就能撕开山岭，或者活万岁而征服时间的人物?”这样的问题即便是在今天仍然是无比深奥!

七、笛卡儿的“机械”生命观——身体似一台神造的自动机

控制论的创始人维纳指出：“每个时代的思想都反映在那个时代的技术中……17 世纪和 18 世纪初是钟表的时代……”（Wiener，1948）。的确，这一时期的生命观就镌刻上了“机械”的印记。

笛卡儿（René Descartes，1596 ~ 1650 年）是法国著名的哲学家和数学家。进入 17 世纪，欧洲的自然科学开始挣脱宗教的枷锁而走向繁荣，一些简单的机器不断被创造与使用；哈维发现了血液循环规律；等等。在这种机械学和解剖学新知识的深刻影响下，笛卡儿提出了一种机械论的生命观，即认为人体就是一台机器，体内的各种器官就如钟表里的齿轮和发条，拨上弦就能自动运行，血液循环就是推动力，外界所引起的感觉由神经传递到大脑，再由动物灵魂发布响应指令。

笛卡儿在他于 1637 年出版的《谈谈方法》一书中指出：“我们知道人的技巧可以做出各式各样的自动机，即自己动作的机器，用的只是几个零件，与动物身上的大量骨骼、肌肉、神经、动脉、静脉等相比，实在很少很少，所以我们把这个身体看成一台神造的机器，安排得十分巧妙，做出的动作十分惊人，人所发明的任何机器都不能与它相比”（笛卡儿，2001）。

笛卡儿在他于 1641 年出版的《第一哲学沉思集》一书中指出：“如果我把人的肉体看成是由骨骼、神经、肌肉、血管、血液和皮肤组成的一架机器一样，即使里边没有精神，也并不妨碍它以与现在完全一样的方式来动作，这时它不是由意志指导，因而也不是由精神协助，而仅仅是由它的各个器官的安排来动作”（笛卡儿，1986）。

在某种意义上，笛卡儿揭示了人体（包括一切动物）系统具有一种类似于自动机械系统的特性，身体中的生理过程（如呼吸、血液循环、消化等）都是自动进行的，不依赖于人意志的直接控制，是由人与生俱来的器官之间固有的结构与功能特性内在决定的，就像是一台自动机。笔者宁愿称它是一种“动物性生理特性”，它由每个物种在进化过程中形成的内在生命程序所控制，与动物心智的发达程度毫无关系。

在哲学中，有一种称为机械论（mechanism）的自然哲学观，它最初将自然完全看成是一台机器（甚至就是一部像齿轮或滑轮一样的装置），将整个自然解释成一个完全受制于物理与化学规律的客观存在的运动体系。虽然很多人对它颇有微词（误认为其不适于解释活的有机物及其关系），但它却赋有一种内在联系的整体观，可以看成是现代系统论的前身。笛卡儿的生命观正是借助于“机械”

的形象说法，试图诠释人体类似于一台复杂精密、巧妙协作与内在调节的自动机。这不就是现代所说的“系统”吗？此外，现在关于生命起源的探索，也就是致力于从物理、化学规律来探寻自然界如何开始了从无机走向有机的生命之旅。

八、霍布斯的“运动”生命观——生理性运动、行为运动与意识运动

英国哲学家霍布斯（Thomas Hobbes，1588～1679年）在于1651年出版的专著《利维坦》一书中用一种独特的运动生命观诠释了包括人在内的动物的生命本质，特别是对感觉、想象和记忆的阐述尤为精辟。

霍布斯指出，“动物有两种特有的运动。一种运动被称为生命运动，从出生起就开始，而且终身不间断，如血液的流通、脉搏、呼吸、消化、营养、排泄等过程属于这一类。这种运动无需构想帮助。另一种运动是动物运动，又称为自觉运动；按照首先在心中想好的方式行走、说话、移动肢体等便属于这类运动。感觉是人类身体的器官和内在部分的运动，是由我们所看到或听到的事物的作用引起的。幻想是这类运动在感觉之后所留下的痕迹”（霍布斯，1986）。

霍布斯认为感觉是一种原始幻想，是由外界物体对我们的感觉器官施加的压力或发生的运动所造成的：“对眼睛说来这就是光或成为性状的颜色，对耳朵说来这就是声音，对鼻子说来这就是气味，对舌和腭说来这就是滋味，对于身体的其他部分说来就是冷、热、软、硬和其他各种通过知觉来辨识的性质。一切所谓可感知的性质都存在于造成它们的对象之中，它们不过是对象借以对我们的感官施加不同压力的许多种各自不同的物质运动。”他认为，“这种压力通过人身的神经及其他经络和薄膜的中介作用，继续内传而抵于大脑和心脏，并在这里引起抗压、反压力或心脏自我表达的倾向……”（霍布斯，1986）。

霍布斯还精辟地剖析了什么是想象。他说，“物体一旦处于运动之中（除非受到他物阻挡），就将永远运动；无论是什么东西阻挡它，总不能立即完全消失它的运动，而只能逐步地慢慢地将其完全消失……人们看见东西或梦见东西时，其内部各部分所发生的运动也是这样。因为当物体已经移去或自己将眼闭阖时，被看到的物体仍然有一个映象保留下来，不过比看见的时候更迷糊而已……因此，想象便不过是渐次衰退的感觉，人和许多其他动物都有，在清醒时和入睡后都存在”（霍布斯，1986）。

霍布斯还阐述了什么是记忆和经验。他说，“正像我们眺望远方，但见一片朦胧、较小的部分无从辨别一样；也像声音越远越弱，以致听不清楚一样；我们对过去的想象经过一段时间以后也会淡薄……这种渐次消失的感觉，当所指的是事物本身（我的意思是幻想本身）时，那我们就像我在前面所说的一样，称之

为想象。但如果所指的是衰退的过程，意思是讲感觉的消退、衰老或成为过去时，我们就称之为记忆。因此，想象和记忆就是同一回事，只是由于不同的考虑而具有不同的名称。记忆多或记住许多事物就谓之经验”（霍布斯，1986）。

是啊，对包括我们人类自身在内的动物们来说，如果没有这种生理—行为—意识的运动，哪来的经验和记忆呢？习性与本能又如何产生呢？适应又从何而来呢？

九、莱布尼茨的客观唯心主义生命观——灵魂与肉体不灭，机器套着机器

德国哲学家、数学家莱布尼茨（1646～1716年）在其发表于1695年的论文“关于实体的本性和交通——兼论灵魂和身体结合的新系统”中指出：灵魂“是否从一个身体转到另一个身体，即可能是轮回及某些哲学家所坚持的运动的传递和种的传递几乎相似的某种东西。但这个幻想远离事物的本性，并没有这样的通过……没有动物或任何其他的有机的实体，在我们想它出生的时候就会出生，它的可见的一代只是一个发展和一种增大”。显然，莱布尼茨试图用动物发育的阶段性来否定灵魂（用现在的话说就是遗传物质）在个体间的传递。这肯定是一种错误的观点。

莱布尼茨指出：“在动物死的时候，或者在个体、有机实体毁灭的时候，这些灵魂或形式变成什么呢？这是一个最令人困惑的问题，只是一想到灵魂毫无用处地留在混乱的物质的混沌状态，就似乎没有什么道理。因此，我得出这样的结论，即只有一种考察能够合理地被采用，那就是肯定不仅灵魂不灭，而且连动物自身和它的机制（mechanism）也是不灭的，尽管它的较迟钝的部分的毁灭已经使它缩减到一刹那，使它对我们的感觉像它出生前一样难以认得出”。这里，莱布尼茨认为某一种动物的灵魂决定机体的机制，意识到灵魂的不灭性。由于他不承认灵魂在个体间的传递，因此，他不得不认为那个装载灵魂的肉身部分也是不灭的！

莱布尼茨说：“我们目睹苍蝇的复苏，它们起先被淹在水中，接着又被埋在白垩粉里。还有其他类似的例子，都足以向我们说明：当一个有机实体的毁灭已经进行得很远时，在那里仍可能有其他的复苏，倘使人们能够改造（动物的）机制的话……很自然，一个一直活着的和具有机体的动物应该经常是这样。那么，既然一个动物没有第一次出生或完全新的生殖，在严格的形而上学意义上，随之而来的将是没有最终的灭亡或彻底的死亡。因而，代替灵魂转生的只能是一个动物和同一类动物之间的转化，按照它所拥有的不同器官而多少有所发展”。

莱布尼茨想借用苍蝇的例子来说明动物肉身的不灭性，但是恰好苍蝇形态转化十分复杂（经历卵、幼虫、蛹和成虫），这只能使其思想更加迷惑，因此，最

终莱布尼茨无法合理说明灵魂如何代代相传。虽然他关注到了生殖，但遗憾的是他仅仅是点到为止。而根据现代的知识，恰恰生殖最能清楚地说明遗传物质如何得以代代相传。

莱布尼茨也推崇“机械”的自然观：“自然的机器有一个真正无穷数目的元件，它们被装配得如此之好，并能如此抵制住所有的偶然事故，以致它们不可能遭到毁灭。一部自然的机器在它的最微细的部分仍然是一部机器”。这种机器套着机器的系统重叠，不就是现代系统学中所说的层次序列（hierarchical order）的一种朴素表述吗？

十、梅特里的“系统”生命观——身体似一台由养料驱动的自动机系统

法国哲学家和医学家拉·梅特里（1709～1751年）于1748年匿名出版了《人是机器》一书，称赞笛卡儿“把动物的性质认识清楚了；他第一个完满地证明了动物是纯粹的机器……如果哲学的领域里没有笛卡儿，那就和科学的领域里没有牛顿一样，也许还是一片荒原”（梅特里，1996）。拉·梅特里主张一切生命都是自然的产物，而不是神创的，他将动物比作一台台精密而复杂的需要通过食料来支撑的自动机或钟表。与笛卡儿一样，他虽然借用了“机械”来说明生命，但绝不是通常意义上的“机械论”生命观，如果按现代的说法，就是一种相当于“系统论”的生命观，而且对生命本质的剖析也尤为深湛，当然也映衬着其医学知识的渊博。

1. 人和动物都是一台台由普通物质构建、由养料驱动且寿命有限的自动机

①身体就是一台由普通物质构建由养料驱动的自动机

拉·梅特里指出：“人并不是用什么更贵重的料子捏出来的；自然只用了一种同样的面粉团子，它只是以不同的方式变化了这面粉团子的酵料而已”。现代生命化学的知识也证实，的确如他所说。

拉·梅特里说，“人体是一架会自己发动自己的机器：一架永动机的活生生的模型。体温推动它，食料支持它……当养料进入血液的时候，自然的首要的任务就是要在血液里引起一种热……这种热使动物精神获得更大的渗透力，机械地跑去把肌肉和心脏鼓动起来，好像奉了意志的命令似的。因此，这些就是生命的原因和力量，这些原因和力量就是这样在人生百年之内维持着固体和液体的不断运动”。与亚里士多德一样，拉·梅特里指出了动物对养料的依赖性，按现代语言来说，这类似于生命系统的一种开放特性。

②不同结构完成同样的功能

拉·梅特里说，动物界为了完成一种功能却造出了不同的结构，“在整个动物界，无数不同的器官实现着各种相同的目的，而且这些不同的器官都是严格地按照几何学构建起来的……人类和整个宇宙的构造似乎都贯穿着这种目的上的一致性……我们到处看到不同的耳朵，但是人、兽类、鸟类、鱼类的不同构造却没有产生出不同的用途。所有这些耳朵都是按照数学这样精密地制造出来的，它们一律都是为了一个同一的目的，就是听”。

③每种动物都遵循各自的运行法则

拉·梅特里说，“自然创造我们全体动物，目的是为了要我们快乐；是的，全体动物，从地上爬的虫子起，直到飞翔在天空的老鹰。正是这样，所以自然给予全体动物以一份适当的自然法则，一份按照每一个动物的身体组织在正常情形下所能承担的精粗不等的自然法则……所谓自然法则只是一种内在的感觉，它和其他一切内在感觉一样（其中也包括思想），仍然只是属于想象作用的作用。因此自然法则显然是既不需要教育，也不需要启示，也不需要什么立法者的……”。

④生死是所有生命的共同命运

拉·梅特里说，“谁能够说人存在的理由不正就在他的自身里面呢？说不定人正就是这样地偶然被抛掷在地面上的一点，谁也不知道他是怎样来的，谁也不知道为了什么原因；只是知道他应该活着和死去，就像那些朝生暮死的菌子或那些爬满在沟边、长满在墙上的花草一样”。

2. 人和动物都有心智——一种物质复杂化的产物

①人的心灵不过是自然结构复杂化的产物

拉·梅特里说，“心灵的一切作用既然是这样地依赖着脑子和整个身体的组织，那么很显然，这些作用不是别的，就是这个组织本身：这是一架多么聪明的机器！因为即使唯有人才分享自然的法则，难道人因此便不是一台机器吗？比最完善的动物再多几个齿轮，再多几条弹簧，脑子和心脏的距离成比例地再接近一些，因此所接受的血液更充足一些，于是那个理性就产生了；难道还有什么不成?”。

②动物也有心智，也是和人一样的机器

拉·梅特里说，“我们来观察猴子、水獭和象等动物吧。如果说这些动作没有心智是显然不可能产生的，那么为什么不肯承认这些动物也有心智呢?”，“既然有很多明显的表情说明动物不单是有心智的，并且也是有悔恨的感情的，那么我们为什么不可以设想：这些动物，这些几乎和我们一样十全十美的机器，也和我们一样是造出来为了思维和感觉自然的呢?”。拉·梅特里认为动物都是和人一样的机器，他说，通过一系列的观察和推理，“才终于把思维这个可贵的特质联系到物质上去，虽然我们并不能看见这些联系”。

拉·梅特里的这些见解发人深省，富于哲理，虽然他没有更进一步推测思维与心灵是如何通过物质性的过程而演变出来的，当然，笔者相信即便是现在这也还是未解之谜。

3. 人体是一个复杂的自动控制系统

①人是许多机括的集合，并受心灵这一主要机括的影响

拉·梅特里说：“有机体的每一条小纤维或每一个部分都是依据它所固有的一个原则而运动的……每一个肢体，都按照它的不同需要，在它本身里面包括着一些活泼程度不同的机括……（人体）一切生命的、动物的、自然的和机械的运动，都是这些机括的作用造成的……此外还有一个更奇妙、更细致的、推动所有这一切机括的机括，它是我们一切感觉、快乐、情绪、思想的来源，因为正像我们的腿有它的用来走路的肌肉一样，我们的脑子也有它的用来思想的肌肉”。

拉·梅特里认为人是许多机括的集合，“这些机括相互推动、互相引发，谁也不能说自然究竟是从哪一点上开始这个人体循环的……心灵只是一种运动的始基，或脑子的一个物质的、感性的部分……可以正确地把它视为整个人体机器的一个主要的机括，它对其他一切机括有显著的影响……”。

②人体中的过程犹如复杂的兵团作战，但被反馈调控

拉·梅特里说，“在健康的时候，身体真是驯顺极了，因为有一大股血液和动物精神的洪流在控制着它；意志有一个由比闪电还敏捷的各种液体组成的看不见的兵团做它的部下，随时供它驱使。但是正因为它是通过神经行使它的威力的，它也就受到神经的限制和束缚”。

③人体的器官功能之间存在一种平衡

拉·梅特里说：“人的身体是一架钟表，不过这是一架巨大的、极其巧妙的钟表，它的计秒齿轮如果停滞不走了，它的计分齿轮仍能继续转动和走下去；它的计秒和计分的齿轮如果因为腐锈或其他原因受阻不走了，它的计刻齿轮及其他种种齿轮仍能继续转动着走下去……”。他举例说，某些血管的阻塞会导致血液以更大的速度在缩短的血管里奔跑，视觉的丧失并不妨碍听觉的应用，听觉的丧失并不包含视觉的丧失，等等。

拉·梅特里说，“自然界在这里有一条特殊的永恒规律，就是：我们在精神上获得的越多，在本能方面失去的也就越多……一个聋子如果不聋，他的眼睛可能没有那么明亮，那么机灵，因为一个肢体或一种官能的残废，往往可以增强另一个肢体或另一种官能的力量”。这实际上在说一种功能器官之间的调节与平衡。达尔文在讨论洞穴动物的器官演化中也表述过类似的观点，即通过触觉的发达来弥补视觉的退化。

4. 有机物与无机物的本质区别——运动始基

拉·梅特里指出，“我非常自安于不知道物质如何从一个死的、简单的东西变成一个活的、由许多器官组成的东西……我也完全心安理得地来对待自然界的其他一些不可解的奇迹，来对待怎样从一个在我们以前狭隘的目光看来只是一小撮尘土的生物里产生思想和感情的问题。我只要求大家同意一点：有机物质赋有一种运动始基，这个始基是有机体与无机体的唯一区别……动物界的一切都取决于物质组织的不同；这就足够可以解释各种事物的谜和人类的谜了。我们看到，宇宙间只存在着一种物质组织，而人则是其中最完善的”。

诺贝尔医学或生理学奖得主莫诺（1977）说，“生物的结构是通过另一种完全不同的过程形成的，在这个过程中，生物的结构同外来力的作用几乎毫无关系，从它的整个形状一直到微细末节都是客体本身内部的‘形态发生的’相互作用的结果”。因此，生物是“自建造的机器”。“一个生物体结构中所表现出的信息的来源，总是另一个在结构上完全相同的客体……它们具有不加改变地繁殖和传递对应于自身结构信息的能力。描述一个极其复杂的组织图示及其大量的信息，并原封不动地从一代传给了下一代”。因此，生物也是“自繁殖的机器”。显然，这不过是笛卡儿和拉·梅特里思想的拷贝，虽然掺杂了一点现代语言。

十一、霍尔巴赫的生命观——集合与隐藏式的自发运动

法国哲学家霍尔巴赫（1723～1789年）在其于1770年匿名出版的专著《自然的体系》（霍尔巴赫，1964）一书中阐述了他的生命观，认为生命是一种运动的集合，是一种看不见的自发运动，他还表述了原始的新陈代谢与适宜元素组成的思想。

1. 生命是一种隐藏式的自发运动的集合

霍尔巴赫说，“在我们看来仿佛是静止的一切事物，实际上是绝对没有片刻停留在同一状态的：一切存在物只是继续不断地、或快或慢地在产生、壮大、衰亡和消退……生命本身不过是运动的一种集合罢了”。他将运动区分为两类：“一类是质量的运动，凭着这种运动，一个整个的物体从一个地方移到另一个地

方；这类运动对我们而言是可以感觉到的……另一类是内在的和隐藏的运动，这类运动有赖于物体特有的能力，或者说，有赖于这种物体所构成的物质的不可感觉到的分子的本质、配合、作用与反作用：这类运动并不显示给我们，我们只是从一些物体或混合体在若干时期以后见到的衰败或变化上来认识这种运动……我们看到一棵植物或一个动物，凭着一些运动而生长、壮大、衰退、获得一些新的性质，可是我们的眼睛却不能一一看到产生这些结果的原因的逐步进展的运动，这乃是一些看不见的运动”。他认为这些运动“在一个物体里面激动着，我们只看到表现在外面的一些变化，而作为这种变化的原因却深藏在物体的内部，这类运动，我们称之为‘自发的’运动”（霍尔巴赫，1964）。

2. 生命无时无刻不在获得或丢失

霍尔巴赫说，“自然界中充满了彷徨无主的种子，有一些萌芽生长起来了，而有一些却在等待运动把它们安置在土壤中、送到子宫里、放在为使它们生长、使它们由于吸收了与自己最初的体质相类似的养料和物质而变得更能令人感觉到的必要的环境里去。在所有这些上面，我们所看到的就只是运动的结果，这种运动必然要被事物不断获得和不断失去的各种不同的特性所引导、所改变、加速或改缓、加强或削弱；就是这，它在每个刹那都万无一失地要在一切物体中产生些多多少少的变化：这些物体，在两个相继的瞬间绝不能完完全全相同；它们无时无刻不在被强迫着有所获得或有所丢失——一句话，不得不在它们的本质、特性、力量、质量、生存方式、性质里面遭受一些继续不断的改变。动物……用类似于它们体质的植物来营养自己，或是吞食那些体质特别适合滋养它们的其他动物，也就是说，来补充随时从它身体里不断消耗掉的实质部分……用来饲养动物的植物是以土来营养自己的，它们在土中发展，靠它的消耗来使自己生长和壮大，用根和气孔，把水、空气和含有火性的物质，不断地吸收到自然的组织里去”。

这不就是对生物与环境（植物与无机环境、动物与其他生物）之间的物质和能量交换以及生物体内物质、能量等的转变过程的一种朴素表述吗？这难道不是十分类似于我们现在所说的新陈代谢么？在这里，霍尔巴赫还指出了动物对植物或其他动物的依赖性，按现代的语言，前者称为初级消费者（食草者），后者称为次级消费者（食肉者）；此外，他还指出了植物对无机环境（水、空气和火性物质）的依赖性，按现在的知识，就是植物需要水、空气中的CO_2和土壤中的养分。当然，植物还需要阳光，而这一点霍尔巴赫却没有述及。

3. 生命需要合适的原素比例

霍尔巴赫说，“用来营养、强健、保持动物的那些同样的原素，在某些情况下会变为动物的解体、衰弱和死亡的根源及工具；一旦这些原素不再处于正好来维持动物的存在这个正确的比例中的时候，它们便从事于它的毁灭”。

之后，德国化学家李比希（Baron Justus von Liebig，1803~1873 年）于 1840 年在其所著的《无机化学及其在农业和生理学中的应用》一书中提出了所谓的最小因子定律，认为植物的生长发育需要从环境中摄取多种营养元素，如果其中某一元素相对缺乏，而其他元素比较丰富，供给量最不足的元素就成了该植物生长的限制因素。

十二、康德的“目的论”生命观——整体性、内在目的性、自组织性与自繁殖性

德国哲学家康德（Immanuel Kant，1724 ~ 1804 年）在其于 1790 年出版的专著《判断力批判》一书中描述了有机体的整体性、内在目的性、自组织性（或自我建造性）与自繁殖特性（康德，1985）。

1. 生命具有内在目的性和自组织性

康德说，“在像这样的一个自然产物里，我们是把每一部分都认为是由一切其余部分的作用而由其存在的，而且又是为了其他各部分以及为了全部而存在的……这个部分必须是产生其他部分的一个机官——所以每一部分都是交互产生其他部分的……只有在这些条件下而且按这些规定，一个产物才能是一个有组织的并且是自组织的物，而作为这样的物，才称为一个自然目的”。法国动物学家居维叶（Georges Cuvier，1769~1832 年）提出的“器官相关法则”简直就是康德思想的翻版！

康德说，“一个有机的自然产物乃是一个产物，其中所有一切部分都是交互为目的与手段的。在这样一个产物里，没有东西是无用的，是没有目的的……”。因此，他认为“是自然目的的东西就是有机体”，而“如果一个事物同时是原因而又是它自己的结果（即令是在双重的意义上），它就是作为一种自然目的的”。他进一步解释道：“在一个东西是自然的产物，然而作为这样看时又只作为一个自然目的才被认为是可能的这种地方……它对于自己一定是处在交相为因果的关系上的”。他称这是一种“目的的因果联系，这种联系，如果作为系列来看，除包含有一种前进的从属之外，还包含有一个后溯的从属。这就是一种联系，在其里面，现在称为结果的东西，还是配称为在上面说成为结果的东西的原因的，如果我们是把系列再后溯上来看的话”。

康德指出，还有唯一的外在目的性“和组织的内在目的性紧密地结合在一起的……这就是两性在其相互关系上为着它们种族繁殖的这个组织……在这一对里，我们有了最初形成组织整体的东西，虽然不是在一个物体的组成整体”。

2. 生命具有内禀的遗传本性

康德用一种目的的因果关系描述了植物的繁殖："一棵树是按照人所熟知的自然规律长成另一棵树的。但是这棵树所产生的树是属于同一个类的。所以对其类来说，树是产生树的。就类来说，时而树是结果，时而又是原因，不断地从自己生出来，又不断地生出自己，于是树以类来说就保持着自己"。这实质上是对植物（在个体水平上）自我繁殖特性的一种朴素的哲学思考。

康德也表述了一些遗传的观念："谈到有机类的某些个体所经过的不知其所以然的变化，我们发现这样变化的性格是遗传的，吸收进生产力量里面去的，在这些地方，我们不能对它形成其他适合的判定，而只能说它是原来存在于物种里面，为了种族而保存的、一种有目的的天禀的一个凑巧性发展"。这其实可看成他是在暗示物种具有某些内禀的遗传本性。

3. 生命具有一种自传播的形成力量

康德说，"一个有机体是具有其本来的形成力量的，而且是能以之给予没有这种力的质料——以之给予它所组织的质料。所以这是一种自传播的形成力量……自然，它组织自己，而且是在它的每一个种类的有机物里这样做——虽然一般来说，它诚然是照着一个单一模型的，但是在特殊情况下，还是有适当的偏倚，计划着来保证自卫的"。

4. 生命的建造来自物质的同化

康德以植物为例说明有机体如何利用无机养分（他称为质料）来生产有机物的特性："植物首先备办它所消化的质料而给它以一种特别不同的性质，是自然的机械作用在植物以外不能供给的，而植物的发展是利用一种质料，这种质料在其合成的性格上来说乃是这植物自己的产物……。"其实，这可看成植物同化作用的朴素描述。

5. 植物具有再生、适应与修复特性

康德还描述了植物的部分既相互依赖又相互独立的特性："树的一部分也是这样来生出其自己，使得一部分的保持是交互依赖着其他各部分的保持的。将一棵树小枝的嫩芽插在另一棵树的枝上，就在异干上长出它本种的东西来，而一个嫩枝接在不同的一棵树的树身上也是一样的。因此，乃至在同一棵树的情况下，每一个枝或每一片叶，都可以看成是移植或接枝在它里面去的，因而可以看成是由它自己分开的存在的一棵树，而只是贴在另一棵树上作为寄生而在这树上生活而已。与此同时，叶无疑是树的产物，但是反过来，叶也维持树；因为反复落叶会使树枯死，而且树的成长依靠叶对树干的作用。在生命的这些形式上，自然在

受到损害的情况下，像一部分缺乏其邻近各部分所需要的东西时，是能由其余部分来弥补以帮助自已的；畸形或歪形的生长是由于某种偶然的缺点或障碍，某些部分就采取一种完全新的形成方式以保持其原有的成长，因而也就产生了一种不规则的形态”。这也是对植物界存在着一种强大的再生、适应与修复特性或能力的直观描述，而在动物界就不可能存在嫁接的可能了。

6. 生命是一个有机的整体

关于整体性，康德说：“作为一个自然目的来考虑的一个事物，其首先需要的乃是它的各部分，关于它们的存在与形式，都只能由于它们对于其全体的关系才成为可能的……第二种需要的条件就是，这个事物的各部分相互为其形式的因果而自行结合成为一个全体的统一。因为只有在这种方式上，全体的观念才可能反过来，或者说交互地，又是一切各部分的形式与结合。”

康德的目的论被一些现代生物学家所效仿。例如，莫诺（1977）说，“生物是赋有目的的或计划的客体，这种目的性或计划性是在它们的结构中显示出来，同时又通过它们的动作（如人工客体的制造）而实现……生物正是通过这一特有的属性而区别于宇宙所有别的结构和别的系统的。这一属性我们就称为目的性……我们将任意地规定目的性计划的根本特征是：物种所特有的不变性内容的世代传递。因此，参与实现这一根本性计划的所有结构、行为和活动，我们都将称之为‘目的性的’”。这不过是对康德思想的一种简单模仿，关于物种的目的性——遗传，甚至早在古希腊哲学家亚里士多德那里就有阐述，只不过用的是灵魂一词而已。

十三、黑格尔的“辩证”生命观——对立面的统一

德国哲学家黑格尔（1770～1831年）在其著作《自然哲学》（黑格尔，1986）一书中阐述了他的辩证生命观。

1. 生命是目的和手段、原因和结果的同一

黑格尔说，“自然在其特定存在中所达到的最高的东西就是生命……生命是整个对立面的结合……只要内在的东西和外在的东西、原因和结果、目的和手段、主观性和客观性等是同一个东西，就会有生命”。也就是说，黑格尔认为，生命把外在的东西变为内在的东西，把内在的东西变为外在的东西；它既以自身为自己的目的，又以它为自己的手段；它既使它自身为自己的客体，又从这种客体回归到自身；因此，在生命中，作为结果的东西也是作为原因的东西。

2. 植物的生命——同化与异化的统一

黑格尔非常细致地描述了植物的同化作用，指出植物涉及的外在自然是元素，即光、气和水。“依靠光，植物才在各个方面变得有力，变得有香有色……植物把空气作为一种特定的气体又从它里面产生出来，因为它通过同化作用使这一元素有了差别。这个过程最接近于化学过程……这个过程是呼吸过程：植物白天吐出氧气，夜间吐出二氧化碳……植物得到湿气才能结实……如果没有水，胚就仍然死呆着……水是植物真正的营养质料……”。虽然按现代的知识来看，这些描述并不完全准确，但这依然可看成是对植物同化过程（将环境中的无机物转化为有机物）的一种直觉的表述，也说明了有机体对无机环境的依赖性。像同化与呼吸这样的词汇，在现代生理学中依然是不可或缺的词汇。

3. 灵魂——肉体与精神的中介

黑格尔说，“现时，哲学里很少说到灵魂了，而主要是谈精神，精神和灵魂是有区别的，灵魂好像是肉体与精神之间的中介，或者两者之间的联系，精神沉浸在全身内为灵魂，灵魂是使身体有生命的原则”（屈万山，1987）。

4. 动物依赖于植物

黑格尔指出，“植物是一种从属性的有机体，这种有机体的使命是把自己呈现给更高级的有机体，以便让更高级的有机体加以享用”（黑格尔，1986），这可以认为是对动物异养性的一种朴素表述。

十四、叔本华的生命观——求生、生殖、母爱和竞争

德国哲学家叔本华（Arthur Schopenhauer，1788～1860年）被称为悲观主义哲学家，在《爱与生的苦恼》一书中，他对与生命本质相关的问题——个体与种族的关系、生命的三大本能（求生、生殖和母爱）进行了非常精辟的阐述（叔本华，1996）。

1. 个体的生死——种族脉搏的律动

叔本华阐述了个体与种族的关系：“……个体的生命只不过是借自于种族，一切生命里都是种族力量的迸发……真正延续的是种族，个体是不能永存的……从外表——通过无限的时间——来看，它们（动物）的欲望化成相同形貌的个体陆续更替，并且由于死亡和生殖的交替而使种族维持。就此看来，死亡和生殖不过如同种族脉搏的律动而已……个体的生存从形式方面来看，是不断地被埋葬在死亡的过去中，是一连串的死亡……对自然而言，真正重要的只是种族……一

切动物及人类最内在的本质，乃是在于种族中。”他对这一关系的认识相当深刻，感叹相对于种族而言，个体的生命是何等的短暂。他又说，父母“俩人遗传性质融合为一，在子女身上继续生存”。

叔本华说，“就这样，万物只有一瞬间的逗留，又匆匆走向死亡。植物和昆虫在夏天结束它们的生涯，动物和人类则在若干年后死亡。死亡始终不倦怠不松懈地进行着它的破坏。尽管如此，万物似又毫无所损地照常生存着，仿佛不灭般存在于各自的场所”。可以这样理解，这里的万物的各自场所，按现代的语言来说，应该就是指各自生存的位置或生态位。他说，“从蚊子到大象，在一切动物中，即使我们随意抽取一段时间来观察，它们该保持着一定的数量。它们虽已经过几千次的更新，但出现的永远是相同之物……种族是不会衰老、永远年轻的。死亡对于种族，犹如个体的睡眠或眼睛的一眨”。

他说，“所谓出生，若按其本质及含义来说，包括死亡，那是向两个方向伸出的同一条线。如果，前者是从真正的无中发生，那么后者也是真正的灭亡。但实际上，唯有我们的真正本质是永恒的，我们才可以承认它的不灭；如果人类乃是从无中发生，那么后者也是真正的灭亡……出生和死亡只是一种不间断的摆动，两者轮流交替，而不是陆续从‘无’产生新个体，然后归之于‘无’。种族永远是实在的东西，它正如我们眼中所看到的火花在轮中的迅速旋转、弹簧在三角瓶中的迅速摆动、棉花在纺锤中的摆动一般，出生和死亡只是它的摆动而已”。

2. 为何生命如此仓促？

叔本华对与简单而低等的无机物相比，复杂而高等的生命反而只能存续如此短暂感到迷惑不止。他说：“一般有机体的存在也是短暂无常，无论动物或人类，也许今天诞生明天就消灭，出生和死亡迅速地交替着。但那些低级的无机物却有非常漫长的生命……造物何以厚彼薄此？我相信它本来的意旨是这样的：这种秩序只是表面的现象，这种不断的生灭只是相对性的，绝不会波及事物的根底。不仅如此，一切事物的内在本质，虽是我们肉眼所看不见的神秘东西，但它向我们保证：其本质绝不会因生灭而有所影响。至于谈到这些是如何发生的，我们既看不见，当然也无从理解，因此只有把它当成是一种戏法。因为最不完全最低级的无机物，都可不受任何事态的影响继续存在。然而具有最完全、最复杂、最巧妙的生物却经常除旧更新，旋即化为虚无，而把自己的场所让给从无而进入生存之中的新同类……万物都有它的本质。以树木为例，树木内部有着神秘的发芽力，这种力量通过胚芽（每一代都完全相同），尽管树生生灭灭，它仍继续存在。所以说，‘人间世代，犹如树木的交替’”。

叔本华提出的一些问题如此精深，即便是在今天，也还无人能给予确切回答。当然，他意识到种族的本质还是持久的，不会因个体的生灭而轻易改变，这与亚里士多德的“所有自然躯体都是灵魂的工具”的说法如出一辙。事实上，现代科学已经证实，物种寿命可达数十万年乃至更长，这也印证了他的想象。美国学者道金斯在《自私的基因》一书中的一些说法与亚里士多德和叔本华的观点极为相似！

3. 求生、生殖与母爱——生命之物的内核与本能

叔本华说，“求生的意志，这种构成生命之物内核的东西，最明白地表露在最高级的最智慧的动物身上”。

叔本华说，“我们只需观察一切动物（包括人类）在从事有关性欲活动之际的那种热心和认真，也必可了然性欲的激动本来就是动物的主要本质，也是种族的一分子对传宗接代大业的效劳……生殖行为是最伟大、成就最辉煌的本能……性欲较之于其他欲望而言，它的动机是最强烈，它的力量最强猛……不管动物或人类，为它常不惜冒险犯难或大动干戈……世界虽系由广阔的空间、绵长的时间及繁复多样的形态所构成，但这一切无非是意志的现象而已；而意志的焦点则是生殖行为，这种行为就是世界之内在本质的最明显表现，是它的核心、根本、精髓……这是人们了解生命之真谛的锁钥”。

叔本华指出，动物界普遍存在母爱行为，“所有的动物（包括最温驯的动物）大抵该如此，做母亲的为保护子女往往甘冒任何危险，即使一死也在所不惜……动物没有理性，没有所谓的反省能力，所以它们所表现的本能母爱（雄性动物没有这种意识）最为纯粹，也最为明显。总之，这种爱的本质，与其说出自个体，毋宁说直接出自于种族。这意味着动物也有种族系赖子孙而得以保持，必要时得牺牲自己生命的意识”。他认为母爱是一种种族的本能特性，有利于维护种族的存在。现代的知识表明，护幼不仅仅是母亲的职责，在一些种类中也由父亲承担。在生态学中，一些体型较大的动物（称为K-对策者）往往注重对后代的保护，而一些体型较小的动物往往通过快速的生殖（有些根本就没有护幼行为）也能达到维持种族的目的。

4. 竞争——永不停息的战争

叔本华说，“植物的生存也是如此。它们不知疲倦地努力成长，最后结成种子，孕育新的生命，如此周而复始。凡此种种，都是漫无目的、永无休止地进行着。形形色色的自然力或有机物的形态都是根据这种努力而表现的。相互竞争，各取所需，世界仿佛是一个大战场，到处可以看到拼死拼活的战争”。

显然，叔本华想说自然界形形色色的物种的存在与动植物的这种不知疲倦的周而复始的生存努力不无关系，这在一定程度上是对的。他的悲观主义观念使他关注到自然界无时不在的生存竞争。达尔文正是通过添加了他的遗传变异与自然选择，构建了伟大的生命进化理论。

十五、恩格斯的生命观——运动和静止的相对平衡

德国哲学家恩格斯（1820～1895 年）在《自然辩证法》一书中阐述了他的生命观（恩格斯，1925），基本是黑格尔和霍尔巴赫哲学思想的扩展。

1. 死亡是生命的重要因素——生就意味着死

恩格斯说，“今天，不把死亡看成生命的重要因素、不了解生命的否定实质上包含在生命自身之中的生理学，已经不被认为是科学的了，因此，生命总是和它的必然结果，即始终作为种子存在于生命中的死亡联系起来考虑的。辩证的生命观无非就是这样……死亡要么是有机体的解体，除了组成有机实体的各种化学元素，什么东西也没有留下；要么还留下某种生命的原则，即某种或多或少和灵魂相同的东西，这种原则不仅比人，而且比一切活的有机体都活的更久……生就意味着死”。

2. 生命——运动和平衡的活的统一

恩格斯说，“物体相对静止的可能性、暂时的平衡状态的可能性，是物质分化的本质条件，因而也是生命的本质条件……岩石进入静止状态，但是风化、海浪的拍打、河流、冰川的作用不断地扬弃这个平衡……在活的有机体中我们看到一切最小的微粒和较大的器官的继续不断的运动，这种运动在正常的生存时期是以总的有机体的持续平衡为其结果，然而又经常处于运动之中，这是运动和平衡的活的统一。一切平衡都只是相对的和暂时的”。

十六、柏格森的生命观——生命就是延绵

法国哲学家柏格森（1859～1941 年）在《人的现象》一书中阐述了他的生命观，认为生命就是一种延绵，是一种内置于不断创造中的延绵（柏格森，1907）。显然，用创造性的延绵比机械性的变化更能切入生命（特别是进化）的本质。

1. 生命不是可逆-决定性的，而是不可逆-随机性的

柏格森说，“机械论解释的本质就在于：将未来与过去视为当前的一些可以计算出来的函数，因而宣布一切都是既定的……在这种学说里，时间虽然被提及：虽然人们说出了这个词，想的却并非是时间。这是因为，这里的时间已经丧失了效力，倘若说它做了什么，那它就是‘无’。激进机械论意味着一种形而上学，其中，真实的完整性完全以永恒性作为基本条件……但是，对于我们的意识

（换句话说，即对我们最无可争辩的经验）来说，延绵却与此颇为不同。我们将延绵直觉为一股我们无法逆它而行的水流。它是我们存在的基础，我们还感觉到：它是我们生存的这个世界的根本实质”。这样的生命观应该从18世纪和19世纪的进化论思想那里获得了营养，也可能从黑格尔的“正—反—合”的思想运动模式中得到了启发。

柏格森说，“我们如何能够事先知道一种独一无二的情势呢？如何能够事先知道从未发生过、以后也不会再度发生的情势呢？……虽然生命以不可预见形式的连续性创造在我们眼前展开，却对我们毫无用处：因为观念总是执著于那个形式，总是以为不可预见性和偶然性仅仅是表面现象，是我们自身无知的外部反映……被你称为不可预见的形式的东西，只不过是旧有要素的新排列而已。那些初级原因作为整体已经决定了这种安排，它们本身就是以新的次序重复的旧有原因”。莫诺（1977）评价说，“柏格森的学说与几乎所有别的活力论和万物有灵论相反，它断言没有最终的目的：它拒绝用任何一种预定论来束缚生命的本质上的自发性”。

2. 生命延绵的基础——记忆、智力、意识与生命之流

关于个体性，柏格森说，“即使是在有机界里也很难确定什么是个体、什么不是个体。即使在动物王国里，这个困难也十分巨大；而在植物界，这个困难几乎就是不可逾越的”。这显然是想强调生命的连续性，衬托它的延绵。在植物的一些种类中，营养繁殖的确使个体性难以辨别。

柏格森试图通过解释意识、记忆和智力三者之间的联系，来说明延绵的生理学基础。他说，“直接经验向我们显示：我们意识存在的根本基础就是记忆，换句话说，就是过去向当前中的延伸，或者简而言之，就是活动着的、不可逆的延绵……智力从既定情势中本能地选择出来的东西，都与已知的东西相近；它寻找出这些东西，为的是运用其‘同类相生’的原则”。

柏格森认为延绵就是通过生命之流，“在某个瞬间，在某个空间点上，已经涌现出了一种可见的流动；这生命之流，穿过它连接组织起来的那些实体，从这一代流到下一代，它已经分散于各个物种中，散布于一个个的个体里，不但没有丧失自身的半点力量，其力量反而不断强化，与它的前进成正比……生命就像穿过成熟有机体的媒介，从一个胚芽流入另一个胚芽的一股水流”。

3. 有机界并不和谐，和谐只是原则上存在于趋向而不是状态之中

柏格森说，他的“哲学将有机界表述为一个和谐的整体。但是，这种和谐远非它被宣布的那样完美无缺。它允许众多的不和谐，因为每个物种，甚至每个个体，全都仅仅保留着某些冲动，这些冲动来自普遍的生命冲动，全都具有为其自身利益而运用这种能量的趋向，其中包含着适应。因此，各个物种及全体全都考虑它们自己——由此便可能产生与其他生命形式之间的冲突。所以说，并不存在和谐；和谐只是原则上存在。这就是说，原始冲动是一种共同的冲动，我们向生命之流追溯得越高，不同趋向就越会显得相互补充……和谐，或者更确切地说是‘互补性’，只有在群体中才能被揭示，只有在趋向中，而不是在状态中，才能被揭示”。

十七、物理学家薛定谔的生命观——生命通过汲取负熵建立有序

1. 从热力学看生命——有机体就以负熵为生

1865 年，德国物理学家克劳修斯（Rudolf Julius Emanuel Clausius，1822～1888 年）提出了熵的概念，用以度量在化学及热力学中动力学方面不能做功的能量总数（当系统的熵增加时，其做功能力下降），即将熵作为一种能量退化的指标，用于计算一个系统中的失序现象。

奥地利理论物理学家、诺贝尔物理学奖得主薛定谔（Erwin Schrödinger，1887～1961 年）也是量子力学的奠基人之一。他于 1944 年出版了《生命是什么》一书，提出了负熵的概念，试图解释生命的物理学本质。他说，“物理学定律全是统计定律……这些定律同事物走向无序状态的自然密切相关……生命像是物质的有序和有规律的行为，它完全是不以从有序转向无序的自然倾向为基础，而是部分地基于现存秩序的保持……即生命有机体似乎是一个部分行为接近于纯粹机械的与热力学相对立的宏观系统”（Schrödinger，1944）。

薛定谔说，“当一个非活的系统被孤立出来，或者把它放在一个均匀的环境里，由于各种摩擦阻力的结果，所有的运动都将很快地停顿下来；电势或化学势的差别消失了；倾向于形成化合物的物质也是如此；温度也由于热传导而变得均一了。此后整个系统衰退成死寂的无生机的一团物质。这就达到了一种持久不变的状态，其中不再出现可观察的事件。物理学家把这种状态称为热力学平衡，或‘最大熵’……一个生命有机体在不断地产生熵——或者可以说是在增加正熵——并逐渐趋近于最大熵的危险状态，即死亡。要摆脱死亡，要活着，唯一的办法就是从环境里不断地汲取负熵……有机体就是靠负熵为生的……新陈代谢的本质就在于使有机体成功地消除当它活着时不得不产生的全部的熵”。

那么，熵和负熵如何度量？

$$熵 = k\ln D$$

这里，k 是波尔茨曼常数（$k=3.2983\times10^{-24}$ cal①/℃）；D 是所讨论物体的原子无

① 1cal=4.18J，后同

序性的定量度量，一部分是热运动的无序，另一部分是来自不同原子或分子杂乱不可分的随机混合。在温度处于 0K（大约 -273℃）时，任何物质的熵都等于零。

$$负熵 = k\ln(1/D)$$

这里，$1/D$ 为可作为有序性的一个度量。薛定谔认为，一个有机体使它自身稳定在一个高度有序（或低熵）水平上所用的办法，就是从周围环境中不断地汲取序。例如，高等动物摄取物质状态极为有序的食物后，排泄出来的则是大大降解了的无序的物质。对植物来说，太阳光是“负熵”的最有力的供应者，换言之，非平衡（物质和能量流）可能成为有序的源泉。

德国化学家克拉墨（Friedrich Cramer，1923～2003 年）认为，生命有序性与非生命有序性之间存在本质的差别。他说，“有序经常被视为某种静态的东西……生命系统中的有序并不能与晶体中的静态现象相提并论。一方面，生命乃是从运动变化中创造有序，并永远与走向混乱无序的衰败相伴随。另一方面，生命就是衰败”（克拉墨，2000）。

2. 从统计学看生命——精确性需要巨大的结构

为何有机体需要如何之大？薛定谔认为，“所有的原子每时每刻都在进行着毫无秩序的热运动……发生在少数原子之间的事件不能有规律地表现出来。只有在无数原子的合作中，统计学定律才开始影响和控制这些集合体（系统）的行为，它的精确性随着系统包含的原子数目的增加而增加……在有机体的生命过程中起重要作用的所有物理学和化学的定律都是这种统计性的定律……物理学和物理化学定律的不准确性总是可能发生在 $1/\sqrt{n}$ 的相对误差范围之内……一个有机体为了使它的内在生命以及它同外部世界的相互作用，都能为精确的定律所描述，它就必须有一个相当巨大的结构”。

3. 对薛定谔生命观的质疑

笔者试图从以下几点对薛定谔的生命观提出质疑。其一，非生命世界并非都是从有序走向无序。将一滴墨水滴入一杯水中，墨汁最终将被混合，而且也不可能发生墨汁-水混合物的自发分离。这常常被物理学家喻为无机世界从有序走向无序的经典案例（此外，也常常被化学家喻为化学上的不可逆过程）。但是，所有两种不同的液体都能发生这种混合现象吗？显然不可能，水-油就不可能混合，但存在相似相溶的原理。而且，两种液体物质混合后还可能形成有序性更好的固体物质。

其二，所谓的“负熵”听起来玄乎，也只不过是试图用一种物理学的语言来说明植物利用太阳光能通过光合作用将无机的小分子物质合成复杂（物理学家称之为有序）大分子化合物的这样一个生命过程，但并未回答为什么生命能够这样，更不可能揭示生命的内在机制。其实，熵、有序和无序都是难以普遍定义的概念，更不用说准确度量了，虽然它们对刻画气体的行为具有意义，但是对生命这样结构异常复杂的气-液-固混合体来说，这些概念的准确度量既不可能，也毫无意义！

其三，试图用所谓的大数定律来揭示生命的构件性也是无稽之谈。这能解释为何地球上演化出有机体（由无数极其微小的原子组成）吗？没错，所有的电子都围绕原子核进行随机的运动，但宇宙中大大小小的固体物质都是由无数微小原子聚集而成，像巨大的岩石远比有机的生命体要大得多。此外，如何用大数定律来解释生命世界的千姿百态呢？为何现存生命个体之间的差异会如此巨大呢？小到纳米级的只能在电子显微镜下才能看到的病毒，大到庞然大物——蓝鲸、巨象与参天大树。无论是原始单细胞生命的起源还是向大型的多细胞动植物的进化都与这种大数定律毫无关系，生命不可能在这种漫无目的的统计规律中诞生。

地球生命演化历史上最重要的一幕开始于从简单的有机化合物进化出作为独立的能够完成自我繁殖功能的细胞的出现，这才真正实现了物质从化学性转变为生命性的飞跃。相关的问题将在本书第七章至十二章中详细论述。

十八、生命定义的演变

生命的定义是什么？19世纪及之前关于生命的定义主要是哲学家（甚至诗人）的抽象表述（如目的性）。之后，随着人们对生命科学认知的积累，生命的各种定义体现了生物学特性、遗传特性、生化特性、物理学特性（与外界的能量交换），或特性的综合（表3-1）。

例如，19世纪浪漫主义诗人柯尔律治给生命下了这样的定义："我以为生命是一个整体，这个整体是部分存在的先决条件。"我们有关生物的印象来自于生物具有的内在的独特性以及按照一定目的设计和组合起来的外表。我们可以把生物看成是一种自然发生的机制（凯恩斯·史密斯，1995）。

表3-1　不同历史时期关于"生命"的定义

定义	文献
1. 古希腊时期	
哲学家亚里士多德（Aristotle，公元前384～前322年）认为，生命是灵魂与躯体的结合。他在《论灵魂》一文中说，"在自然物体中，有些有生命，有些则没有生命。所谓生命，乃是指自己摄取营养、有生灭变化的能力。"	亚里士多德，1992a
2. 18世纪	
哲学家康德（I. Kant，1724～1804年）在1790年出版的专著《判断力批判》一书中指出，"是自然目的的东西就是有机体"，而"如果一个事物同时是原因而又是它自己的结果（即令是在双重的意义上），它就是作为一种自然目的的"。	康德，1985

续表

定义	文献
达尔文的祖父——伊拉兹马斯·达尔文（Erasmus Darwin 1731～1802 年）在 1794 年出版的《动物学》一书中将“生命”定义为“应激性”的结果，而“应激性”和哈勒的生理学相符合，是一种特殊的力。	玛格纳，2001
哲学家黑格尔（G. W. F Hegel，1770～1831 年）在《自然哲学》一书中指出，“自然在其特定存在中所达到的最高的东西就是生命……生命是整个对立面的结合……只要内在的东西和外在的东西、原因和结果、目的和手段、主观性和客观性等是同一个东西，就会有生命”。	黑格尔，1986
3. 19 世纪	
哲学家斯宾塞（Herbert Spencer，1820～1903 年）说，“生命是对内部条件及外部条件的持续适应”。	Schlick，1949
哲学家恩格斯（F. Engels，1820～1895 年）在《自然辩证法》一书中说，“生命是蛋白体的存在方式，这个存在方式的本质契机在于和它周围的外部自然界的不断的物料交换，而且这种物料交换一旦停止，生命就随之停止，结果便是蛋白质的分解”。恩格斯解释说：“在无机体内也能够发生这种物料交换，而且逐渐地到处发生，因为化学作用即使进行得很慢，却是到处发生的。差别在于：在无机物的情形下，物料交换破坏了它们，而在有机体的情形下，物料交换是它们必要的存在条件”。恩格斯指出了生命系统开放的与外界进行物质交换的本质特征。	恩格斯，1925
4. 20 世纪及之后	
哲学家柏格森说，“生物首先是一条通道：生命的本质就在于那个传送生命的运动……若将生命看成是各个物种之间的过渡，那么生命就是一种连续生长的行动。但是，生命通过的每个物种都仅仅以其自身的便利为目标”。	柏格森，1907
发育生物学家威廉·鲁（Wilhelm Roux，1850～1924 年）说：一个物体如果具备如下特征那么它就是有生命的：①新陈代谢（物质被吸收、同化、异化和分离）；②生长；③主动的运动（为使定义更为准确，这里把“应激性”也即“感受性”的概念也包括在内，以区别于无机物的反应）；④生殖（繁殖或增殖）；⑤遗传（亲代与子代之间的相同或相似性）。	Schlick，1949
物理化学家奥斯特瓦尔德（F. W. Ostwald，1853～1932 年）说，“活的机体都能自动控制其能量储存，这些能量储存对于它们稳定地维持其状态是必需的”。	Schlick，1949
很多作者（如生化学家 A. И. 奥帕林，1894～1980 年）将生命物质定义为复杂的分子组合物——具有有序新陈代谢的蛋白体。	什克洛夫斯基，1984
天体物理学家什克洛夫斯基（1916 年～）在《宇宙 生命 智慧》一书中将生命物质定义为一种复杂的分子组合物，在它内部有一个“控制系统”，其中包括一套传递遗传信息的机构，这种信息能保证后来各代产生保存反应。也是由于这一点，依靠这种信息传递中不可避免的“失误”，我们的分子复合体（有机体）得以突变，从而发生进化。	什克洛夫斯基，1984

续表

定义	文献
理论生物学和复杂系统学家考夫曼（S. Kauffman，1939 年 ~ ）在《科学新领域的探索》一书中指出，“自主主体是完成了至少一个功循环的自动催化系统，也许这就是生命的定义……自主主体的共同演化必然导致自主主体的内部和自主主体之间出现放能反应和吸能反应的交织。此处物质的分解必然与彼处物质的构建相连接”。	考夫曼，2004
生物化学家克拉默（F. Cramer，1923 ~ 2003 年）在《混沌与秩序——生物系统的复杂结构》一书中将生命定义为一个通过不断汲取外部能量来维持甚至扩展其有序结构的系统。	克拉默，2000
化学家及生物物理学家艾根（M. Eigen，1927 年 ~ ）在《超循环》一书中指出有三条“经典的”的生命标准：①自我复制——以保存生物信息，尽管有平衡的破坏；②变异性和选择——以扩大信息量，为某种价值标准造成某种倾向；③代谢作用═自由能流——以补偿平衡的熵产生，这与同时满足标准①和②相联系，而且由此阻止了总观平衡。	艾根和舒斯特尔，1990
太空生物学家 F. Raulin 说，“通常认为生命是生活系统的特征，通过与环境交换物质和能量来保持高水平的信息量和复杂度，以实现自我增殖，适应外界压力，并通过自然选择而进化”。	Raulin，2011
生命泛指一类具有稳定的物质和能量代谢现象（能够稳定地从外界获取物质和能量并将体内产生的废物和多余的热量排放到外界）、能回应刺激、能进行自我复制（繁殖）的半开放物质系统。生命个体通常都要经历出生、成长和死亡。生命种群则在一代代个体的更替中经过自然选择发生进化以适应环境。	维基百科

结　　语

早在 2000 多年前，古希腊哲学家亚里士多德就用一个物质化的灵魂对生命的本原给予了深刻诠释。他说，生命是灵魂和躯体的结合，躯体是灵魂的运载工具，而灵魂是生命的构件原理，灵魂和躯体不可分离；如果将灵魂一词换为 DNA，他对遗传特性的诠释几乎接近完美；他还认为生命指自己摄取营养、有生灭变化的能力。亚里士多德关于灵魂与躯体之间关系的精辟见解至今还被一些现代生物学家（如《自私的基因》一书的作者道金斯）所效仿。

之后，哲学家们对生命本原的解读也十分精湛，具有启迪性。普鲁塔克认为生命是永不停息的生成与毁灭之流；笛卡儿和梅特里认为身体似一台神造的由养料驱动的自动机；霍布斯认为生命的运动包括生理性运动、行为运动与意识运动；霍尔巴赫认为生命是一种隐藏式的自发运动的集合，它无时无刻不在获得或丢失；康德认为生命具有整体性、内在目的性、自组织性与自繁殖性；黑格尔认为生命是目的和手段、原因和结果的同一；叔本华认为生命的三大本能就是求生、生殖和母爱；恩格斯认为生命是运动和静止的相对平衡；柏格森认为生命就是延绵。

人可能自认为是最高等、最智慧和最伟大的生命，因为相信自己创造了辉煌的物质、技术和精神文明，相信彻底征服了自然界，成为地球上的唯一霸主。但是，遗憾的是，人却不能征服自我——生物学的肉体！因为，人类既不能决定自己的生，也不能决定自己的死，不管你在浮生浮世的岁月光阴中经历过多少恩怨情仇，或享受过多少荣华富贵与高官厚禄，也不论你摊上过多么穷愁潦倒的厄运……任何人绝不可能挣脱种族给予你的生死法则，生命必定随光阴消逝而衰萎，岁月必定无情地将青春与生机悄然带走，一切与风同来，又与水俱去……

第四章　生物的生殖、发育与遗传

为什么我们会看见大地上春天洒满玫瑰，夏天布满谷穗，而当秋天发出魅力时葡萄就成熟累累，如果不是因为万物的一定的种子在它们自己的季节必定会涌集一起？

——卢克莱修（Titus Lucretius Carus，公元前99～前55年）

生物的当前状态无法在其直接过去中找到解释；有机体的全部过去都必须添加在当前那个瞬间里，而那就是有机体的遗传——实际上，那是一段漫长历史的全部。

——柏格森（Henri Bergson，1859～1941年）

早在2000多年前，卢克莱修在其长诗《物性论》中就说，“如果生命是从无中长出来的，那么生命的种子的集结也就不需要一定时间来使事物长成：小小的婴儿立刻就像成人一样行走，从土地里会跳出一棵枝丫繁盛的大树——这种闻所未闻的奇迹。但自然的律令是：每样东西都从自己合法的种子缓慢长大，借长大而延续它自己的种类……如果每种东西不是自有产生它的物体，事物怎能够每样都有它不变的老母亲？”。这其实已将发育与遗传的现象一语点破。

19世纪初期以前，关于遗传和发育的见解或学说基本上停留于对古代延续下来的这样一些问题的解释或猜测：为什么后代与亲代相似而又不完全一样？在有性生殖中，两性对后代各有什么贡献？为什么在生物的早期发育阶段，有机体都很简单而又相似，而在以后的阶段开始变得复杂并最终成为不同的个体？为什么有些生物失去身体的某一部分可以再生，而有些则不能？造成生物后代畸形现象或产生怪胎的原因是什么（玛格纳，2001）？

在遗传研究的历史上，曾有两个重大的转折点：一是19世纪中叶孟德尔的豌豆试验，它逻辑性地接近了遗传的真谛；二是20世纪50年代沃森和克里克发现了DNA的双螺旋结构，从而成功地揭开了遗传的化学谜底。这一章是对各个时代中关于生物的生殖、发育与遗传观念的一个素描，这里展现了现代科学技术之铿锵，对陈腐观念就如同是秋季冷风对枯枝落叶的横扫！

一、古希腊哲学家亚里士多德论动植物生殖

动植物的生殖是人们认识遗传与发育规律的基础，是一切种族得以延续的根本。由于动物绝大多数都是雌雄异体且易于辨识，因此，古人关于生殖现象的观

察与描述多限于动物。相反，植物的雌、雄难以分辨，因此对植物生殖的认识充满了矛盾。

1. 雌、雄性的定义

亚里士多德（公元前384～前322年）给雌、雄下了既富有哲理又有生物学基础的定义。他在《论动物生成》一文中说，“所谓‘雄性’是指在他物中进行生成的动物，所谓‘雌性’是指在自身中进行生成的动物。因此在宇宙论中人们把大地的本性理解为雌性，称为‘母亲’，而把天、太阳和其他类似的东西命名为‘生殖者’和‘父亲’……存在于生成者中的被生成的子代正是从雌性中产生出来的……为了交配和生成子代某些部分必然存在。这些部分必然有别，因此，雌、雄两性也必然相互有别……在所有有血动物中雌性的与生成有关的部分称为子宫，雄性的则称为睾丸和阴茎……无血动物中也存在着雌性生成部分的差别”（亚里士多德，1997b）。

亚里士多德在《动物志》一文中说，大多数动物“有一个用以排精的部分；在具备生殖能力的动物中，有的排入自体，有的排入他体。排入自体者称为‘雌’，排入他体者称为‘雄’。在有些动物中不存在雌、雄之分”（亚里士多德，1996）。

亚里士多德还将有机体的产生归纳为4种方式：自发地产生于腐败物（如苍蝇和爬虫）；出芽产生；雌雄同体；两性生殖。当然，现已知道第一种生成方式肯定是错误的。

2. 动物的生殖类型——胎生、卵生与蚴生

亚里士多德在《动物志》一文中说，“有些动物为胎生，有些为卵生，还有一些为蚴生。胎生动物，如人、马、海豹和其他一些被毛的动物；还有水生动物中的鲸类，如海豚和所谓的软骨鱼或板鳃鱼……所谓的卵生是指妊娠完成后形成的东西，首先是从卵的一部分中生长出形成中的动物，其余部分则为这一生长过程充当营养。蚴生是指从其整体中生长出动植物整体的生殖……胎生动物中，有些在自身体内育卵，如软骨鱼；另一些在自身体内怀胎，如人和马。当妊娠过程完成时，有些动物产下一个活体，有些动物产下一个卵，有些动物产下幼虫”（亚里士多德，1996）。

亚里士多德在《论动物生成》一文中说，胎生动物“在体内使子代活着产生出来，如人、马、狗和所有有毛发动物，水栖类中的海豚、鲸及其他鲸类动物。鲨和蝰蛇尽管在体外使子代活着生成，但首先在体内产卵。它们产下的卵是完善的，只有从这些卵中动物才能生存，无物能从不完善的卵中生存”（亚里士多德，1997b）。

需要指出的是，这里亚里士多德所说的蚴生可能是指低等动物（如蚜虫）

的胎生现象。此外，在现代，妊娠一般指胎生动物的母体承受胎儿在其体内发育成长的过程，因此，也就没有卵生动物妊娠这样的说法。

根据现代的知识来看，卵生是动物界最普遍的繁殖方式，见于浮游动物、大部分鱼类、昆虫、鸟类、爬行类等（鸟类、爬行类和两栖动物等的卵因带有坚硬的外壳而被称为蛋），而哺乳动物几乎都是胎生，也偶有一些低等动物也能进行胎生。还有一些介于卵生和胎生之间的过渡类型：在一些蛇类中可见卵胎生的生殖方式。例如，蝮蛇胚在雌蛇体内发育，发育期间的营养则由蛋黄提供，生出的仔蛇就能独立生活；许多鲨鱼进行卵胎生，即将卵在雌鱼体内受精，受精卵在生殖道内发育，虽然胚体所需营养完全靠卵的营养供给；还有少数软骨鱼类（如灰星鲨和真鲨等）在体内受精和发育，胚胎通过血液循环从母体获得营养，但尚未形成类似于哺乳动物的胎盘构造，因此称为假胎生。生殖方式的多样性喻示了生命演化的偶然性，但与物种数相比，这种变化还是有限的，因此，它在宏观上也反映了种系的延续与生存策略。

亚里士多德还对动物交配季节进行了颇有意思但符合实际的概括，他说，“大多数动物本性上都乐意在同一时令进行交配，即在由冬季转向夏季之际；这就是春季，大多数的动物——天上飞的、地上走的及水中游的——在这一季节都有交配的欲求。有的动物也在秋季及冬季交配与生育……人类则能最大限度地在任何季节里交媾与生育……”（亚里士多德，1996）。显然，这种生殖的聚集是生命周期之季节性运转的一个环节，它是生物适应时序性环境波动的产物。

3. 动物的两性交配与杂交

亚里士多德在《论动物生成》一文中指出了近缘物种的杂交现象。他说，“所有具有雄、雌两性的动物，通过雌、雄交配而生成……交配发生在本性上属于同种的动物之间。此外，在那些本性接近，在形式上差别不大的动物如果体积相当、妊娠期相等也可以交配。这种杂交在多数动物中并不太常见，但在狗、狐狸、狼和豺中间时常发生”（亚里士多德，1997b）。

亚里士多德在《论动物生成》一文中说，“事实上马由马生成，驴由驴生成，骡子由马和驴（不管何者为公，何者为母）生成……由同种雄性和雌性生成的子代在本性上乃是同种的雄性或雌性，如雄狗和雌狗的子代或是雄狗，或是雌狗。由两种不同种类的动物生成不同种类的子代……既然骡子生来就有雌、雄两性，在种类上没有区别，而骡子本身是由马和驴生成的，两者在种类上不同于骡子，因此由骡子不能生成任何东西”（亚里士多德，1997b）。但是，亚里士多德认为“这个推论太一般、太空泛”。他指出，一些近缘动物（马和驴）虽能杂交，但却无法生育。我们也理应如此认为，因为如果杂种的后代还能繁衍，那这两个物种之间就不存在生殖隔离了，它们就应该被视为同一个物种。

4. 一些动物的本能行为——护幼

亚里士多德以鸟和鱼为例描述了动物中广泛存在的一种繁殖行为——护幼。他在《动物志》一文中说，"一些动物还会为其幼嗣的食养而操劳，但哺育完成后就与之分开，此后不再有任何联系；那些知解能力较强的、具有记忆力的动物同它们的后代保持更长时间的联系，表现得更有社会性……雏鸽诞生后，雄鸽会用心于适宜的食物，它嚼碎这食物，拨开雏鸟的嘴后将食物塞入，从而做好了使其受食的准备……河鱼中雄鲇鱼花许多精力照顾其幼鱼，因为雌鱼分娩后便游走了，雄鱼则侍候于卵胚最集中的地方进行警戒和保护，它的警戒和保护仅仅限于隔开各种小鱼，不让它们偷走幼胚；它这样警戒和保护40~50天，直至其幼胚已然长大而能够逃脱于其他各种鱼类为止"（亚里士多德，1996）。当然，并非所有的动物都有护幼行为，而且程度也会有所差别，但在很多动物中已成为一种本能的习性，而且它也反映了种族的生存策略。

5. 繁殖的悲剧——产后死亡，或遭子代残杀

亚里士多德还描述了存在于少数动物中的繁殖悲剧。他在《动物志》一文中说，"草蠓在夏末时分产卵，产后即死亡……蝗虫照同样的方式产卵，产后也归于死亡……地蝎也产生大量卵形蚴并抱孵之。孵育终了时，亲蝎被掀弃到一边，并被亲子所残杀……毒蜘蛛（兵蛛）将蚴产入其特意纺制的一种厚韧的篮形物中，它们于此上孵育……小毒蛛长大后便团团围住生养了它们却反遭黜弃的母蛛，将其杀死。很多时候雄蛛也遭殃及，若是它们被捉住了的话，因为它们往往与雌蜘蛛合力孵幼"（亚里士多德，1996）。不能不感叹大自然如此壮烈的杰作——亲代通过躯体的奉献完成种族延续的伟业！

6. 动物生殖调控的复杂性

亚里士多德注意到动物的生殖行为受到其系统的复杂调控，他在《论动物生成》一文中说，"本原的细微差异往往导致许多依赖于它的东西发生变化。这点在被阉割的动物身上尤为明显：尽管只是生成部分受到损坏，但几乎整个动物的形成都因之发生巨大变化，似乎变成了雌性或近乎雌性，这表明动物为雄或为雌绝非根据随便任一部分或潜能。显然，雄性和雌性是生成的本原"（亚里士多德，1997b）。这也说明了睾丸在雄性生殖中的核心作用。

7. 植物中存在雌雄同株的现象吗？

亚里士多德在《论植物》一文中说，"需要考察的最重要、最根本的问题是恩培多克勒提出的看法，即在植物中，是否真的发现有雌性和雄性，而且，是否存在由这两种性构成的混合形式……是否真如恩培多克勒所说，在植物中发现了

这两种性是被混合在一起的……但是，我并不相信事物真有这种情形。因为被混合的东西首先必定是单独存在于自身之中的，无论是雄性还是雌性，都由于自身存在着，尔后才被混合。而且，如果不是由于各自特有的生成，这种混合也不会出现。但是，按照他的说法，在混合之前，就已经发现植物中有混合物了……然而，我们却没有发现雄性和雌性在任何场合中的混合”（亚里士多德，1995）。

根据笔者的判断，这里，亚里士多德似乎是在谈论恩培多克勒认为在植物中存在雌雄同株现象，而亚里士多德本人认为不可能。现代的知识告诉我们，绝大多数被子植物都是雌雄同株的，而且绝大多数还是雌雄同花的，但是，动物的雌雄同体则十分稀少（在高等动物中则更为罕见）。在2000多年前的古希腊，人们对植物花粉进行细致观察是不可能的，从现象上来说，动物之间的交媾现象则容易感知得多，但对植物通过花粉进行交合的事实不可能知晓。因此，推测对更为熟知动物的亚里士多德来说，雌雄同体的植物对他来说是难以接受的。但是，亚里士多德的疑问不无道理，即便是今天，动植物生殖系统配置上的这种巨大差异也还是巨大的进化之谜。

亚里士多德描述道：“植物的种子类似于动物的胚胎，它是雄性和雌性的混合……恩培多克勒也说，植物不会产生出幼苗，因为被生出的东西只能从种子的本性中生成，因而也因此，一开始就从种子中产生出了滋养根须的养料，并且，被生出的东西从它一生成起，就自己运动自己”（亚里士多德，1995）。

关于雄性与雌性的混合问题，亚里士多德说，“在动物方面，当它们结合时，性和性的能力也结合了，虽然在此前是各自分离的，任何一个后代都产生于它们二者的结合。然而，植物方面的情形却不是这样，因为在结合时不是两性，而在结合后，它们的能力变得分开了。假如自然把雄性与雌性混合在了一起，它也会按正确的路线前进，因为在植物中，我们没有发现任何活动反乎于果实的生成”（亚里士多德，1995）。如果那时亚里士多德知道高等植物既有雌雄异株，也有雌雄同株（甚至同花），并且依靠虫媒、风媒和水媒进行传粉受精，就不会有这种疑虑了。的确，植物和动物的交配方式完全不同，绝大多数动物通过身体的直接接触使卵子和精子结合，而在植物中，除了极为罕见的闭花授精外，都需通过自身以外的媒介来实现卵子和精子的结合。

事实上，直到17世纪，科学家才发现植物的性别。但是，在非常遥远的古代，亚述人就已经细心地对枣椰树进行了异株传粉，并且还通过控制雄树和雌树的比例来保证丰产（玛格纳，2001）。

8. 植物繁殖的多样性与混合性

亚里士多德在《论植物》一文中说，“有些树从种子生成，有些由于自身而生成。再者，有些被人从根部挖出来移植，有些从杆部生长，有些从枝丫处或种子里生长……有些在树上生长，如被嫁接的那些……每种这类植物都不会结出与它由以发芽生出的种子同样的种子”（亚里士多德，1995）。这里亚里士多德提及了种子繁殖、营养繁殖和嫁接等自然或人工繁殖方式。亚里士多德还指出，“水性的植物所结果实较少”（亚里士多德，1995）。

亚里士多德在《论动物生成》一文中说，“在所有能够行进的动物中，雄性和雌性是分离存在的，一为雄，一为雌……然而，在植物中这种潜能是混合在一起的，雌性没有从雄性中分离出来，这是它们之所以由自身生成，不产生精液，只产生胚胎，即所谓的‘种子’的原因……正像卵是一种胚胎，由其某个部分生成动物，剩下的作为营养一样，从种子的某部分生成植物，其余部分成为萌芽和原初根系的营养”（亚里士多德，1997b）。这似乎反映了亚里士多德对植物生殖系统配置的迷惑，但他所提出的高等动植物在生殖机制上的这种差异还是值得深思的。

二、古代至18世纪的发育观——渐成论与预成论之争

发育是多细胞的个体生命从受精卵开始的一种程序化的展现（既是结构的，也是功能的），而对单细胞生物来说就没有什么意义了。在受精过程发现（于19世纪后期）之前，人类对生物个体发育的认识就是两种截然不同观点——预成论（先成论）与渐成论（后成论）之争的历史。

1. 希波克拉底——最早的渐成论思想，鸟和人在胚胎发育上有相同之处

古希腊著名医生希波克拉底（Hippocrates of Cos II 或 Hippokrates of Kos，公元前460～前377年）被尊为欧洲医学奠基人。他在《幼体的特性》一文中十分粗略地描述了鸡胚胎的发育过程：“拿20个或更多的鸡蛋，让两只或两只以上的母鸡进行孵化。从第二天起到孵出之前，每天打碎一个鸡蛋进行检查。你将发现种种情况都和我所说的相符：在这种程度上，鸟类在本质上是应该和人类有相同之处的”（玛格纳，2001）。这应该是最早的渐成性思想，也可认为是19世纪提出的所谓“贝尔法则”的萌芽。

2. 亚里士多德——提出生物发育的预成或渐成论，但更倾向于后者

古希腊哲学家亚里士多德（公元前384～前322年）关于胚胎是如何形成的提出了两种可能性，一种可能是胚胎中的一切都是从一开始就先成的，仅仅是在发育过程中逐渐长大；另一种可能是胚胎中新的结构是逐渐形成的，他称这一过程为“后成”（意思是“形成中”）并将其比喻为“织网”（沃尔珀特，2009）。

亚里士多德倾向于后成论，他在《论动物生成》一文中说，“即使整个动物或植物由精液或种子生成，其任何一部分也不可能一开始就已经存在于精液或种子之中……存在着某种创造胚胎各部分的东西，但这种东西不是作为个体存在

的，也不是作为完善的部分最初存在于精液之中的”（亚里士多德，1997b）。可见，早在2000多年前，亚里士多德就提出了正确的发育观念。

3. 塞涅卡——主张精源论和预成论

古罗马哲学家塞涅卡（Lucius Annaeus Seneca，公元前4或1～公元65年）曾说，“精子seed里面包含着将要形成的人体的每一部分。在母体子宫内的胎儿已具有了有朝一日要长着的须发的根基。在这一小块东西里面，同样也已具备了身体的雏形以及后代子孙身上其他应有的一切”（玛格纳，2001）。

4. 哈维——鸡卵的发育支持渐成论

英国医生哈维（William Harvey，1578～1657年）通过对鸡卵发育的观察确信发生过程符合渐成论的观点，即认为身体的各个部分是逐渐形成的，他把关于发生的概念作了“一切动物都来自卵”的概括。但是，哈维几乎成了17世纪后期至大半个18世纪中唯一的渐成论支持者（玛格纳，2001）。当然，哈维只是重复了希波克拉底的观察而已。

5. 17～18世纪上半叶的预成论

1625年，约瑟夫声称复活了恩培多克勒的植物早就存在于还没有发芽的种子中的观点，在鸡蛋中，尽管血液还是无色的，观察者还是发现了一个完整的跳动着的心脏。

意大利显微解剖学家和医生马尔比基（Marcello Malpighi，1628～1694年）对个体发育也颇感兴趣，撰写过《论小鸡中卵的形成》和《未孵化卵中的观察》等，他在从事未孵化卵中的观察时，发现在鸡卵中已经出现了定形的异质物质，因此认为在孵育刚开始时，某些部分就已存在于鸡蛋之中了。他感到这为预成论找到了证据，所以坚信预成论。

荷兰显微解剖学家施旺麦丹（Jan Swammerdam，1637～1680年）主要研究昆虫的发育，也是现代昆虫学的创始人。通过对昆虫变态的观察，他认为在昆虫的整个生命周期（幼虫、蛹和成虫）中，成形的昆虫早就以某种形式存在了。后来通过蝌蚪的研究，又认为蛙的成体早已存在于蝌蚪体中了。他主张，处于不同发育阶段的昆虫可以像盒子中还有一套盒子那样相互区分开来，在昆虫的变态过程中，并没有形成新的部分。因此，施旺麦丹坚信预成论，反对哈维的渐成论。

类似地，法国神学家和哲学家马勒伯朗士（Nicolas de Malebranche，1638～1715年）信奉预成论，认为胚胎是一个无穷的系列，它像一套大小不同的盒子一样，这个胚胎中还含有更小的胚胎（玛格纳，2001）。

荷兰显微学家哈特索克（N. Hartsoeker，1656～1725年）甚至描绘了一张有名的自称是用显微镜看到的微型小人草图，在一个精子里面蜷缩着一个小人，头、躯干和四肢俱全（图 4-1）。

图 4-1　精子草图。精子里面包含着如哈特索克所描述的微型小人

正如恩格斯指出的，在 17 ~ 18 世纪，预成论的观点在生物学家中占据统治地位，这种观点认为，成熟机体的一切部分都已经以紧缩的形式存在于胚胎中，这样一来，机体的发育被归结为已有器官的纯粹量的增长（恩格斯，1984）。预成论者不相信理化因素能塑造出像胚胎这样完整的生命个体，反而相信所有胚胎在世界鸿蒙之初就已经存在，而一个物种的第一个胚胎必定包含该物种所有后来的胚胎（沃尔珀特，2009）。

6. 莫泊丢——用双亲在子代中的混合特征驳斥预成论

按照预成论者的观点，父母双方仅有一方可将遗传特性传给后代，而这显然与许多遗传表征相矛盾。法国数学家莫泊丢（Pierre Louis Moreau de Maupertuis，1698~1759 年）列举出许多与此观点相矛盾的日常现象。例如，在孩子身上既可以单独发现父母各方的特征，也可以发现一些父母双方的混合特征（如白人和黑人的混血儿）；动物中公驴和母马的后代就明显地呈现出双亲性状的结合（双亲差别过大，以致骡不能生殖）。上述后代出现的混合特征说明后代的特性不会单单只在精子或卵子之中（玛格纳，2001）。

7. 沃尔费和 E. 达尔文——个体发育是一个由简单到复杂的演化过程

德国胚胎学家沃尔费（Caspar Friedrich Wolff，1733 ~ 1794 年）于 1759 年发表了学位论文《发育论》，驳斥了预成论，主张渐成论。他研究了鸡胚的发育，指出在鸡卵里均一的生活物质中，最初并没有形成的小鸡雏形，而是一种无定型的有机物质，以后逐渐形成小鸡的脑髓和脊髓的胚，出现翅膀和脚；在鸡卵的胚胎早期出现的一些散在的薄片，以后逐渐演化为管道，形成神经、呼吸、消化和血管系统。在所有生物的个体发育中，有一个由简单到复杂的演化过程（恩格斯，1984）。希波克拉底早在古希腊时代就进行了鸡卵胚胎发育的观察，也早就给出了沃尔费的结论，只是后者的观察与描述更为细致罢了。

沃尔费在这篇论文的开头，给“生物发生”下的定义是：通过身体各部分的产生而形成身体。他说，“身体上的各个器官并不始终都是像现在这样存在着，而是逐步形成的，不管形成过程中采用何种方式。我不说它们的产生是由于某些颗粒的偶然结合，或是通过某种发酵过程，或是由于某些机械的原因，或是通过灵魂的活动。我只说它们已经产生了”。他认为发育过程由“本质的力”或“内部的力”所驱动，并假设，动植物在还没有分化时，本质上是相同的。他已认识到植物在发育的早期阶段是由很微小的单位所构成的，而这些小单位并不是成体器官的雏形，动物也同植物一样。沃尔费批评道：“那些采用预成论体系的人，解释不了有机体的生长发育，根据他们的看法，只能得出结论说：有机体是根本不发育的”（玛格纳，2001）。

达尔文的祖父——E. 达尔文（Erasmus Darwin，1731～1802 年）在于 1794 年出版的《动物学》一书中指出，即使是“自命为上帝代理人的老爷式人物……也是从结构和感觉的萌芽中，从胚胎的小点中，从显微镜下才能见到的‘微粒’中发展起来的”（玛格纳，2001）。正如美国进化生物学家威廉斯（George Christopher Williams，1926～2010 年）所说，“一个复杂的多细胞生物不可能在某一天是一个自养生物，而在第二天又成为一个捕食者。在一个生物体的生活史中，体质的演替必须为每一个阶段的依次转化”（威廉斯，2001）。

总之，渐成论的发育观符合古希腊的朴素辩证唯物主义思想，即任何事物都存在于运动、变化与发展的过程之中，而预成论则迎合了中世纪的神学理念，根植于上帝的创造之中，因此，一切必定是由上帝预先决定的。

三、19 世纪以来的发育观——生物发生律、机械论与活力论

18 世纪预成论与渐成论之争，随着细胞理论的出现、哺乳动物卵子的发现及受精过程的显微观察而尘埃落定——预成论被彻底抛弃。受精卵是一个细胞，而在多细胞生物的发育过程中，一切细胞均自它而来，因此发育不可能是预成的，在本质上就是一种从受精卵开始的一系列细胞的不断分裂与分化过程。19 世纪的发育生物学刻上了属于德国科学家的辉煌印记。

1. 贝尔——提出胚胎发育渐成性的“贝尔法则”

德裔俄国生物学家贝尔（Karl Ernst Von Baer，1792～1876 年）也是比较胚胎学的创始人。1827 年，在对狗与其他动物的卵巢进行比较研究时，贝尔从一条怀孕母狗的格拉夫氏泡中发现了卵，他没料到在已经怀孕的动物身上还能发现

卵（玛格纳，2001）。

贝尔在其于1828年出版的《动物发生史——观察与思考》一书中提出了后来熟知的“生物发生律”：第一，在发育过程中，高等动物要经过与低等动物的发育相似的阶段，即首先出现一般性状，其后出现特殊性状。第二，从一般性状中发展出比较不一般的性状，最后才发展出特殊的性状。例如，先从肢芽变成肢，再分化为手，翅膀或鳍。第三，在发育过程中，不同物种的动物胚胎发育起初经过相似的阶段，以后才越来越有区别。第四，高等动物的胚胎经历着与低等动物的胚胎发育相类似的阶段（玛格纳，2001）。贝尔概括道，“存在着从同质、一般到异质、特殊的逐渐变化现象”（迈尔，2009）。其实，“贝尔法则”可看成是古希腊医生希波克拉的发育思想的扩展。

换句话说，“生物发生律”认为，所有脊椎动物的胚胎都有一定程度的相似（如关于早期胚胎的形态，人不仅与其他哺乳动物相似，甚至与爬行动物、两栖动物和鱼类也相似），在分类上亲缘关系越近，胚胎的相似程度越大，在动物发生过程中，一般特征比特殊特征在胚胎中先出现，即门的特征最先出现，纲、目、科、属、种的特征随后依次出现。简言之，成千上万种动物的胚胎都展现其祖先的痕迹，但在成体中却消失了。“贝尔法则”强调胚胎发育的渐成性，从而否定了预成性。

德国解剖学家梅克尔（Johann Friedrich Meckel，1781~1833年）曾猜想，一个物种是从另一个物种进化而来的，因此高等动物的胚胎在发育过程中会重演物种的进化（所谓重演是指在个体发育中一些结构出现一段时间之后又消失，但这些结构在相关类群的成体中还保留着的现象）。后来，德国动物学家和哲学家赫克尔（Ernst Haeckel，1834~1919年）将这一规律简略成一句名言：“个体发生重演系统发生”，也被称为“重演律”。赫克尔强调了生物的个体发育（ontogeny）要重演它的系统（种族）发育（phylogeny）过程，认为个体发育（一个有机体从受精卵发育为成体的过程）是该种属进化史的一个“缩写本”（图4-2）。

那么，为何个体发育要经历如此曲折迂回的路径呢？根据现代分子遗传的知识，这可能根植于生命特有的基因库的修修补补的创造方式。例如，即便是我们人体内也还借用着许多细菌的基因（所谓同源基因）。

2. 施莱登等的细胞学说——发育是一个细胞分裂过程

受精卵的发现其实就意味着细胞学说的逻辑诞生，不论多细胞生物的细胞之间存在何种发育与调控关系，所有细胞都来自一个“祖先”细胞——受精卵。但是关于细胞的形成机制还是走了一些弯路。

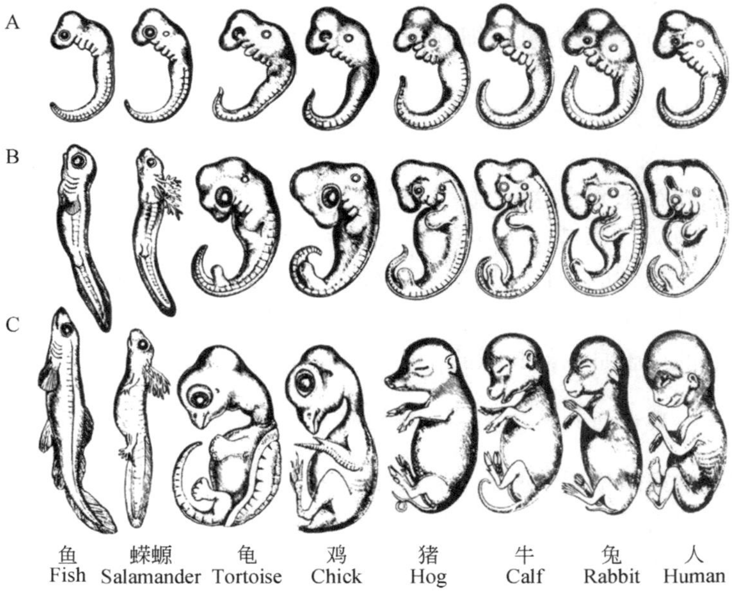

图 4-2　不同脊椎动物胚胎发育的比较。A、B 和 C 表示同一动物的不同发育阶段

①施莱登和施旺——生命由细胞构成，细胞来自成胞原浆

德国著名的植物学家、细胞学说的奠基人之一施莱登（Matthias Jacob Schleiden，1804～1881 年）认为，再复杂的生命也是细胞的聚集体。他说，不论怎样复杂的有机体，都是“各具特色、独立的、分离的个体及细胞的聚集体”。在植物内部，每个细胞都“一方面是独立的，进行自身发展的生活；另一方面则是附属的，是作为植物整体的一个组分而生活着”。他反对有机生命形态可以自然发生的观念，认为即使是低等的藻类、地衣和真菌也是通过生殖来产生自己后代的（玛格纳，2001）。

德国生理学家、细胞学说的创立者之一施旺(Schwann Theodor，1810～1882 年)认为，有机体具有自我组织的根本力量。他指出，对独立的细胞来说，细胞膜与相邻的结构是截然分开的；对结合的细胞来说，细胞膜则是部分或全部地与邻近的细胞混合在一起，或与细胞间物质混合在一起形成一种相同物质。他论述了作为细胞现象基础的有组织的机体的一些根本力量，而不管这种力量是“活力论”地还是“机械论”地按照必然性的规律而盲目地作用着，这些，或许是为了适合某些更高目的的要求，因而，这类只有有机界才具有，而为无机界所不具备的力量，它也可能按物理学和化学的法则来起作用（玛格纳，2001）。在笔者看来，这似乎是在用细胞生物学的语言复述一些哲学家（如康德）早已阐述过的生命自我组织的思想。

施旺从希腊文创造了“代谢”metabolic 这个词，表示“那些容易发生或蒙受的变化”，认为代谢的力量是细胞和生命的普遍特征，“动物热”产生于细胞内的代谢。

施莱登和施旺都主张一种细胞自由形成的学说，即细胞从无结构的液体或成胞原浆中通过结晶过程而产生，而不认为细胞只能来自现代意义的原存细胞。他们的成胞原浆概念和细胞来自这种原浆的概念与奥肯（Lorenz Oken，1779～1851 年）的关于原初细胞从“原液”发生的概念颇为相似；细胞开始于未分化的成胞原浆，并依照“必然性的盲目法则”进行分化（玛格纳，2001）。当然，这样的观点后来被证实是错误的，除非将它用在生命的起源上（但这又是另外一个复杂的问题，即最初的细胞是如何起源的，这将在第十二章中详细介绍）。

②耐格里、莱迪西和雷马克——新细胞是原存细胞分裂的结果

瑞士植物学家耐格里（Karl Wilhelm Nageli，1817～1891 年）通过对各类植物细胞产生的比较研究认识到，“细胞自由形成”是错误的，他认为新细胞不是环绕细胞核沉积而成，而是原存的完整细胞进行分裂的结果。最后，两位德国学者——莱迪西（Franz Von Leydig，1821～1908 年）于 1848 年和雷马克（Robert Remak，1815～1865 年）于 1852 年阐明了细胞分裂过程中细胞核发生作用的情况，雷马克相信细胞在正常生长中，是按一个分裂成两个新细胞这个比例而增加的（玛格纳，2001）。阐明胚胎的形成是由合子经细胞分裂而来以及细胞核的重要性是人类在生物发育史的认识上迈出的重要一步。

3. 魏斯曼——核决定子假说

仅知道发育是细胞不断分裂的结果还只是迈出了第一步。这样的分裂过程是如何被控制而形成一种特定的有机体的呢？在人们对遗传的化学基础一无所知的情况下，也只能提出一些猜测性的模型，且多是基于一些宏观现象或胚胎实验的观察。

德国动物学家魏斯曼（August Weismann，1834～1914 年）提出了一个关于发育的核决定子理论（图 4-3），认为合子的核内包含许多的特异因子或称为决定子，当受精卵进行分裂时，这些决定子将会不均等地分配到子代细胞中，并且将控制细胞以后的发育。因此，每个细胞的命运在卵中就被这些在分裂时接受的因子预先决定了，即由于核组分的不均等分配，导致子细胞的不同分化，这也被称为“镶嵌模型”（沃尔珀特，2009）。

魏斯曼意识到核在发育过程中的重要性，这是具有重要意义的，但那时还不知道有什么 DNA。现代的科学知识告诉我们，每个体细胞中都有一套与亲细胞完全相同的遗传物质（DNA），因此，魏斯曼的所谓核决定子被依次分配到子代细胞中去的假设是不太可能成立的，应该存在另外的调控因子或基质。

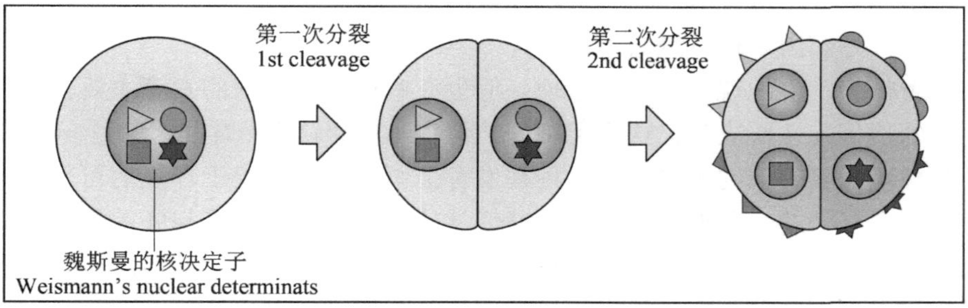

图 4-3　魏斯曼的核决定子理论（引自沃尔珀特，2009）

4. 鲁——发生机械论学说

德国动物学家和胚胎学家鲁（Wilhelm Roux，1850 ~ 1924 年）被认为是发生机械论的创始人。他利用青蛙进行了一个很有趣的实验，选取一个已分裂成两个子细胞的受精卵，用一根烧得滚烫的针将其中的一个子细胞杀死，结果发现，另一个子细胞继续分裂，但最后发育出来的只是组成一只完整青蛙的一半部分（图 4-4）。因此，鲁认为，一个生物体的发育是由某种内部机制控制的，如果控制发育的机器会随着卵细胞的分裂而发生分裂的话，那么情况完全可能是，细胞分裂产生的第一代子细胞中，每个子细胞含有半部机器，而第二代的每个子细胞就会含有 1/4 的机器，依此类推（费希尔，2008）。其实，鲁的发生机械论学说与魏斯曼核决定子理论一脉相承。

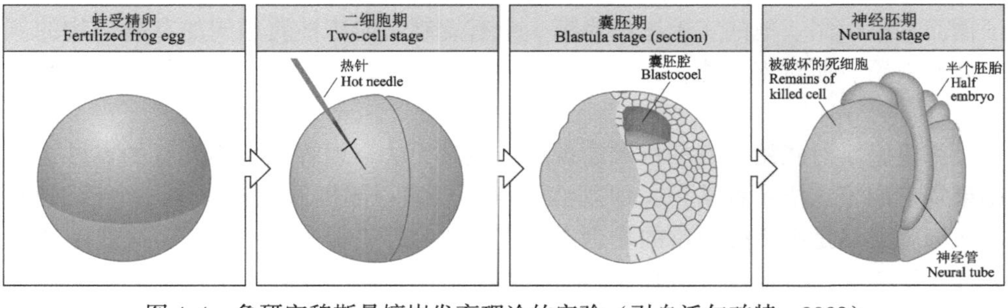

图 4-4　鲁研究魏斯曼镶嵌发育理论的实验（引自沃尔珀特，2009）

玛格纳（2001）评述道，鲁认为自我分化包括各个部分相互独立的“镶嵌式”的发展，而相互联系的依赖性分化则需要细胞或细胞群之间的相互作用；他倾向于把受精卵想象成一部复杂的“机器”，而把发育设想成把机器的部件分配到相应的子细胞中去的过程；他相信，每一个细胞都可以独立于邻近的细胞而正常发育，而整个胚胎的发育则是各个部分分别发育的总和。鲁认为，虽然某些极端的条件确实可影响胚胎发育，但没有证据可以证明这些因素决定了卵的哪一部分产生眼睛，哪一部分生成神经沟或其他任何特殊部分，因此他相信，在卵的发育过程中，外部因素可以忽略不计。

笔者认为，鲁的观点有一定道理，但也有些极端。生物的发育主要由某一物种内在的遗传秉性所决定，这毫无疑问，但也不能否认在一定的程度上还可能受到外界环境因素的制约或调控，物种在发育上留下一些依赖于环境的可塑性也不是没有一点好处的。此外，现代分子遗传学研究已揭示出许多与胚胎发育相关的调控分子，它们影响或控制基因表现与蛋白质表达，通过复杂的信息传递与反馈途径，将内部的发育进程与外界的环境印迹进行有机的融合。

5. 德里施——反对发生机械论，提出“活力论”

德国胚胎学家德里施（Hans Adolf Eduard Driesch，1867～1941 年）以海胆的卵重复鲁的实验时得到了截然不同的结果（图 4-5）。他后来写道：“但是，结果还是以其固有的方式发生，恰与我想象的相反，第二天早上我的盘子里有着一个完整的典型囊胚，不同的是，它比正常的未处理的囊胚要小一些；而且这个完整的小胚囊发育成了一个完整的典型的幼体”，这与鲁的实验结果正好相反，即海胆胚胎的一部分去除后，胚胎也能正常发育（沃尔珀特，2009）。于是，德里施驳斥道，“一部机器被拆分后，怎么可能还是原来的那部机器呢”（费希尔，2008）？这就是说，在这两个子细胞核中，并非各自都包含着整个受精卵决定因子的 1/2，而是每个核都包含着充分发育所必需的全部信息。

费希尔（2008）指出，“德里施的实验在现代教科书中，经常被作为关于生物细胞在分裂和开始分化时必定将一个指令密码完整地传给子细胞的第一个明确证据而加以引用。他的实验还作为第一个有意制造遗传性质相同的克隆动物的例子而被引用。而对于植物，人类起码自古罗马时期以来就已经在进行人工无性繁殖了”。

德里施反对胚胎发育的机械论观点，但又无法合理解释生物发育的奥妙，其结果是走向了这样一种认识，即既然他不能想象一部机器能够驱动一个活细胞，那么细胞必然是由不受通常的物理定律支配的另外一种东西的驱动，这就是“活力”（费希尔，2008）。德里施将活力论定义为生命过程的自主理论，认为卵作为一个和谐的、等潜能的系统，隐藏着一种能调节生物发育的精神实体，即“活力”或“隐德莱希”，以保持胚胎的完整性并使机体具有自己修复和再生的能力（玛格纳，2001）。

笔者认为，德里施的结果是真实的，但鲁的结果也如此，那么，为何一定要相互对立呢？其实，在与发育密切相关的再生能力方面，不同的动植物之间本来就有着天壤之别。植物界普遍存在强烈的再生能力，而在动物界，也有少数无脊椎动物存在惊人的再生能力，但比植物就要逊色许多了。或者说，从总体上来看，动物界在发育上的可塑性比植物界要弱得多；对绝大多数动物来说，无论在

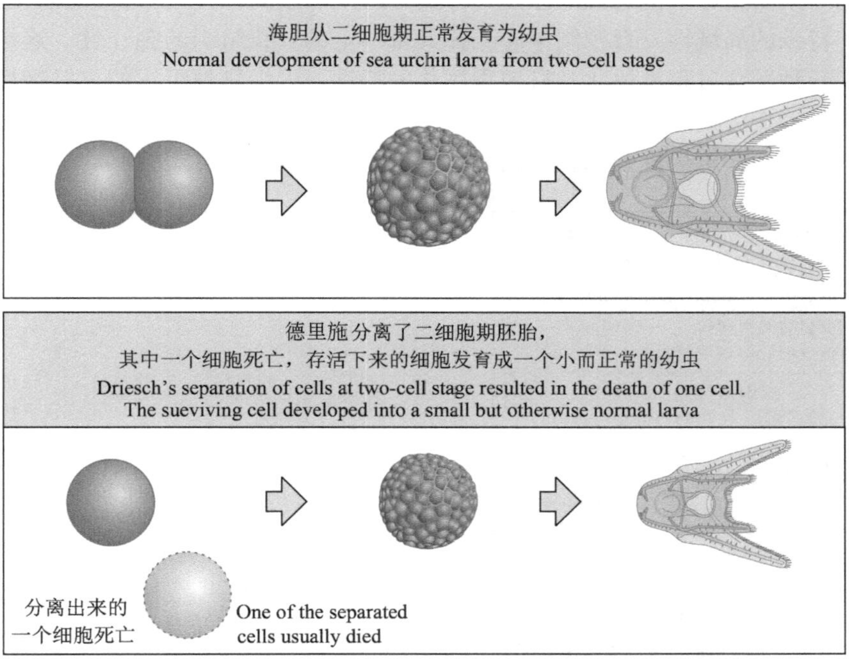

图 4-5　德里施的海胆胚胎实验。在二细胞期分离细胞，剩下的细胞发育成一个小而完整的正常幼体（引自沃尔珀特，2009）

何种发育阶段，当其失去某一器官后，就不可能期待它还会再生，越是复杂高等的动物可能越是如此。

6. 施佩曼和曼戈尔德——胚胎诱导作用

德国胚胎学家、诺贝尔生理学或医学奖得主施佩曼（Hans Spemann，1869～1941 年）在重复鲁的实验时，一开始就把两个活的子细胞完全分开，而没有杀灭其中任何一个，结果发现两个子细胞都发育成了完整的生物体，因此，他发现在鲁的实验中活的子细胞的发育受到那个死的子细胞的限制（费希尔，2008）。

1924 年，施佩曼与助手曼戈尔德（Hilde Mangold，1898～1924 年）用两栖动物的胚胎完成了一个组织者移植实验。他们把一种蝾螈胚胎的一小块移植到另一种蝾螈胚胎的一个新的位置上，结果诱导出一个局部的次生胚胎，这个移植的组织取自胚孔的背缘，胚孔是两栖类胚胎背面原肠开始形成部位的裂缝口样内陷结构，这个小区域被称为组织者（图 4-6），因为它被认为是最终将负责控制完整胚胎形体的组织（沃尔珀特，2009）。

笔者认为，这样的实验结果说明生物界普遍存在着一种发育与特化同步而行的现象，这对复杂的有机体的构件来说也是合乎情理的。虽然一切复杂的发育都始于同一个受精卵，但它显然还是一个具有时间和空间特性的构件过程，还会形成一些特殊的局域性发育控制中心，并具备一定的自我组织的独立性。这恰恰也反映了一种发育过程模块化及机械程序化的特性。近缘物种组织的可置换性正好说明物种创造的模块性与拼接性。发育正是模块（程序）性和可塑性之间的对立与统一，一些再生性强的物种在发育上就呈现出极端的可塑性。

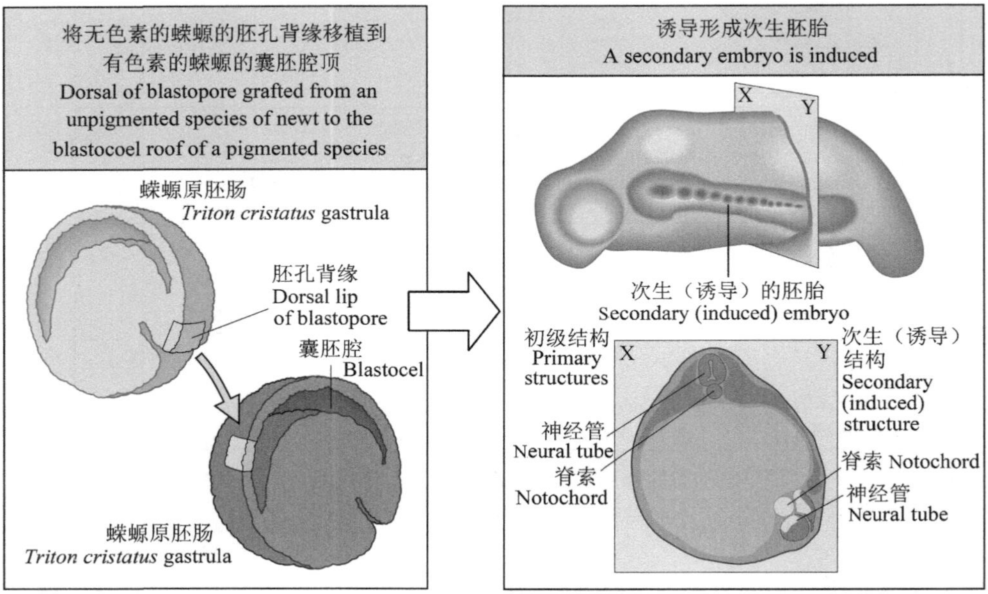

图 4-6 施佩曼和曼戈尔德证实两栖类早期原肠胚的组织者区可以诱导一个新的主轴。从无色素的蝾螈（*Triton cristatus*，黄色）原肠胚胚孔背缘取一块组织（黄色）移植到另一只有色素的蝾螈（*Triton taeniatus*，粉红色）原肠胚的另一侧。移植的组织诱导出一个新的具有神经管和体节的体轴。无色素的移植组织在新位置（在上图的下部）形成一条脊索，而新体轴的神经管和其他结构由有色素的宿主组织诱导产生（引自沃尔珀特，2009）

7. 薛定谔、沃森和克里克——生命的发育进程遵循于染色体中的遗传密码

奥地利理论物理学家薛定谔在他于 1944 年出版的《生命是什么》一书中预测，一切生命的发育进程遵循匿藏于染色体中的遗传密码。他说，之所以“把染色体纤丝结构称为密码本，是考虑到任何有洞察力的人都可根据卵的结构就告诉你，在适宜的条件下，这个卵将发育成一只黑公鸡还是一只芦花母鸡，是长成一只苍蝇还是一棵玉米、一株石南、一只甲虫、一只老鼠或是一个女人……当然，‘密码本’这个名词太狭隘了，因为染色体结构同时也是促使卵细胞未来发育的工具。它是法律条文与执行权力的统一，或者用另一个比喻来说，是建筑师的设计同建筑工人的技艺的统一”（Schrödinger，1944）。

费希尔（2008）评价道，薛定谔“以物理学的洞察力观察生物世界，证明了一个正在发育的生物体中分裂着的细胞肯定是把建造其内部细胞机器的指令而不是机器本身的部件传给了它们的子细胞”。

薛定谔的《生命是什么》一书出版仅仅8年，沃森和克里克就揭示了薛定谔曾经准确预见到的那种分子（DNA）的基本结构，并证明它的功能发挥并不需要新的物理学或化学法则（费希尔，2008）。

有了DNA就容易解释为什么在发育过程中细胞不再与它们的克隆祖先保持一致。当胚胎中发生细胞世系趋异时，分裂双方都接受同样的基因——全都相同，但是不同的细胞接受化学物质的不同组合，而不同的化学物质组合会激活与之配合的不同基因，而且有些基因的使命就是激活或阻断其他基因，凭借这样的程序化机制，发育的胚胎可分化出各种不同类型的细胞。胚胎发育是个复杂而千变万化的过程，又是一个错综复杂、相互影响的自我引导过程（道金斯，2008）。

8. 分化——稳定性与变异性的统一

个体发育不仅是生命内在程序通过化学与信息指导的构建过程，它还可能受环境的调控，这在一些种类中尤为突出。威廉斯（2001）指出，“有时一个较大的表现型差异也许是来自于不起眼的、转瞬即逝的生态因素，更多的则是通过体质环境中的一个关键变化的触发。发育早期微不足道的食物改变，也许会使一只蜜蜂变成一只蜂王……在有尾两栖类动物中，变态现象的存在或缺乏相似地也是由一个食物的阈值所决定的。海洋动物幼虫阶段的固着和变态与从合适的固着位点所发出的刺激有关。植物受到某种日夜周期的影响，就会决定它在以后一段时期的开花情况，即使这个外在的周期会发生改变。在这些著名的例子中，生态环境决定了两种形态发育之中的哪一个类型将被实现，从此以后体质环境就起到了决定性的影响”。

再生是发育可塑性的一种极致表现。达尔文观察到，高等动物中极容易再生的部分也是最容易失去的部分，如招潮蟹的螯足和蜥蜴的尾巴，再生能力的高度发展，还表现于个体发育的早期阶段以及在系统发育的等级中处于较低位置的生物中（威廉斯，2001）。一般来说，植物的再生能力远强于动物。

分化其实是稳定性与变异性的有机融合，不可能有无限的稳定性，也不可能有无限的变异性，也许在不同类型的生物中，两者之间的平衡会有所变化。在能进行营养繁殖的物种中，适应性可能演绎到了极致，而在只能进行两性生殖的高等而复杂的动物中，稳定性可能占据绝对优势。

四、古代（古希腊-古罗马）哲学家的朴素遗传观

遗传是种族的特征通过生殖在个体（亲代与子代）之间的成功传递，它也

是种系延绵的稳定性力量，从生物化学上来看，遗传的物质基础就是脱氧核糖核酸—DNA。但是，古代的遗传观仅停留于一种主观性的猜测。

1. 恩培多克勒——最早的遗传思想萌芽，子代形貌由父母因素共同决定

艾修斯在《哲学家意见集成》（第 5 卷）一书中说，恩培多克勒（公元前 490 ~ 前 430 年）认为，子女同父亲或母亲的形貌相似与否取决于在生殖中，“种子里父方或母方的因素孰占优势”，这可能是最早的遗传思想萌芽（汪子嵩等，1997）。这与现代基因理论中决定表型的显性与隐性基因理论颇为吻合。

亚里士多德在《论动物生成》一文中说，“恩培多克勒声称，在雄性和雌性中存在着一种‘配偶物’，作为整体的子代并非完全来自亲本的任何一方”，配偶物即一方为另一方的一半，“因为如果精液来自亲本双方的所有部分，雌性又有受精的器官，那为什么雌性不自我生成呢？然而精液似乎并非来自亲本双方的所有部分，即便来自亲本双方的所有部分，也是以恩培多克勒所描述的那种方式发生，即同一部分不会同时来自亲本双方，这就是它们之所以需要交配的原因。但恩培多克勒的说法也是不可能的”（亚里士多德，1997b）。很显然，亚里士多德并不同意恩培多克勒的看法。由于那时并不知道受精同时需要精子和卵子（1827 年才发现了哺乳动物的卵子），才会导致亚里士多德产生错误的认识，他的精源论也起因于此。

按现代的基因知识来看，2000 多年前的恩培多克勒的猜想与现代的遗传认知惊人的一致。为什么生命一定要进行雌、雄交配的生殖？这在现代都是进化生物学和遗传学的一大难题［参见谢平（2013）专著中围绕这一问题的详细论述］。

2. 亚里士多德——种子是潜能意义上的存在，精子比卵子更重要

①种子具备特殊的遗传潜能

亚里士多德在《论动物部分》一文中指出：“当恩培多克勒声称动物的许多特征只是生成过程中偶然性之结果时，他错了……他没有认识到：第一，构成动物的种子一开始就具备特殊的潜能。第二，无论在逻辑上还是在时间上，父代总是先于子代而存在。人由人而生，正因为父代如此，其子代的生成也如此”（亚里士多德，1997a）。

亚里士多德说：“一种特定的种子不会产生偶然的东西，也不会由偶然的东西产生，某种东西只能来自某种东西。因此，种子由之产生的东西是由种子产生的东西的本原和创制者。因为这是由自然所决定的，无论如何子代根据自然由种子发育而成……种子是潜能意义上的存在……”。这可以看成是一种朴素的物种遗传思想，它说明了由种子承载的遗传（他称之为特殊的潜能）是一种自然的

属性，且具有稳定性。

②每段残体里都有着一个种上相同的灵魂

亚里士多德在《论灵魂》一文中指出，“植物被分割成段后显然依然活着，有些昆虫也是这样，这意味着在每一段残体里都有着一个种上相同的灵魂……灵魂的所有部分仍然存在于每一段残体中，而且这些灵魂在相互间及与整体都是同类的；这就意味着，虽然灵魂的各部分无法相互分离，但整体的灵魂可以被分割”（亚里士多德，1992a）。这实质上是对我们今天所说的营养繁殖的朦胧意识。现代知识已经阐明，每个细胞都有一套完整的遗传物质，一些能进行营养繁殖的植物或无脊椎动物就能依此长出新个体。

1741 年，瑞典博物学家邦尼特（Charles Bonnet，1720 ~ 1793 年）用珊瑚虫和水螅进行实验，证实这些生物可以再生出失去的部分肢体，或者从身体的某一部分形成新的个体。因此，在低等动物中，“胚芽”是分散在整个身体内的（玛格纳，2001）。

③在遗传上，精子比卵子更重要

亚里士多德在《论动物生成》一文中说，“我们可以毫不迟疑地把雄性和雌性确立为生成的本原，雄性为运动和生存的本原，雌性为质料的本原”（亚里士多德，1997b）。他认为，雌性仅仅为新的个体提供了没有组织起来的“质料”，而雄性则提供了“形式”的要素，胚胎是来自母体的“质料”和来自父体的“形式”的结合体，即交媾后父体的“形式”进入子宫，母体的血液养育胚胎，提供胚胎生长所需的其他物质；而当这种“形式”所特有的“活动”不能控制“质料”时，就会产生畸形和怪胎（玛格纳，2001）。

④子代性状与亲代的相似性

亚里士多德在《论动物生成》一文中说，“有些子代相似于亲本，有些则不相似；无论在整个躯体方面还是在各个部分方面，有些子代相似于父亲，有些则相似于母亲，它们相似于亲本胜过相似于远祖，相似于前辈胜过相似于随便什么人；雄性像其父甚于像其母，而雌性像其母甚于像其父；某些子代与其血亲毫无相似之处，但无论如何相似于人类，而另有一些子代甚至连人类也不相似，只是一种怪胎……怪胎并非必然，但它是偶然意义上的必然”（亚里士多德，1997b）。

亚里士多德说，“如果不同种类的雄雌两性进行杂交（在那些妊娠期相等，几乎同一季节怀孕，体积无很大差别的动物中发生），第一代相似于双方亲本，如狐狸与狗的杂交种，鹧鸪和一般家禽的杂交种”。

关于子代性状的这些论述，有些正确，有些则是错误的，例如，“雄性像其父甚于像其母，而雌性像其母甚于像其父”，除了性别连锁的差异外，其他性状未必如此。

3. 卢克莱修——种子或种族具有遗传稳定性

卢克莱修（公元前99年~前55年）在《物性论》一书中指出："未有任何事物从无中生出……假如一切都可以从无中生出，则任何东西就能从任何东西产生，而不需要一定的种子。人能从大海升起，鱼类从陆地出来，羽毛丰盛的鸟禽从天空骤然爆出，牛羊牲畜及一切猛兽，就会漫山遍野到处都是；同样的果子也不会老守住它的老树，而是哪一种都能从任何枝干随便地换来换去长出来。真的，如果每种东西不是自有产生它的物体，事物怎能够每样都有它不变的老母亲?"（卢克莱修，1981）。按现代的说法，这是在说每个物种都具有遗传的稳定性，与亚里士多德的观点类似。

卢克莱修说，"如果'时间'，那用岁月破坏世上一切的作业者，是将全部消灭，将物质整个耗尽，那么从何处维娜丝还能使许多世代的生物，各如其类地复活到生命的光亮中来？而当它们复活之后，巧妙的大地又怎能以它古老的食物充实而养育它们——按照物类的不同，各自给以适当的食品？……那些种子无疑是永不会死的，也没有什么东西会归于乌有"。

卢克莱修说，"那些羊群和牛只、那些渴望战斗的马匹，常常一起牧食于同一个草原，在同一个蔚蓝的天穹底下，并吸引同一条水流的水来解渴，却带着不同的形貌过它们的生活，保持着祖先的本性、祖先的习惯，它们永远各按种类把这些东西重复带来"。

4. 盖伦——精子和卵子混合之后才有胚胎发育

盖伦（Claudius Galenus of Pergamum，129~200年）是古希腊著名的医学家和哲学家。亚里士多德认为雌性没有形成任何与雄性精液相对应的东西，而盖仑在《论精液》一书中对此提出了疑问，他认为睾丸分泌的精液进入子宫，在那里，雄性和雌性所产生的性物质相混合，并再与母体提供的血液相混合，之后胎儿就开始形成（玛格纳，2001）。显然，盖伦的观点与恩培多克勒相似。

5. 奥古斯丁——种质是事物的胚芽

罗马帝国的哲学家奥古斯丁（Aurelius Augustinus，354~430年）提出了种质的观点，他注意到这样一个事实，即在自然的各个不同的物种中从未产生过新物种——马生马、花生花，就人而言，也是人的父母生人的子女，而深深地吸引他的是这种一般的因果性——在某种意义上父母是子女的原因，老花是新花的原因，而这些东西都不能把新的形式引入自然界中。虽然，奥古斯丁最终认为是上帝把种质植入物质之中，因而也就把所有会出现的物种的潜能安放在了自然之中。这种种质是事物的胚芽，它们是看不见的，但具有作为原因的力量。因而所有的物种都携带有一种看不见的潜在的潜力，这种能力能够使它们成为它们现在尚不是的东西。当物种开始存在时，它们的种质——也就是它们的潜能——就得到了实现（斯通普夫和菲泽，2008）。

这里的“种质”也是一种原始的物种遗传观，它类似于亚里士多德的灵魂观，谈不上它对遗传思想的认识有更多的深入，只是“种质”比“灵魂”更接近现在的科学用语罢了，因此感觉上好像更科学了一些。由于那时不可能知道遗传物质及其来源是什么，因此对人们来说，表征遗传的种质也与灵魂一样神秘，将其归因于上帝也是情有可原的。

五、近代的动物遗传观

在 17～18 世纪，也出现了旷日持久的关于动物遗传的争执，精源论、卵源论或精卵结合论？直到 19 世纪卵子的发现才得以盖棺定论。

1. 列文虎克——提出“精液中小动物”的观点

荷兰的显微镜学家列文虎克（Antonie van Leeuwenhoek，1632～1723 年）是第一个用放大透镜看到细菌和原生动物的人。他主张精源论，信奉预成论。他提出“精液中小动物”的观点，认为精子是雄性发育生长的正常部分，甚至宣称已看见了两种不同类型的精子，分别代表了微型的男孩或女孩，后来证明这完全是错误的。

2. 莫泊丢——身体的每一部分都提供胚芽

法国数学家莫泊丢对遗传和物种起源也很感兴趣。尽管那时化学理论刚处于萌芽阶段，他却假设了化学亲和力是支配遗传的首要因素的观点。他推测每个物种的精液中都含有许多适合于形成该物种更多新个体的小颗粒，这导致了“身体的每一部分都提供胚芽”的假说（玛格纳，2001）。这与亚里士多德提出的植物每段残体里都有着一个种上相同的灵魂的观点十分类似，只不过莫泊丢用“胚芽”取代了亚里士多德的“灵魂”。

莫泊丢为他的假设提出了一种可能实行的检验：为什么不试试看在某些动物身上连续好几代地切除身体的某一部分，然后观察切除部分是否在后代身上逐渐变小了，以至消失了呢？似乎他已预见到后来魏斯曼进行的实验（玛格纳，2001）。

3. 布丰——子代源自精子和卵子

法国博物学家布丰（Georges Louis Leclere de Buffon，1707～1788 年）认为，精子和卵巢里的相应部分是组成生物体的基本成分，反对预成论而支持渐成论。

4. 拉·梅特里——父母对子代特征的遗传贡献

法国哲学家拉·梅特里（1709～1751年）在《人是机器》一书指出：“男女交媾的时候双方精液相遇，这是非常罕见的，所以我毋宁相信在生殖作用上女方的精液是不起什么作用的。但是没有这样一种方便的男女双方的作用，又如何去解释某些现象呢。例如，这个作用便很方便地解释了子女和父母相似的问题，有时候像父亲，有时候又像母亲”（梅特里，1996）。但是他认为，这一问题已大大超过了当时最敏锐的观察者的能力之外了。

5. 邦尼特——主张雌体内存在“胚芽”

瑞士博物学家邦尼特是一个卵源论者。他在研究蚜虫的繁殖时发现，夏天孵化的雌蚜虫不需要受精就能产出蚜虫，而在秋天，新的一代雌蚜虫在与雄蚜虫交配后才产卵，他还用孤雌繁殖方法培育出了30代“处女”蚜虫，因此，他认为每个雌性动物都包含着所有以它为祖先的这种动物的“胚芽”。其实，在邦尼特之前，列文虎克已发现了蚜虫的孤雌生殖，由于在蚜虫的整个世代中没有找到雄虫，他解剖了许多蚜虫，企图发现虫卵，却在母亲体内发现许多像亲代一样的小个体，因此而得出了蚜虫是唯一的没有雄性也可以繁殖后代的生物的结论（玛格纳，2001）。

邦尼特对“胚芽”究竟真正就是某个特定的个体还是仅仅决定长成的是什么物种心存疑虑。他认为，胚芽“携带了这个物种原初的印记，而不是个体的印记。它是一个人、一匹马、一头牛等动物的微型画像，而不是某一个人、某一头牛”。个体的变异是由外界因素引起的，如母体的结构及发育生长期间的营养状况等。据称，这一理论受到拉马克、居维叶等的高度赞扬，也影响了魏斯曼（玛格纳，2001）。

6. 赫尔德——雌、雄两性决定子代的形态多样性和定型性

德国哲学家赫尔德（Johann Gottfried Herder，1744～1803年）在巨著《关于人类历史哲学的思想》（1784～1791年）一书中指出，“自然在其物种中将形态的多样性和定型性结合起来的有效方法是创立雌、雄两性并使之配合。双亲的特征在其子女的面貌和体型上结合得是多么巧妙；就好像它们的灵魂是按不同的比例注入子女中，就好像它们组成机体的千倍力量被分配到其子女中似的，而且我们往往还发现祖先的特征也反映在后代中”（迈尔，1990）。

六、拉马克的遗传理论——获得性遗传

法国博物学家拉马克（Jean Baptiste Lemarck，1744～1829年）于1809年出版了《动物哲学》（*Philosophie Zoologique*）一书，阐述了著名的用进废退、获得性遗传的理论，即经常使用或不使用身体的某一部分会相应地引起该部分力量的

变化，而且导致该部分体积相应的增大或减小，物种在长时期内使用某些器官获得的特性则通过遗传保持下去。

在这里，拉马克并未像先人那样去纠缠遗传是精源、卵源还是精卵结合的，而是关注了遗传的变化问题，当然这是与其思索的进化问题有关。获得性遗传虽不是拉马克的独创，但却贴上了拉马克的标签。这一理论颇受争议，赞成者（通常是宏观的博物学家）与反对者（通常是微观的遗传学家）之争一直延续到今天。

达尔文列举了一些其他动物的例子，支持拉马克的用进废退和获得性遗传的观点。达尔文说，“在地上觅食的大型鸟，除逃避危险以外，很少飞翔，所以说现今栖息在或不久前曾经栖息在没有食肉兽的几个海岛上几种鸟的几乎没有翅膀的状态，大概是由于不使用的缘故……家鸭的翅骨在其与全体骨骼的比重上比野鸭的翅骨轻，而家鸭的腿骨在其与全体骨骼的比例上却比野鸭的腿骨重；这种变化可以稳妥地归因于家鸭比其野生的祖先少飞多走”（Darwin，1872）。

达尔文说，“皮货商人很熟悉，同种动物生活的地方越往北，它们的皮毛便越厚而且越好；但谁能说出这等差异，有多少是由于毛皮最温暖的个体在许多世代中得到了利益而被保存，有多少是由于严寒气候的作用呢？因为气候似乎对于我们家养兽类的皮毛是有某种直接作用的”（Darwin，1872）。达尔文在此也是在说明动物适应气候而产生的变化特性可以获得遗传。达尔文在一定程度上支持拉马克的用进废退、获得性遗传的理论，并加上了他的自然选择观点，即这些特性的获得是在自然选择的作用下发生的。

七、科学遗传学的起航——植物杂交与孟德尔遗传定律

虽然历史上拿动物谈论生殖与遗传者占据绝对多数，但有意思的是，作为科学遗传学的奠基者却来自捷克布尔诺修道院的一位天主教圣职人员——孟德尔（Gregor Mendel，1822～1884 年）。他通过进行豆科植物——豌豆的杂交实验而发现了遗传定律，虽然这项伟大的成就直到他去世之后才得到世人的认可。当然，在孟德尔之前，还有一些植物学家进行了先驱性的研究铺垫，如科尔罗伊德和诺丁。

1. 科尔罗伊德——用植物杂交揭示植物的有性生殖行为

德国植物学家科尔罗伊德（Joseph Gottlieb Koelreuter，1733～1806 年）用令人信服的植物杂交试验，揭示了植物的有性生殖行为。他用了 138 个种进行了 500 个以上不同的杂交试验，并且从 1000 种以上的植物种中研究了花粉粒的形状、大小和颜色。他发展了一种避免自花授粉的人工杂交技术：谨慎地去掉花药，用人工进行授粉，然后把花罩起来，防止外源花粉干扰；他发现一般情况下，杂交种的性状通常介乎两种亲本中间，把亲本的两个种雌雄对换一下，仍能得到同样的结果；由十分不同的亲本形成的杂交种往往是不育的，但有些杂交种则具有比亲本更强的活

力，另外还有些杂交种产生变异很大的后代（玛格纳，2001）。

2. 诺丁——发现植物在有性生殖过程中性状分离的现象

法国植物学家诺丁（Charles Naudin，1815～1899 年）享有孟德尔先驱者地位，因为他发现了在生殖过程中发生的性状分离现象，他观察到杂交种报春花的后代几乎回复到其亲本种的现象，因此提出了在杂交种中会发生两个物种的性状分离现象。他认为，自然界“渴望毁灭杂交形式”的方式是通过“分离两个物种的要素”（玛格纳，2001）。

3. 孟德尔——“性状分离定律”和“自由组合定律”

奥地利遗传学家孟德尔于 1854 年夏天开始用 34 个豌豆株系进行了一系列实验，他选出 22 种豌豆株系，挑选出 7 个特殊的性状（每一个性状都出现明显的显性与隐形形式，且没有中间等级），进行了 7 组具有单个变化因子的一系列杂交试验，并因此而提出了著名的 3∶1 比例（表 4-1、图 4-7），他还通过两个双变化因子杂交和一个三变化因子杂交试验来证实性状的独立分离性，他将最终的试验结果发表在 1866 年的“布隆自然历史学会”的回忆录上。孟德尔的工作是独一无二的，那个年代的其他人把整个物种的全部性状作为一个单位，而孟德尔却用了纯的种系进行工作，研究了各个简单的、可分开的单一性状。后来，德国植物遗传学家科灵斯（Carl Erich Correns，1864～1933 年）将孟德尔的发现总结成两个定律——“性状分离定律”和“自由组合定律”。在 19 世纪，孟德尔的工作在学术界几乎没有发生任何影响，直到 20 世纪初，才被重新发现而获得正确的评价（玛格纳，2001）。

表 4-1　孟德尔试验结果的总结

性状	植株数		比例
	显性	隐形	（显性∶隐形）
茎长：高对矮	787	277	2.84∶1
花位：顶位对侧位	651	207	3.14∶1
豆荚形状：膨胀对收缩	882	299	2.95∶1
豆荚颜色：绿对黄	428	152	2.85∶1
种子形状：圆对皱	5474	1850	2.96∶1
子叶颜色：黄对绿	6022	2001	3.01∶1
种皮颜色：灰对白	705	224	3.15∶1

注：列成表格的数字来自孟德尔 7 个主要试验系列的 F_2 代结果。在每个所研究的性状中，列在前面的特征是显性的（引自 Iltis，1932）

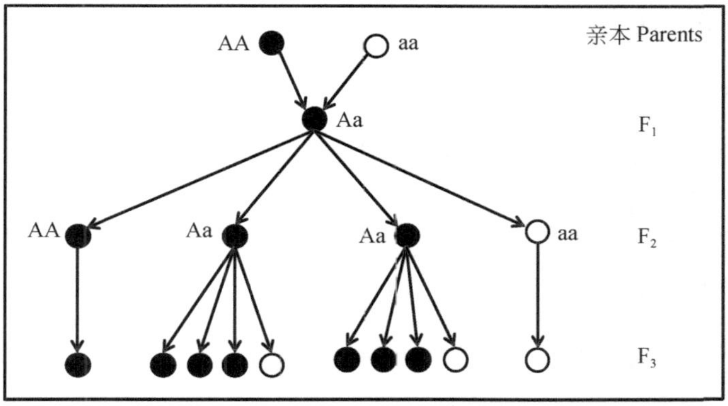

图 4-7　孟德尔表示 3∶1 比例的杂交试验图解。图解了两个具有不同性状豌豆株系的杂交结果，在 AA 或 Aa 基因型的个体中都表现出显性性状（●），隐形性状只在具有 aa 基因型的个体中（○）才表现出来

很显然，在孟德尔进行杂交试验之前，科学界就已经知道精子和卵子都是生殖细胞。孟德尔提出精子和卵子对遗传有同等的贡献，授精就是亲本双方的遗传物质融合的观点，在当时还不是学术界的共识。

孟德尔之后，英国遗传学家贝特森（William Bateson，1861～1926 年）发明了“F_1 代”、“F_2 代”、“等位基因”、“合子”、“纯合子”、“杂合子”，他还从希腊字中创造了“遗传学”genetics 来代替“传下去”descent；1909 年丹麦遗传学家约翰逊（Wilhelm Ludwig Johannsen，1857～1927 年）引进了“基因”gene 这个概念来代替像“因子”、“性状”和“特征”之类的含糊术语，他还创造了“表现型”和“基因型”这两个词，分别用来表示个体的外貌和实际的遗传类型（玛格纳，2001）。

迈尔（1990）在《生物学思想发展的历史》一书中评价道，“1∶3 这个比例在孟德尔之前被植物育种人员发现过许多次，甚至达尔文在他的植物育种试验中也曾很多次发现这一比率。然而所有这些都毫无价值，直到孟德尔引进了适当的概念并等到魏斯曼引入了补充概念之后才使孟德尔的分离现象具有更大意义”。

八、达尔文的泛生论——微芽

达尔文的《物种起源》一书于 1859 年问世，9 年后，他提出了一个称为泛生论的遗传假说，认为生物体的每个细胞都产生微芽，循环系统把微芽送到精子、卵子里去，从而传给下一代，微芽使下一代表现上一代的性状。显然，那时，达尔文完全没有注意到孟德尔已于 1866 发表的那篇重要的豌豆论文。

1. 达尔文的微芽理论

①微芽及其分布

每一种器官、每一种细胞都能产生一种极其细小的颗粒“微芽”，决定着生物的遗传和发育，即心脏能产生心脏微芽、眼睛能产生眼睛微芽等。这些微芽能在体内各部分传输，所以所有的细胞，包括精子和卵，也都含有所有种类的微芽。由于体细胞也含有整套的微芽，所以无性繁殖和再生能够发生。

②微芽的遗传与性状

父母的生殖细胞收集了所有种类的微芽，然后在受精时结合起来一起传给下一代。鱼鳞藓病患者产生了鱼鳞藓微芽传给下代，所以其后代也天生就得鱼鳞藓。后代的性状表现为父母的融合，是由于父母微芽混合的结果。有时父母一方的性状较明显，是由于其微芽有某种优势。人工选择是可能的，因为人们在选择某种可望得到的性状时，实际上是选择、累积了代表这种性状的微芽。

隔代遗传和返祖现象是由于休眠的微芽复苏。达尔文说，“一个品种的已经亡失的一种性状，经过许多世代以后还重复出现，最近情理的假设是，并非一个个体突然获得了数百代以前的一个祖先所失去了的性状，而是这种性状在每一代里都潜伏存在着，最后在未知的有利条件下发展起来了”（Darwin，1872）。

③伴性遗传与获得性遗传

某种遗传病较多地在某个性别表现出来的性连锁遗传现象是由于该遗传病的微芽在这个性别有优势。环境能够刺激体细胞产生新的微芽，这些新微芽又能送到生殖细胞遗传给下一代，所以后天获得性能够遗传。

2. 对泛生论的批判与否定

在达尔文那个年代，人们还不知道细胞分裂以及每一个新细胞都有一份完整的遗传物质。达尔文从无性繁殖和再生现象的存在又推测到每个细胞都应该含有一套遗传物质，进一步，达尔文在解释遗传物质如何从生殖细胞传到所有其他细胞的方式时，假设了通过循环系统的传递方式。

也正因为达尔文的这一假设，导致了他的一些错误的认识。他说，器官损伤一般是不能遗传的，因为在器官受损之前，该器官产生的微芽已遍布全身，送到生殖细胞了。那些能够遗传的器官损伤似乎都与病变（如化脓）有关，可能是由于病变能够把该部位原先产生的微芽都吸引来聚而歼之。例如，他还说，微芽又能够传染，当斑驴与母马交配时，其精液中包含的微芽不仅传给了下一代，也进入了母马的卵巢，污染了母马的血缘，所以以后母马与公马的后代还携带着斑驴的微芽。

达尔文的微芽通过循环系统来传递的观点受到了批判。达尔文的表弟高尔顿（Francis Galton，1822~1911 年）是一位探险家和优生学家，他进行了如下试验以否定达尔文的泛生论：将黑毛兔子的血抽出来输入到银灰毛兔子的身体中，让这些银灰毛兔子互相交配，如果泛生论是正确的，那么预计这些银灰毛兔子的后代的毛色应该会变得深一些，然而结果并非如此。但达尔文反驳道：他从来没说过微芽是通过血液传输的，微芽也不能是通过血液传输的，因为有许多生物并没有血液循环。因此，他认为这个试验不能否认泛生论，最多说明微芽是通过血液循环之外的途径传播的。当然，达尔文的微芽可以流动的假想肯定是不正确的。

在 1909 年，美国的两位科学家做了如下试验：他们将一只未成熟的黑色豚鼠 A 的卵巢移植到一只切除了卵巢的白色豚鼠 B 中，待 B 成熟后，将它与一只未经切除的白色雄豚鼠 C 交配，连续三窝的后代的皮毛都是黑色的。据此，人们相信除了卵巢，身体的其他部位对遗传没有任何影响，这也被认为是彻底地否认了泛生论。这个试验很有意思的地方是，卵巢一旦形成，子代的遗传特征就基本确定了。但笔者认为，将此引申到“身体的其他部分对遗传没有任何影响”这样的结论未必就是真理，毕竟卵巢也是从一个受精卵在生命的一定阶段发育而成的。

虽然一般认为达尔文的微芽与现代的基因相差甚远，但微芽还是可视为一种原始的基因概念，只是如果达尔文假设这种遗传颗粒串在一个长链上（像现在知道的 DNA 那样），那达尔文的假说就是完美的了。但是，在染色体及其在细胞分裂中的行为被揭示之前，达尔文是不可能做到这一点的。

九、孟德尔遗传定律的补充与发展

1. 授精与细胞分裂的显微观察——细胞核融合与染色体行为

其实，早在孟德尔发现遗传定律之前，科学家就观察到了精子、卵子和细胞核。荷兰显微镜学家、微生物学的开拓者列文虎克（Antonie van Leeuwenhoek，1632~1723 年）于 1677 年观察与描述了人的精子；奥地利植物画家弗朗兹·鲍尔（Franz Andreas Bauer，1758~1840 年）于 1802 年对细胞核进行了描述；德裔俄国胚胎学家冯·贝尔（Karl Ernst Von Baer，1792~1876 年）于 1827 年在解剖一头怀孕的母狗时发现了卵子。但授精以及细胞分裂过程的显微观察是在孟德尔之后才出现的。

据说，早在 1848 年，德国植物学家霍夫迈斯特（Wilhelm Friedrich Benedikt Hofmeister，1824~1877 年）在紫露草属小孢子母细胞中隐约看到了核内的丝状和粒状物，当时并没意识到这就是染色质或染色体。40 年后的 1888

年才被德国解剖学家沃尔德耶（Waldeyer Wilhelm，1836~1921年）将其定名为染色体（chromosome）。

1876年，德国动物学家赫特维奇（Oskar Hertwig，1849~1922年）通过显微制片染色技术对海胆卵受精过程进行了观察，发现受精后不久的受精卵中出现了两个细胞核，一个是卵子原来的核，位于细胞中间；另一个来自精子的细胞核则紧靠在细胞表面之下。在受精5分钟之后，这第二个核移向了细胞的中心，再过5分钟，两个核排列在一起，又过5分钟，两个核融合成了一个，以后胚胎细胞的细胞核都是由这个核分裂而来（方舟子，2005）。

1879年，德国生物学家弗莱明（Walther Flemming，1843~1905年）把细胞核中的丝状和粒状物质用染料染红，观察发现这些物质平时散漫地分布在细胞核中，当细胞分裂时，散漫的染色物体便浓缩，形成一定数目和一定形状的条状物，到分裂完成时，条状物又疏松为散漫状。弗莱明在1882年发表了有丝分裂的绘图，包含了光学显微镜下所能观察到的有丝分裂的全过程，在他之后，只增添了一些细节（方舟子，2005）。

1883年，德国生物学家鲁（Wilhelm Roux，1850~1924年）认为"染色体的舞蹈"需要有理论上的解释。从弗莱明等所绘制的有丝分裂图，不难发现在细胞分裂周期的早期，染色体似乎变成了双份，每一条染色体的每一点都被复制。因此鲁认为染色体上的每一点颗粒都是遗传所必需的，而且具有不同的功能，"染色体的舞蹈"就是为了保证染色体能够被平等、精确地传递给子细胞，像细胞质分裂那样只做简单、大略的平分是达不到这个要求的（方舟子，2005）。

2. 魏斯曼的种质连续性理论——遗传物质的化学化

德国动物学家魏斯曼（August Weismann，1834~1914年）于1885年发表了《作为遗传理论基础的种质连续性》一文，提出了著名的"种质连续性"理论。他认为，每一个有机体由两部分组成：种质和体质，前者是"潜在的"，后者则是被"表达的"，种质传给后代，而体质则如同树叶一样地凋萎；生殖细胞不是从亲代的身体上衍生而来，而直接来自种质一脉相承的延续；世代之间的联系是遗传性状的传递，这种传递是通过一定的化学实体进行的（玛格纳，2001）。

魏斯曼将种质定义为"生殖细胞的一部分，它的化学和物理特性——包括分子结构——使细胞在适当的环境条件下可以成长为同一物种的新个体"。他认为，遗传是由具有一定化学成分，首先具有一定分子性质的物质，从这一代到另一代的传递来实现的（玛格纳，2001）。从魏斯曼的这种遗传物质的化学（实体）化定义，几乎使我们看到了他"呼唤"的那个即将被揭开面纱的伟大的遗传操纵者——DNA的身影！

魏斯曼预测道：在卵和精子的成熟过程中，必然有一个特别的减数分裂过程使染色体数目减少一半，而在受精时，精卵两个细胞核融合，即恢复正常的染色体数。这一预见在 1888 年被德国生物学家博维里（Theodor Heinrich Boveri，1862~1915 年）和波兰裔德国植物学家斯特拉斯伯格（Eduard Adolf Strasburger，1844~1912 年）所证实（玛格纳，2001）。

可以这样说，魏斯曼的种质连续性理论是罗马帝国的哲学家奥古斯丁的种质思想的发展与深化，魏斯曼区分了生殖细胞和体细胞，认为子代继承的是生殖细胞（卵子和精子）的遗传特性，而与体细胞无关，即不受身体的影响，从这种意义上来说，他认为身体仅是生殖细胞的载体而已。正因为如此，他必须拒绝接受拉马克的获得性遗传的观点。那生殖细胞的变异从何而来呢？他认为两个亲本种质的结合提供了丰富的变异性，这其实就是从达尔文及其之前的进化论者那里继承下来的变异思想。为了驳斥拉马克的获得性遗传，他进行了一个"著名"的试验：他连续 22 个世代割去小鼠的尾巴，但在第 22 代结束时也没有发现小鼠尾巴的长度减少了！

生殖细胞真的完全不受体细胞的影响吗？笔者认为，至少迄今为止谁也提不出确凿的证据来支持这一结论。对多细胞生物来说，生殖细胞通过反复的细胞分裂与分化，构建出了特定物种的个体，而那个原来的生殖细胞暂时性地融化在庞大的体细胞群体之中（每个体细胞都带有那个生殖细胞的遗传信息的完整拷贝）。随着个体的性成熟，性别不同的身体通过某种特殊的体细胞机构又重新生产出生殖细胞（精子或卵子），谁又能肯定这种生殖细胞一点都不会携带个体在特定环境中生存的痕迹呢？如果真是这样，已经能够稳定遗传的人类的黑色、黄色或白色皮肤的分化又如何解释呢？难道这不是生存环境的印记吗？难道这不是生存环境显著影响生物遗传的有力证据吗？笔者实在不敢相信这仅仅只是随机变异的结果！

德国人类学家布鲁门巴赫（Johann Blumenbach，1752~1840 年）就相信黑皮肤的人种是由热带的强烈阳光作用于白皮肤人种的肝脏而形成的，肝脏被强烈阳光作用后就使胆汁变黑、进而使色素在皮肤中沉着（迈尔，1990）。现在一般认为，黑皮肤含有高含量的黑色素，而黑色素能挡住热带地区阳光中的大部分紫外线，防止紫外线直接对细胞产生损伤。不同气候带人类肤色的变化难道不是环境导致可遗传的生物表型的变化的有力证据吗？除非你相信欧洲的白人和非洲的黑人起源于不同种类的猿！

3. "萨顿–鲍维里假说"——遗传因子位于染色体上

美国遗传学家萨顿（Walter Stanborough Sutton，1877~1916 年）清楚地说明了遗传因子具体位于染色体之上，德国细胞学家鲍维里证明染色体并不是相互等同的物质小片，他们用各自的方法，证实了每个染色体都各具自己的特色（玛格纳，2001）。

萨顿在于 1903 年发表的《遗传中的染色体》一文中预言："父本和母本的

染色体联合成对及它们以后在减数分裂中的分离……将构成孟德尔遗传定律的物质基础”。不同对的染色体的随机分组可以解释成对基团的独立分离。关于单个基因的基础是整个染色体还是染色体上的某一部分，答案肯定是后者。萨顿说，“否则，一个个体所具有的明显性状，就不可能超过在生殖细胞中的染色体数目……”，因此，同某一特定染色体相连的一切性状，必然是一起遗传的（玛格纳，2001）。

他们注意到在杂交试验中遗传因子的行为与减数分裂和受精中染色体的行为非常吻合，因此认为孟德尔的“遗传因子”就位于染色体上，或者说染色体是遗传物质的载体。他们比魏斯曼更明确地将遗传物质和染色体联系起来了。这被称为遗传的染色体学说或“萨顿-鲍维里假说”。1909 年丹麦遗传学家约翰逊在《精密遗传学原理》一书中提出了以“基因”概念来替代孟德尔的“遗传因子”，并一直沿用至今，他还提出了“基因型”与“表现型”两个术语，以说明基因与性状的关系。

美国细胞学家麦克朗（Clarence Erwin McClung，1870~1946 年）于 1902 年在直翅目昆虫中发现了性染色体，提出一对特别的染色体同决定雌雄的性别有关，开创了对性染色体的研究。

4. 摩尔根的遗传定律——基因的连锁与互换

美国遗传学家、诺贝尔生理学或医学奖得主摩尔根（Thomas Hunt Morgen，1866~1945 年）利用果蝇的试验研究，提出了著名的连锁与交换定律。摩尔根认为，孟德尔的独立分配定律的明显偏差是源于连锁作用，也就是说，两个性状可以由一个染色体携带，因为他发现“白眼”和“残翅”与性别相关联。1911 年，他提出了“染色体遗传理论”，指出，同一染色体上基因间的重组程度是它们空间分隔距离的度量。也就是说，在同源染色体之间存在基因的偶然相互交换，基因相互间相隔得越远，交换越普遍（玛格纳，2001）。

其实，摩尔根的交换理论证实了比利时细胞生物学家詹森斯（Frans Alfons Janssens，1865~1924 年）于 1909 年提出的染色体“交叉型假设”，詹森斯注意到一对染色体上的各个部分有时似乎黏集在一起，因此提出伴随着交叉的形成，还可能有片段的物质交换（玛格纳，2001）。

摩尔根在他于 1928 年出版的《基因理论》一书中指出，“基因论认为：个体的种种性状起源于生殖质内连在一起、形成若干连锁群的成对的要素（基因）；生殖细胞成熟时，每一对的两个基因依孟德尔第一定律而彼此分离，于是每个生殖细胞只含一组基因；不同连锁群内的基因依孟德尔第二定律而自由组合；相应的连锁内的成员基因之间有时也发生有秩序的交换；交换的频率可以提供有关每个连锁群内成员间线性排列的证据，同时也能表明成员相互之间的相对位置”（玛格纳，2001）。

十、遗传物质的化学——密码之解密

DNA 双螺旋结构的发现是20 世纪生命科学最伟大的成就之一，从此揭开了遗传的化学秘密。但在登上灿烂的彼岸之前，人们在黑暗中探索了将近一个世纪。

1. 米歇尔——第一个制备“核素”的人

瑞士生物化学家米歇尔（Johann Friedrich Miescher，1844～1895 年）1868 年在研究脓细胞时，发现了一种不同于蛋白质的新物质，它仅仅来自细胞核，因此称它为“核素”（nuclein）。不久米歇尔就证明可以从许多其他细胞中获得核质，它除了含有碳、氧、氮和氢外，还含有磷。因此，米歇尔是第一个制备“核素”的人。后来，“核素”被德国组织病理学家奥尔特曼（Richard Altmann，1852～1900 年）称为“核酸”。

2. 科赛尔——证明存在两种核酸，脱氧核糖核酸和核糖核酸

德国生物化学家、诺贝尔生理学或医学奖得主科赛尔（Albrecht Kossel，1853～1927 年）证明存在两种核酸，就是现在所称的脱氧核糖核酸（DNA）和核糖核酸（RNA），这两种核酸都含有腺嘌呤、嘧啶和鸟嘌呤三种碱基，但在 DNA 中第四种碱基是胸腺嘧啶，而在 RNA 中则是尿嘧啶。这两种核酸在其糖类的组分上也是不同的，分别是脱氧核糖或核糖（玛格纳，2001）。

俄裔美国化学家莱文（Phoehus Aaron Levene，1869～1940 年）1900 年开始研究核酸化学，他发现，在各种不同来源的核酸中，四种碱基的物质的量相等。

3. 查伽夫——发现腺嘌呤/胸腺嘧啶和鸟嘌呤/胞嘧啶之比约为 1

奥地利裔美国生物化学家查伽夫（Erwin Chargaff，1905～2002 年）发现，对同一物种的各个生物体来说，在它们不同器官所得的 DNA，其组成是恒定的，这也是这个物种的代表性特征，全部嘌呤与嘧啶之间的分子比例以及腺嘌呤与胸腺嘧啶之间和鸟嘌呤与胞嘧啶之间的比例大约为 1（玛格纳，2001）。

4. 薛定谔——预见了遗传密码本的存在

奥地利理论物理学家薛定谔在 1944 年出版的《生命是什么》一书中敏锐地预测到了遗传密码本的存在，甚至还提出了估算基因大小的方法（Schrödinger，1944）。

①染色体纤丝——非周期性晶体，生命的物质载体

薛定谔说，“一个活细胞的最重要的部分——染色体纤丝——可以颇为恰当地称之为非周期性晶体。迄今为止，在物理学中我们碰到的只是周期性晶体……两者之间结构上的差别，就好比一张是重复同一花纹的糊墙纸；另一幅则是堪称杰作的刺绣，比如说，一条拉斐尔花毡……有机化学家在研究越来越复杂的分子时，已经非常接近‘非周期性晶体’了，我认为其实那就是生命的物质载体”。

②染色体——遗传密码本

薛定谔说，“让我们在生物学家称为‘四维模式’的意义上使用有机体的‘模式’这个词，它不仅是指成年有机体的或任何其他发育阶段上的有机体的结构和功能，而且是指有机体开始复制自身时，从受精卵到成年阶段的个体发育的全过程。人们已经知道这个四维模式是由一个受精卵的很小一部分结构，即它的细胞核决定的。这个细胞核在细胞的正常的‘休止期’内往往表现为网状染色质，分散在细胞内。但在极其重要的细胞分裂（有丝分裂和减数分裂）过程中，可以观察到由一组颗粒构成的、常常呈纤维状或棒状的称为染色体的东西，它的数目或是 8 条，或是 12 条，对于人是 46 条”。

薛定谔指出，“这里的两套染色体几乎是一模一样的……它们之中一套来自母体（卵细胞），一套来自父体（精子）。这些染色体或它的一部分，即显微镜下看到的染色体的轴状骨架纤丝部分，包含了个体未来发育和成熟个体机能的全部模式的密码本。每一整套染色体都含有全部密码，因此，作为未来个体的原始阶段的受精卵里一般包含有密码的两个本子”。

③每个体细胞都具有密码本的全套拷贝——方便相互通信

薛定谔说，“尽管对这种机制了解甚少，但我们不能不认为，它一定是通过某种途径同有机体的机能密切相关的，因为每个单细胞，甚至是不太重要的单细胞，都具有密码本的全套（两份）拷贝……既然我们知道这个小小的中央机关的权利是在孤立的细胞里，那么，每个细胞难道不像是遍布全身的地方政府的分支机构吗？它们使用共同的密码，十分方便地相互通信”。

薛定谔从一个物理学家的视角，相当精确地预测到了遗传密码的存在，以及这些密码在生物的遗传与发育过程中的重要作用。他只是不知道那种分子就是 DNA，以及那种遗传密码就是 DNA 链上三个核苷酸为一组的序列。

薛定谔的《生命是什么》一书促使英国人克里克（Francis Harry Compton Crick，1916～2004 年）把专业兴趣从物理学转到了生物学，众所周知，他在生物学领域参加了发现 DNA 结构和破解遗传密码的工作（费希尔，2008）。考夫曼

（2004）称赞道，“薛定谔把量子力学、化学及当时仍很不完善的“信息”都引入到生物学中。他是我们理解 DNA 和遗传密码的先驱”。

5. 沃森和克里克——揭示了 DNA 双螺旋结构

美国生物学家沃森（James Dewey Watson，1928 年 ~）和英国物理学家、生物学家克里克合作，成功阐明了 DNA 的立体结构，使科学家可以推测 DNA“怎样在每一个细胞世代中自我复制，怎样在个体发育和机体功能上起作用，怎样经历那种作为有机进化基础的突变过程”。他们的成果被认为是 20 世纪生物学最伟大的成就之一，可媲美于 19 世纪的达尔文和孟德尔，因此而获得了诺贝尔生理学或医学奖。

1953 年，沃森和克里克发表了他们的 DNA 的双螺旋模型，两条链通过嘌呤和嘧啶两种碱基相连接，一条链上的嘌呤始终与另一条链上的嘧啶配对（腺嘌呤始终与胸腺嘧啶配对，鸟嘌呤则与胞嘧啶配对），它们通过氢键而自行结合；虽然在一条链上，四种碱基可以按任何顺序排列，但一旦一条链上的碱基排列确定以后，由于自行形成氢键的原则，另一条链上的碱基顺序也就可以确定了。由于每一条链上的碱基顺序是同另一条链互补的，因此当两条链分开时，每一条链都可以作为建造 DNA 子链的模板。这一双螺旋结构模型确实能对 DNA 如何能够不断复制同自身完全相同的复本这一点，在分子水平上作出理论解释（玛格纳，2001）。

1958 年，美国分子生物学家梅塞尔森（Matthew Stanley Meselson，1930 年 ~）和斯塔尔（Franklin William Stahl，1929 年 ~）用等密度梯度离心的方法，追踪由 ^{15}N 标记的 DNA 亲本链的去向，证明了 DNA 复制是半保留式的，即每一条旧链联结了一条新合成的 DNA 链（玛格纳，2001）。

6. 沃森的中心法则——“DNA→RNA→蛋白质”

英国医生加罗德（Archibald Garrod，1857 ~ 1936 年）在研究许多人类疾病的例子中发现，遗传疾病明显与酶有关，不是缺少某一种酶就是某一种酶有缺陷，因此，他的研究为“一个基因一个酶”的假设提供了早期的原始形式。美国遗传学家、诺贝尔生理学或医学奖得主比德尔（George Wells Beadle，1903 ~ 1989 年）和塔特姆（Edward Lawrie Tatum，1909 ~ 1975 年）以红色面包菌为材料，通过 X 射线照射，证明了突变株由于单个基因的变化就与亲本类型不同。因此认为，基因的作用是“指导蛋白质分子的最后构型，从而决定其特异性”。1945 年，当比德尔阐明一个基因一个酶的假说时，人们还不知道基因的化学性质（玛格纳，2001）。

据说，在阐明 DNA 结构以前，沃森就写下了一条预测：“DNA→RNA→蛋白质”，并确信 DNA 是 RNA 链的模板，并把 RNA 链看成“在蛋白质合成的模板中是最可能的候选者”，这里的箭头“并不意味着化学的转换，而是表示：在DNA分子的核苷酸顺序中的遗传信息是怎样传递到蛋白质中的氨基酸顺序上的”。按照这个公式，信息的流动是按一条永远不能颠倒的单向线路进行的，即从DNA传到RNA，再传到蛋白质。这就是所谓的“中心法则”。1958年，克里克发表了有影响力的《论蛋白质合成》一文，他指出，蛋白质是完成大多数生命活动所必需的大分子，“几乎能做任何事情”，它们主要是酶，起着各种催化作用，同时又是有机体结构的组成部分，他提出了著名的“连接物假说”，讨论了核酸中碱基顺序同蛋白质中氨基酸顺序之间的线性对应逻辑，并详细阐述了“中心法则”（玛格纳，2001）。

美国遗传学家、诺贝尔生理学或医学奖得主特明（Howard Martin Temin，1934~1994年）于20世纪70年代在劳氏肉瘤病毒中分离出反转录酶，能指导RNA中的信息转录到DNA上，从而证明了信息并不是永恒不变地只能从DNA流向RNA。但是，克里克认为，反向转录酶同中心法则并没有真正的矛盾，这只不过是把信息从一种形式的核酸转录到另一种形式的核酸上去而已，而在这两类核酸中，碱基配对的过程则基本上是相同的。因此，克里克认为，中心法则表明，信息可以从核酸传递到核酸，或从核酸传递到蛋白质，但不能从蛋白质传递到核酸。

结　　语

发育仿佛是个体历史的遍历（在个体发育中难免留下种族演化历史的痕迹），而遗传则是通过无数个体的生殖与发育实现的种族历史的延绵。正如哲学家伯格森（2000）所说，“生命就像穿过成熟有机体的媒介，从一个胚芽流入另一个胚芽的一股水流”。古罗马诗人卢克莱修（1981）曾说，“每样东西都是破坏易于建造”，个体如此，种族亦然。

在受精过程被发现之前，人们对生物个体发育的认识被分割为两个截然相反阵营——预成论与渐成论，前者主张胚胎中的一切都是从一开始就先成的，仅仅是在发育过程中逐渐长大；而后者则认为胚胎中新的结构是逐渐形成的。预成论迎合了神创论，而渐成论则根植于古希腊的辩证哲学观，还不如说那时是信仰的对垒，因为都缺乏令人信服的科学证据。

2000多年来，人们对遗传物质的认识历程，从灵魂（亚里士多德）→生理单位（斯宾塞）→微芽（达尔文）→异质胞（冯内格列）→泛生子（德弗里斯）→种质（魏斯曼）→基因（孟德尔）→DNA（沃森和克里克），一如河川蜿蜒而下！也可以说，犹如一场从哲学家→博物学家→遗传学家→物理学家（+生物化学家）的穿越时空的壮观接力！

遗传机制的揭示并不是意味探索的终结，实际上还有更多的未解之谜。如果我们问这最初的遗传机制是如何产生出来的呢？这就是生命起源需要回答的难题。即使不管这个遗传的最初起源，已有的遗传机制是如何在地球生命的历史长河中不断演进的呢？在这样的遗传机制下，为何演化出如此之多（数以百万计）的生物物种呢？这些是物种进化需要回答的难题。

第五章 生物进化论简史

这个世界是一个完整而连续的整体，它一刻也不停顿地创造出动植物和一切其他的种类

——亚里士多德（Aristotle，公元前 384 ~ 前 322 年）

我们的思维被生命所创造……我们的智力被进化运动放在了其进程中……智力中存在进化的局部影响，存在一个火苗（这也许是偶然的），它照亮了生物行动的狭窄通道上各种生物的来来往往……将隧道里若明若暗的灯盏当成了普照世界的太阳

——柏格森（Henri Bergson，1859 ~ 1941 年）

为何地球上栖息有如此多的生命，从简单的爬虫到智慧无与伦比的人类？我们来自哪里？或许人类从猿人进入智人时期就可能开始思索这类问题，但是直到哲学出现之前，人们最多只能停留于朦胧的神学与宗教的猜测或冥想。一般来说，关于进化问题的较为抽象的思考当然是始于哲学家。

在古希腊时期，由于万物的本原、生灭、联系及动因曾是哲学家们探究的核心问题，而这万物当然也包含了生命，因此他们也自然会关注或思索关于生命的进化问题。虽然在现在看来很多猜想不甚准确甚至十分荒唐，但却隐含了非常重要的生命进化思想的萌芽。

在漫长的中世纪时期，神学与宗教统治了人们的思想，一切生命都被认为是上帝创造的，是亘古不变的。进入 18 世纪，随着生命科学特别是分类学知识的快速积累，神创论与进化论开始激烈较量，神创论的根基开始动摇，进化的思想才逐渐开始占据了主导地位。

据说，进化一词来自拉丁文 evolutio，原意为“展开”，是指事物的逐渐变化与发展，或由一种状态过渡到另一种状态。1762 年，瑞典生物学家邦尼特首先将“进化”引入生物学，本来只指卵的发育，后被扩展到意指一切生命形态发生和发展的演变过程。一般来说，进化意指一种方向性（向着更加高级、完美或复杂）的变化或演化。在这一章介绍进化论发展的历史轨迹，从古希腊一直到现代。

一、古希腊哲学家的生命进化观

1. 阿那克西曼德——人是从鱼而来

阿那克西曼德（公元前 610 ~ 前 546 年）推测，人最初是由另外一种动物产

生的，其理由是别的动物都很快就给自己寻找食物，而只有人却需要很长一段哺乳时期，如果人在起初就像现在这种样子，那他是不能存留下来的。他认为人就是从鱼产生的，这可能是古人从观察人的胚胎和幼鱼有某种相似而得出的结论（汪子嵩等，1997）。

人是从鱼变来的这一思想尽管可能是古代人从经验事实的观察中得来的朴素认识，但它是由阿那克西曼德第一个表达出来的，因此是达尔文进化论的最早的萌芽（汪子嵩等，1997）。阿那克西曼德的进化思想可能既源于朴素的生态思索，也可能源于对人和其他动物胚胎的比较与观察。

2. 恩培多克勒——“适者生存，自然选择”思想的萌芽

据辛普里丘在《‘物理学’注释》一书中的记载，恩培多克勒（公元前490～前430年）说，“许多动物体是由肢体合适地结合起来的，所以能确保它们的生成，这些动物就保存下来了，因为它们的各部分能互相切合需要。牙齿能撕咬和嘴嚼食物，胃能消化，肝又将它变为血液。人的头和人的身躯相遇，就可以确保整个人体的存活。而那些人头牛身的动物是不适合生存的，就逐渐消亡。所以那些构造不合适的动物，就要灭亡”（汪子嵩等，1997）。

在古希腊时代，人们不可能知晓生命如何从简单到复杂的演化历程，因此，按现在的知识来看，恩培多克勒将动物的最初产生想象为各种器官和肢体的偶然组合肯定是十分荒唐的。但是，他却表述了一种朴素的“适者生存，自然选择”的思想萌芽——这在19世纪正是达尔文生物进化论的核心。此外，恩培多克勒似乎意识到与功能相适应的器官之间存在一定的相互关联性，这后来被法国动物学家居维叶（1769～1832年）提升为器官相关法则。

3. 亚里士多德——积微渐进、永不停息的生命创造，“伟大的存在之链”

亚里士多德（公元前384～前322年）的进化思想就向前迈进了一大步，他试图说明整个生命界是一个发展与联系的自然阶梯，这被后人称之为“伟大的存在之链”，其影响一直持续到今天。他在《动物志》一文中说，“自然界由无生物进展到动物是一个积微渐进的过程，因而由于其连续性，我们难以觉察这些事物间的界限及中间物隶属于哪一边。在无生物之后首先是植物类……从这类事物变为动物的过程是连续的……”（亚里士多德，1996）。亚里士多德在《论植物》一文中说，“这个世界是一个完整而连续的整体，它一刻也不停顿地创造出动植物和一切其他的种类”（亚里士多德，1995）。亚里士多德试图勾勒出生命演进的宏图，他认为生命的演化应该是这样的途径：非生命→植物→动物，这也大致符合基于现代科学的认知。达尔文进化论中的微小变异的连续累积似乎也与亚里士多德的积微渐进的生命演化观如出一辙。

但是，在被宗教统治的中世纪，“伟大的存在之链”被披上了上帝的外衣，

即人们认为在世界中有一个事物自然的等级系统，在这个存在之链的最底端是岩石及别的无生命的物质，在它们之上是植物，然后是简单的动物种类。例如，蠕虫和飞虫，在此后有老鼠那样的小动物，以及像马那样的大动物，进一步向链条的上方去的是人，人之上是天使，接着是上帝，所有的事物都被固定在它们特定的位置之上，自然事物的目的是根据它在这个体系中的所占的位置来确定的。

“伟大的存在之链”是亚里士多德在对生物进行经验性观察的基础上提出的，它似乎是一把双刃剑，因为它既可归因于自然创造（亚里士多德的原意），也可以被扣上上帝的帽子。因此，它既被神创论者所利用，也对一些早期的进化论者（如拉马克）产生过深刻影响。

二、近代分类学创始人林奈——信奉物种神创论，从不变到可变

18 世纪中叶，瑞典植物学家林奈（Carl Linnaeus，1707～1778 年）为近代分类学呈现了奠基性工作，他创建了双名法，使亚里士多德的分类学向前推进了一大步。但是，林奈信奉物种神创论（这毫无疑问是那个时代的产物），虽然在晚年他部分地承认了物种的可变性。当然，如果他要是像达尔文那样信奉物种的可变性，其成就或许就不在分类学了。

1. 林奈的生命科学观——分类是基础

林奈生活着的那个时代的生命科学，是一心想要构建一种系统的分类体系，来对复杂纷繁的生物物种进行科学的分门别类。因为亚里士多德只描述了约 500 种动物，到 1600 年人们才知道约 6000 种植物，1700 年时，植物学家有12 000 个新种需要进行分类，动物学家也同样面临着“新的信息浪潮”，而地球上的物种现在估计约有 200 万种之多。林奈认为，对生物准确命名是生物科学的基础，他说，“知识的第一步，就是要了解事物本身。这意味着对客观事物要具有确切的理解；通过有条理的分类和确切的命名，我们可以区分并认识客观物体……分类和命名是科学的基础”，他在进行分类时，特别注意植物的繁殖器官及其有性生活（玛格纳，2001）。

林奈在分类学上的一个伟大贡献就是创立了拉丁文双名制（binomial nomenclature）命名法，即每一个物种对应一个学名，由两个拉丁化名词所组成，第一个为属名，第二个为种名，这一直沿用到今天。他将自然界分为植物、动物和矿物三界，在动植物界下又设有纲、目、属、种和变种 5 个等级，从而建立了阶元分类系统。在动物分类方面，他将动物分为 6 纲——依次为四足动物纲、鸟纲、两栖动物纲、鱼纲、昆虫纲和蠕虫纲。

2. 林奈初期的生命观——信奉物种神创论

林奈在1735年出版了《自然系统》(第一版)一书，他说，“由于不存在新种；由于一个生物总是产生与其同类的生物；由于每种物种中的每个个体总是其后代的开始。因此必须把这些祖先的不变性归于某个全能全知的神，这个神就叫做上帝，他的工作就是创造世界万事万物。这是被每个有生命个体的机制、原理、定律、体质和感觉所证明的”。他认为，“每个生物体都是从一个卵中产生的；而从每个卵中所产生出的都是一个和亲代极其相似的后代。因此现在不会产生新种”，“通过繁殖，个体数是成倍地增加了。因此现在每种物种的个体数都比上帝刚创造出来时的数目多得多”。林奈在他于1738年出版的《植物的纲》一书中申明，“物种的数目和上帝当初创造出的各种形式的数目是相同的”(玛格纳，2001)。

从这里可以看出，林奈信奉物种不变论，认为混沌初开时，万能的神创造了多少物种，到现在就还有多少物种，物种不会进化，物种彼此之间不存在亲缘关系，因此，他的分类系统就不可能反映不同生物类群的进化地位或血缘关系。很显然，这反映了林奈在那个“神创论”占统治时代中深受“物种不变论”思想的影响。

3. 林奈后期的生命观——部分承认物种可变

林奈在于1774年出版的《植物系统》一书中说，“让我们假定神圣的上帝创世时是从简单到复杂，从少到多地进行的。同样，上帝在创造植物界时，创造了如同自然的‘目’那样多的植物。创造了这些植物的‘目’以后，是上帝自己混杂了这些‘目’，由此，创造出今天存在的植物‘属’。然后，大自然把这些植物‘属’在它们自己之间由两个亲本进行杂交、繁殖、增生，靠着花的结构不变，造成尽可能多的现存的‘种’。而那些几乎不育的杂种则不包括在这些‘种’的数目之中了，它们也由同样的方式或同样的亲本而产生”。在这里，林奈部分地承认了物种的可变性(玛格纳，2001)。

这是因为林奈注意到在他那万紫千红的花园中，会突然自发地产生一些变种或“不寻常”的植物，这些植物都是从普通的植物中衍生出来的。即便如此，他仍然认为这些变种毕竟是不重要的，它们是由于气候和环境条件的影响所造成的(玛格纳，2001)。

4. 恩格斯对林奈思想的评价——绝对不变性世界观的时代缩影

林奈的物种不变论是那个弥漫着绝对不变性世界观的时代缩影，正如德国哲学家恩格斯指出的那样：“这个时代的特征是一个特殊的总观点的形成，这个总观点的中心是自然界的绝对不变性这样一个见解。不管自然界本身是怎样产生的，只要它一旦存在，那么在它存在的时候它始终就是这样……植物和动物的种，一旦形成便永远确定下来，相同的东西总是产生相同的东西，而当林奈承认有时由杂交也许可能产生新种的时候，这已经是作了很大的让步的……18 世纪上半叶的自然科学在知识上，甚至在材料的整理上是这样地高于希腊古代，它在观念地掌握这些材料方面，在一般的自然观上却是这样地低于希腊古代”（恩格斯，1925）。

恩格斯（1925）指出“这一时期自然科学所达到的最高的普遍的思想，是关于自然界安排的合目的性的思想……猫被创造出来是为了吃老鼠，老鼠被创造出来是为了给猫吃，而整个自然界被创造出来是为了证明造物主的智慧”。在那个时代，“地质学还没有超出矿物学的胚胎阶段，因此古生物学还完全不能存在。最后，在生物学领域内，人们主要还是从事搜集和初步整理大量的材料，不仅是植物学和动物学的材料，而且还有解剖学和本来意义上的生理学的材料。至于各种生命形式的相互比较，它们的地理分布和它们的气候等的生活条件的研究，则还几乎谈不到。在这里，只有植物学和动物学由于林奈而达到了一种接近的完成”。

三、解剖学与古生物学家居维叶——器官相关法则，不变与灾变

法国动物学家居维叶（1769～1832 年）是一位杰出的比较解剖学家，也是古生物学的创始人。居维叶特别关注了与功能相适应的器官之间存在相互关联的特性，并上升到“器官相关法则”，且成功运用于通过化石碎片对古生物的重建与复原。他信奉器官不变，当然如果限定在一定的时间尺度上，这毫无疑问也是正确的。

1. 器官相关法则与器官不变论

居维叶认为动物的身体是一个有机的整体，各个部分的结构与功能都统一在生物体之中，各个器官好像按统一规则进行了设计似的，当然，每一个器官的改变都会影响整体的功能，因此，他提出了著名的“器官相关法则”。例如，牛、羊等反刍动物就需要有能够磨碎植物纤维的牙齿，相应的咀嚼肌、上下颌骨和关节，相应的消化道和肢体的结构；再如，虎、狼等肉食动物则需具有与捕捉猎物相关的各种运动、消化方面的构造和机能等。

居维叶认为器官不会进化，生物体器官的任何改变都会使生物体无法生存下去，任一微小器官都含有整体功能的信息，因此可通过破损残缺的生物遗体就可以重建整个生物面貌。这样，他通过化石碎片重建生物体，对一些已绝灭的动物化石进行了成功的整体复原。因此，也创建了古生物学。

居维叶研究了拿破仑入侵埃及带回来的木乃伊化的猫和朱鹭，并未发现它们与其现生的同类有什么不同，由此认为：生命形态不会随时间而进化。居维叶主张，生物体的相似之处，不是来源于同一祖先，而是功能相同的结果，即功能决定形态，而不是形态决定功能（陆旋初，2009）。

2. 灾变——地史上的物种大灭绝

虽然居维叶对化石的研究促使他反复考虑地球上变化的实质，探讨过去与现代物种之间的差异，但遗憾的是他并未从中得出物种演变这一必然的结论。在如何认识绝灭的和现存的物种之间在种群上的不连续现象时，居维叶用了“灾变”或“革命”这样的术语来解释动物世界中发生的变化，这些“灾变”或“革命”在史前时期大批地杀死了整个的种群（玛格纳，2001）。

居维叶不喜欢拉马克，他对任何生物之间内在部分的复杂关系有很深的印象，认为细微的平衡不可能导致变化，甚至当他根据化石遗迹重建灭绝的类型时，也坚持认为它们属于灭绝的物种，与进化没有关系（鲍勒，1999）。

四、18 世纪的物种进化观

18 世纪，既有一批像林奈和居维叶为代表的物种不变论者，也有一批像马耶和布丰等为代表的进化论者。这是一个激烈交锋的世纪，也是一个承前启后的世纪——为 19 世纪达尔文进化论的辉煌诞生做出了重要的铺垫。

1. 外交官和旅行家马耶——物种总在变化，新获得的性状可以遗传

法国人马耶（Benoit de Maillet，1656～1738 年）是一名外交官和旅行家，不是一个真正的科学家，但他却对古生物和神学颇感兴趣。他在一本在其去世 10 年后才出版的著作《泰利姆：或一个印度哲学家与一个法国传教士关于海洋的缩小、陆地的形成以及人和动物的起源等问题的谈话》中阐述了他的有机体进化观点。他认为物种总在变化着，但这种变化所经历的时间是那么长，以致人们绝不可能直接观察到这种变化；新获得的性状可以随着遗传而传递（玛格纳，2001）。这样看来，似乎马耶是第一个提出获得性遗传的人，此外，他认为物种变化需经历漫长岁月的观点也是十分正确的，这样的思想也存活于达尔文的进化论之中。

2. 博物学家布丰——进化论的真正先驱

法国博物学家布丰（Georges Louis Leclere de Buffon，1707～1788 年）是现代进化论的启蒙者之一。他通过退化器官的存在、化石生物与现代生物的差别等，提出物种可变的进化观念。

①自然体系的不可认知性

布丰在其《自然史》一书中宣称，在试图发现物种的“自然界定因而达到一种分类的自然体系的努力之中存在着“形而上学的谬误”，“这种谬误在于没有理解自然的进程，这种自然进程总是通过划分等级的形式而发生……可以通过以几乎难以感觉的程度差别从最完善的被造物下降到最无定形的质料……这些不可感的程度变化是自然的伟大作品，我们不仅能在规模和形式上，而且能在运动中，在每一个物种的产生与连续性中发现它们……自然因此，通过我们不知晓的等级进展，不可能完全将其自身在属和种中进行划分……我们将发现大量的居间的物种，以及一半属于一个级别，一半属于另一个级别的物体，我们不能给这些物体指定一个位置，这必然使建构一个宇宙体系的努力以徒劳告终”（诺夫乔伊，2002）。

一方面，布丰指出林奈只注意到物种之间的细微差异，而没有把生物看成自然秩序的一部分；另一方面，他又太过于强调物种变化的连续性，导致了不可认知论（在这点上，达尔文颇似继承了布丰的衣钵）。但是，布丰不久就放弃了自然体系不可认知性的观点。

②用无用器官质疑上帝创造论

布丰的进化观点是如何而来的呢？首先，他在比较解剖学研究中发现存在不完善、没有用处和退化的器官（如猪的侧趾虽已失去了功能，但内部的骨骼仍是完整的），因此质疑如果物种是万能的上帝创造的，那么这些无用的器官怎么会存在呢？他认为有些物种是退化而来的。

③物种可变论

布丰认为，人的种族之间的差异是由于生活在不同的气候、土壤条件中而形成的，也是不同的思想、生活方式和兴趣爱好所导致的结果；现代动物的新变种则来自人工选择，在自然界，新的变种由迁徙和隔离而造成。布丰一方面认为物种是在改变着的，环境变化可引起生物发生相应的变异，且这些变异会遗传给后代；另一方面他又认为物种是被一些不可逾越的鸿沟所分开。因此，他认为物种既不是完全可变，也不是固定不变（玛格纳，2001）。布丰通过对一些化石的观察注意到古代生物和现代生物之间又有明显差异，认为物种是可变的而不是神创的。

布丰的一些观点看似矛盾，如物种既不是完全可变的，也不是固定不变的。依笔者之见，这不但不矛盾，而且恰好反映了物种的一种本质特性，即从较长的时间尺度来看，物种是可变的，而从较短的时间尺度来看，物种是相对稳定的。或者说，没有一定的稳定性，就没有物种的存在，没有变异，就不会在地球上演化出如此之多的生物物种。

布丰的进化思想对后来的博物学家——拉马克和达尔文——也产生了深远的影响。布丰的环境引发物种变异且这些变异会遗传给后代的思想不正是拉马克获得性遗传的核心吗？只是拉马克主张用进废退的物种变异方式（这中间也包含了退化器官的现象）。达尔文也认为个体变异主要来源于环境变化。迁徙和隔离也是达尔文主张的重要的成种机制。很难说达尔文的自然选择没有从布丰的现代动物的新变种来自人工选择的观点中受到启迪。达尔文过于强调物种变化连续性的风格也与布丰如出一辙。

3. 哲学家霍尔巴赫——人类也是自然的产物

法国哲学家霍尔巴赫（1723～1789年）认为，自然的真正体系，与各种宗教迷信毫无瓜葛，而完全是物质性的，是那些确定的自然规律在支配着物质的运动和结构。人类也是在地球上事物发展的自然进程中出现的，尽管赫尔巴赫不愿去玄想人类究竟是怎么来的。

4. 哲学家康德——一个世界存在的最后目的就是创造本身

德国唯心主义哲学家康德（1724～1804年）信奉目的论，即认为自然界中一切事物的存在都是有目的的。他在于1790年出版的专著《判断力批判》中系统论述了其与生命演化相关的目的论与机械作用论思想。

①目的论——自然是一条向上目的性的存在之链吗？

康德说，“在我们观察植物界时，我们开始可能由于它借以蔓延到几乎每一种土壤上的那种不可估计的丰产力而引起这个思想，认为应该把它看成是自然在矿物界中它的各种形成所显示的那种机械作用的单纯产物，但是对于它的不可言喻的聪明组织有了更详细的认识，就使我们不能有这种的看法而引起这个问题。生命的这些形式的存在是为着什么缘故呢？假如我们这样回答：是为了动物界的，使得它有其生存的资料，以至它能有多种多样的品类散布在地面上。那么问题又发生了：这些吃草的动物又是为着什么缘故而存在呢？其答案大概是像这样的：是为了食肉的动物，它们只能是靠本身是有动物生命的东西来生活的。最后就有了这个问题：这一切上面的自然各界又是为了什么目的和什么缘故的呢？我们说是为着人类的，而且是为着人类的理智告诉人如何在许多的用途上来利用这一切的种种生命的形式的”（康德，1985）。这也是康德对自然食物链中高营养级生物对低营养级生物依存关系的很好的定性描述，在现代生态学中，这也称为“上行效应”。

②目的论——自然是一条向下目的性的存在之链吗？

康德继续说：“我们也可以赞成骑士林奈而采取像是相反的道路说：吃草动物的存在是为了制止植物界的繁茂生长，这种繁茂生长会干死掉植物界的许多品种的；食肉兽是为着使吃草动物的贪食有其节制的；最后人的存在是要使之追捕食肉兽而减少其数量，来成立自然的生产力与其破坏力之间的一定平衡的。所以，依这种看法，不管在一定的关系上是如何可以把人看为目的，而在不同的关系上，人又是只能列为一种手段”。这同样也能看成是康德对自然食物链中高营养级生物对低营养级生物制约关系的一种定性描述，在现代生态学中，这也称为“下行效应”。

③机械作用论——自然有机物的集合体不过是地球环境变化的产物

康德反问道:“如果生命一切这些形式的住处——陆地的上面和海洋的深处——所指向的都不是别的东西，而完全是没有计划的机械产生，那么我们怎样能够，或者说有什么权利，来要求有这些后面所说的产物的一种不同的起源而且断言它们是由这种起源呢?”。因此他认为“不但人不能是自然的最终目的，或者由于同样的理由，地上自然有机东西的集合体不能是目的的一种体系……从前认为是自然目的的那些自然产物，都是不能有其他的起源而只能有自然的机械作用为其起源的”。

显然，有机自然物机械产生的观点和目的论产生的观点之间存在冲突。康德认为：“一个世界存在的最后目的，那就是创造本身。一个最后的目的就是这样的一个目的，它成为可能是不需要任何其他目的作为条件的。如果承认了自然的单纯机械作用为自然的目的性解释，我们就再不能问：世界上的事物是为了什么目的而存在的?”但是他又说:“机械作用原理在关于一个作为是自然目的的事物之解释中对于目的论原理必须处在比较低级的地位。”

恩格斯（1925）如此评价，“……在康德的发现中包含着一切继续进步的起点。如果地球是某种生成的东西，那么它现在的地质的、地理的、气候的状况，它的植物和动物，也一定同样是某种生成的东西，它一定不仅有空间中相互邻近的历史，而且还有在时间上前后相继的历史……”。恩格斯认为这是这样一种观点：自然界不是存在着，而是生成着并消逝着，一个变化着的地球怎能担负着不变的有机世界？他指出：“地质学产生了，它不仅指出了相继形成起来和逐一重叠起来的地层，而且指出了这些地层中保存着已经死绝的动物的甲壳和骨骼，以及已经不再出现的植物的茎、叶和果实。必须下决心承认：不仅整个地球，而且地球今天的表面以及生活于其上的植物和动物，也都有时间上的历史”。

④康德——从比较解剖学对生物类群演化的洞见

康德说，“当我们考虑到这么多的动物种类在某种共同的模型上是一致的时候，这个共同的模型显然不只是它们骨骼的、结构的基础，而且也是它们结构的其余部分的安排的基础，而且当我们发现这里的原始计划的令人惊奇不已的简单性，只由一个肢体的缩短和另一个肢体的加长，由这部分的缩减和那部分的发展，于是就能产生出这么多种多样的种，那就在心里像有一线纵然是微弱的希望，那条离开它就完全不能有自然科学的自然机械作用原理，或者还可以使我们能够达到有机生命的某种解释，各种形式的这种相类似，纵然是有其种种的不同，但是看起来像是按照一个共同的式样产生出来的，那就加强了这个猜测，认为它们是有一种由于从一个共同的祖宗而产生出来的实在的亲属关系。我们可以在一个物种逐渐接近另一个物种这种现象上找到上述的一点踪迹……从人类追踪到水螅，从水螅追踪到乃至苔藓，到地衣，而最后就到自然最低级为我们所察觉到的种类，在这里我们就得到了粗糙的物质……”（康德，1985）。

这是康德根据比较解剖学资料对生物类群演化的深刻洞见，他还注意到修修补补的物种创造方式，并推测是物种可以溯源的证据。令人惊叹的是，康德还如此清晰地提出了共同祖先的问题，他还像亚里士多德一样主张生命是由无机界向有机界发展的结果。达尔文也谈到了共同祖先的问题，关于这个问题的探究一直延续至今，这也是公认的生命演化的最大谜底之一。

5. 医生 E. 达尔文（达尔文的祖父）——拉马克和达尔文进化论的前身

达尔文的祖父——E. 达尔文（Erasmus Darwin，1731～1802 年）也是进化论的先驱者之一，虽然他仅仅是个业余科学家，并终身是个乡村医生。他于 1794 年出版了《动物学》一书，所论述的进化论思想对其孙子——C. R. 达尔文（Charles Robert Darwin）影响巨大。C. R. 达尔文在 1859 年出版的《物种起源》一书中出现的所有思想，在他祖父的著作中几乎都可以见到，或者至少以萌芽的状态存在了（玛格纳，2001）。E. 达尔文进化论的主要观点如下所述。

①亲代对子代的影响

E. 达尔文认为，亲代的生活条件能影响它们后代的发展，从家畜中得到的新变种为这种断言提供了证据。同时，他也注意到遗传和近亲繁殖的危害。

②退化和痕迹器官

E. 达尔文认为，时间范围可以回溯几百万年，他讨论了退化的结构和痕迹器官，认为它们是“进化上的创伤”。他还注意到了同源的和同工的器官。

③生存斗争

E. 达尔文在论述变化机制时，虽然提到了“生存斗争”和性的选择，但他主要是用“退化”和环境因素的作用来进行解释的。虽然在描述生存斗争的存在时，他用了“一个巨大的屠宰场，一个充满战争的世界”这样的描述，但他同时也提出在所有的生物中，由于血统形成的亲缘性必然还存在着同情心。

④生物的共同起源

E. 达尔文认为所有的生物都从“原始的细丝”演变而来，通过研究“自然性状的相似性”，我们将会理解“所有的生物都属于来自一个祖先的大家庭”。

⑤为何生命会产生无穷无尽的形式？

E. 达尔文认为无穷无尽的生命形式之所以会产生，是因为存在着“这样一种力量，它在应急性、感觉性、意志力和联合性的引导下，总要不断地增加新的部分，出现新的癖好，因此它还具有这样的本领，使生物在先天的活动能力的作用下不断地进行改进，并且通过繁殖把这些改进的东西一代一代地传下去，直至无穷”。

难怪 C. R. 达尔文认为拉马克剽窃了他祖父的观点，拉马克进化论的核心——“内在复杂化趋势、用进废退和获得性遗传”与他祖父的观点简直就是如出一辙。其实，E. 达尔文也继承了亚里士多德、马耶、布丰、康德等的进化思想，像生存斗争、获得性遗传、退化、共同祖先等就是如此。但是，他也关注了一些新的问题。例如，他提出了为何生命会产生无穷无尽的形式这样的问题，虽然他用生命有趋于完美的倾向来解释（这后来演变成拉马克进化论的核心之一），迄今都未见令人满意的解答。在第六章，笔者将对这一古老的问题提出新的见解。

五、19 世纪达尔文之前的进化论

19 世纪之初，最有影响力的进化论者当属法国博物学家拉马克（Jean-Baptiste Pierre Antoine de Monet，Chevalier de Lamarck，1744~1829 年），正是他在朦胧的暮色中吹响了达尔文进化论圣歌的前奏。

1. 博物学家拉马克——内在复杂化趋势、用进废退与获得性遗传

拉马克也是生物学（biology）一词的发明人，他提出的物种进化观直到达尔文的《物种起源》一书问世之后，才引起了人们的广泛关注。但是，围绕拉马克的获得性遗传之争，一直延续至今。

①今天的有机界——是自然规律作用下缓慢演变的结果

1803 年 5 月，拉马克在巴黎国家自然博物馆的演讲稿中指出，“我们难道没有因此而感受到借助有机体的法则……大自然有足够的时间、空间，以及环境让最初的生命形式不断地发展与改进……并且增殖分化成现今所看到的生物？因此……借助长的岁月，以及虽然缓慢但是不断改变着的环境，大自然已经逐渐地完成了我们目前所看到的情况……”。这里，他强调了生命演化的客观性与渐变性以及环境对生命的改造作用。

②内禀的复杂化、用进废退与获得性遗传

1809 年，拉马克发表了《动物哲学》一书，系统阐述了他的进化观点。首先，一切生命都具有一种内禀的趋于向高级（结构复杂）的进化趋势，而最低级的生命——蠕虫和纤毛虫是自然发生的。其次，生命诞生之后可通过用尽废退的获得性遗传促使生物从简单向复杂进化。第一个因素可看成生命天生就有一种趋于完美的适应性，第二个因素是想说种族的进化如何通过个体的适应与遗传固定得以实现。

拉马克认为，即便环境是静止和稳定的，第一个因素也会驱动进化过程的发展；当环境改变了，动物就会被迫做出新的努力，从而逐渐地产生结构上的变化；经常使用或不使用身体的某一部分会相应地引起该部分力量的变化，而且导致该部分体积上相应的增大或减小，物种在长时期内使用某些器官获得的特性则通过遗传保持下去。人们经常将这一特点称为“用进废退、获得性遗传”，也常常称之为拉马克进化论的核心。

针对第一个因素，拉马克在后来的著作《无脊椎动物》一书中进一步解释道：“在动物体内，新器官的产生来自于动物体觉得不断存在的某种新的需要。”玛格纳（2001）认为，拉马克并没有提出动物通过它的意识的愿望或要求而引起变化，他本意是指在新的环境条件下的一种客观“需要”，而不是“想要”或“想望、希望”。

可以说，内禀的复杂化与获得性遗传都是对先人思想的继承，而用进废退则是拉马克的创新，虽然器官的退化已有先人述及。拉马克试图通过第一个因素指明进化的总体方向性，这其实也符合大多数动物类群的进化趋势。而他的“用进废退、获得性遗传”则备受质疑。

③从低到高的“自然等级”

拉马克坚持分类学家必须承认他们的工作也具有臆断的性质，真正的“自然等级”将从最低级的单细胞生物排列到最高级的生物——人。如果所有的物种都包括进去，那么邻近两个物种间的细微差别将难以觉察。“自然等级”中的明显缺失环节就代表着其中尚未被发现的物种（玛格纳，2001）。这种自然等级与亚里士多德的存在之链大同小异。

④人和猿具有共同的起源

拉马克暗示了人和猿之间的关系，推测说人和猿具有共同的起源，认为人虽然和这些“畜生”完全不同，但是如果仅仅从身体结构上来考虑，那么人还是属于哺乳动物的一科。他推测，某种猿类为了要看得更远一些而可能学会了一种比较直立的姿势，这种新的姿势可能已经引起了可遗传的结构上的改变，其他的改变和进步可能还会有需要和行为上的改变同时并存。他断言，如果人类和动物的区别只是由于机体组织上的不同，那么“就很容易表明人的特点全都由长期在活动上和习惯上的变化所造成的，这些活动和习惯是人类采用的，并且为这个物种中的各个体所特有”。人类和猿类尽管在解剖学结构上相似，但是在智力和体质上，人却具有明显的优越性。这种优越性可被解释成在极其长远的年代中，人类对这两种能力的使用不断增长而遗传下来的（玛格纳，2001）。

2. 诗人歌德——生物从低级到高级地发展的“持续法则”

德国诗人歌德（1749～1832年）认为，一切生物都有着“原形态”，动物有“原动物”，植物有“原植物”，通过“持续法则”，生物从低级到高级地发展、变化，种类不同，形态迥异，形成一个包罗万象、容纳万有的“神-自然”的世界（高中甫，1996）。

3. 哲学家黑格尔——生命是从机械性经化学性到内在目的性的演进

①生命的演化——客观性（机械性→化学性→目的性）→理念（生命）

德国哲学家黑格尔（1770～1831年）在他的《逻辑学》一书概念论一章（出版于1816年）中指出，客观性经历了机械性、化学性和目的性三个环节，然后才过渡到了理念的阶段，而理念阶段的第一个环节又是生命，因此，目的论就成了由客观性进入理念的关键环节。概念在化学性阶段，由于受到客观性的束缚，还处于迟滞的潜在状态，其中的能动性还没有发挥和解放出来。当概念从化学性过渡到目的性之后，才逐步超出或否定了客观性的束缚，成为自觉的存在，以至进到生命。黑格尔借助这种客观唯心主义的逻辑推理，从化学性经过目的性的环节导出了生命。黑格尔关于生命通过化学道路产生出来的思想受到恩格斯的肯定（乐燕平，1987）。依笔者之见，如果去掉黑格尔的唯心论，有机的自然界可能正好遵循了他所描述的演进模式：机械性→化学性→目的性→生命（关于生命的起源，详见本书第十二章）。

②生命——有机体的内在目的性

黑格尔将目的分为两种：外在目的存在于事物自身之外，是指单纯存在于意识之内，以主观观念的方式出现的那样一种目的；而内在目的是指存在于事物自身之中的目的，生命就是有机体本身的目的。恩格斯说“黑格尔的内在目的，即不是被一个有意识地行动着的第三者（也许是上帝的智慧）纳入自然界，而是存在于事物本身的必然性中的目的”（乐燕平，1987）。

③生物的发展——进化与退化贯穿如一

黑格尔在其《自然哲学》一书中介绍了关于生物发展的两种观点：进化与流射，“进化是从不完善的、缺乏形式的东西开始，它的进程是这样的：首先出现的是湿润含水的产物，从水中出现植物、水螅类和软体动物，然后出现了鱼类，随后是陆生动物，最后从这些动物产生了人……流射进程的说法是东方固有的；流射是一种退化的阶序，这种阶序是从完善的东西，从绝对的总体，从上帝开始的，上帝进行了创造，出现了星光、闪电和上帝的一些映象，以致最初的映象就和上帝极其相似。这种最初的创造又能动地进行了创造，不过是创造了更不完善的东西，如此向下创造，以致每一个被创造的东西总是又能进行创造，直到创造出否定的东西、物质和极恶……两种过程都是片面的和表象的……这些形式是同时存在的；永恒的神圣的过程是一种向着两个相反方向的流动，两个方向完全相会为一，贯穿在一起……进化也是退化”（黑格尔，1986）。显然，黑格尔以他独特的辩证视角，主张在生命演化过程中进化与退化同时并存，贯穿如一。

4. 地质学家布赫——从化石看，环境改变导致新种从较旧的形态中形成

德国地质学家布赫（Leopold von Buch，1774～1853 年）于 1832 年在他的《关于菊石及其分科》一书中，以及于 1848 年在柏林科学院宣读的论文中，都把关于有机形态典型近亲关系的拉马克概念作为有机形态的共同种源的标志，十分确定地输入化石科学中来；他在 1848 年根据他的菊石研究，提出了这样的论断：“旧形态的消失和新形态的出现，并不是有机生物全部灭亡的结果，而是新种从较旧的形态中的形成，极可能是仅仅由于改变了的生活条件所造成的”（恩格斯，1925）。

5. 业余博物学家钱伯斯——进化既有进步，也有退化

英国的罗伯特·钱伯斯（Robert Chambers，1802～1871 年）是一位作家和出版商，但也是一个业余的博物学家。他于 1844 年匿名出版了《自然创造史的遗迹》（Vestiges of the Natural History of Creation）一书，且在作者去世 10 多年后的 1884 年才被人知晓其真实身份。钱伯斯的见解多是对已有进化观点的综合。

①化石记录——生物趋于复杂化与有序化

钱伯斯认为，虽然化石记录不完整，但仍可清楚地显示出生物体的复杂程度及其组织有序性的日益增加，即呈现出一种从低级向高级、由简单向复杂的发展进程。

②进化——既有进步，也有退化

钱伯斯指出，“进化”并不就等于“进步”，而是好的条件会导致进步，差的条件会导致退化。钱伯斯所说的“好”与“坏”其实难以界定，准确的说法可能应该是，动植物演化的总体趋势是进化（或复杂化），但偶尔也会出现退化（或简单化）的情形，如洞穴动物和寄生物。

③个体的变异——来自环境和母体的影响

钱伯斯意识到自然界中发生的变化，认为环境是推动进化的机制，即环境因素影响了生物个体和物种的改进或退化。人类和其他动物的“畸形”可能是由于母体的“体弱和忧虑”造成的。

④用无用器官质疑上帝创造论

钱伯斯基于退化和痕迹器官的例证认为，一些“发育不全的和退化的器官”，看起来好像是“缺点和错误”，这和人们关于造物主是完美万能的观点是不相容的。

⑤人类文明也是进化的产物

钱伯斯认为，人类文明也是进化的产物，语言是伴随着人类的产生得到的唯一真正新颖的东西。他认为，就像人的胚胎在子宫内的发育经历了低等动物的发育阶段一样，人脑的发育也经历了从低级到高级的不同人种所表现出来的发展阶段（玛格纳，2001）。

6. 博物学家奥肯——放弃独立性的多细胞起源，物种可以缓慢演变

德国博物学家奥肯（1779～1851 年）认为，复杂有机体实际上是纤毛虫这类简单生命体的聚合体，因此，“所有具有血肉的生物体都可分解成纤毛虫”，每个动物或植物都是纤毛虫的一个“群体”，它们放弃了自己的独立性而将生命从属于作为一个整体的有机体（玛格纳，2001）。如果将这个“纤毛虫”换成“细胞”，那这是对多细胞动植物结构的十分贴切的描述。这似乎隐喻了多细胞生物的最初起源方式，虽然现在看来不够科学。

奥肯认为脊骨的一部分可以变成颅骨，虽然这后来被证实为谬误，但这却包含了进化的概念。因为，如果脊骨的一部分可变为颅骨的话，那么一个物种就能够缓慢地渐变成另一个物种。他还提出了原浆原胞的假说，被认为是细胞学说的萌芽。

7. 博物学家华莱士——自然选择理论的共同发现者

英国博物学家华莱士(Alfred Russel Wallace，1823～1913 年)也是一名探险家，先后赴亚马逊流域考察探险 4 年，在马来西亚群岛观察收集资料长达 8 年。1955 年，他发表了一篇短文“制约新种出现的规律”，但未引起人们的注意。之后，华莱士也是基于英国人口学家马尔萨斯(Thomas Robert Malthus，1766～1834 年) 的论点，悟出了自然选择可作为进化的机制，为此，他撰写了一篇题为“论变种无限地离开其原始模式的倾向” 的文章，并且把它寄给了达尔文，当达尔文在 1858 年看到这篇短文时感到无比震惊，他发现华莱士的思想和他自己的几乎完全一样，“我还从未见过世上竟有如此巧合的事”。他写道，“即使把我 1848 年写的大纲给他，他也不可能写出比这更好的简短摘要”。最后在朋友的调解下，两人的论文于 1858 年 8 月在《林奈学会记录汇编》中同时发表（玛格纳，2001）。

六、博物学家达尔文的进化论——随机变异、生存斗争与自然选择

19 世纪中叶，英国伟大的博物学家达尔文（Charles Robert Darwin，1809～1882 年）使生物进化论隆重地登上装饰华丽的舞台，且汹涌起滔天巨浪，影响力席卷全球，并延至今日。他于 1959 年出版了名著《物种起源》，系统地阐述了他的进化思想。

1. 达尔文进化论的核心——个体变异、生存斗争与自然选择

达尔文提出了“伴随着变异的生物由来学说，这一学说是以变异和自然选择为依据的……比较复杂的器官和本能的完善化并不依靠超越于人类理性的方法，而是依靠对于个体有利的无数轻微变异的累积……生存斗争导致结构上或本能上有利偏差的保存——最后，在每一器官的完善化的状态中有诸级存在，每一级对于它的种类都是有利的……”（Darwin，1872）。

①个体变异——主要来源于环境变化

达尔文认为，“体制的一切部分和本能至少呈现个体差异”。他说。“变异性受许多复杂的法则所支配——受相关生长、补偿作用、器官的增强使用和不使用及周围条件的一定作用所支配”。对于家养动物，达尔文说，这种“变异性实际上不是由人引起的；他只是无意识地把生物放在新的生活条件之下，于是自然就

对生物的体制发生作用，而引起它发生变异”。达尔文指出：“物种在系统的悠久过程中曾经发生变化……这主要是通过对无数连续的、轻微的、有利的变异进行自然选择而实现的；并且以重要的方式借助于器官的使用和不使用的遗传效果；还有不重要的方式，即同无论过去还是现在的适应性构造有关，它们的发生依赖外界条件的直接影响，也依赖我们似乎无知的自发变异……我相信‘自然选择’是变异的最主要的但不是独一无二的手段”。

达尔文还预言，“在变异的原因和法则、相关法则、使用和不使用的效果、外界条件的直接作用等方面，将会开辟一片广大的、几乎未经前人踏过的研究领域”。从这样的叙述可以窥见达尔文内心的忐忑，他似乎显现出对自己提出的个体变异主要来源于环境变化的观点是否正确并无太大信心，否则他不会如此画蛇添足。当然，在那个对生理和遗传的认知十分匮乏的年代，不可能对这一问题有真正清晰而准确的认识。同时，缺乏对生殖导致变异的正确认识对达尔文的进化论来说，也是一个致命的弱点。

恩格斯批评道，“达尔文在说到自然选择时，并没有考虑到引起单个个体变异的原因，他首先说明这种个体的偏离怎样逐渐成为一个品种、变种或种的特征”。

拉马克也强调环境对个体变异的作用，但是他以复杂的高等动物为例（长颈鹿）主张主动性适应导致变化，从而获得遗传。而达尔文则更多地认为是一种被动的作用机制，变异是随机的，通过自然选择遗传下来。

②自然选择与生存斗争

达尔文指出：对于家养动物，“人能够选择并且确实选择了自然给予它的变异，从而把变异按照任何需要的方式累积起来……没有理由可以说在家养状态下曾经如此有效地发生了作用的原理为什么不能在自然状况下发生作用”。

那么自然是如何对变异进行选择的呢？达尔文认为是通过生存斗争。他说，“在不断反复发生的生存斗争中有利的个体或族得以生存，从这一点我们看到一种强有力的和经常发生作用的‘选择’的形式。一切生物都按照几何级数高度地增加，这必然会引起生存斗争……产生出来的个体比可能生存的多……”。也就是说，达尔文认为引起生存斗争的根本原因在于生物按几何级数（无限）的增长方式，当然，他也承认这是马尔萨斯的人口学说在整个动物界和植物界的应用。

生存竞争有哪些方式呢？达尔文说，“同一物种的个体彼此间在各方面进行了最密切的竞争，因此它们之间的斗争一般最为剧烈；同一物种的变种之间的斗争几乎也是同样剧烈的，其次就是同属的物种之间的斗争。另外，在自然系统上相距很远的生物之间的斗争也常常是剧烈的。某些个体在任何年龄或任何季节比其相竞争的个体只要占有轻微的优势，或者对周围物理条件具有任何轻微程度的较好的适应，结果就会改变平衡。对于雌雄异体的动物，在大多数情况下雄者之间为了占有雌者，就会发生斗争。最强有力的雄者，或与生活条件斗争最成功的雄者，一般会留下更多的后代。但是成功往往取决于雄者具有特别武器，或者防御手段，或者魅力；轻微的优势就会导致胜利”。因此，达尔文所说的生存斗争包括三个方面：种内斗争、种间斗争和生物与自然环境的斗争。

生物界存在普遍的生存斗争，存在普遍的优胜劣汰，物种也都会按几何级数方式进行繁殖（那些不能保持几何级数繁殖的物种早就灭绝了，因此，准确地说法应该是，现存的物种都得保持最起码的几何级数的生殖潜能），这都没错。问题是，这个“自然选择”到底指什么呢？或者说，这个“自然”具体指什么呢？他的“神化”的自然比喻并未令人满意（参见本书第六章）。这是达尔文进化论的第二个致命弱点。

2. 新物种如何得以形成？

①物种变异能填补空缺的生态位，生态位取决于物理变化

达尔文指出：“各个物种都有按照几何级数繁殖而过度增加数量的倾向；而且各个物种的变异了的后代由于它们在习性上和构造上更加多样化的程度，便能在自然组成中掠取许多大不相同的场所而增加它们的数量，因此，自然选择就经常倾向于保存任何一个物种的最分歧的后代……自然选择总是在使每一个物种的缓慢变异着的后代适应于自然界中未被占据或占据得不好的地方。”

达尔文说，“只有在一个区域的自然组成中还留有一些地位，可以由现成生物在变异后而较好地占有，这时自然选择才能发挥作用。这种地位的变化常取决于物理变化，这种变化一般是很缓慢的……少数旧有生物一旦发生变异，其他生物的相互关系就常打乱；这时就会创造出新的位置，有待适应较好的类型填充进去；但这一切进行得极其缓慢”。

这里，达尔文所说的“自然选择就经常倾向于保存任何一个物种的最分歧的后代”有何道理呢？是因为生态位也最有可能差异最大吗？达尔文又说，生态位的变化往往取决于物理变化，一般是很缓慢的，果真如此吗？

②既有进化也有退化

达尔文说，“不使用，有时借自然之助，往往会使在改变了的生活习性或生活条件下变成无用的器官缩小；根据这一观点，我们便能理解残迹器官的意义。但是不使用和选择一般是在每一生物到达成熟期并且必须在生存斗争中发挥充分作用的时期，才能对每一生物发生作用，所以对于早期生活中的器官没有什么影响力；因此那器官在这早期年龄里不会被缩小或成为残迹的……带着毫无用处的鲜明印记的器官，如小牛胚胎的牙齿或许多甲虫的联合翘翅下的萎缩翅，竟会如

此经常发生……残迹状态下的器官清楚地示明了，一种早期祖先的这种器官是充分发达的；在某些情形里这意味着它的后代已发生过大量变异”。达尔文说，“自然选择十分可能逐渐使一种生物适合于这样一种状况，在那里几种器官将会成为多余的或无用的：在这种情形下，体制的等级就发生了退化现象”。进化既可能是进步，也可能是退步（化），这毋庸置疑，这也不是达尔文的首创，因为布丰、E. 达尔文、拉马克、黑格尔和钱伯斯等都表述过类似的观点。

神创论者雅荷雅（2003）抨击退化器官的说法，他争辩道，“这些‘非功能性器官’，实际上是‘功能还没有被发现’的器官……被当成‘退化器官’的阑尾，实际上是与人体内的感染作斗争的淋巴器官……列入‘退化器官’中的扁桃腺，在保护喉咙抗感染方面扮演着重要角色，尤其在人的青春期……达尔文看成‘退化器官’的眼睛中的泪器，实际上负责清洁和湿润眼球……进化论者声称生物的‘退化了的’器官，并没有在称为人类祖先的生物中发现过！例如，阑尾在被认为是‘人类祖先’的猿类中并不存在”。

笔者认为，即便是有些器官的功能没有完全退化，也不能从根本上否定退化现象的真实存在（如洞穴动物的眼睛、寄生生物附肢的退化等）及器官功能的变化。

③迁徙—变异—隔离与物种的随机分化

达尔文说，“在同一大陆上，在最不相同的条件下，在炎热和寒冷下，在高山和低地上，在沙漠和沼泽里，每一大纲里的生物大部分是显然相关联的；因为它们都是同一祖先和早期移居者的后代。根据以前迁徙的同一原理，在大多数情形里它与变异相结合，我们借冰期之助，便能理解在最遥远的高山上以及在北温带和南温带中某些少数植物的同一性，以及许多其他生物的密切近似性……根据谱系以后发生变化的这个迁徙的观点，我们便能理解为什么只有少数物种栖息在海洋岛上，而其中为什么有许多物种是特殊的，即本地特有的类型……各个地区的生物必与移入者的最近根源地的生物有关联，这是具有高度一般性的法则”（Darwin，1872）。

达尔文说，“虽然两个地区呈现着同一物种所要求的密切相似的物理条件，如果这两个地区在长久时期内是彼此分开的，那么我们对于它们的生物的大不相同就不必大惊小怪了。因为，由于生物与生物之间的关系是一切关系中的最重要关系，而且这两个地区在不同时期内会从其他地区或彼此相互接受不同数量的移居者，所以这两个地区中的生物变异过程就必然是不同的”。

隔离容易导致新物种的分化，这是不争的事实。但是，为何隔离就一定容易导致新物种的分化呢（即使物理条件类似）？达尔文认为是因为两个地区中的生物变异过程发生了变化。但笔者认为这并不能令人信服。

④“自然界里没有飞跃”

达尔文相信“自然界里没有飞跃”这一格言。他说：“自然选择仅能借着轻微的、连续的、有利的变异的累积而发生作用，所以它不能产生巨大的或突然的变化；它只能按照短小的和缓慢的步骤而发生作用……我们能够理解，为什么在整个自然界中可以用几乎无限多样的手段来达到同样的一般目的……自然界在变异上是浪费的，虽然在革新上是吝啬的。”

那如何解释化石记录中观察到的物种分布的不连续性呢？达尔文说：“为什么在每一地质层中没有填满这等连锁类型呢？为什么化石遗物的每一次采集没有为生物类型的逐级过渡和变化提供明显的证据呢？……还有，为什么整群的近似物种好像是突然出现在连续的地质诸层之中呢（虽然这常常是一种假象）？……我只能根据地质记录比大多数地质学家所相信的更加不完全这一假设来回答上述问题和异议……”。

达尔文指出：“连续变异不总是在早期年龄中发生，并且它的遗传是在相应的而不是在更早的生活时期；依据这一原理，我们便可以清楚地理解，为什么哺乳类、鸟类、爬行类和鱼类的胚胎会如此密切相似，而在成体类型中又如此不相似。”

达尔文主张微小变异的连续累积，他反对“飞跃”，他在给查理·赖尔（Charles Lyell）的信中说，“如果我的自然选择论必须借助这种突然进化的过程才能说得通，我将弃之于粪土……如果在任何一个步骤中，需要加上神奇的进步，那自然选择就不值分文了”（詹腓力，1999）。

达尔文的渐变论观点一直以来颇受争议。其实，达尔文并未说明什么程度才算“微小”或“连续”，他只是给予了一种抽象的定性描述，况且这也依赖于不同的物种（微小细菌的显著变化可能只需要在年的时间尺度上，而对一种大象可能经过数十万年也未必就能观察得到变种级别的变异）。按照博物学家的尺子，笔者赞同达尔文的观点。奉劝那些主张物种突变论的遗传学家们不要嚼文爵字。

3. 大灭绝——旧类型被新类型排挤的结果

达尔文说，在地质记录中，“物种和整个物群的绝灭，在有机世界的历史中起过非常显著的作用，这几乎不可避免的是自然选择的结果；因为旧的类型要被新而改进了的类型排挤掉……物种的产生和绝灭是由于缓慢发生作用的、现在依然存在的原因……因为生物变化的一切原因中最重要的原因是一种几乎与变化的或突然变化的物理条件无关的原因，即生物与生物之间的相互关系，——一种生物的改进会引起其他生物的改进或绝灭……既然一切现存生物类型都是远在寒武纪以前生存过的生物的直系后代，我们便可以确定，通常的世代演替从来没有一度中断过，而且还可确定，从来没有任何灾变曾使世界变成荒芜”（Darwin，

1872）。

现在关于地质历史上的生物大灭绝的各种证据基本排除了达尔文的观点，一般认为，这种短时期的、突发性的、大规模的生物灭绝可能主要起源于物理环境的灾变。但是，即便像恐龙灭绝这样的重大历史事件，其成因也还存在很大的争议。

4. 共同由来理论

达尔文认为，“同一物种的一切个体、同一属或甚至更高级的群的一切物种都是从共同的祖先传下来的；因此，它们现在不管在地球上怎样遥远的和隔离的地点被发现，它们一定是在连续世代的过程中从某一地点迁徙到一切其他地点的……一切绝灭生物都能与一切现存生物分类在一起，这一伟大事实是现存生物和绝灭生物都是共同祖先的后代的自然结果”。

达尔文说，“我相信动物至多是从 4 种或 5 种祖先传下来的，植物是从同样数目或较少数目的祖先传下来的。类比方法引导我更进一步相信，一切动物和植物都是从某一种原始类型传下来的……在一切生物中，或者某些最低等的除外，有性生殖似乎在本质上都是相似的……如果当我们甚至看一看这两个主要部分，即看一看动物界和植物界——某些低等类型如此具有中间的性质，以致博物学者争论它们究竟应该属于哪一类……正如阿萨·格雷教授所指出的，‘许多低等藻类的孢子和其他生殖体可以说起初在特性上具有动物的生活，以后毫无疑问地具有植物的生活’。所以，依据伴随着性状分歧的自然选择原理，动物和植物从这些低等的中间类型发展出来，并不是不可信的；而且如果我们承认了这一点，我们必须同样地承认曾经地球上生活过的一切生物都是从某一原始类型传下来的”。现在将达尔文的这一猜想称为共同由来理论，但这其实并不是达尔文的新创，也是继承而来的。

5. 近亲交配导致衰退

达尔文说，“我曾搜集过大量事实，并且做过许多试验，表明动物和植物的变种间的杂交，或者同变种而不同品系的个体间的杂交，可以提高后代的强壮性和能育性；这和饲养家们的近乎普遍的信念是一致的。仅仅这等事实就使我相信，一种生物为了这一族的永存，就不自营受精，这是自然界的一般法则；和另一个体偶然地——或者相隔一个较长的期间——进行交配，是必不可少的”。其实，达尔文的观点并不正确，自交在动物界虽然罕见，但在植物中却十分普遍，高等植物不仅主要是雌雄同株的，而且主要还是雌雄同花的，自交现象也十分普遍［关于这一问题的详细论述，参见谢平（2013）的著作］。

七、达尔文之后的进化论

达尔文之后，随着孟德尔遗传学的复活、分子遗传学的伟大进展及群体遗传学的发展，拉马克主义遭受彻底摒弃，宛如倒影涟漪于水面！达尔文主义经历了被遗传学的否定到修正的变化历程，最终以新达尔文主义或综合进化论的面孔而重新耀武扬威，但拉马克主义则只能在一些哲学家的怀抱中感受到些许温暖。

1. 杜林——从无机界向有机界的过渡，是一个没有质变的平滑过程

德国哲学家杜林（Eugen Karl Dühring，1833～1921年）指出，“从压力和碰撞的力学到感觉和思维的结合，存在着一个由各中间阶段构成的统一的和唯一的阶梯”（恩格斯，1970）。

杜林说：达尔文“把特性的有性组合的单纯行为当成产生这些特性的基本原则……如果在生殖的内在模式中找出某种独立变异的原则，那么这种思想会是完全合理的，因为，把普遍发生原则和有性繁殖原则结合成一个统一体，并且从更高的观点出发，把所谓的自然发生不是看成再生产的绝对对立物，而正是看成一种生产，这是很自然的思想”（恩格斯，1970）。

杜林说：“本能的感觉主要是为了与它们的活动有关的满足而被创造的。”他认为，从无机界向有机界的过渡，是一个没有质变，没有飞跃的平滑过程。

2. 海克尔——“生物发生律”

德国博物学家海克尔（Haeckel，1834～1919年）在1874年出版的《人类发生或人的发展史》一书中提出了“生物发生律”，认为“个体发育是系统发育简短而迅速的重演”；指出“生命是由无机物，即死的材料产生的”、“人类是由猿猴进化而来的，就像猿猴是由低等哺乳动物进化而来的一样”。

3. 恩格斯——从第一个细胞到人的进化，进化亦退化

德国哲学家恩格斯（1820～1895年）指出：“随着这第一个细胞的产生，也就有了整个有机界形态发展的基础……最初发展出来的是无数种无细胞的和有细胞的原生生物……在这些原生生物中，有一些逐渐分化为最初的植物，另一些逐渐分化为最初的动物。从最初的动物中，主要由于进一步的分化而发展出动物的无数的纲、目、科、属、种，最后发展出神经系统获得充分发展的那种形态，即脊椎动物的形态，而最后在这些脊椎动物中，又发展出这样一种脊椎动物，在其中自然界获得了自己的意识——这就是人……有机物发展中的每一个进化同时又是一个退化，因为它巩固一个方面的发展，排除其他许多方向的发展的可能性”（恩格斯，1925）。

4. 德弗里斯——生物进化的“突变论”

荷兰生物学家、遗传学家德弗里斯（Hugo Marie de Vries，1848～1935年）对月见草的变异进行了多年的试验观察。他发现，即使是完全纯种繁育的后代里，也有极少数的个体，比如说万分之二三，出现了细微的但是“跳跃式”的变化，这种“跳跃式”并不是说这个变化是相当大的，而是说这是一种不连续的变化，在没有改变和少许改变之间没有中间形式，德弗里斯称之为突变，重要的事实是不连续性，这使物理学家想起量子论——在两个相邻的能级之间没有中间能量（Schrödinger，1944）。德弗里斯于1902年提出了生物进化的“突变论”，在历史上曾产生了重大影响，使许多人对达尔文的渐变进化论产生了怀疑。

5. 柏格森——进化是一种延绵

法国哲学家柏格森（1859～1941年）说，“数学家处理的世界，是一个每时每刻都在死去而又再生的世界，笛卡儿说到‘连续的创造’时，想到的就是这样的世界。然而，在如此设想出来的时间当中，进化（它是生命的唯一本质）又如何能够产生呢？进化意味着过去被真正地持续保留在当前，意味着延绵，实际上它是连接符，是一个连接环节”（柏格森，1907）。

柏格森认为进化是一种保留了原始冲动性及若干共同要素的延绵：“道路可能分岔或分出旁支，一些分散的元素可能会沿着这些支路、按照独立的方式发展，尽管如此，使各个部分的运动得以继续的，依然是整体的原始冲动。所以整体的某些东西一直存在于各个部分当中：而这种元素会以某种方式被我们看清，也许正是极不相同的有机体中呈现出相同的器官，使我们看清了这些共同的元素。”

柏格森从人类记忆和意识的延绵与创新推测进化也该如此，他说，“生物的进化也意味着不断记录延绵，意味着过去在当前里的持续存在，因而也意味着（至少是）有机体的记忆这种表面现象……在我们眼前，生命的最高级形式每天都在从非常初级的形式中涌现出来。于是，经验表明：通过进化，最复杂的东西能够从最简单的东西里产生出来……有机体的进化类似于意识的进化，其中，过去挤压着当前，因而导致一种意识新形式的突然迸发，它与先前的形式不能同日而语……生命犹如意识一样，每一刻都在创造着某种东西。了解这些要素，了解这些初级原因，就有可能预见作为其总合及结果的有生命形式”。他还似乎用他特有的语言隐晦地复述了贝尔的生物发生律故事，也隐现了拉马克的身影。

柏格森说，“没有一种生命的表现形式不包含大多数其他表现形式的基本特征（它们处于初级形态，或者是隐伏的，或者是潜在的）。其差别仅仅在于所占的比例不同”。倘若从基因组的演化来看，柏格森的一些见解还是相当精准的，因为从最原始的细菌到智慧的人类，的确呈现出了基因的继承与创新（人类的基因组中还保留了不少古老细菌的基因)，人与黑猩猩的基因只有 1.23% 的差异！因此，进化就是一种基因的延绵。

柏格森说，“生物越是带有延绵的印记，有机体与纯机械结构的区别就越明显，延绵仅仅在纯机械结构表面掠过，却并不穿透它。将延绵用于整体生命的进化，从这种进化构成的最低等生命形式，直到维系这种进化的有生命材料的结合与连续，即一个不可分割的单一历史……两条进化线路的差别越大，偶然的外部影响，或偶然的内部变动在它们上面造就同样器官构造的可能性就越小，倘若产生分支时根本不存在这种器官，那就尤其如此”。这似乎在说，进化的延绵使机体日益复杂，日益脱离简单的机械性（或者说物理化学性）。此外，如果没有进化继承，没有延绵，也就不会存在这样的差异。这不就是拉马克所说的一切生命都具有一种内禀的趋于向高级（结构复杂）的进化趋势么？

莫诺（1977）这样评价柏格森的进化观：“可以与生命冲动视为一物的进化，既没有终极因，也没有动力因。人是处在进化已经到达的最高阶段，这个阶段即不是人所求达到的，也不是他所预见到的。”

6. 德日进——达尔文主义和拉马克主义的“共生”

法国哲学家德日进（1881～1955 年）在《人的现象》一书中说，“许多地方的读者或许会因为本书过分强调生物体的安排受‘内涵’的影响，认为我解释上太过倚赖拉马克了。但请记住，在述说本能的‘形态发生’（morphogenetic）时，达尔文所主张外力与机会的影响仍被重视着。生命真是由机会的影响而进展，但受的是那些被认识、被把握的机会的影响——这就是说：心灵做过选择。因此，对新拉马克学派所谓‘反机会’的适切了解，绝不会一了了之地否认达尔文所说的。反之，前者正是后者的引申。这两者由功能上的互补，可以称为‘共生’”（de Chardin，1955）。德日进不反对外因的作用，但认为内因才是生命具有正向（或直向）演化的主要动力，因为如果没有内在的动力，怎么会有结构复杂化与意识并进呢？因此，他的进化观就是对强调外因的达尔文主义和强调内因的拉马克主义的一种调和，但更倾向于后者。不难看出，德日进的进化观似乎也受到了柏格森思想的影响。

德日进说，“按照时下流行的见解，动物所以变成有食肉的本能乃是‘因为’它的臼齿变成能啮，而它的爪能抓。我们难道不该把这个命题转过来看么？换句话，如果虎的爪变利了，牙变尖了，难道不是因为它在世代之间获得了、发展出了、掌握了‘肉食的灵魂’么？胆小的奔跑类动物也是如此，而掘地洞的、游水的、飞的动物也莫不如此。一定有一种特征的演化，不过‘特征’这个词必须限在‘资质’（temperament）的意义上”（de Chardin，1955）。这可视为是一种对拉马克主义的支持。

7. 新达尔文主义和综合进化论

19世纪末，德国遗传学家魏斯曼（1834～1914年）将他的种质学说融进达尔文的自然选择理论中，对拉马克的获得性遗传给予了彻底否认，被称为新达尔文主义（neo－Darwinism）。著名的新达尔文主义者还有美国遗传学家摩尔根（1866～1945年）和英国遗传学家汤姆逊（J. A. Thomson）等。

20世纪上半叶，生物学的各个分支——遗传学、分类学、古生物学、比较解剖学、胚胎学及其他领域都从自身角度出发来解释进化的含义，因而不可避免地出现了对进化论不同的见解，达尔文进化论那种连贯一致的观点丧失了。20世纪中叶，不同学科试图将各自的观点在达尔文理论原则下形成统一而连贯一致的进化论观点，这一行为被称为“进化论的综合”，其理论被称为新达尔文主义（贝希，1998）。

英国生物学家赫胥黎（Sir Julian Sorell Huxley，1887～1975年）于1942年出版了一部名为《进化：现代的综合》的论著，首次提出了“综合进化论”。这一理论的推动者还有遗传学家杜布赞斯基（Theodosius Dobzhansky）、进化生物学家迈尔（Ernst Walter Mayr）和古生物学家辛普森（George Gaylord Simpson）等。他们也是将遗传学融入了达尔文的进化论，特别是将群体遗传学视为自然选择的新基础，也是否定拉马克的获得性遗传，因此，在本质上也是新达尔文主义者。

拉马克的进化论可精炼为“内在复杂化趋势、用进废退与获得性遗传”，而达尔文的进化论则可浓缩成“随机变异、生存斗争与自然选择”，但综合进化论并没有自己独特的核心，它不过是大树底下的绿荫或香花的点缀。

八、物种概念的演变

物种是生命存在与繁衍的基本单元，它既有相对的稳定性，又有绝对的变化性。如果它亘古不变，便没有生物界的进化，但它也不能转瞬即逝。只有当人们试图对生物界进行分门别类时，才不得不思考如何对物种的内涵进行合理的界定。

1. 雷——一个物种可通过种子繁殖而永远延续

英国的雷（John Ray，1627～1705年）是第一个把物种作为分类单元，建立了适合于动植物分类系统的博物学家，也是系统动物学（systematic zoology）的奠基人。他认为通过种子可以产生相同后代的植物应被归为一个种，即定义一个物种，必须以繁殖试验为基础。1686年他写道，“经过长期而大量的观察后，我相信在确定一个物种时，除了应该把通过种子繁殖而使之永远延续的特点作为标准外，没有其他更合适的标准。因此不管一个个体或一个物种发生了什么样变化，如果它们是由同一棵植物或同样植物的种子发芽生长起来的，那么这些变化只能称为是偶然的变异而不能作为区分一个物种的标志”，即不重要的变化不应成为鉴定种的基础。他认为，尽管所有的物种都是原来上帝创造的成对个体的后代，但在类型上还是具有某些可变性的，物种的性状并不绝对固定不变（玛格纳，2001）。

2. 布丰——生殖隔离是鉴别物种的重要标准

法国博物学家布丰（1707～1788年）从骡子的繁殖行为认识到物种在自然界中的客观实在性。他认为，物种是这样一些动物的组合，它们之间是可以通过杂交来产生能育的后代的，而不会产生不育的杂种。他将此视为一种检验某些个体是否属于同一物种的方法。布丰认为，物种确实是自然界唯有的存在，它像自然本身一样古老而久远，而“一个个体，无论它属于哪种物种，在宇宙中只不过是无”，一个物种是“一个独立于数，独立于时间的整体，一个永远生存，永远同一的整体……”（玛格纳，2001；诺夫乔伊，2002）。按现代的话说，布丰提出了将生殖隔离作为判别物种的重要标准。

3. 居维叶——物种在一定限度内永远存在下去，变种是物种偶然的再细分

居维叶（1769～1832年）将物种定义为“从原初形成的时候开始，使他们在一定的限度内永远存在下去的某种形式”，变种的存在“是物种偶然再细分的结果”。他还认为对物种的定义应该超出形态学的特点，并且应该包括遗传的或历史的成分。他写道：“由于生殖是确定变种扩散范围的唯一方法，物种应当定义为这样一些个体的再结合，它们中一些个体是其他个体的后裔；或者是共同亲体的后裔；或者是另外一些个体的后裔，这些个体与它们的相似程度与它们相互间的相似程度相当”。他意识到检验性的交配试验并不是在任何情况下到能办到的（玛格纳，2001）。

4. 达尔文——物种是一个在极长的时期内一面改变、一面分化的产物

达尔文（1809～1882年）拒绝为物种下一个定义，他在《物种起源》一书中说，“在物种和变种这些名词的定义还没有得到普遍承认之前，就来讨论什么应该成为物种，什么应该成为变种，乃是徒劳无益的……有些博物学家认为亚种已很接近物种，但还没有完全达到物种那一级；在物种和亚种之间，的确还没有划出过明确的界限；还有，在亚种和显著的变种之间，在较不显著的变种和个体差异之间，也未曾划出过明确的界限……如果一个变种很繁盛，而超过了亲种的数目，那么，它就会被列为物种，而亲种就被当成变种了；或者它会被亲种消灭，而代替它；或者两者并存，都被列为独立的物种……我认为物种这个名词是为了便利而任意加于一群互相紧密类似的个体的，它和变种这个名词在本质上并没有区别，变种是指区别较少而彷徨较多的类型。还有，变种这个名词和个体的差别比较，也是为了便利而任意取用的”（Darwin，1872）。

对达尔文来说，一旦有机生命被看成是一个在极长的时期内一面改变、一面分化的产物，“物种”这个概念就成了相当任意的了。从进化的观点来看，它仅仅是为了较方便地指那些由比较紧密地联系在一起的个体形成的群体而已，虽然对进行分类和形态描述的目的来说，它可能是必要的（玛格纳，2001）。

对达尔文来说，“物种只是特征强烈显著的、稳定的变种，而且每一物种首先作为变种而存在”（Darwin，1872）。达尔文如此的物种观，正是他内心矛盾的真实写照。这样的见解既有一定的道理，也存在遗憾，反映了具有达尔文过分强调物种变异性的倾向。其实，没有变种就不可能有新物种的诞生，如果物种之间在形态特征等上没有间断性，那就不可能有真正的物种存在了。

5. 迈尔——生物学物种概念

德裔美国进化生物学与分类学家迈尔（Ernst Walter Mayr，1904～2005 年）提出了所谓生物学物种概念（biological species concept），认为物种是由相互配育的自然群体组成的类群，这些类群与其他类群之间存在着生殖隔离，即一个物种就是一个生殖共同体（迈尔，2009）。当然，生物学的物种概念只适用于进行有性生殖的生物。

地理隔离是生殖隔离的重要途径之一，达尔文早就注意到这一点。迈尔曾在 1942 年指出，“如果某一种群和它的亲本物种被地理隔离开并在隔离阶段获得了当外界障碍物消失时能促进或保证生殖隔离的有关性状，那么就形成了新的物种”（迈尔，1990）。地理隔离的物种形成方式也称为异域成种，自然界中还存在大量的同域成种现象。但事实上，生物学界迄今为止在物种定义的问题上还未能达成一致，也就是说还未能形成一个能涵盖所有生物类群的物种概念，主要原因是物种的划分必须依赖于生殖，而生殖方式又太复杂。例如，生物学物种概念适合于有性生殖的物种，但对无性生殖的物种划分却无能为力。

结　　语

进化是一种运动，一种长久的生命运动，以种族为单位。像任何运动有前进、后退和静止一样，生命进化可以进步（复杂化），可以退步（简化），也可以相对静止（或围绕某种结构上的平衡点小幅度波动）。但至少在通往人类这一分支上，进化是一种不断扬弃的进化。

进化论的发展也像生命进化本身一样是一种黑格尔式的扬弃，是一种柏格森式的延绵。在古希腊，哲学家阿那克西曼德推测生命源自海洋而人是从鱼而来，另一位哲学家恩培多克勒甚至表露了“适者生存，自然选择”的思想萌芽，这些朴素的进化思想来源于伟大的古希腊哲学。以现代生物分类学创始人林奈为代表的神创论则是18世纪绝对不变性世界观的缩影，但那时生物学（特别是分类学）的知识却实现了快速的积聚，这也是进化论与不变论激烈交锋的一个世纪。19世纪初，拉马克进化论出笼，其核心就是内在复杂化趋势、用进废退和获得性遗传。之后，在博物学家华莱士的陪伴下，达尔文的进化论闪亮登场，其核心是个体变异、生存斗争与自然选择。虽然之后的突变论与达尔文的渐变论相悖，但新达尔文主义者慷慨承担，使达尔文的影响延续至今。

达尔文的进化论并非从天而降，虽然可追溯至古希腊，但主要是对18世纪各种进化观念的综合，特别是对马耶、布丰、达尔文的祖父及拉马克等的进化思想的继承、综合与发展。当然丰富翔实的博物学资料配上天才的雄辩使其理论气魄宏伟，如鸾翔凤翥。进化论在幸运的达尔文身上闪烁出瑰丽而耀眼的光辉，而拉马克也一度因此而蓬荜生辉，但获得性遗传还是长期遭受封杀。与遗传机制因DNA的破译一锤定音不同，为何进化论并未因达尔文的登场而停止争论呢？为何遗传的方舟未能载着“疲倦的”进化论成功地泅过满满的湍流呢？

第六章　进化论——超越达尔文

> 对于更带综合性的真实，智力不过是一种摘要而已。因此，未来就显现为过去向当前中的扩张：当前中并不包含已被表现的终点的形式出现的未来……我们的智力有权从其习惯的角度去抽象地思考未来，因为智力本身就是对其存在原因的一种抽象观察
>
> ——柏格森（Henri Bergson，1859～1941 年）

> 进化是理论、体系或假设么？全都是，它更是基本原则，一切理论、一切假设、一切体系今后都该向它屈服，满足于它然后才成为真实而可理解的。进化是一道光，照明一切事物；是一个轨迹，一切思想都该依循。这便是进化
>
> ——德日进（Pierre Teilhard de Chardin，1881～1955 年）

达尔文的进化论被德国伟大的哲学家与思想家恩格斯誉为 19 世纪三个最伟大的科学成就之一，其巨大影响一直延续至今，甚至被一些狂热的信徒视为人人必须崇拜的上帝。俄裔美籍遗传学家杜布赞斯基(Theodosius Dobzhansky，1900～1975 年)说，“若无进化之光，生物学毫无道理”（杜布赞斯基，1972）！因此，本章用这样的标题——“进化论——超越达尔文”，读者肯定会认为像我这样的蝼蚁之辈，这是何等的大言不惭！在这里必须声明，笔者既不想故弄玄术，也不想沽名钓誉，只是想将不同见解昭示世人，因为抵挡不住真理的诱惑。当然，即便被冷眼相看，笔者也会咎由自取，甘愿吞下苦汁。笔者愿用法国哲学家拉·梅特里的一句名言来自勉，“精神快乐的源泉是多么不同啊！越是接近真理，便越加发现真理的迷人”（梅特里，1996）。

什么是达尔文进化论的核心呢？简单地说，就是个体变异、生存斗争（繁殖的无限性与资源的有限性之间的矛盾）与自然选择，其结果就是适者生存。但是，围绕这些问题的争议也一直延续至今。由于那个时代的知识限制，达尔文将个体变异主要归因于环境的变化，但今天的遗传学知识表明这并不准确。此外，也有一些人对达尔文所说的生存斗争与自然选择的观点心存疑虑。

针对迄今为止的各种进化理论，笔者斗胆提出如下 4 个问题：达尔文进化论中的“自然”到底意指何物呢？为什么地球上的生命要不停地创造出新的物种(致使数以百万计的生物物种拥挤在这个有限的地球上)？如果自然界没有目的性，那么一个没有目的的自然选择会是什么呢？如果没有拉马克主义，人类的心智何以能得到如此伟大的进化以及动物的本能和习性又从何而来？

笔者相信，迄今为止，没有一个进化理论（包括达尔文的）能满意地回答这些问题，难道一个完美无瑕的生命进化理论可以回避这样的疑问吗？这就是本章需要阐述的核心。笔者期待，如果能拨开一缕缕依然还在我们头颅四周缭绕的浊雾，也许就能在阳光的恩典之下更加清晰地眺览那深藏于远方幽谷中的“真姿”。

一、达尔文进化论的核心与所谓的“哲学贡献”

德裔美国生物学家恩斯特·迈尔被誉为“进化生物学中最耀眼的人物之一”和“20世纪的达尔文”。迈尔（1990）将达尔文进化论的逻辑结构与学术贡献进行了总结（表6-1），并站在哲学的高度热情洋溢地赞颂了其在下述6个方面的贡献：ⓐ用一个进化、发展的世界取代一个静止的世界（这并非由达尔文独创）；ⓑ证明神创论是难以置信的；ⓒ证明宇宙目的论是错误的；ⓓ将共同祖先学说一直运用到人类，破除了为绝对人类中心论辩护的一切口实；ⓔ运用自然选择这一纯粹唯物主义过程解释世界的“设计”，这一唯物主义过程由非定向的变异和机遇性的繁殖成功之间的相互作用构成，完全冲破了基督教教条的桎梏；ⓕ用种群思想取代了本质论。

表6-1　达尔文自然选择学说的逻辑结构

事实	推理
①一切物种都具有如此强大的潜在繁殖能力，如果所有出生的个体又能成功地进行繁殖，则其种群的（个体）数量将按指数（马尔萨斯称之为按几何级数）增长 ②除较小的年度波动和偶尔发生的较大波动外，种群一般是稳定的 ③自然资源是有限的。在稳定的环境中，自然资源保持相对恒定	①由于所产生的个体数目超过了可供利用的资源的承载能力，而种群数量却保持稳定不变，这就表明在种群的个体之间必然有激烈的生存竞争，结果是在每一世代的后裔中只有一部分，而且往往是很少的一部分生存下来
④没有两个个体是完全相同的：实际情况是，每个种群都显示了极大的变异性	②在生存竞争中生存下来并不是随意或偶然的，部分原因取决于生存下来的个体的遗传组成。这种并非一律相同的生存状态构成了自然选择过程
⑤这种变异的很大一部分是可以遗传的	③这种自然选择过程经过许多世代将使种群逐渐变化，也就是说，导致进化，导致新种产生

资料来源：引自迈尔（1990）

但是，依笔者之见，关于ⓐ和ⓑ，古希腊哲学家早已提出过动态变化的世界观与生命观；关于ⓒ自然界（特别是生命）之目的性，这未必就是定论，达尔文的确是一个随机论者，但那时的他内心依然充满了矛盾；关于ⓓ，2000 多年前的阿那克西曼德就认为人是从鱼变来的；关于ⓔ，自然选择也还不是尽善尽美，更谈不上它能解释所有的进化之谜；至于ⓕ，达尔文似乎从本质论也走向了另一个极端，他似乎并未处理好物种的绝对变异性与相对稳定性之间的辩证关系，致使他对自己毕生倾注的对象——物种都没能下一个清晰的定义。此外，由于在那个年代缺乏对有性生殖本质的认识，达尔文所谓的种群思想也难以真正解释自然界为何进化出如此之多的物种。

二、对达尔文的物种形成观之解读

物种的形成也称为成种（speciation），它是一切进化理论的核心。任何一个物种都是从特定的祖先分化而来，而所有的物种最终都可追溯到一个最早的共同祖先。什么是达尔文的成种观呢？

1. 成种的内在条件——连续变异的累积

关于物种的形成，达尔文充分展现了其作为一个伟大博物学家的敏锐智慧，他绝对信奉渐进性。他说，“有些人类有用的变异大概是突然发生的，即一步跃成的……我们无法想象一切品种都是突然产生的，而一产生就像今日所看到的那样完善和有用……自然给予了连续的变异，人类在对他们自己有用的一定方向上积累了这些变异……没有人会假定我们最精选的生物，是从原始祖先由一次变异而产生的……正如近代地质学差不多排除了一次洪水能凿成大山谷的观点那样，自然选择也将把连续创新生物的信念，或生物的构造能发生任何巨大的或突然的变异的信念排除掉了”（Darwin，1872）。达尔文的观点毫无疑问与绝大多数物种演化需要经历漫长时间的地质学证据相吻合。

笔者原则上支持达尔文所说的连续成种观（这更适用于形态结构较为复杂的动植物类群），并根据有性生殖群体的基因库运作原理（谢平，2013），提出如下见解。

（1）一般来说，对需要一雌一雄进行交配的有性生殖物种而言，任何个体的变异（无论多么奇特或重大）都不可能一气呵成，因为，从理论上来说，不可能有两个个体发生同样重大的变异，而且还是一雌一雄，并且相距得如此之近，还能准确交配并不断壮大新的种群，而形成一个新的物种。这样的偶然事件似乎有悖常理。

（2）对营有性生殖的物种来说，或许一种可能的过程应该是，如果在某个个体身上发生了一种有利的变异（按达尔文的说法），无论它涉及一个基因还是多个基因的变化，它首先必须通过与非变异个体的异性交配，并成功地产下子代且子代也能够成功繁殖，如此这个变异的基因才有可能成功融入原来物种的基因库并可能演变成一个有效的等位基因。变异的基因或成为一个隐形基因，或足够幸运的话它成为了一个显性基因，这样突变的性状就会在种群中扩散开来，也许这还只能起到改善原有物种特性的作用。

（3）如果原有种群分布广泛，变异的群体只局限在有限的区域，或许还需通过新变异的不断累积，最终如果能达到从生殖上与原有种群的完全隔离（失去与原有种群进行基因交流的可能），新物种才会诞生，而原来的祖先物种也存在着。这似乎就是岛屿物种形成过程的缩影。

（4）如果没有发生生殖隔离，只是一个性状接一个性状的变化与累积下去，总有一天，原来祖先的越来越多的形态或特性会逐步消失，而被新的形态或特征所取代，其结果就是旧种变成了新种，看上去像是新种消灭了旧种，其实是旧种消逝于变化之中而已。

2. 成种的外在条件——没有空缺的位置就没有自然选择

达尔文说，“如果没有有利的个体差异或变异发生，自然选择就无所作为；同时，在这个地区的自然机构中如果没有空的位置可以让一个或更多改变的生物更好地占据，自然选择也无所作为”（Darwin，1872）。达尔文所说的“位置”似乎类似于我们现在所说的生态位。

那么，这样的生态位是如何产生的呢？达尔文说，“这样的新位置取决于气候的缓慢变化或新生物的偶然移入，并且更重要的，可能取决于某些旧生物的徐缓变异；由于后者产生出来的新类型，便和旧类型相互发生作用和反作用”（Darwin，1872）。

达尔文所谓的没有生态位就没有自然选择的观点也是十分正确的。按笔者之见，生态位就应该是达尔文自然选择中的“自然”。达尔文认为生态位的变化来源于缓慢的物理过程或已有生物相互关系的变化，这也是正确的。但是，他似乎忽视了物种不断的分化也是一种重要的新生态位的创造行为。此外，一般来说，物种的生态位是具有一定可塑性的。

3. 成种的过程——新旧变种更替

达尔文从当时的地质学研究获知，物种类型的数目并没有无限增加过，因此，认为新物种的诞生必然基于旧物种的灭绝。据此，他提出了一种理论，“因为自然选择的作用仅仅在于保存有利的变异，所以在充满生物的区域内，每一新的类型都有一种倾向来代替并且最后消灭比它自己改进较少的亲类型以及与它竞争而受益较少的类型。因此绝灭和自然选择是并肩进行的”（Darwin，1872）。他以此来解释为何过渡变种的稀有或不存在。达尔文说，“新的、改进了的变种不可避免地要排除和消灭掉旧的、改进较少和中间的变种；这样，物种在很大程度上就成为确定的、界限分明的了”(Darwin, 1872)。笔者认为，达尔文的动机之一显然是要平衡物种的数目，但是，新物种的诞生未必一定要伴随旧物种的灭绝，并且即使没有新物种的诞生，大量的物种也能灭绝。试问如果新物种的诞生一定伴随旧物种的灭绝，那我们的地球何以能够从一个共同祖先（假定达尔文的共同祖先学说是正确的）演化出已确认的175万个物种的呢?

为了打消人们关于自由杂交常常会消除自然选择的效果的疑虑，达尔文说，“在同一地区内，同种动物的两个变种，经过长久时间仍然区别分明，这是由于栖息的地点不同，由于繁殖的季节微有不同，或者由于每一变种的个体喜欢同各自变种的个体进行交配的缘故”(Darwin, 1872)。这似乎可以理解为他在解释同域分化的现象。

达尔文一直被“种”和“变种”的概念及两者的区别所纠结，被解释如何从变种过渡到种以及为何过渡变种不存在或稀少的现象所纠结。依笔者之见，如果从基因库来看物种，这些疑惑就很容易消解了。一个物种分化出一个变种，首先是变种种群生殖的逐渐隔离，彼此间基因交流的逐渐减少，当变种与原种的基因库彻底分裂（基因交流终止）就意味着新种正在产生，因为只要有足够的时间，彼此间基因库的差异就会日趋增大（谢平，2013)。可以推测，如果成种(基因库完全隔离）需要较长的时间，将容易看到过渡类型，如果成种需要较短的时间，就会很难看到过渡类型。

4. 地球上物种的分化趋势——不可能无限增加

达尔文从两个角度来阐述他的观点。一方面，达尔文主张旧物种因自然选择被新物种灭绝，他指出，“地质学告诉我们说，稀少就是绝灭的预告……地质学明白告诉我们说，具有物种性质的类型的数目并没有无限增加过……新物种在时间的推移中通过自然选择被形成了，其他物种就会越来越稀少，而终至灭绝。那些同正在变异和改进中的类型斗争最激烈的，当然牺牲最大”（Darwin, 1872)。

另一方面，达尔文主张一定区域内物种数增加必然导致一些物种因数量稀少而产生灭绝，此外还有近亲繁殖和优势种的排挤。达尔文说，“一个地区能维持的生物数量（我不是指物种的类型数量）必定是有限制的，这种限制是由该地的物理条件决定的；所以，如果在一个地区内栖息着极多的物种，那么每一个物种或差不多每一个物种的个体就会很少；这样的物种由于季节性质或敌害数量的偶然变化就容易灭绝。灭绝过程在这种场合是迅速的，而新种的产生永远是缓慢的……任何物种变为稀少的时候，近亲交配将会促其灭绝……最后，我以为这里还有一个重要的因素，即一个优势种，在它的故乡已经打倒了许多竞争者，就会散布开去，取代许多其他物种的地位”（Darwin, 1872)。

达尔文的观点有一定道理，但并不完全正确。有限的地球不可能容纳无限的个体，那就更不用谈无限的物种了，在这点上，达尔文的看法是正确的。但是，地球上从所谓的共同祖先开始，已经演化出了今天数以百万计的生物物种，而且有证据显示，物种的分化是遵循一种指数的增长规律，要不是人类对地球生命的奴虐与杀戮，这样的趋势应该还在延续。当然，假设一个没有人类干扰的地球到底能够容纳多少物种，这似乎也是难以预测的。

从地史尺度来看物种不断分化而呈现指数增长的事实受到古生物学证据的有力支持。化石资料显示，古生代以来，陆生植物经历了从蕨类→裸子植物→显花植物的优势地位的更替，现代是显花植物极度繁盛的时代，总的植物多样性仍然呈现快速增加趋势（类似于指数增长期）(Groombridge，1992)。此外，在距今约5.3亿年前（寒武纪）以来，动物界经历了从寒武纪动物群→古生代动物群→现代动物群的大更替，虽然寒武纪动物群（三叶虫、腕足动物、始海百合等）已经彻底灭绝以及古生代动物群也已经逐渐衰退，但是，现代动物群（昆虫、腹足类、鱼类、鸟类等）却迎来了空前的繁荣，而且动物科的总数仍然呈现出增加的趋势（Purves et al.，2003）

不可否认，地质历史上曾出现若干次重大的物种灭绝事件，关于成因，也存在两大学派：灾变论和内因论。考夫曼（2004）指出，“灾变论者谈到了陨星……内因论者，包括我在内，承认有骤然跌落的陨石，但同时我们也注意到了灭绝事件的幂律分布。在分布中，有许多小的灭绝事件和少数大的灭绝事件……共同演化的自主主体中内生的生物圈的恶作剧才是大大小小的灭绝事件的起因。一旦有了增加相邻可能的趋势，那么这个趋势就会一直延续下去。而且，任何的膨胀将最终被限制在地球上。每个物种至少有一个成员要在这个星球内，或在星球上，或在星球周围存留。每一个物种都得占据一定的三维空间，而这个星球只有这么大”。显然，考夫曼主张大大小小的灭绝事件起因于生态系统内生的共同演化行为，也指出了物种分化的内禀无限性与生存空间的有限性之间的矛盾。

在这里，考夫曼所说的“自主主体”就是指生命，是“能够完成至少一个功循环的自我复制系统，并且在功循环中联系了放能过程和吸收过程”。他所说的“相邻可能”是指“由这样的分子物质组成：它们不是实际存在的分子物质，但离实际存在仅有一步之遥……可以从实际的分子物质得以合成，只需从实际的底物通过一步反应就可得到相邻可能中的产物”。

三、围绕达尔文进化论之争

一方面，达尔文的进化论被装饰得斑斑悦目，桎梏人心；另一方面，在这徐徐岁月中，总有一些勇者试图解开它的链锁。

1. 变异从何而来？

没有变异就没有进化，这是从古至今所有进化论者毋庸置疑的共识。但是，关于变异的来源以及如何交织于成种过程（渐变—突变）却是历来进化论者争论的焦点之一。总体来看可分为两大阵营：以拉马克和达尔文为代表的博物学家信奉渐变论，他们以“自然无跃进”为箴言；而以德弗里斯和摩尔根为代表的遗传学家则信奉突变论。

①达尔文（博物学家）——环境决定变异

达尔文一方面旁征博引地阐述了自己对变异原因的种种分析，但又承认他并不知道变异产生的真正原因，这也是他的进化论常常遭受攻击的重要原因之一。从某种意义上来说，达尔文对变异的认识依赖于表象与想象，颇为含混不清。他在《物种起源》一书中说，“在较早驯化的动植物中个体之间的差异……一般都比自然状态下任何一个物种或变种的个体之间的差异更显著”，他认为将家养动物饲养在不同环境之中就会产生更多的变异，而事实上这可能并不准确，因为，有人甚至认为家畜和栽培植物的品系或品种的个体之间的变异是非常小的。另有一个遗憾就是，在达尔文的思想中，作为个体变异来源的有性生殖只具有非常次要的作用。

拉马克则强调动物的主动性适应，他认为生物在趋于完美意志力的驱动下进行变异与适应而获得遗传，而这种适应的形式就是所谓的用进废退。相比之下，达尔文更相信不同的生存环境引起变异（虽然他有时也承认拉马克的用尽废退可导致变异），认为这样的变异主要是随机的，并通过自然选择而获得遗传。虽然拉马克强调主动性适应而达尔文更强调被动性适应，但他们都认为生理体制上的变化最终会走向遗传（这似乎是博物学家的一种直觉）。但是，现代生物学家（特别是分子遗传学家）则认为这有悖于所谓的中心法则！

②魏斯曼（发育遗传学家）——有性生殖是变异的唯一来源

德国遗传学家魏斯曼（1834～1914年）认为有性繁殖是能产生无限的个体变异的唯一途径，而这正是生物种群的主要特征，在受精时“就好像是两股遗传趋势汇合（结合）在一起。我认为这种结合是可以遗传的个体性状的起因，而且我还相信产生这样的性状是有性繁殖的真谛。这一过程（有性繁殖）的目的是产生作为自然选择形成新物种的素材的那个个体差异”（迈尔，1990）。魏斯曼将有性繁殖作为个体变异的唯一途径未免过于夸张（虽然是主要途径），但他意识到有性生殖对个体变异的重要性还是值得肯定的，虽然那时还不可能认识到有性生殖的分子机制和本质。需要指出的是，有性生殖也不是如魏斯曼所说的是为了产生变异，关于这一问题参见谢平（2013）的详细论述：进行有性生殖的物种是以群体基因库的形式保存着变异性状（如通过等位基因），此外，虽然有性生殖在减数分裂中容易导致基因变异，但它只是一种偶然的结果而非原因。

③柏格森（哲学家）——生命的原始冲动是变异的根本原因

法国哲学家柏格森（1907）认为，“……生命的原始冲动（original impetus），通过连接代际间隔的成熟有机体从前一代胚芽传给下一代胚芽。这种冲动沿着进化的路线持续，被这些路线分开，它就是变异的根本原因，至少是那些被有规则地传递的变异的根本原因，是那些积累和创造新物种的变异的根本原因。总之，从物种开始从共同的祖先分化起，它们就在各自的进化过程中强化了自己的差异。然而，在某些确定的点上，它们又可能出现共同的演变；实际上，倘若接受‘共同冲动’的假定，它们就必须如此”。

那什么是这个原始冲动呢？柏格森说，“所谓原始冲动，就是一种使生命得以发展的内在冲动，其形式越来越复杂，其最终目标越来越高”。这不就是拉马克所说的一切生命就具有一种内禀的趋于向高级生命进化的趋势么？

④薛定谔（物理学家）——只有突变（而不是微小的连续变异）才能遗传

奥地利理论物理学家薛定谔在其1944年出版的《生命是什么》一书中，对达尔文的“变异”进行了猛烈的抨击。他说，“今天我们已经明确地知道，达尔文是错误地把即使在最纯的群体里也会出现的细微的、连续的、偶然的变异，当成是自然选择的原始材料。因为后来已经证明，这些变异是不遗传的”（Schrödinger，1944）。另外，他对德弗里斯的突变论大加赞赏，甚至将其吹捧为“生物学的量子论”！薛定谔彻底否定达尔文的连续变异理论，认为那些细微的、连续的变异是不可能遗传的。

但薛定谔也说，“突变肯定是遗传宝库中的一种变化……突变是达尔文描述的自然选择的合适的原料，在此过程中，通过不适者被淘汰、最适者生存从而产生新种……只要用‘突变’来代替‘细微的偶然变异’（正如在量子论中用‘量子跃迁’来代替‘能量的连续转移’），达尔文学说的其他方面是不需要作什么修改的”（Schrödinger，1944）。笔者认为，物理学家的量子理论看上去与分子遗传学家的基因突变理论十分情投意合，这在较短的时间尺度上似乎也无可非议，但是，这在本质上也是一种唯基因论（基因万能、基因决定论）！

当然，薛定谔也意识到，“如果突变是如此的频繁，以致有很多的机会，比如说，在同一个体内出现了十几个不同的突变，而其中有害突变又总比有利突变占优势，那么，物种非但不会通过选择而得到改良，反而会停滞，甚至会消亡。由基因的高度持久性形成的相当程度的保守性是十分必要的”（Schrödinger，1944）。

事实上，生物体内的生化机制表明，物种并未放任变异，它们时刻都在努力减少DNA复制过程中的错误以维护遗传的稳定性，这是因为生物界普遍存在着DNA的修复机制。但是DNA修复又需付出能量与时间的代价，因此是对少量错误的一种“无奈”的放弃（正是这种“无奈”，也是生物界得以如此繁盛的重要契机之一)。此外，有时不能保证对一切错误的完全修复。例如，当在DNA双链的同样位点同时出错（无论是复制错误还是受到物理化学条件的诱导）时，则修复就不再可能，要么由于它是有害的突变而被淘汰，或中性的突变而被保留，或有利的突变而被保留，如果足够幸运的话，甚至可在种群中扩散。或许可以设想，如果再多一份拷贝（二倍体)，或许就能保证更好的遗传稳定性，但事实上，这样的结果往往会导致一个新物种的出现！

2. 自然选择和适者生存——一种定义的循环？

①达尔文对“自然选择”的定义

达尔文是如何定义他的“自然选择”的呢？他把“有利的个体差异和变异的保存，以及那些有害变异的毁灭，称为‘自然选择’，或‘最适者生存’。无用也无害的变异则不受自然选择的作用，它或者成为彷徨的性状，有如我们在某些多形的物种里所看到的，或者终于成为固定的性状，这是由生物的本性和外界条件来决定的”（Darwin，1872)。

迈尔（2009）很支持达尔文适者生存的说法，他认为选择既是偶然的，也是确定的，并对达尔文的自然选择做了进一步的解读，“实际上达尔文将自然选择作为一个淘汰的过程。作为下一代亲本的个体是那些由于具备或缺少某些性状因此比起同代的其他个体更能适应当时环境条件的个体。它们的兄弟姐妹都在自然选择过程中遭到了淘汰……选择这一过程包含了两个阶段……第一个阶段由产生出新的合子的一系列过程（包括减数分裂、配子形成和受精）组成，并产生出了新的变异。在这一阶段中，除了特定基因点的变化具有很强的确定性外，偶然性起到了最突出的作用。在第二个阶段，即选择（淘汰）阶段，从幼体（或胚胎）阶段到成体和生殖时期，‘良好的’新个体不断受到检验。那些最能应对环境挑战和在与群体中其他成员以及其他物种成员竞争中胜出的个体会获得最佳的机遇生存到生殖年龄并取得生殖成功……它们就是‘能够生存下来的最适者’……第二个阶段既含有偶然性也含有必然性。那些具备了适应当时环境特征的个体显然更有可能生存下去……即使在这一阶段也不存在十分的确定性……自然界的灾变，如洪水、飓风、火山喷发、闪电和暴风雪，都有可能导致原本非常适应的个体死亡”。

那么什么是“自然”呢？达尔文说，“‘自然’——如果允许我把自然保存或最适者生存加以拟人化——并不关心外貌，除非这些外貌对生物是有用的。‘自然’能对各种内部器官、各种微细的体质差异及生命的整个机构发生作用。人类只为自身的利益而进行选择；‘自然’则只为被它保护的生物本身的利益而进行选择……我们可以比喻地说，自然选择在世界上每日每时都在仔细检查着最细微的变异，把坏的排斥掉，把好的保存下来加以累积；无论什么时候，什么地方，只要有机会，它就静静地、极其缓慢地工作着，把各种生物同有机的和无机的生活条件的关系加以改进。这种缓慢变化的进行，我们无法觉察出来，除非有时间流逝的标志”（Darwin，1872）。在达尔文的眼中，这自然不就是“神”么？达尔文打倒了一个创造物种的上帝，而又推出了一个能选择的“泛神”！

自然果真是能够成功保护其“臣民”的神吗？笔者试问，既然自然“只为被它保护的生物本身的利益而进行选择……”，那为何绝大多数物种还是难逃灭绝的厄运呢？莫非自然还喜新厌旧、厚此薄彼？自然为何一轮接一轮地丢弃它自己曾精心呵护、选择与保护下来的“臣民”呢？

达尔文还讨论了自然选择对极低等生物（只营无性生殖）的作用机制。他说，“至于极低等的生物，它们不营有性生殖，也不结合，根本不可能杂交，它们在同一生活条件下，只有通过遗传的原理及通过自然选择，把那些离开固有模式的个体消灭掉，才能使性状保持一致。如果生活条件改变了，类型也发生变异了，那么只有依靠自然选择对相似的有利变异的保存，变异了的后代才能获得性质的一致性”（Darwin，1872）。现代的研究发现，不同微生物之间的基因侧向转移也十分普遍（这其实就是一种杂交），对新物种的形成可能也是至关重要的。

②对达尔文自然选择或适者生存的批评及达尔文的反驳

在达尔文的进化论问世之后，一些人对自然选择产生了不少疑问：自然选择到底是一种动因、过程或是过程的结果？这词的最大缺点是含有谁在选择的意思，许多人批评达尔文不加限制地将自然人格化，当自然神论者诉求于上帝时，达尔文则求助于自然，认为达尔文废黜了圣经中的上帝岂不是为了用一个新的上帝——自然来代替它（迈尔，1990）？

面对批评，达尔文反驳道：“有几位著者误解了或者反对‘自然选择’这一用语。有些人甚至想象自然选择可以诱发变异，其实它只能保存已经发生的、对生物在其生活条件下有利的那些变异而已……避免‘自然’一字的拟人化是困难的；但我所谓的‘自然’，只是指许多自然法则的综合作用及其产物而言，而法则则是我们所确定的各种事物的因果关系。只要稍微熟悉一下，这些肤浅的反对论调就会被忘在脑后”（Darwin，1872）。

由于一些批评者不满意“自然选择”一词，达尔文在后续的《物种起源》版本中采用了哲学家斯宾塞的简洁隐喻“最适者生存”，但这又招来新的反对意见，认为他的整个自然选择学说原来是奠基在同义反复上：“谁生存？最适者，谁是最适者？能生存的”（迈尔，1990）。达尔文曾说，“获胜的自然游戏就是胜者所玩的游戏”（考夫曼，2004），这也是“适者生存”的另一种表述。考夫曼（2004）指出，达尔文的自然选择和适应性似乎是一种定义循环，因为两者都意味着后代数量的增加。

美国的律师麦柏（Norman Macbeth）是一位反达尔文主义者，他列举了一些批评自然选择是同义反复的例子（詹腓力，1999）：霍尔丹（John Burdon Sanderson Haldane）在1935年说，“……适者生存一词是一种赘述，正如许多数学定理，用两种不同方法叙述真理，并无害处”；迈尔（Ernst Mayr）在1963年说，“……那些留下最多后代的个体，照定义就是最能适应的生物”；辛普森（George Gaylord Simpson）在1964年说，“只有将适者定义为生育众多的品种，才可以说自然选择促进新种。事实上遗传学家的确是这样下定义的，其他人或许感觉费解。但对一位遗传学家来说，适应与否与健康、气力、美貌或任何其他条件都无关，唯一的要素就是生育效率高”。沃丁顿（Conrad Hal Waddington）说，“达尔文最大的贡献当然是他的学说：进化的过程可以用自然选择及偶然变异来解释。起初，自然选择被认为只是一种学说，将要用试验和观察来证明。但是仔细观察下来，原来它只是一种赘述，是必然性的宣言，只因前人没有发现两者之间的关系而已。进化论说，在一个群体之中，最能适应的个体（用遗下最多子孙为定义），必定留下最多的子孙。这样的赘述绝对没有减少达尔文伟大的成就；只有当学说清楚地公式化列出以后，生物学家才认识到这个原理具有的解释能力何等厉害”。

还有另一种对达尔文自然选择的质疑。“复杂论”的倡导者——美国理论生物学家考夫曼（Kauffman Stuart）认为，许多生物体是通过自身组织形成的，是通过自身复杂的内在体系而不是自然选择逐渐合成的。他说，“无论创造主义科学家如何抱怨，达尔文和他的进化论与我们总有一段距离。达尔文的观点究竟对不对呢？换句话说，他的理论观点适用不适用呢？我认为它不适用，并不是达尔文本身错了，而是他只抓住了真理的一部分”（贝希，1998）。笔者认为，考夫曼不是没有一点道理，但这仅是一种猜测而已，因为他的“复杂论”本身并未给出令人信服的理由，虽然他嗅出了一些端倪。

总之，达尔文及其支持者们本来是想用他们的进化论去打倒神创论，却被误认为是将自然选择神灵化，批评者们攻击说怎能用这样一个无法界定的空洞的辞藻来解释一切进化现象呢？显然，达尔文的一个失败之处就是他没能给他的“自然”一个合适的界定，虽然他几乎意识到了适合于描述“自然”的准确意义，如果他找到了一个通俗易懂且能为多数人所接受的术语来替代“自然”也许情况就完全不一样了，因为“自然”一词确实是太为抽象和宽泛！

此外，达尔文确实过于强调外在因素在物种进化中的作用，而忽视了内在因素的可能作用。正如哲学家德日进所说，“生物学家本着分析及决定论的方法，坚持找到一个在外来刺激或统计有关生命发展的原则，这就是生存竞争、自然选择等。从这种观点来看，生命世界绝不会进展的——如果它真有进展的话——而只是自动调整自己一切力量的总合而已……要把一个人从他自然的惰性及成规中摇撼，并且不断地打破笼罩他的架构，那只有从外表来撼动、践踏他而已”（de Chardin，1955），这样的批评不无道理。

3. 来自恩格斯的批评——马尔萨斯的“斗争”是自然选择的唯一手段吗？

达尔文认为是通过生存斗争实现自然对变异的选择的，而生存斗争之所以存在是因为马尔萨斯提出的一切生物按几何级数增殖导致的与有限资源之间的不可调和的矛盾。恩格斯认为，迁移、地理气候变化与性选择也能驱动进化。

恩格斯说，“没有这种过度繁殖，物种也会变异，旧种会绝灭，新的更发达的种会代替它们。例如，动物和植物迁移到新的地域，那里的新的气候、土壤等等条件会引起这些变异。如果在那里适应下来的个体活下去了，并且由于不断增长的适应而形成新种，而其他较稳定的个体却死亡和最后绝灭，而且那些不完善的、处于中间阶段的个体也随同它们一起绝灭，那么，没有任何马尔萨斯主义，这种情形也能够发生并且已经发生了；就算马尔萨斯主义在这里出现，它也丝毫不改变过程，最多不过使过程缩短而已”（恩格斯，1925）。

恩格斯说，“在某一给定的地区的地理、气候等条件的逐渐变化（如中亚细亚变干燥）的情况下，也是一样。究竟动物和植物成员在那里是否相互压迫，这是无关紧要的；由这些变化决定的有机体的进化过程在照样发生”。“关于性的选择也是一样，在那里马尔萨斯主义也仍旧是毫不相干的”（恩格斯，1925）。

恩格斯认为，虽然达尔文对生存斗争的见解在某种狭义的范围内是有道理的，但“最适者生存”把两件毫不相干的事情混淆起来了，因为：①由于过度繁殖的压力而发生的选择，在这里也许是最强的首先生存下来，但是最弱的在某些方面也能够这样；②由于对变化了的环境有较强适应能力而发生的选择，在这里生存下来的是更能适合这些环境的，但是，在这里这种适应总的来说能够意味着进化，也意味着退化（如对寄生生活的适应总是退化）（恩格斯，1925）。

其实恩格斯所说的这些问题达尔文都有涉及，只是由于达尔文进化论自身的根本缺陷才会招致如此批评。当然，这里还引出了非资源性竞争相关的适应在物种进化中的作用问题。恩格斯的批评也不是一点道理都没有，并不是所有的进化都能由马尔萨斯的过度繁殖与生存斗争所决定的，其他因素也能决定进化的方向。

4. 达尔文理论能解释在进化的独立路线中出现相同器官的现象吗？

柏格森（1907）说，“自动淘汰不适者的适应过程，达尔文主义的这个思想既简单，又明确。不过，这个思想认为制约进化的外部原因仅仅具有消极的影响，正因为如此，它在解释复杂器官的进化和（可以说）由低向高的直线发展时便困难重重。两条截然不同的进化路线上的两种极为复杂的器官，却具有相似的结构，在解释这一点时，这个思想遇到的困难简直不知要大多少！偶然变异无论多么微小，都意味着大量物理、化学微小原因的作用。因此，偶然变异的积累（如必然产生复杂结构的那种积累）就必定要求几乎无数种无限小的原因共同发挥作用。这些原因完全是偶然的，处在时空的不同点上，它们何以会以同样的次序重现同样的东西呢？谁都不会认为会出现这种情况，而达尔文主义者本身也仅仅主张：相同结果也可能来自不同的原因；要到达同一个地点，有不止一条路可走”。

柏格森认为，“产生新物种的变异也可能暗示出了意识和意志……在进化论的所有后来形式当中，唯有新拉马克主义能够承认进化的内部心理原理，尽管他并不总是如此。在我们看来，新拉马克主义也是唯一能够解释进化的独立路线上出现相同器官的进化论。这是因为，我们完全可以想见：旨在将相同环境转变为有利因素的同样努力，可能产生同样的结果，尤其当环境提出的问题仅仅承认一种解决办法的时候，更是如此”。

5. 达尔文理论能解释“不可降低的复杂性”吗？

达尔文曾说，“如果有人能证明，任何现有的复杂器官，不可能是从无数连续的、微小的突变而来，我的学说就被完全瓦解了”，而在20世界中叶，德裔美国遗传学家戈尔德施米特（Richard Goldschmidt，1878～1958年）就列出了一连串的复杂结构，从哺乳动物的毛发到血红素，他认为都不可能是由小突变渐渐累积而来的，因此作出了进化论已完全瓦解了的结论（詹腓力，1999）。

美国生物化学家贝希（Michael Behe）也是智能设计的倡导者。他宣称找到了一种生物系统不是通过“无数次渐进而微小的变化”而形成的，他说，“在开始阶段，任何一种系统都具有不可降低的复杂性。在这里，‘不可降低的复杂性’是指某个系统是由匹配得当、相互关联的几个部分组成，这些部分是这个系统发挥功能的基础，因而缺少任何部分都将使这个系统无法有效地发挥功能。不可降低的复杂系统并不是由前一个系统通过微小而渐进的变化直接产生的。一种不可降低的复杂的生物系统如果存在这种情况，那么对达尔文的进化论将是一个严峻的挑战。既然自然选择只能选择那些正在发挥功能的系统，那么，不能渐进发展的生物系统只能是作为整体一次形成的，因为自然选择对这样进化的系统是无所作为的”。贝希列举的所谓“不可降低的复杂性”例子很多，如甲虫炮弹、纤毛运动、DNA复制、电子传递、光合作用、转录调节等（贝希，1998）。

贝希描述的“不可降低的复杂性”的第一个现实原型就是甲虫炮弹，“炮手”是一种小小的甲虫，当受到威胁时，能从身体后部一个孔眼向敌人喷射出一股滚热的溶液攻击目标，通常还能将其变为美餐，而这样的一个防御系统需要一系列机构的相互配合——储囊、膨胀器、分泌过氧化氢酶的外胚层腺、分泌叶、括约肌和出口管等。储囊含有一个氢醌和过氧化氢混合物，当它转变成膨胀器时，由过氧化氢酶使其暴发。他说，“随着那些无法解释的、不可降低的、复杂的生物系统数量的增加，我们相信达尔文提出的自我学说崩溃的标准确实达到了科学所能设定的极限”。

笔者认为，如果按贝希的说法，那么细胞中的大部分过程都是所谓的“不可降低的复杂性”，因为细胞中很多生物分子（如氨基酸、脂类、维生素、血红素等）的合成都包含十分复杂的步骤。其实他也说不清到底什么程度应该称为“不可降低的复杂性”，因此，笔者认为，他的这种说法比达尔文的微小变异的连续累积不会更清晰。此外，贝希也根本找不出确凿证据来证实这种系统就是一次形成的，也不过是一种假设性的推理。正如他自己所说的，“从抽象意义上来说，也许我们可以想象，那种不可降低的复杂性只不过需要的是一种多次同步的变异——进化也许比我们想象的更具不确定性”（贝希，1998）。笔者认为，生命从单细胞的原核生物演化到人类这样极为复杂的哺乳动物，肯定是一个循序渐进的经历了无数变异的累积过程，人体的任何一个系统（如循环系统、消化系统、排泄系统、免疫系统等）都不可能一蹴而成，越是复杂的生物越是如此。其实，即使在生化水平上，生物体内的很多反应循环及其链接都只可能是渐进演化的结果。

此外，这还要看你如何定义进化的渐进性。达尔文没有明确定义何为渐进变化，而他的反对者和拥护者都是如此。其实，面对如此复杂的生命世界，无论渐进性还是不可降低的复杂性都难以严格定义，或者说，根本无法给出一个定量化的判别标准。

6. 进化论——以辩护代替求证的理论？

奥地利裔英国科学哲学家波普尔（Karl Popper）曾说，达尔文学说并非真正的科学理论，因为自然选择是一种全能的巧辩，可以解释一切事物，所以就等于没有解释任何事物（詹腓力，1999）。这是一种方法论的批判。

美国法学教授詹腓力（Phillip E. Johnson）在《审判达尔文》一书中说，达尔文“形容《物种起源》一书是‘冗长的辩论’，辩论的中心便是认为共同祖先是很合理的，所以严谨的试验是不需要了。达尔文没有提出冒险性的实际试验，所以这科学的开头便错了。他领先以理论化解化石记录；引用人工选种繁殖为证据但不提及它的限度；将微变与巨变的重要性分别抹杀，因此自己树立了以辩护代替求证的传统”（詹腓力，1999）。

因为进化论难以求证，所以到处充斥着辩护与反驳。例如，法国动物学家Pierre-Paul Grassé（1895～1985年）说，“很难相信，恰好的突变，会准许动植物达到自身的需要。然而，达尔文理论甚至要求得更多：单一的动植物需要数千次的运气和适当的机遇方可造出。也就是说，奇迹必须成为普遍规律：可能性极小的事件会轻易发生……。没有禁止白日做梦的法规，但科学不可沉迷于其中……‘巧合’成为无神论掩盖下的一种天意，人们不仅这样命名，而且暗中崇拜它”（Grassé，1977）。但是，以研究视觉机制而闻名的美国生理学家、诺贝尔生理学或医学奖得主沃尔德（George Wald）却认为，“事实上时间是生命起源中的英雄。我们涉及的时间长达20亿年……有了这么长的时间，‘不可能’会变成可能，可能会变成或然，或然会变成必然。只要等待，时间就会创造奇迹”（古尔德，2008）。

再如，生物界存在统一的遗传密码被大多数人认为是生命具有共同祖先的有力证据之一。但是，神创论者詹腓力（1999）却反驳道，“生物间相似的式样，包括一致的遗传密码，实有共同因素的含义。生物有共同点正告诉我们生物在许多不同场合中借机遇进化而来的可能性是微乎其微的……不管怎样倒唯物主义的胃口，共同祖先只是假设，而不是事实”。

四、谁是谁非之我见

人的心智容易在两种极端世界中迷失——要么太黑暗要么太灿烂。圣贤将人们从黑夜带入这光之岸，庸者报以惊异和崇拜乃人之常理。但真谛总是隐藏在那浩渺无限的迷宫之中，需要人们一代又一代地去接近。

1. 渐变与突变，孰对孰错?

渐变与突变之争一直延续至今。但一个谬误之处就是两个学派并未在同样的含义下使用“渐变”与“突变”。博物学家拉马克和达尔文是在谈论表观（按现代的话说就是表型）的变化问题，而遗传学家德弗里斯和摩尔根则是在谈论基因（基因型）的变化问题。在形态学意义上的表观之细微变化也许是由于基因结构的变化，也许不是。但是，在现代的分子遗传学中，突变其实是一个十分限定的词语，只要是基因结构的变化都称之为突变，但是，突变也许会引起形态、结构或功能的变化，也许并无变化。因此，上述两个对立的观点并不构成互相之否定的结论。从根本上来说，表现型是生物在发育过程中基因型与环境相互作用的产物。

依笔者之见，如果两者都直接针对物种分化的问题，方能分清孰是孰非。真实的情况应该是，如果都针对物种的分化，无论在形态水平还是在基因水平，在绝大多数情况下都存在一个从“渐变”到“突变”（或者说从“量变”到“质变”）的变化过程，当然这还会受到生物体制的影响，对复杂的高等动植物来说，变化更是一种渐进的过程。

2. 生命界不存在目的性吗?

达尔文的进化论排斥了目的论（这甚至被迈尔赞誉为其伟大的贡献之一），因为他主张变异是随机的，他用比上帝一点也不逊色的“自然”一词来解释其所精心构建的进化理论的核心。但是，达尔文其实颇为无奈，他感叹道“这广阔无垠、奇妙无比的宇宙……竟然是盲目的机遇或必然的产物感到非常难以甚至无法理解”，依此可窥见达尔文内心之矛盾或疑惑。

在随机论与目的论之间彷徨甚至倾向于随机论也是达尔文进化论的缺憾之一，这在现代分子遗传学家那里发挥到了极致，他们甚至完全藐视生命的本质，自我陶醉与淹没于浩瀚如烟的随机性之中。而他们不知这生命之目的性在古代哲学家那里早已得到过深刻的诠释！

此外，达尔文的“选择”似乎难言明确，因为他并没有对“自然”进行具体的目的性界定，虽然给予了一种抽象的说明——许多自然法则的综合作用及其产物。育种家的选择是有明确目的性的，否则根本不会有什么成功的选择。因此，笔者试问，一个没有具体目的的选择会是一种什么选择呢？

3. 什么才应该是自然选择的真正含义？

不清晰地定义“自然”而谈论“自然选择”，肯定会招惹争议。笔者不太同意达尔文对自然的诠释，因为广义的自然应该涵盖所有的生命及其生存环境，按现代的语言来说，就是地球表面的生物圈层。此外，从地球环境的演化历史来看，现在的自然其实是经过不断演化与发展的产物。因此，首先，从地史尺度来看，说自然选择，也只能是一种抽象。其次，对地球上现存的 175 万个物种来说，你能说有 175 万个自然吗？显然，用一个可以涵盖整个生物圈的术语去说明个别物种的演化问题确有不合时宜之处。

笔者认为，对物种分化来说，与其说自然选择，还不如说生态位（也称为生态灶或生态龛位）选择。显然，生态位比自然更为合适，因为可以将自然界的各种生态位比喻为育种人员的形形色色的人工选择目的，就像人为的选择可使个体的差异更易显露出来一样，生态位越多，就越容易出现种群间的生殖隔离，因此就越容易分化出新的物种。100 多年来，人们已经习惯使用达尔文的自然选择，这也无妨，只要将这个“自然”理解为“生态位”即可。

那生态位是什么呢？有各种各样的生态位定义，笔者倾向于将生态位定义为：支撑一个物种生存要素的总和，包括食物资源、空间资源、与其他物种之间的关系和一切其他生存条件（如陆地生物的气候因子、水生生物的物理化学条件等）。物种的生态位可以是现实的，也可以是潜在的（在自然分布区之外）。此外，一个物种的生态位也不是一成不变的，它可以变化或细分。生态位是物种内在生理性与外在现实性之间不断相互作用的产物。

趋同现象是生态位选择约束物种进化方向的良好例证。例如，美洲的仙人掌和非洲的大戟属植物是干旱沙漠环境（可看成相似生态位）中植物趋同进化的范例。在动物中也存在不少类似的案例，如澳大利亚的有袋类动物和北方大陆的哺乳类动物之间的趋同演化。

用生态位选择来说明岛屿成种的外在机制似乎也更为明晰。达尔文曾注意到岛屿上的物种更容易发生变异的现象，认为这可能是因为环境变化了。但笔者认为，岛屿上快速的物种分化速率，不一定主要是由于物种的变异加快了，更可能首先是岛屿上不同的生存环境意味着一种新的生态位，因而出现了与原来大陆环境中完全不同的选择方向，从而导致自发的变异（也许以同样速率发生）能更快地被遗传所固定。此外，物理上的隔离加速了岛屿种群与原来的大陆种群之间的生殖隔离，因此也缩短了成种过程。这也是为何多样而隔离的生境有利于物种分化的缘由。当然，由于环境变化也可导致生物个体在生理或形态上的变异，这些变异在隔离的情况下也可能更容易被遗传所固定（获得性遗传），也能促进物种的分化。

许多物种（近缘或非近缘）的生态位往往相互重叠，这也是种间竞争存在的缘由。正是由于物种间生态位的相似性或重叠性，才使不同的生物（甚至亲缘关系相隔甚远）产生出十分相似的形态结构，以达到同样的生存目的或生态功能，这就是所谓的趋同进化。从某种意义上来说，地球的生命史也是一部物种和生态位相互促进的不断多样化的协同演化史。

考夫曼（2004）说，"把有机体的生态位看成是一种谋生方式，把谋生方式称为'自然游戏'。显然，在过去的40亿年里，自然游戏与谋生的有机体在一道演化"。考夫曼将生态位看成一种谋生方式，认为这样的自然游戏可以很好地被有机体演化的搜索策略（如突变和重组）搜索出来并掌握，因此，有机体、生态位和搜索过程自我连贯的共同构建了彼此。

4. 马尔萨斯的"斗争"对物种分化真的是如此重要吗？

达尔文主张，通过过剩繁殖引起的生存斗争对变异的自然选择是生物进化的重要驱动力，这种生存斗争既发生在种内，也发生在种间。试问，生存斗争（竞争）真的能够导致越来越多的物种分化吗？

首先，物种分布的地理格局未必支持这样的结论。例如，谁能说寒冷的极地或酷热的沙漠竞争就不激烈呢？那里的物种不仅要经历残酷的种内和种间竞争，还要与严酷的自然环境做斗争，但动植物的种类却十分稀少。而在富饶的热带雨林，竞争一定就比极地或沙漠残酷吗？未见得一定如此，但何以有如此琳琅满目的动植物在那儿栖息呢？因此，生存竞争虽是普遍存在的事实，但与物种分化（至少分化速率）之间未必一定就是正的相关关系。

从理论上来说，两个物种间的竞争可能会出现3种不同的结局：ⓐ势均力敌，双方共存；ⓑ一方胜过另一方，败者去寻找另外的生存之道（生态位分化）；ⓒ一方胜过另一方，败者灭绝。如果在这两个竞争的物种之中有一个是刚形成的新物种，则在情况ⓐ和ⓑ中，物种数增多，而在情况ⓒ中，物种数维持不变（但如果能导致多个物种灭绝的话，物种数就会减少）。但谁又能说得清它们孰重孰轻呢？就人类社会来说，企业的竞争既能导致大部分企业消失而出现垄断寡头，也能出现细分与共存的局面。

其实，过剩繁殖是任何一个物种得以存在的内禀特性之一，物种的兴衰取决于出生与死亡之间的相对平衡，这反映在物种的生态对策（r-对策和K-对策）之中，任何一个物种都有潜在地使自身的种群无限扩张的本性，这就不可避免地导致种间和种内个体之间竞争的发生，因为空间和资源是有限的。但这种生存斗争未必就是物种分化的根本缘由，即斗争越激烈，分化速率未必就越快。换句话说，生存斗争可能加速物种的分化，但未必就是最重要的动因。

内共生也提供了一个非竞争性因素推动物种分化的案例。有证据显示，线粒体和叶绿体起源于内共生于真核生物细胞中的原核生物。如果这是一种真实现象的话，在这里推动物种改进或分化的动力就不是达尔文所说的竞争与冲突，而是合作与共生。内共生学说的倡导者Margulis认为，从前在古老地球上有个时期，一个较大的细胞“吞噬”了一个细菌细胞，但没有消化；相反，这两个细胞——一个细胞现在生存在另一个细胞体内——适应了这种状态；细菌细胞从大一些的细胞那里得到营养，反过来，又把它生存并储存的一些化学能传递给较大的细胞；当大一点的这个细胞再生，小一点的这个细胞也再生，而且其后代继续存在于大一点的细胞（寄主）体内；经过一段时间，共生细胞会失去许多独立生存细胞所需要的机制，越来越专化为其寄主提供能量，最终变成一个线粒体（贝希，1998）。因此，Margulis和Sagan（2001）甚至声称，“生命并不是通过战斗，而是通过协作占据整个全球的”！这话不是没有一点道理。如果这个理论成立的话，就意味着至少在生命演化的早期，原始生物物种之间的这种共生与协作方式对推动真核生物的繁荣起到了至关重要的作用（其实在真核生物的起源问题上依然还没能达成共识）。此外，内共生学说也是一个非渐进进化的案例。

另一个非竞争性进化的案例就是协同进化。大量的证据表明，物种间互利互惠的协同进化也是促进物种分化的重要形式。例如，显花植物与传粉昆虫之间的关系就是如此：植物通过艳丽多彩的花朵、芳香甘甜的花蜜吸引来昆虫为它们传粉，且相互间还存在不断特化的趋势，这可能就是为何显花植物是植物中最为多样的类群以及昆虫则是动物种类之最的重要缘由吧。这显然应该是一种相互适应驱动的协同演化的结果，而不能将其归因于马尔萨斯的生存斗争（虽然还存在种内的生存竞争）。

因此，不光生存斗争，物种之间的内共生和物种间相互适应驱动的协同进化等对物种的分化也是至关重要的。但是，不管斗争也罢，共生也罢，适应也罢，都还不是能够说明什么是驱动地球上产生出数以百万计的生物物种的根本原因！

五、关于生物界目的性之我见——既有也没有

早在古希腊，哲学家亚里士多德就提出了目的论，认为功能决定形式，即在自然界中，生物的器官为了适应功能而演变。目的可以是外在的，也可以是内在

的。是否存在一切生命共有的原始目的性呢?

1. 生命内禀的原始目的性——获取阳光（或食料）、求生与繁殖

19世纪的德国哲学家叔本华（1996）曾列举了生命的三大本能—求生、生殖和母爱。关于母爱，在低等的生命中是没有任何意义的，像很多单细胞生物，它们的生命行为就是不断地一分为二，重复细胞生长—分裂—生长的简单过程。母爱应该是高等动物中普遍存在的一种本能行为，在一些物种中，甚至能超越自身。

莫诺（1977）认为动植物具有这样的本性和目的性："植物生长、寻求阳光、死亡；动物窥伺捕猎目标，攻击敌害，饲养和保护幼仔，雄性为了占有雌性而争斗……这些生物全都有一个目标：活下去，并使自己的后裔活下去，哪怕是以死亡为代价。"

还有人认为，"一个生物的目的是生存、竞争和繁衍"（凯恩斯·史密斯，1995）。应该可以说，竞争可看成是求生的一种方式，当然，合作现象也可看成是一种广义的竞争，这种合作可以发生在种间（如互惠的共生现象），也可以发生在种内（如动物的群体捕猎或防御行为）。正如威廉斯（2001）所说，由相互作用的个体所组成的群体也许以这样一种方式适应性地组织起来，即个体利益通过一种功能上的从属关系服从于群体利益。

因此，笔者认为，一切生命（隶属于特定的物种）必定具有三大内禀的原始目的性，关乎食料、生存与繁衍。它们是：

ⓐ 享受阳光的沐浴（当然在适当的养分和水分存在的前提下）是所有植物之内禀目的性，而获取植物合成的有机物（对食肉动物来说则是间接）是所有动物及许多异养微生物之内禀目的性。

ⓑ 求生（至少在繁殖成功之前）乃是所有生命个体的第二个内禀目的性，虽然许多物种的雄性在完成交配后立即死亡（这是多么残酷之生命程序啊）。求生也是个体生存竞争与适应得以存在的基础。

ⓒ 繁殖或交配是所有生命的第三个内禀目的性，无论通过无性还是有性的方式。没有它，或许就没大自然中花儿和蝶儿的灿烂，就没有迷人动听的鸟语啁啾，就没有雄性间为爱之殊死搏斗……。当然，没有繁殖，任何物种都将不复存在。正如古罗马诗人卢克莱修所说，"那神圣的欢乐，生命的引导者引诱人去接近的那些东西。她给人们做带路的向导，目的在于通过她的爱的狡谲勾诱，叫人类永远繁殖出新的世代以免灭种"（卢克莱修，1981）。

2. 物种"嗜好"无目的性的创造

达尔文曾说，"如果能证明任何生物种内有任何的结构是为了其他种的利益而产生，我的学说就马上化为乌有，因为这些情况是不可能从自然选择而来的"

（詹腓力，1999）。很显然，互利共生就是既为了自身的利益，也惠及相伴的物种。

对生命趋于复杂的分化现象，哲学家德日进也颇感迷惑，他说，“生命在不断地积累各种特性（不管真正遗传的活动有多少），以至于看起来像在滚雪球一样……于是它越变越复杂，但，全盘地说，它扩展的活动有什么意义呢？它难道是像一个内燃机一样只作有限的功能式的爆炸么？或是像高级炸药爆炸一样把它的能量四处随意放射呢”（de Chardin，1955）。

笔者常常自问，为什么地球上的生命要不停地创造出新的物种？新物种对那些老物种有何好处致使它们如此不知疲倦地进行新物种的创造呢？是否真如达尔文认为的那样——新种将必定消灭或排斥它们的由之而来的旧物种呢？

首先，古生物学的证据告诉人们，任何物种都是具有一定寿命的（虽然可能存在巨大的差异），也终将走向灭亡，但旧物种的灭绝不一定都是新物种所为。化石证据显示，地质历史上曾经发生过数次大灭绝，但一般认为是由于环境巨变所致。当然，不可否认存在生物性灭绝，即一部分老的物种被新物种消灭，或排挤出原来的生态位。

我们也得承认这样的一个事实，即任何一个物种都会本能地将自己的种族延续下去，这是它还得以存在的基本前提。但是，既然新的物种可以（并不是必定）消灭掉旧的物种，那对任何一种生物来说，新物种的创造行为就只能是一种被动的行为。如果认为物种是有目的性地创造出一个新物种来消灭自身的种族，那就有悖常理，虽然在一些物种的个体水平上，旧的生命就终止于新生命的产生。因此，笔者认为，从表象上来看，物种其实只是“嗜好”无目的性（或随机）的创造行为。

达尔文说，“自然选择总是在使每一物种的缓慢变异着的后代适应于自然界中未被占据或占据得不好的地方”（Darwin，1872）。这似乎在说自然选择使变异的物种能够填补空缺的生态位。这话有一半的道理，问题是，自然界怎么会创造出如此之多的生态位来等着不断分化的新物种来填充呢？显然达尔文并未清楚地说明这些空缺的生态位从何而来。加之，如何去判断一个生态位占据得不好呢？热带雨林的一棵大树可以承载上万的物种，这是已经被占据好了，还是未被占据好呢？

哲学家柏格森（1907）说，“生命比其他任何东西都更具有作用于无机材料的趋向。这个行动的方向并不是前定的；因此就无法预料生命在进化中沿途播撒的多样形式”。很显然，这也是在指生命创造的随机性。

六、为何地球上演化出数以百万计的生物物种？

为何数以百万计的生物物种拥挤在这个有限的地球上？或者说，为何地球上演化出如此繁多的生物物种？迄今为止，没有一个进化理论（包括达尔文）可以给出令人满意的答案。这本来应该是任何一个进化理论首先必须回答的问题。

1. 地球上的物种——已知约有175万种，以昆虫最多

现已描述的种类约为175万种（表6-2）。其中，昆虫和多足类多达96.3万种，植物约有27万种，脊椎动物有5万多种，古生菌只有175种。有意思的是，物种多样性在两端最少，即最原始简单的类群和最高等复杂的类群。

表6-2 现在已知的生物主要类群的种类，包括尚未被发现的种类的估算

域	真核界	已描述的种类数	估计的总数
古生菌		175	
细菌		10 000	
真核生物			
	动物界		1 320 000
	脊椎动物门（总计）	52 500	55 000
	哺乳动物	4 600	
	鸟类	9 750	
	爬行动物	8 002	
	两栖动物	4 950	
	鱼类	25 000	
	有鄂动物（昆虫和多足类）	963 000	8 000 000
	螯肢动物（蜘蛛等）	75 000	750 000
	软体动物	70 000	200 000
	甲壳动物	40 000	150 000
	线虫	25 000	400 000
	真菌	72 000	15 000 000
	植物界	270 000	320 000
	原生生物	80 000	600 000
总计		1 750 000	14 000 000

资料来源：引自Groombridge和Jenkins（2002）

据估计，地球上存在的物种总数可能多达3000万种，只是大部分还未被发现与描述而已，还有人认为，现存物种的总数只不过是地球上曾经存在过的物种总数的1%（道金斯，2008）。

2. 关于物种创造的先人之见

神学家或信奉神学的科学家认为一切物种都是由上帝创造的。例如，18世

纪的分类学家林奈起初认为万能的神创造了所有的物种。到了晚年，林奈的思想有所变化，认为上帝创造了植物的目（order），在目以下的阶元一直到种所有的分类单位都是由杂交（“混合”）形成的（迈尔，1990）。

法国人莫培兑（Pierre Louis Moreau de Maupertuis，1698～1759年）虽以数学和天文学为专业，但对生物现象却很感兴趣。他认为自然界的多样性和异质性是如此之多，因此世界不可能是按设计产生的，而倾向于卢克莱修和伊壁鸠鲁学派所提出的起源主要出自偶然的观点。他曾说，“我们能不能这样来说明怎样只从两个个体形成了形形色色的各种物种？它们的最初来源很可能只是偶然的产物，其中基本的微粒不像在父本和母本亲代中那样有次序；每一种程度的误差就可能产生一个新种。通过反复多次的偏差就可能形成我们现在所见到的生物无穷无尽的多样性”（迈尔，1990）。

博物学家拉马克认为每一条进化路线都是由简单生物单独的自然发生形成的，简单生物随后就进化成高等生物。博物学家达尔文相信，“一切动物和植物都是从某一种原始类型传下来的”。关于物种分化的内在机制他并未深入涉及，他曾说，“自然选择就经常倾向于保存任何一个物种的最分歧的后代”（Darwin，1872），但并未就这一论述给出任何道理。

哲学家柏格森（1907）曾精辟地说，“生命从起源开始，就是同一个冲动的延续，它分成了各种不同的进化路线。通过一系列的增添，一些东西成长发展起来，而这些增添就是许许多多的创造。这种发展造成了各种趋势的分离，这些趋向若是不变得互不相容，其成长就不能超过某个点……进化实际上出现在数百万的个体上，发生在各个不同的路线上，每条线路都结束于一个岔口，而从这个岔口又发射出一些新的路径，如此发展，乃至无穷”。虽然柏格森对进化的可能场景描绘得相当精彩，但这个“冲动”到底是什么呢？

进化遗传学家杜布赞斯基（1972）说，“对生物如此丰富的多样性，有没有一个合理的解释呢？……许许多多生物界的古怪玩意，是从哪里来的呢？唯一合理的解释，就是有机体多样性是对应于地球上环境的多样性而进化来的。没有一个物种，不管是多么完美和多能，能够开发所有的生存机会……化石证据清清楚楚地显示了，大多数进化途径逐渐走向灭绝。现存的有机体只是过去生存过的少数物种的成功后代——如果你找得越远，这个比例会越小。然而，存活物种的数目并没有缩减，事实上，它可能随着时间的推移而越来越多。所有这一切，只有根据进化论才能够明白。如果是上帝从虚无之中造出了无数物种，然后让其中的大多数灭绝，这是多么没有道理的操作”！

3. 物种创造的遗传学机制——源自有性生殖物种基因库的反复分裂

新物种的创造肯定不是旧物种的有意识的或有目的性的行为。从本质上来看，地球上如此巨大的物种创造现象似乎只是有性生殖方式的“意外”之物。

任一物种的存在与演化都是通过生殖来实现的，自然界的生殖方式虽然千差万别，但都可以归结为两种——无性生殖和有性生殖，而这两种生殖方式又是由两种细胞分裂方式——减数分裂和有丝分裂（原核生物的细胞分裂方式比有丝分裂更为简单）为平台来操作的。地球上98%以上的物种能进行有性生殖，虽然所有的原核生物只能进行无性生殖，以及一些植物和低等的无脊椎动物能进行有性与无性的混合生殖方式，但能进行无性生殖的生物种类远不及有性生殖。显然，有性生殖方式与无性生殖方式在物种中的分布存在巨大的差别，因此，有理由判断，有性生殖是推动物种分化的重要生殖方式。这是为什么呢？这取决于以下的有性生殖的生态遗传学本质。

第一，有性生殖物种是将基因库（承载着种族延续的遗传指令）流动性地保存于相互间能够交配的种群的个体之中。任何一个个体都是来自基因库中的两个个体（父本和母本）的基因组的随机组合。

第二，与无性生殖相比，有性生殖物种必定具有产生丰富变异的遗传机制。现已知道，有性生殖物种在减数分裂过程中同源染色体之间出现联会与交换，这可能是引发物种不断进行遗传变异的根本机制。染色体的这种易变行为，可能是有性生殖的一种偶然而特殊的产物，但却是物种变异的主要来源（当然由环境因子，如射线引发的生殖细胞的突变也具有重要意义）。如果没有有性生殖特有的变异机制，就不会有如今万紫千红的生命世界，也不会有我们今天的人类！

第三，任何一个物种的基因库都有无限增加变异的趋势，而它不可能容纳无限的变异。也就是说，即便是一个数量相对稳定的群体，变异也将不断地进行下去而导致基因库的不断扩增或变更，这主要源于减数分裂的内禀特性，也可能起因于物种在对环境（生物的和非生物的）缓慢适应过程中可获得的一些可遗传的变异。因此，任一物种的基因库终将分裂（除非它提前消亡），新物种就此诞生，这个新诞生的物种又将进入新一轮的基因库的变异累积与分裂的循环……。

因此，有性生殖物种的不断分化不仅源于其特殊的基因保存方式，也根植于其基因库的一种内禀特性之中，即物种不断地重复着遗传变异累积—基因库分裂—遗传变异累积的循环。这是有性生殖物种不断分化的最重要的遗传机制［关于这一问题参见谢平（2013）的详细论述］。

发生在岛屿上的快速的隔离成种现象也说明物种基因库的不断变异性。达尔文曾注意到，生存在岛屿上的所有物种的数目比大陆上同样面积上生存的生物要少，但其中大部分却是本地的特有种。岛屿上大量新物种的出现不仅仅说明了隔离对成种的重要性，它同时也说明了任一物种的基因库都在不停地变化，因为没有后者（假如它的基因库始终维持不变的话），即便某一物种的一些个体漂上了一座孤岛，不论过多久它应该还是原来的种，与原来种群的个体还是能够交配。当然，不同物种基因库分裂的速率会有所不同，这种差异甚至还会很大。

具有讽刺意味的是，物种无限分化的趋势被冠以了一些莫名其奇妙的机制。

美国理论生物学家考夫曼（2004）说，“自主主体在不断地走向新奇，如新的分子、新的形态、新的行为、新的组织……适应于这样一个自我构建系统的热力学第四定律就是：它们要最大化它们的维数，即最大化下一时刻所发生事件的类型数”。这真是无稽之谈！

4. 物种创造的生理学机制——氧化环境对物种分化的巨大贡献

再来看看这样一个事实：在现今的生命界，能够在完全厌氧状况下生存的生物仅限于最原始的生物类群——细菌和古菌，它们都是单细胞的原核生物，但大部分原核生物也都是好氧的。而真核生物都适应了好氧的生存方式，这与有氧代谢的能量利用效率远高于厌氧发酵不无关系，因为后者仅为前者的1/4！

众所周知，能量是维持一切生命运转的根本。但是，复杂生命的进化其实付出了重大的能量代价，即需要更多的能量来维持同样质量的生命活动（图6-1）。反过来说，如果不是存在一种氧化的大气环境，地球上的生命可能还停留在能耗少的简单生命形态（细菌）。换言之，微生物的质量虽小，但单位体重的代谢速率却很快。因此，如果代谢速率是最强烈的选择压力，那微生物就会占据绝对优势，这就是在分解者的世界中微生物得以独霸天下的缘由。

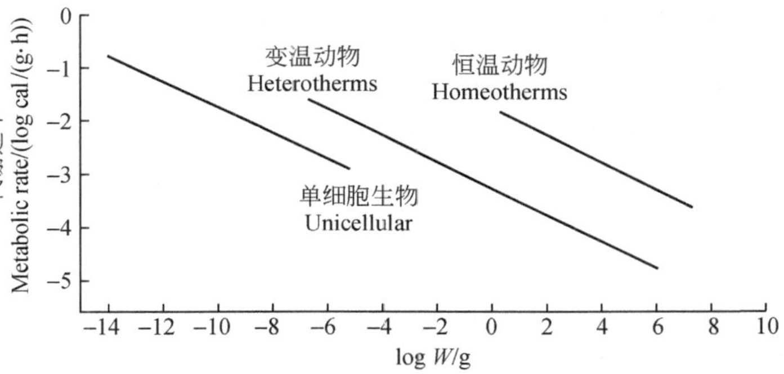

图6-1　动物体重与单位体重代谢速率之间的关系，数据源自Hemmingsen（1960）（引自Fenchel，1974）

由于能量（利用）沿食物链逐级衰退，因此，食物链的能量利用效率越高（好氧），就允许越长的食物链存在。这样，有氧食物链的出现就为生态系统食物网的复杂化（因此物种多样分化）提供了重要的能量学基础（图6-2）。一般认为，地球大气圈的氧化归功于海洋中的一类重要的原始光合生物——蓝细菌，这些微小的单细胞生物，在数亿年的生命演化历程中，通过光合放氧以一种极为缓慢的方式将原始地球的厌氧大气圈改造成了现在的氧化大气圈。高效的有氧代谢体系的建立为真核生物的快速分化与繁荣奠定了最重要的生理学基础。

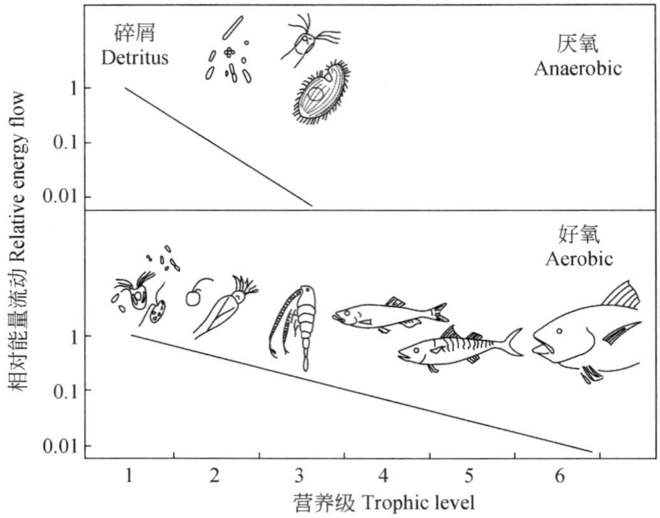

图 6-2　厌氧食物链的生长效率为好氧食物链的 1/4，因此，氧气应该允许地球上更长食物链的存在［Wilkinson（2007）仿 Fenchel 和 Finlay（1995）］

5. 物种创造的生态学机制——生态位的不断创造与细分

在地球上的生命诞生之初，哪里会有那么多的生态位来容纳不断增加的新物种呢？在过去数十亿年间地球环境的演化历史告诉我们，生命的进化不断地创造或改造着自然界，如大气圈的氧化为动植物的登陆创造了必需的生存条件。据说，臭氧层的出现可防止紫外线伤害，这就为陆地生命的繁荣开辟了广阔的空间，这其实是一次自然历史上最伟大的生态位创造！

一方面物种离不开食物与空间，即它们的生存资源，但地球表面的资源是有限的；而另一方面物种又具有不断分化的内禀趋势。这种资源的有限性与物种分化的无限性之间的对立就推动着地球表面的生态位的不断细分。即便如此，地球也不可能无限地容纳新物种，物种分化必定会被反馈平衡于一个有限的范围内，因为当物种不断分化时，总会有一些物种由于种群数量太少而使同种的个体间难以进行交配而导致灭绝，这样分化与灭绝就达到了一个相对平衡。

从生态学的视角来看，自然界不断重复着“物种分化—生态位创造—新物种再分化—生态位再创造……”的循环过程，即随着物种的分化，可促进生存环境的改造与变化，这又导致生态位的增加，可为物种的生殖隔离创造新的条件，促进物种的再分化（细分）……如此循环往复。简单地说，生命活动自身不断地创造新的生态位，而新的生态位又为物种分化提供条件（创造了新的自然选择目标）。另外，新旧物种间的竞争与适应也还会导致生态位的不断细分。试问，如果不是这种生态位的不断细分，何以能见到热带雨林的一棵大树承载数以万计物种的奇观呢？

总的来说，物种分化与自然（生态位）创新是一种相互促进的正反馈关系，两者呈现出一种无限分化或多样化的趋势，这似乎也与种群的无限增殖趋势惊人地相似！从某种意义上来说，生命及其所形成的群落不仅是其自身进化历史的产物，而且是物种生态关系演化的产物，还是气候与地理环境的产物。

七、自然选择的方向性——依赖于物种的生态功能与生存环境

也许可以认为，有175多万个物种，就有175多万种自然选择的方式。但是从表6-2你就能看出，生物类别可谓琳琅满目（从低级到高级、从简单到复杂），但不同生物类群的物种数却有天壤之别。这是为什么呢？

1. “进步”—“高等”—“更好”

迈尔（2009）说，“现代的进化论者已经放弃了进化会最终产生完美的思想……人们常常把随时间的推移从细菌到单细胞真核生物，最后再到有花植物和高等动物的逐渐变化称为进步进化……高等和低等并不是一个有价值的判断，‘高等’只不过意味着出现于较近的地质时期，或者在种系发生树中位于较高的位置。但是位于种系发生树上较高位置的生物就意味着‘更好’吗？还有人声称，进步体现在复杂程度更高，器官之间有进一步的分工，能更好地利用环境资源，更加适应等。在某种程度上这样说并没错，但是哺乳动物或鸟类的骨骼并不比它们早期的鱼类祖先的骨骼更复杂……我比较喜欢的是比较强调进步适应特征的定义：进步是‘通过增加一些结合成适应性复合体的特征，种系逐步改善适应度以适应它们特殊生活方式的趋势’”。

笔者认为，如果进步包含适应性意义的话，那就只能是相对的，因为此刻的适应在彼刻就不一定还是如此。高级和低级也不是能适合所有的情形。例如，对细菌或昆虫来说，你能说刚分化的物种就更高级吗？至于好坏，那要看你针对什么，对思维来说，人类的确是自然之最（因此，从原核生物→真核生物→无脊椎动物→脊椎动物→哺乳动物→人类的进化肯定可称得上是一种进步），对飞行来说鸟类为王，对游泳来说鱼类称霸，但对行使分解功能来说，简单而原始的细菌则无与伦比！此外，在进化的过程中，一些类群的某些器官或功能日益发达了，但也可能出现另一些器官或功能的退化。例如，在从陆生的有蹄类向水生的鲸类的演化过程中，步行功能（足）消失了，而游泳功能（鳍）则十分发达。

迈尔（2009）感叹道，“相当原始的原核生物自从在地球上出现以来，已经生存了30亿年，到现在依然还活着。鱼类依然在海洋中占据着统治地位；而除了人类之外，啮齿动物在绝大多数环境条件下都比灵长类生存得成功。像洞穴动

物和寄生虫表现出来的那样，进化经常也是一种退化”。

2. 为何自然界不同等级生物能够共存?

达尔文曾说，“如果一切生物，既然在等级上都是这样倾向向上，为什么全世界还有许多最低等类型依然存在？在每个大的纲里，为什么有一些类型远比其他类型更为发达？为什么更高度发达的类型，没有到处取代较低等类型的地位并消灭它们呢……根据我们的理论，低等生物的继续存在是不难理解的；因为自然选择即最适者生存，不一定包含进步性的发展——自然选择只利用对于生物在其复杂生活关系中有利的那些变异”（Darwin，1872）。这是达尔文运用其自然选择学说对为何地球上有如此多样（无论高低贵贱）的物种能够共存的解释，他已经意识到这是它们各自生存的需求不同所致，但是这样的描述还不能真正回答其问。

德日进说，“人人都会十分清楚地看到有机物质是在不断地变化着，而且甚至于这些变化因时间会越变越成为不可能的形式。但我们如何去估量这些纤细的构造的绝对，或甚至相对价值的程度呢？例如，我们以什么权利说哺乳动物或甚至于人，是比一只蜜蜂或一朵玫瑰花更进步、更完美呢？也许我们多少能按照生物离开原始细胞的时间长度而安排它们相续的许多圈子……一个轮上的辐是支支相等的，没有一支看来特别为了什么方向而做成的吧”（de Chardin，1955）。他似乎是认为进化是不同分支上随机演化的产物，因此并不应该有什么高低贵贱之分。

杜布赞斯基（1972）也提出了一种解释：“自然选择当然不具有任何意识和意图……自然选择是盲目的同时又是有创造力的过程。只有一个有创造力的然而又是盲目的过程才能一方面产生像人类这样的生物界的伟大成功者，另一方面又产生了像上面提到的那些过度特化的真菌、甲虫、蝇虫这样的狭窄的、受限制的适应形式”。笔者认为，如果能从宏观的生存环境与生态功能的视角来考虑，这样的难题就会迎刃而解。

3. 自然选择的方向性——受制于生态功能与生存环境两大生态因素

从生态学的视角来看，在生命进化洪流中的自然选择，绝不都是漫无方向的。物种演化的方向性和宏观格局与生态系统的功能息息相关。在地球生命的演化历程中，形成了一种由太阳能驱动的物质循环系统，由三个功能类群——生产者、消费者和分解者——构成。所谓生产者就是指绿色植物，它们能够利用太阳光和养分（CO_2、H_2O、N、P 等生源要素）制造出复杂的有机物质。这些绿色植物通过光合作用能将光能转化成化学能，为一切生命的运行提供了基础。消费者是指直接或间接地以绿色植物为食来获得能量的各种动物（包括寄生者），因此，没有植物利用太阳能来生产食物，一切动物将不复存在。分解者主要是一些结构简单微小的微生物，以细菌占绝对优势（还有一些真菌），它们在生态系统中承担着分解各种各样的生物残体的功能，有些微生物还与动植物共生，行使一些特殊的生命使命。

不同的生态功能类群，受到不同的选择压力，具有不同的演化方向。此外，即使是同样的功能类群，在不同的生态环境中演化方向也可能不同。例如，初级生产者在陆地与海洋中的演化方向完全不同。因此，生态功能与生存环境是制约物种分化方向的两大生态因素。

4. 分解者之选择方向性——快速的分解代谢，因此细菌独霸天下

如果没有分解者，地球表面早就被动植物残体淹没了！植物利用CO_2等合成的复杂有机物质，少部分通过动物而绝大部分通过微生物分解为CO_2，循环往复。从短期来看，这似乎是一个平衡的系统，但从地史尺度来看，却并不是一个绝对平衡的循环，因为部分有机质被永久地埋藏在地层之中了，虽然又被现代的人类挖掘出来被作为燃料或动力。

分解者这个庞大的生态位几乎仅被一小群原核微生物——细菌（所有细菌加起来也才1万种左右）所占据，这只可能源于一种选择压力：保持尽可能大的比表面积（面积/体积之比）以实现尽可能快的分解代谢（图6-1）与繁殖速率（图6-3）。微生物正是这样一种极端选择力量的产物，它诠释了分解者选择的“价值”标准。事实上，连它们的基因组也符合同样的选择目的——保持简洁性，即细菌基因组较小，由于不含内含子而几乎没有什么“无用”的DNA，这使其能维持微小的细胞体积，为快速繁殖与高效代谢奠定了遗传基础。

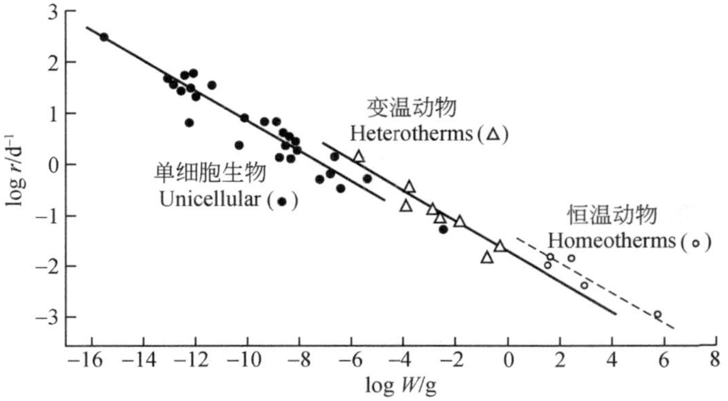

图6-3　42个物种内禀增长率（r）和体重（W）之间的关系（引自Fenchel，1974）

5. 陆生植物之选择方向性——最大的光能利用，因此群落结构立体化

在陆地上，植物扎根于土壤，以吸收其中的养分和水分，通过茎干与分枝支撑一片片绿叶沐浴阳光（根、茎和叶的分化也是高等植物的象征）。在合适的水分和养分存在的条件下，对太阳光的有效利用是陆生植物群落进化的重要驱动力。陆生植物对太阳光的有效利用必定导致植物群落的立体化发展，其中一些植物向大型化的参天大树发展，达到克服机械应力的极限，达到克服重力将水分向上输送的极限，等等。低等植物通过器官分化导致维管束植物的出现，这正是植物对陆生环境适应与进化及大型化的产物。此外，陆地环境的无限异质性也为各式各样的生物物种的隔离与分化提供了重要基础。

种子植物的诞生也是对陆生环境的一种适应，它使植物的繁殖对水分的依赖性大大降低，大大扩展了陆生植物的生存范围，但它们还必须解决授粉（雄花的精子与雌花的卵子结合）问题，因为经过雌、雄结合的有性生殖在陆生植物中已不可或缺。陆生植物演化出了各种传粉方式——昆虫、鸟类、风和水等，特别是显花植物与传粉昆虫之间的协同进化极大地促进了这两个类群的极大繁荣——昆虫是生物界物种数之最，显花植物是植物界物种数之最。

6. 海洋藻类之选择方向性——漂浮于表层获得阳光，进化停留于原始微藻

光在水中会急速衰退，因此，无论在海洋还是在内陆水体中，扎根生长的大型维管束植物只能在沿岸带的浅水区域中生存。在海洋中，绝大多数初级生产者必须漂浮在真光层中，为此，它们必须维持尽可能大的比表面积。当然，微小的体积还有利于提高细胞的受光面积，也能增加对 CO_2 的吸收。因此，提高浮力的选择压力趋向于选择小的细胞体积，这也就是为何海洋中一些只有在显微镜下才能看得清的微小的单细胞藻类（偶有几个或十几个细胞的小型群体）占据绝对优势的缘故。海洋这样一个巨大的生态位仅被少数原始而低等的单细胞藻类所占据——全世界的藻类只有约 40 000 种，不足显花植物的 1/7！

7. 动物之选择方向性——捕食与被捕食的军备竞赛，虫与花的互惠进化

与陆生植物必须固着生活不同，绝大多数动物（无论水生或陆生）需主动寻找食物、猎物或配偶，因此普遍具有自由移动的能力（一些鸟类、鱼类、斑马等还能成群结队进行壮观的季节性迁徙）。所有的绿色植物都是为了光合作用而生，而所有的动物都直接或间接为了获得植物合成的有机物而生。植物之间的关系相对简单，主要是为了光、养分等的竞争，而动物之间的关系错综复杂，各种食物链（初级消费者→次级消费者……→顶级消费者）相互交织形成复杂的网络结构（食物网）。

动物的种类数为何最多？这可能与它们在自然界中与其他生物或动物间无比复杂的相互关系以及眼花缭乱的有性生殖方式不无关系，特别是各式各样的协同进化：植物—牧食者（包括传粉）；猎物—捕食者；病原菌（或寄生虫）—宿（寄）主；雌—雄（动物的性选择）……。例如，猎物和捕食者之间的协同演化

包括体积的（如大型化）、化学的（产毒与解毒）和结构的（攻击与防卫‘武器’）……植物—牧食者之间的协同演化包括化学的、结构的……这些好似一种无穷无尽的“进化的军备竞赛”，抵御—破抵御—再抵御……。

植物—传粉昆虫之间则是一种互惠的进化关系，植物往往用花之艳丽的色泽、愉悦的芳香与精巧的机构来吸引特定的昆虫来觅食花蜜，换来花粉（在雌、雄花之间）的传递并实现受精，这往往是一种使两者不断特化的个性化方向的协同进化，其结果是昆虫由于特化而不断分化，显花植物也如此，这是一个协同进化的天堂。

为何这种协同进化是向特化而不是普适性的方向发展了呢？这对植物又有什么好处呢？不断变异的传粉者要求花朵的不断变异，而花朵的不断变异也要求传粉者不断变异……如此循环往复，永无止境！这是一种永不会停息的协同进化！

柏格森（1907）的一些见解还是耐人寻味的，他说，“有机界的进化无法事先总体地确定下来。相反，我们说：生命的自发性通过相继的新形式的连续创造而体现出来。但这种不确定性不可能是彻底的，而必定为确定性留出某个部分”。

八、进化论之个性

照理来说，一个完美的物种进化理论必须是普适性的，应该能够解释所有的进化案例。但是，当我们俯视各种进化理论时，嗅出的却是强烈的个性化案例的气息。例如，基于小型动植物（如花草、果蝇等）的研究提出了突变成种学说，以长颈鹿为对象提出了适应性进化学说，根据爱尔兰麋鹿灭绝的化石证据提出了直生论的进化学说，等等。

1. 月见草与果蝇的随机变异——突变论

荷兰植物遗传学家德弗里斯（1848 ~ 1935 年）通过对一种草本植物——月见草（*Oenthera lamarckiana*）的变异研究提出了突变（mutation）的概念。1886 年的一天，他在阿姆斯特丹的郊外散步，发现了两个差异明显的月见草，随后他利用这两个月见草的种子进行杂交，产生出既不同于亲本，彼此又不相同的类型，看起来像是一种新的类型，因此，他认为生物有两种变异，一种是微小的不会导致生物进化的变异，另一种是明显的、会导致生物进化的变异，他把后一种变异称为“突变”。德弗里斯于 1901 年出版了《突变论》一书，声称一个物种可以通过突变而进化成另一个物种，而无需其他动因的作用（席泽宗，2002）。后来的研究表明，月见草的“突变”其实是较为罕见的染色体畸变所致。

正是由于突变概念的提出，人们开始意识到遗传秉性自身的变异性，并导致了对拉马克的获得性遗传（环境条件变化引起变异并能够遗传）及达尔文的渐变论的怀疑与否定。突变论者认为，新物种的形成是通过一次突变突然形成的，自然选择不是对个体的微小变异发挥作用，而是作用于更高层次，是在突变产生新种后，决定它们是否能够生存下去还是被淘汰。

美国动物遗传学家摩尔根（1866～1945年）通过对果蝇（图6-4）的研究，提出了更为极端的突变理论，认为基因突变是产生新性状的唯一源泉，进化中的变化都是由于新的突变导致的，因此，进化的动力不是自然选择，而是突变压力，自然选择对生物进化是无关紧要的，最多不过是消极地淘汰有害的突变。

图6-4　正常的红眼果蝇（左）、突变的白眼果蝇（中）和突变的小翅果蝇（右）（图片来源：百度百科）

突变论并不是没有一点道理。确实，在花草和昆虫的世界，一个偶然的变异可能会带来体制上的很大改变，如眼睛从红色变为白色，翅膀由大变小，这些变异是如此之大，可能会使一个不知情的依据形态的传统分类学家认为是完全不同的种类。

当然，类似的突变并不仅局限于虫草之类的小型生物。达尔文曾在他的著作《动物和植物在家养下的变异》一书中收录了这样一个案例：1791年，美国新英格兰的一户农民怀特在家里的羊群中发现了一只背长腿短且略弯曲的雄绵羊，由于腿短而跳不过羊圈篱笆，故易于圈养，后来，怀特将其选育成了一个新的绵羊品种——安康羊（Ancon sheep）。这应该也是一个突变的例子，但这并未改变达尔文的渐变进化的观念。事实上，难道我们能期待大象或人的一个基因突变能产生出一个新种吗？

2. 拟态物种的微小变异的连续累积——渐变论

自然界中普遍存在的拟态现象大概是渐变论的最好证据。一些昆虫（如蝴蝶、螳螂等）几乎完美地模仿了干枯树叶的颜色与形状（拟态），甚至脊椎动物的鱼和乌龟也能如此（图6-5）。很多拟态模拟得如此精妙，简直难以令人置信！在色泽与形态上与枯叶如此惊人的相似，大概没有人会认为这仅是一次偶然突变的结果吧。

猎物的拟态一般是为了利用背景色调（如枯叶或绿叶等）来逃避捕食，而捕食者的拟态也是为了利用背景色调增加隐蔽性（尽量避免被猎物察觉），以获

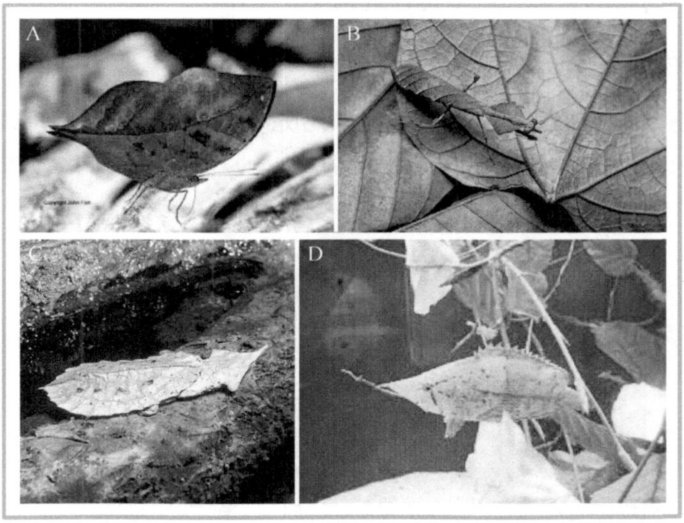

图 6-5　拟态——各式各样的枯叶动物。

A. 枯叶蝶（来源：www. wildlifeandlandscapes. blogspot. com）；
B. 枯叶螳螂（来源：www. gallery. sulasula. com）；C. 枯叶龟（来源：www. photomazza. com）；
D. 枯叶鱼（来源：www. picasaweb. google. com）

得捕猎的成功。可以推测，如果偶然出现了一些与背景色调更为相近的个体变异，因为较不容易被捕食（猎物）或更能成功地捕食（捕食者），就能留下更多的后代，因此，在漫长的进化历程中，体色/形状越是接近背景的个体，可能就越能够成功地生存与繁衍。这里的选择压力就是逃避捕食或成功捕食，猎物和捕食者的进化方向都是使体色/形态尽可能地接近背景。如此精巧的拟态（色泽/形态）绝不可能只是通过一次变异而完成的，必须依赖于微小变异的连续累积，而达尔文的随机变异与自然选择恰好能对此给予完美的解释。

动物不仅能模拟背景色，还能模仿另外的动物。早在 19 世纪，人们发现在亚马逊地区，一些美味的蝴蝶身上的图案和色彩与有毒的（或至少味道不鲜美）同域物种身上的一样，而且不管有毒物种随地理环境的变化而做出什么形态改变，美味拟态类型总是也会随着地理区域不同而发生相应的变化。此外，有毒物种彼此之间还会相互模拟，这样食虫鸟以为只要记住一种图案和色彩就可以避开所有有毒的物种，成为可降低有毒物种被捕食风险的方式（迈尔，2009）。

3. 长颈鹿的脖子与洞穴动物的眼睛——用进废退，获得性遗传

拉马克认为，适应是生物进化的主要动力，即生物经常使用的器官会逐渐发达，不使用的器官会逐渐退化，物种经过不断强化或完善适应的性状，便能逐渐演变成新种，后天获得的性状可以遗传给后代。拉马克认为生物天生具有向完美

发展的趋势，动物的意志和欲望也在进化中发生作用。

① 大型动物的完美性适应

长颈鹿是拉马克的钟爱。拉马克认为，长颈鹿的祖先原本是短颈的，但是为了要吃到高树上的叶子经常伸长脖子和前腿，通过遗传而演化为现在的长颈鹿（图6-6）。

图6-6　生活在非洲肯尼亚Samburu国家公园中的网纹长颈鹿
（*Giraffa camelopardalis reticulata*）

② 洞穴动物眼的退化

一些动物可终身栖息于黑暗的洞穴（如石灰洞、溶岩洞等），这些洞穴动物（cave animal）包括鱼、螈、蜘蛛等，它们体内通常缺少色素，眼睛退化或完全消失（图6-7）。不论这些动物在历史上因为何种原因而误入洞穴，它们已经习惯了黑暗的世界，乃至无法在光明的世界中生存。

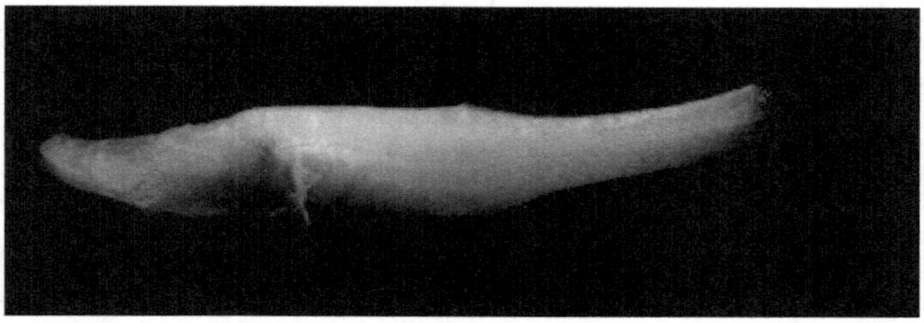

图6-7　一种生活在美国阿拉巴马洞穴中的盲鱼——宽吻盲鲴（*Speoplatyrhinus poulsoni*）
（引自 Danté Fenolio/www. anotheca. com）

达尔文也是用拉马克的用尽废退和获得性遗传来说明洞穴动物眼睛退化的原因，当然加上了他的自然选择。他说，“鼹鼠和某些穴居的啮齿类动物的眼睛是残迹的，并且在某些情形下，它们的眼睛完全被皮和毛所遮盖。眼睛的这种状态大概是由于不使用而逐渐缩小的缘故，不过这里恐怕还有自然选择的帮助”。他在谈到南美洲的一种穴居啮齿动物 Ctenomys 时推测，“因为眼睛常常发炎对于任何动物必定是有损害的，同时因为眼睛对于具有穴居习性的动物肯定不是必要的，所以在这种情形下，它们的形状缩小，上下眼睑粘连，而且毛生在上面，可能是有利的；倘使有用，自然选择就会对不使用的效果有所帮助”（Darwin，1872）。

③ 人类的诞生

拉马克的生物天生具有向完美发展的趋势其实也是主张进化过程中存在一种必然的演替规律，而人类的诞生便是一个绝佳的例证。有“达尔文的斗牛犬”（Darwin's Bulldog）之称的英国生物学家赫胥黎（Thomas Henry Huxley，1825～1895 年）认为，进化中的进步是不可避免的，它被一系列向上的动力所推动，直到达到最高的层次，但是，只有一个分支已达到了这一最高层次：“……到上新世仅有一个进步的途径仍旧开放——它通往人类”（威廉斯，2001）。

4. “爱尔兰麋鹿”的过度发育——直生论

新近灭绝的“爱尔兰麋鹿”(图 6-8）是直生论的代表性案例，一些古生物学家认为这起因于“过度发育”，即爱尔兰麋鹿由于其内在的力量导致它的角过大（似乎呈线性不断增大），最终使物种走向了灭绝。大型动物的“过度发育”可能十分普遍，并最终走向灭绝。庞然大物恐龙的灭绝可能也与此密切相关。

图 6-8　爱尔兰麋鹿（*Megaloceros giganteus*）（来源：SageKorppi）

直生论认为生物谱系的进化呈直线状，由一种内在的“种系动力”所驱动，既不受环境影响，也与自然选择无关，生物的变异并不随机，存在一定的方向性，生物的进化并不一定向着适应的方向，即有些变化并不一定适应环境（而拉马克主义的进化观就是适应环境）。

在某一方面的强化必定带来另一方面的弱化是一个不争的事实，因此个别器官的过度发展未必总能保持总体的生存优势。从遗传上来说，通过基因库的修修补补实现新物种分化的方式（黑猩猩与人类的基因组高达98.8%是相似的）是导致一些大型物种日趋复杂化的重要因素之一，而大型化与复杂化导致物种体制与机能可塑性的降低，往往使这样的动物走向进化的死角，因为物种越复杂，演化的方向似乎就越来越狭窄。

这种带有累积性或历史性的适应就不可能是真正完美的适应，因为复杂性会消耗可塑性，也会消费适应性。因此，恕笔者直言，今天的长颈鹿和人类还是拉马克主义者完美进化的心怡案例，而当它们迎来灭绝之日时，就会成为直生论的“有力证据”！

5. “完美”适应或自然选择的代价与命运

柏格森（1907）说，“适应造就了进化运动的种种曲折性，却并不决定进化运动的各个总体方向，更不决定进化运动本身……进化并不标志出一条实在的路线，进化所采取的各个方向全都没有终点，即使在适应进化当中，进化依然富于创造力”。进化的曲折性、随机性与创造性不容否认，但是，古生物学证据显示，进化在一些方向（甚至整个动物群）上出现了终点。例如，寒武纪动物群几乎都已灭绝，可能源于非生物性的地球环境灾变。

一方面你会为眼前生命世界中数不胜数的美妙、精致、独特或怪异的结构、功能、行为或关系等而惊叹不已，感慨适应或自然选择的无限魅力；另一方面，你又会从化石记录中洞见漫长岁月对物种的无情毁灭（无论源自何种灾难）。因此，任何完美的适应都不会永恒地存在下去，自然界总会将一切看似完美的生命无情地摧毁。这是为什么呢？

首先，适应往往以特化的面孔来显现，这可以是形态上、结构上或生理上。但是，特化往往会付出高昂的代价（如组织特化会牺牲再生能力）。在与虫媒的协同演化中，花的高度特化虽有利于高效的授粉过程的进行，但也容易走向灭绝；精致的进攻手段，引人注目的彩色装饰和雄性求偶时的炫耀行为，也许有利于雄性在交配竞争中的获胜，但这些特征由于浪费和损害了身体资源以及在性冲突中使捕食者有机可乘，从而也会降低了种群的适合度；个体在体积上的增加可能导致数量上的减少，也更容易走向灭绝。这些都是自然选择的结果，是适应性，但是往往是一种适应取代了另一种适应，而不一定是增加了适应（威廉斯，2001）。

其次，由于适应导致一种功能强化的同时也可能导致另外功能的损失为代价。例如，最初的四足动物变成了更好的步行者，其代价却是游泳上处于劣势。

最初的恒温动物减低它们的代谢要依靠环境温度，但因此就增加了它们对食物等的需求（威廉斯，2001）。当然，反之亦然，即一些功能的退化往往可通过另一些功能的加强而得到补偿。

迈尔（2009）从自然选择的视角阐述了同样的问题。他列举出自然选择通常无法产生出完美类型的八大理由。①基因型的潜力有限：动植物已有的遗传组织限制了进一步进化，如鸟类无法进化成哺乳动物，甲虫无法进化成蝴蝶。②缺乏合适的遗传变异：一定的物种种群只能容忍有限的变异。③随机的过程：群体中的许多差异性生存和生殖并不是选择的结果，而是由于机遇，生殖过程充满机遇，环境灾变（如洪水、地震或火山）在自然选择有机会照顾有利的特定基因型之前，通常就会淘汰那些潜在有利的基因组合。④种系历史的限制：一旦确立了特定的身体结构，即不可能再改变。例如，节肢动物的祖先需要首先发育出外骨骼，而脊椎动物的祖先则需要发育出内骨骼，自从这两种生物的祖先做出了这种选择之后，便影响了这两大生物类群的整个进化历程，前者可演化出恐龙和大象这样的庞然大物，而后者最大也不过是螃蟹。⑤非遗传修饰的能力：表现型的柔性越大，越能抵御相反作用的选择压力，比起高等动物来，植物特别是微生物更具修饰表现型的能力；当一个群体迁移到一个特殊环境中的时候，在以后的世代中基因会遭遇选择，从而加强乃至最终取代非遗传的适应。⑥生殖年龄后无反应：选择无法淘汰导致老年患病的基因。⑦发育过程中的相互作用：整个发育机器就是一个相互作用的系统，生物的结构和功能就是竞争需求的妥协产物，每一种生物的形态都体现出妥协的程度，每一次迁移到新的适应区都会留下不再需要的形态特征的痕迹，这些形态已经成了累赘。⑧基因型的结构：存在不同功能类型的基因，有些产生出物质，有些调节物质的产生，还有一些似乎没有什么功能。依笔者之见，最根本的原因还在于物种（基因组）修修补补的成种方式，这在很大程度上限定了物种演化的随意（机）性，生物越是复杂就越是如此，否则，为何仅从外貌就能如此明晰地辨别出种系呢？

笔者认为，无论适应或选择多么的完美，都是相对的，都只可能是相对于一定的生存环境（而且还是在有限的地质历史背景下），而任何物种（包括我们人类）的命运最终都会走向灭亡，即使不被灾难灭绝，也会消逝于变异之中。这就是为何有人推测现存的物种只是历史上曾经出现过的物种总数的1%，虽然这个数据不可能十分准确。因此，自然选择绝不可能保证物种永远都会成功（正如达尔文强调的那样，一个生物只需要完美到足以成功地与现存的竞争者进行成功的竞争），在某种程度上来说，它更像是为了迎合个体短期的生存目的而不是种族的长久延续，否则哪会有如此彻底的物种灭绝方式呢？其实，没有任何一个物种可以适应一切生存条件，也没有任何一成不变的生存环境，更没有永恒不变的有机体模式（以种的形式定义的），因此不仅世界的永恒变化外在地决定了物种灭亡的必然命运，而且即使没有这样，生命也会消逝于内禀的裂变或漂变之中。

现代达尔文主义者十分纠结适应与目的之间的关系，试图将两者机械地割裂开来。迈尔（2009）说，“在每一代中，经历过淘汰过程后存活下来的个体事实上都是‘适应’的，是它们的特征使它们能够生存下去。淘汰并没有产生适应的‘目的’或‘目的性的目标’，适应是淘汰过程的副产品”。迈尔强调适应不是一个有目的的过程，而是淘汰（或）性选择后的产物。这实际上就是一种同义反复，最适者生存，生存者最适！

试问，像高等动物后天学习（如幼狮对捕猎技能的学习）这样的适应过程没有目的性吗？像人这样的复杂动物的一切适应性都是没有目的的吗？为什么一定要否定生命的目的性呢？生命之适应可以是形态的、结构的、生理的、食性的、行为的、感觉（视觉、听觉、嗅觉、味觉、触觉等）的或心灵的……而生命之目的既可以是客观的，也可以是主观的，除非否定生命的目的性。其实，现代达尔文主义者之所以如此坚定地否定适应的目的性，根本原因就是为了与拉马克的主动性适应划清界限。

柏格森（1907）是这样来评价各式各样个性化的进化理论的，“我们将进化论的各种当前形式交给一个共同的检验，并且申明：它们全都遇到了同一个不可克服的困难，而我们绝不打算将它们一概否定。恰恰相反，它们当中的每一种都有相当数量的事实作为支持，因而其本身必定都是真实的。它们每一个都必然与进化过程的某个方面相关。一种理论将自身严格限制在特定的观点上，以便维持其科学性（为细节的研究指出明确的方向），这也许甚至是必须的。然而，这些理论从各自的局部角度去观察的那个真实，却必定会超越它们全部。那个真实是哲学研究的特殊对象，哲学并不局限于科学的精确性……”。

九、物种分化速率依赖于体制的可塑性

为何昆虫种类如此之多，为何长颈鹿种类如此之少？为何拉马克的完美适应如此的悲情？为何达尔文的随机变异如此受宠？

1. 有性生殖物种的分化速率随体积增大而降低

May（1988）通过分析陆生动物物种数与体积之间的关系（图6-9）发现，在大部分体积区间，物种数与体积呈负相关，也就是说，随着物种体积的增大，新物种的分化越来越困难。一般来说，体积较小的动物在进化上较为低等和原始，结构也相对简单。达尔文曾指出，“在自然系统中低级的生物比高级的生物容易变异，是和博物学者的共同意见一致的。我这里所谓低等的意思是指体制的若干部分很少专业化，以担任一些特殊机能；当同一器官势必担任多种工作时，我们大概能理解为什么容易变异，因为自然选择对于这种器官形态上的偏差，无论保存和排斥，都比较宽松，不像对专营一种功能的部分那样严格”（Darwin，1872）。

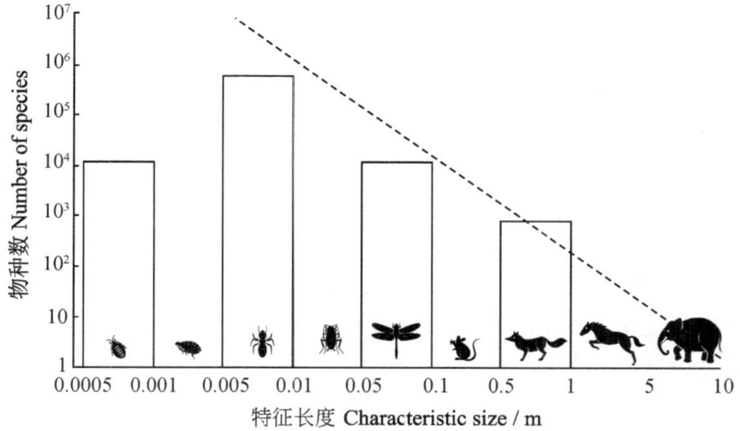

图 6-9　以特征长度（L）来分类的所有陆生动物物种数（S）分布的粗略估算。虚线表示 $S \sim L^{-2}$ 的关系，小体积物种的数据相对不足（仿 May，1988；Stork，1997）

为何动物物种的分化速率与体积呈负相关？有几种可能的原因：动物的体积越大，繁殖速率越慢，因此，物种分化也就越慢；动物的体积越大，内部机构就越复杂，形态与生理变异的可塑性相对变窄，因此新种的分化就越困难；在一定的空间范围内，动物的体积越大，所能容纳的物种数就越少。一般来说，动物的活动范围随体重的增加而增加，而且同样的体重，肉食性动物的活动范围比牧食性动物更大，恒温动物的活动范围比冷血爬行动物要大。

繁殖速率（它也取决于体积大小或体制的复杂性）也许最为关键。对有性生殖的物种（几乎所有动物都能进行有性生殖）来说，减数分裂过程中染色体的联会与交换是变异的重要来源，因此，就不难理解为何繁殖速率越快，物种分化也快的现象了。

在绝大多数情况下（体长<1cm 的物种除外），r–生态对策者似乎是物种快速分化的天堂，而极端 K–生态对策者（如大象）几乎就是进化的死角，它们似乎容易重蹈爱尔兰麋鹿的灭绝之路。

2. 无性生殖微生物的种类稀少，从公共基因库中组合物种实现快速适应

细菌和古菌合计也不过 1 万种左右，这不足现存物种的 1/170，巧合的是，在动物（真核生物）中，当体长小于 1cm 时，物种数也出现显著下降（图 6-9）。为何细菌的种类是如此的稀少呢？它们不是繁殖速率很快的 r–生态对策者吗？细菌种类的稀少有三种客观的解释。其一，微生物定种困难，因为绝大多数细菌无法进行纯培养。其二，如果结构过于简单的话，形态特征的鉴定和区分就变得越来越困难，容易被分类学家所忽视。但是，这些并不会从根本上动摇细菌种类稀少的事实。其三，当生命的结构简化到极限的程度时，可能无法允许更多的物种

存在。

虽然细菌种类不多，但是它们却能够通过快速的变异应对几乎无限多样的生存环境。这种快速的变异通过快速的繁殖及个体间基因的重组得以实现——细菌的抗药性快得惊人，根本不需要地史的时间尺度，此外，一些细菌之间能灵活地进行遗传交换，这虽然在方式上有别于有性生殖物种在减数分裂过程中通过同源染色体之间的联会与交换实现的频繁的基因交换和重组。

不少证据表明，细菌的基因库似乎具有惊人的变异性与流动性。赫奇斯甚至大胆地认为，“可以把基因看成一个巨大的公共基因库，当细菌为了改变境况，即为了改变与变化中的环境的关系时，临时定义的‘种’就从基因库中获取它们所需的遗传信息”（詹奇，1992）。

换言之，细菌之间都能快速而灵活地进行遗传交换的事实似乎昭示着整个细菌界是由若干个超级物种所构成，因为在自养细菌（如蓝细菌）与异养细菌（如病原菌）之间可能还是应该存在若干难以融合的根本性差异的。而真核生物则采取了完全不同的方式，即真核生物的一个物种就是一个相对独立的基因库，它们分化出了数以百万计的物种基因库。日益复杂化的真核生物显然不可能再采用原核生物的这种临时性物种组合游戏了，因为复杂性（多细胞化、组织与器官分化等）不可避免地牺牲了简单灵活性（谢平，2013）。总之，细菌的生存策略似乎是：以小的细胞体积、基因组的简洁性、灵活的基因交流及快速的无性繁殖方式来实现对无限多变环境的完美的适应性。

3. 体制越简单，可塑性越大，成种速率越快

一般来说，体积越大的动物体制也越复杂，这里体制是指生物的内部结构、组织形式和生理功能等，它们可用一些相关的参数来表征。笔者认为，越小的生物（如昆虫）其个别基因的突变对体制突然改变的可能越大，而越大的生物其个别基因的突变对体制的突然改变的可能性越小，像对大象、人这样极端复杂的生物这几乎是不可能的。越小的生物，越能承受体制参数的大幅度波动或损伤，或者说能通过快速适应固定发生变化的新体制，这样可塑性也就越强。因此，生物体制的可塑性就意味着物种分化的潜力，可塑性越强，遗传重建速率越快，物种就越丰富。例如，小小的昆虫有 70 万 ~ 80 万种之多，而庞然大物——大象在全世界仅有 3 种！

从生态对策来看，小的物种称为 r–对策者。例如，相对于老虎（K–对策者）来说，苍蝇和老鼠就是 r–对策者，后者的生态可塑性也强。苍蝇和老鼠能忍受种群的剧烈波动，可凭借其惊人的繁殖率从极低的种群密度快速恢复，它们除之不尽；而老虎却不能忍受种群的剧烈波动，十分容易被人类灭绝。显然，体制的可塑性与这种生态对策相吻合，即 r–对策者的体制可塑性也较强。或者说，生物的体积（或复杂性）与体制的可塑性呈负相关。

为何结构的复杂性会牺牲体制的可塑性呢？这既有遗传的原因也有生态的原因。从遗传本质上来看，有性生殖通过基因不断堆积来创造变异与适应（最终新物种）的方式，不可避免地会导致基因组、表型、结构与调控的过度复杂化（在一些情况下还有体型的过度大型化），这就埋下了致命的隐患——可塑性的降低。从生态学来看，结构复杂的动物个体对中度以下的环境波动具有较好的缓冲性，但是，这却牺牲了繁殖速率，也牺牲了更广泛的变异能力与适应范围。因此，一旦遭遇到环境灾（巨）变，复杂的生命往往难以进行大幅度的改变与适应，不可避免地遭受灭顶之灾，庞然大物恐龙的灭绝就是一个活生生的悲惨案例（谢平，2013）。

基因及其调控还有生命整体绝不可能趋于无限复杂，终究会将发展途径自我阻断，使某个方向的进化戛然而止。生命特有的不断复杂化的遗传进化方式可能是导致许多大型动物（如恐龙、爱尔兰麋鹿）灭绝的内在机制之一。这种现象常常被直生论者称为“内部完美原则”或内在的“种系动力”。但笔者认为，最初是为了适应，但是由于这种适应的创造方式使机体越来越复杂，逐步降低了机体的可塑性（这与生态系统的复杂性与可塑性的关系完全不同），最终在环境巨变来临时惨遭灭绝（谢平，2013）。神创论者常常借此来攻击达尔文的变异。雅荷雅（2003）说，“变异不会通过给爬行动物增加翅膀或羽毛，或者改变其新陈代谢的方式，使它们转变成鸟类”。

类似于生态（或生殖）对策，似乎也可以将成种区分为两种不同的类型。较小的动植物（如昆虫）繁殖速率快，体制的可塑性强，演化的方向多，突变成种的速率快，物种十分丰富，可称之为 r-成种策略（r-speciation strategy）；而较大型动物（如哺乳动物）繁殖速率慢，体制的可塑性差，演化的方向少，突变成种的速率慢，物种数较少，可称之为 K-成种策略（K-speciation strategy）。至于微小变异的连续累积和用进废退的获得性遗传，不论动物大小都会自然发生，都会贡献于物种分化。总而言之，r-成种策略是快速的随机性演化的天堂，而缓慢的 K-成种策略往往会奔向直生论的死角。

当然，具有相似体制的物种之间偶尔也会在成种速率上出现巨大的差异。有一些物种很难发生成种事件（或成种速率很慢），被称为“活化石”，而相关物种却发生了剧烈的变化或已经绝灭。例如，在北美洲东部有一些植物（包括臭菘），也存在于东亚的一些地区，这些广泛分布于两个大陆的群体不仅形态上没有什么区别，而且虽然已经分离了 600 万 ~ 800 万年，还可以相互交配。有些动植物物种经历 1 亿多年也没有发生明显变化，如动物中的鳖、仙虾和酸浆贝，在植物中长期存在的属有银杏、南洋杉、木贼和苏铁（迈尔，2009）。

有数据表明，物种的寿命分布是幂律的，大多数物种形成之后不久便灭绝了，只有少数物种才能存活较长的时间，这种物种形成与灭绝事件的幂律分布大约在 6.5 亿年前的显生宙时期便出现了（考夫曼，2004）。因此，“活化石”物种似乎可用物种寿命的这种幂律分布予以解释，虽然这还只是一种统计性的解释。

十、拉马克主义之还魂——进化依赖于遗传，但也不能缺少适应

迄今为止，之所以有不同的进化理论，一是由于对生物个体变异机制的看法不同，二是对生物的适应与遗传之间关系的看法存在争议，特别是关于是否存在用尽废退和获得性遗传的问题。

1. 分子遗传学家对博物学家的清算——基于适应的获得性遗传被彻底否定

在人们根本无法知晓遗传物质为何物的年代，人们信奉生命对生存环境的适应性，认为这会使生物趋于完美，并可以遗传下去，这就是拉马克的进化论，即拉马克认为，使用的器官越来越发达，废弃的器官往往成为痕迹器官或完全退化，而且这种获得改变的特征可以遗传下去。长颈鹿和洞穴动物是支持拉马克学说的经典案例。

达尔文也不否认这一点，但他更倾向于随机变异，并主张环境诱变，也和拉马克一样主张渐变。对达尔文来说，不论变异源于何种机制，他都可以用他的自然选择来说明进化。那时，既不知道基因，更不知道 DNA、RNA 和蛋白质之间存在如此复杂的相互作用关系。

随着 20 世纪的来临，人们成功地揭开了遗传的物质基础（DNA）及个体变异的基因本质，也认识到生殖及物理化学因素对遗传变异的影响。特别是所谓“中心法则”的提出被认为是对获得性遗传的彻底否认，基因突变被认为是新物种创造的唯一途径（图 6-10），也同时从根本上否定了适应的遗传与进化意义。依笔者之见，遗传学家们（自魏斯曼以来）为他们打败拉马克的获得性遗传而欢呼雀跃的同时，也暴露了其自身在进化论与生命本质认识上的微观与短视！

遗憾的是，这样的思想也渗透进一些博物学、分类学和动物学背景的进化生物学家的思想之中。例如，进化生物学家与动物学家道金斯（2008）断言，“基因不会在使用过程中得到改善，除非出现非常少的偶然错误，它们只是被按原样传下去。并非成功产生了好的基因，是好的基因创造了成功。任何个体在它一生中所做的一切，都不会对基因产生任何影响”。进化生物学家与博物学家迈尔（2009）也宣称，“与达尔文理论竞争的三种主要理论——转型论、拉马克主义和直生论——在 1940 年遭到了明确的否定，在过去的 60 年里，再没有提出过可行的、试图取代达尔文主义的理论”。

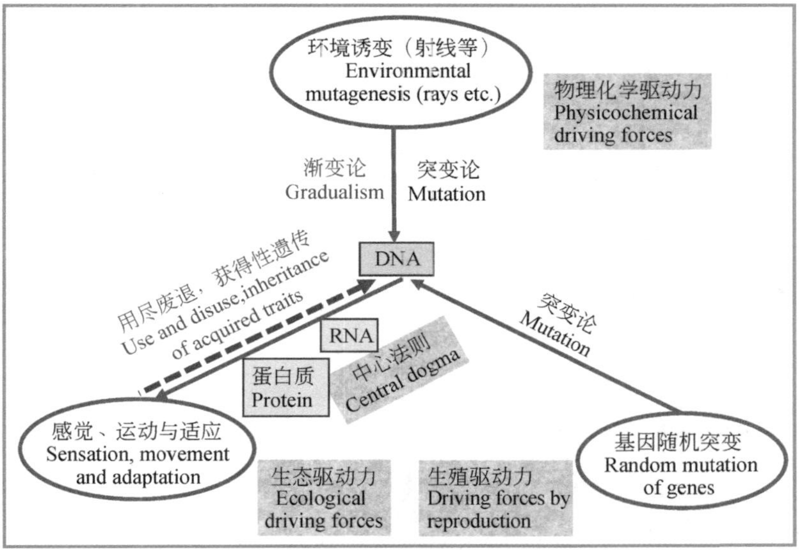

图 6-10　遗传变异与各种进化理论的关系

2. 动态特征偶联“用进废退”，而静态特征偶联随机变异

对刻画动物的特征来说，似乎有必要区分为两类——动态的与静态的。动态特征与通过用进废退的适应性及涉及运动和感觉的一些特性息息相关（图 6-11），包括：行走、奔跑、跳跃、飞翔和游泳等，视觉、听觉和味觉等，判断与思维……。而这些特性直接关乎动物的觅食、逃敌、交配等。这些反应性或动态特征的变化不仅会导致生理生化的变化，而且可能进一步引起结构性的变异等，并可推动动物的记忆、学习与思维的发展，这种意识运动发展的巅峰就是具有最伟大智慧的人类的诞生。难怪拉马克认为生物可以通过“主动性适应性”来完成一些特征的改变，并被遗传所固定（获得遗传）。

但是，一些静态特征就不大可能是用进废退的产物了。例如，拟态的色泽就可能是一种随机变异并受到方向性选择的产物；此外，动物身体上的一些奇异的装饰物（如为了在交配时吸引异性）也可能是这种随机变异被选择下来的产物。还有一些奇怪的突出物（可能也是随机变异的产物）因可作为防御或进攻的武器而被选择下来了，或许在之后的使用中又能遵循用进废退的原则得到了进一步的发展。静态特征似乎是生物的一种“被动适应性”行为，主要是依赖于随机变异的定向选择而被遗传所固定下来，因此，与“用进废退”并无太大关系。

有一些学者相信行为作用在进化中的重要性。迈尔（2009）指出，“行为中的某种变化，如选择一种新的食物，或提高扩散能力，能够建立一种新的选择压力，继而这些压力可能会导致进化变化。我们有很多原因可以相信在许多创新中

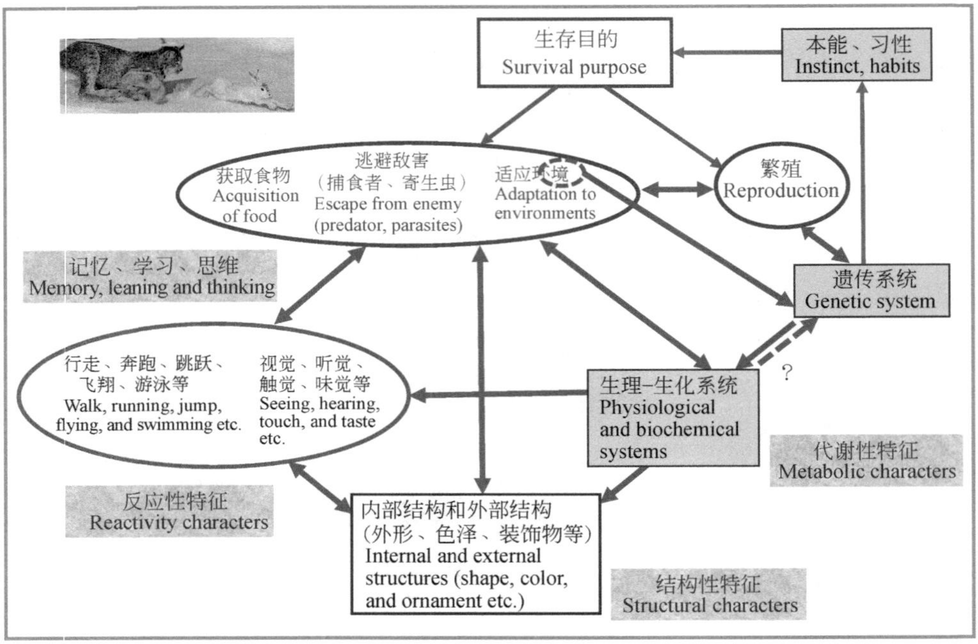

图 6-11　生命的目的与生命系统的适应和相互作用

都包含了行为的改变，因此可以说‘行为是进化的带路人’”。

3. 围绕拉马克进化论之争的核心——什么决定了遗传系统？

洞穴动物的眼睛是如何消失的呢？也许你可以认为这也是突变的结果，因为突变可以在所有方向上发生——既可能向关闭眼睛的方向突变（或许某些基因的丢失），也可能向使眼睛变大的方向突变，但是在黑暗之中，没有眼睛者可能更有优势，于是就生存下来了。

其实，围绕拉马克进化论之争的一个核心问题是什么决定了遗传系统，或者更具体地说，生理生化的改变最终是否能影响遗传系统或被遗传所固定，这是获得性遗传理论与突变论的分水岭，前者回答“是”，后者回答“否”；前者信奉完美性适应，后者信奉盲目的随机性。而达尔文的态度则是一种折中，但更偏向于随机，但他也不否认用尽废退与获得性遗传。达尔文并不清楚个体的变异到底源自什么，只是主观地归因于环境的影响。对达尔文来说，他感兴趣的只是自然选择，不论变异由什么引起，只要有变异，他的自然选择就能发挥作用。

长期以来，获得性遗传遭受不公的痛批，特别是来自遗传学家。对生活在洞穴之中的鱼儿，笔者猜测这些批评者肯定是在冥想，那茫茫黑暗应该一直静悄悄地等待着那把眼睛关闭的基因突变哪天会奇迹般显灵。而笔者则更愿意相信这是一种生态适应性的结果——那完全没有必要睁开的眼睛由于长久不用必定会渐渐萎缩，直至完全闭合（达尔文的解释）。同样的，对举着长长脖子的长颈鹿，这些批评者或许在痴想着那长在高高树枝上的嫩叶在静悄悄地等待着能够催长脖子的基因突变的显灵，而笔者更信奉拉马克，更愿意相信这是由于器官不断使用通过复杂的生理学适应过程逐渐带来了身体体制的缓慢改变，终于被遗传所固定。

哲学家德日进说，“就个体性而言，性质的缺陷都依年龄而发展，则为什么（或应该说，如何地）这些就不能在种类上集合成形呢？并且，在整个种类的层次上，它们难道不会在生命物上印上它们的肖像么？总之，蚂蚁、白蚁都成功地按照个别的本能替工蚁、兵蚁附上了得当的外表。而我们不也都认得出狩猎的人么？”（de Chardin，1955）。

笔者很欣赏哲学家柏格森（1907）的这样一段评述：“后天特征的可遗传性被确认为一种教条之后，却被以同样教条式的方式加以否定了，因为论证从（被假定为）胚芽细胞本质中引出了一个先验前提（a priori）。众所周知，魏斯曼基于他的种质连续性假说，将胚芽细胞（卵子和精子）看成几乎完全独立于身体细胞之外的东西。由此出发，许多人曾经主张而且现在依然主张：后天特征的遗传传递是不可想象的。”

4. “没有东西是无用的，是没有目的的”

诗人歌德（1710～1782 年）也有一句名言，“为了要在一边消费，自然就被迫在另一边节约”。哲学家和医生拉·梅特里（1709～1751 年）早就指出过人体器官之间存在的平衡关系。达尔文说，“动物经过无数世代，达到最深的深处时，它们的眼睛因为不使用，差不多完全灭迹了，而自然选择常常会引起别的变化，如触角或触须的增长作为盲目的补偿”（Darwin，1872）。类似的例子在自然界中举不胜举。例如，由于长期生活在浑浊的长江江水中，白鳍豚的眼睛缩小到只有绿豆般大小，视觉能力严重退化，而声呐系统却极为灵敏。

达尔文根据他的自然选择理论，对拉马克的学说提出了进一步的理论支持，他说，“自然选择不断地试图来节约体制的每一部分……身体的任何部分，一经通过习性的改变，而成为多余时，自然选择终会使它缩小，而毫不需要相应程序地使其他某一部分发达增大。相反地，自然选择可能完全成功地使一个器官发达增大，而不需要某一连接部分的缩小，以作为必要的补偿”（Darwin，1872）。其实，德国哲学家康德（1724～1804 年）早就说过，在一个有机的自然产物中，“没有东西是无用的，是没有目的的”（康德，1985）。

基因丢失也是“用进废退”在遗传水平上的体现。科学家发现，寄生虫在进化中发生了基因丢失，如果抛弃一些基因可以保存能量并提高效率的话，这也是一种选择的方向性。不光是基因，一些寄生性甲壳动物与它们自由生活的祖先相比，连运动性附肢都丢失了很多。也许你还会认为这些都是基因突变的结果，但你能完全否定“用进废退”在这样的退化演变中没有任何作用吗？

5. 人类思维的发展为获得性遗传提供铁证

如果一切变异都是偶然发生的突变，那人类是如何使自身的心智达到了如此伟大的境界的呢？如果都是随机变异，那在数以百万计的动物物种中，为何只有人是如此幸运的呢？还有，为何人类文明在很短（相对于地质时间来说）的时间之内如此日新月异地不断迸涌并实现了令人惊叹的巨大进步呢？这都仅仅只是源于人脑的随机突变吗？

人从古猿脱胎之后，一直还是那个人，但你能说现代人的心智与最原始的那个智人没有一点区别吗？如果你承认有区别，那这又是如何产生的呢？难道这不是在人的心智的不断使用过程中发展起来并被遗传逐渐固定的改进吗？

如果一切都只是基因随机变异或突变的产物，那动物个体的记忆还有什么用处？各种各样此等记忆的产物发展成种族的各种各样的习性乃至本能，难道不是记忆或思维不断发展的产物吗（图6-11）？看看那些刚一出生就拼尽全力奔向大海的小海龟，它们必须冲出等待着在沙滩上结束它们性命的海鸟的包围圈进入大海才有幸存下去的希望。这样的习性不就是来自祖辈们在生存中积累与遗传下来的记忆效应吗？

在人的思维的发展方面，笔者很欣赏黑格尔的辩证逻辑，他强调人的思维发展遵循“正题、反题和合题”的三段模式，在这一过程之后，合题又成为一个新的正题……如此循环往复，因此，思维是一种自我适应、自我发展与自我完善的连续过程。

6. 生命=种族的记忆+个体的学习

柏格森（1907）认为，“很难说清楚一些特定物种，或者使其代表特别被选定为驯化对象的，究竟是被遗传的后天习惯，还仅仅是某种天生的趋向”。针对这样的疑问，笔者认为，这既可能是天生的（因为也许这样的特征就存在于群体的基因库中，偶尔被显现于个体就被选择出来了），也可能是变异产生的（源于真正的基因突变），还有可能是有后天习得的成分，或者是这三种原因的混合。

如何解释幼狮们从学习中获得的捕猎技能？如果一切早已由基因决定，这又如何解释？但事实却是，种族（通过父母）并没有遗传给后代生存所需的全部技能，也没有必要如此精确，只遗传基本的特性，其余就是适应环境的生存学习了。

还有，这个世界是多变的，假如每一个物种将一切都存储于DNA之中，而且不允许改变，那么这个生命世界将会是怎样的呢？那么这些物种如何适应一个每时每刻都可能发生变化的外部世界呢？这样的逻辑是不可能成立的，绝不会像那个“伟大的”的中心法则所刻画的那样，生命的必然逻辑只能是：DNA→RNA→蛋白质。

毋庸置疑，种族遗传的只能是一些最根本的特性（知识），一些特性（知识）对种族来讲不可或缺，乃至它们已如此的固化，变成了称之为“本能”的属性。因此，笔者很欣赏柏格森（1907）的说法：“我们所说的后天特征通常是指习惯或习惯的影响，而在许多习惯的最深处则存在着天然的禀赋。”

哪些东西是本能呢？例如，对有性生殖物种来说，两性的交配（无论通过何种方式来辨识与选择配偶及完成交配）都必定是一种本能的行为，因为如果一个物种没有这样的本能，那这样的物种早就不复存在了。一些哲学家对本能的阐述精彩而深刻：黑格尔说，“机体中的内在目的是通过本能来实现的”；柏格森（1907）说，“知识在本能中是被执行的和无意识的”。

但是，对生命中的大多数事情来说，种族所能遗传的只能是一些构成法则或原则的物质性基础，它仍然需要个体出生后在现实世界中去学习、记忆与发展，才能获得一些有效的生存技能。例如，幼狮虽然从父母那里遗传了作为猎手的物质基础（强壮的体格、惊人的速度、锋利的犬齿……），但也还要跟随母狮学习捕猎的技能，还有群体捕猎的合作技能，等等。看看非洲沙漠上的迁徙大军，是什么驱使它们年复一年之如此奔波？这或许就是由于世代重叠而出现的个体间习性的传承，父辈带领它们的子代，子代再带领子代的子代……，或许会一直延续下去直到某种环境巨变的发生。

在动物界中，人是后天学习的顶级高手！近200年来出现的人类科学知识的飞速积聚很难说不是世代间学习传承的极致演绎，这是通过长期而系统的教育来实现的，它一般会花费人的1/3～2/5的生涯时间！当然人类的大脑已具备了实现这种学习目标的生理（或理性）基础，换成猩猩，即使给予再好的教育肯定也无法训练出一个类似现代人类的一般行为与习性。不可否认，人能感知世界，猩猩也能，人有经验和知识，猩猩也如此，但两者在将经验转化为知识所必需的范畴框架上肯定存在本质的差别，这是一种天赋上的差别，这种差别带来的后果是人统治了整个地球，而猩猩濒临绝灭。这种差别是如何形成的呢？

德国哲学家康德（1724～1804年）对理性的解读可谓鞭辟入里：人类需同时通过经验和理性来获取知识，经验对知识的产生是必要的，但并非唯一因素，因为还需要通过理性（或称为“范畴”）将经验转换为知识，而这种理性则是天赋的。换句话说，人类对外界经验的获得依赖于范畴的基本框架，否则就无法感知世界。

很显然，在通往人类的进化分支中，先天的本能与习性在后天的学习（通过经验与知识的累积）中不断推动理性的扬升，而这种理性就是在感性的基础上能够运用智力或进行判断与推理的能力。此外，理性与本能、习性、知识等也无法割舍，人类的理性似乎与意识的含义相近。试问，如果没有一种获得性的遗传机制，这种能够到达人类理性的扬升何以能够成功实现呢？你会相信这仅仅只缘于随机变异吗？

对一个无限多变的世界来说，遗传永远不可能满足一切生存需求，它永远都只能是本能和一些生存原则的遗传（笔者称之为“种族的记忆”），降临世界中后，生命的个体还必须在现实的生存实践中不断地学习、记忆与发展，经过无数世代的发展之后终将对种族的本能进行扩充与更新（虽然这是一个极为缓慢的历史过程），除非该物种遭遇突然的灭绝。因此，个体的适应性是生命永恒的特性，而这种适应性所遵循的一条重要法则就应该是拉马克的用进废退，它经过漫长的演化岁月，有可能最终作为种族的遗传特性所固定（图 6-11），这便是获得性遗传。如果没有这样的过程，那试问，种族的本能及诸多习性从何而来呢？用基因的突变或随机变异能解释所有这一切吗？

结　　语

随机变异、生存斗争和自然选择是达尔文进化论的“三驾马车”，即没有变异，选择就无从发生作用，而对变异的选择是通过生存斗争来实现的。一个多世纪以来，达尔文的理论像是玫瑰中的玫瑰，被人们捧为进化论的圣曲，正如歌德的一句诗文所说的，“一待幸运的火焰燃烧，让英雄在胜利中神化”！

那么，达尔文的进化论果真完美无瑕吗？首先“变异”的来源及为何变异并不清楚，其次他对“自然”没有清晰的界定，对自然之目的性的忽视就更不用说了，而一个没有目的的选择到底是什么呢？一个可以包罗万象的自然何以能为数以百万计的物种的生存做出抉择呢？生存斗争客观存在，不仅发生在同种的个体间，也发生在物种之间。此外，任何一个物种都必定会最大化地维护种族的生存，而既然物种间存在残酷的生存斗争，那为何旧物种还要不断地去创造新物种呢？只有斗争才是进化的唯一推动力吗？事实上，协作或互惠（如显花植物-传粉昆虫）对物种分化的推动也十分重要。

有性生殖方式中的内禀过程（同源染色体之间的交换与重组）才是变异的最主要来源，而在这样一种内禀变异性驱动下有性生殖物种的基因库（保存于群体之中）的行为才是物种不断分化的根本原因，即任何一个物种都不断地重复着遗传变异累积—基因库分裂—遗传变异再累积—基因库再分裂……的循环，因此，即使没有生存斗争，物种的分化永远也不会停息，这就是为何笔者称之为“物种‘嗜好’无目的性的创造”，要不然，旧物种怎能不断创造出与自己竞争甚至会被其消灭掉的新物种呢？此外，所有生命都具有内禀的原始目的性，即获取阳光（或食料）、求生与繁殖。

进化并不是一个完全随机的过程，它的宏观方向性受到生态功能（生产者、消费者和分解者）与生存环境（陆生和水生）的强烈影响，各自承受完全不同的选择压力。即使是在同样生存环境之中的具有同样生态功能的类群，也会通过不同的生存对策（如 r-对策和 K-对策）应对竞争。用生态位取代自然将使达尔文的自然选择更加明晰，物种间生态位的重叠就会导致竞争，一个物种的生态位也不会一成不变，它也会变化或分裂。物种创造与生态位创造在一定的意义上互为因果，协同演化。

从一个博物学家的视角来看，达尔文似乎有些倚重进化的短期机制，而遗传学家就更是如此，他们历来擅长于用形而上学来神话所谓的“中心法则”，将悠长的进化历史仅用一个可怜的瞬时过程就模式化了。哲学家柏格森有这样一句关于进化的名言：进化就是延绵，这是生命的唯一本质！在笔者看来，柏格森的思想就像进化论本身一样，沐浴了拉马克和黑格尔等进化或哲学思想的阳光，也是一种进化思想的延绵。可以这样说，在动物界，如果没有延绵，就不会存在习性和本能，而没有这种进化延绵，便不会有人类的出现！

纵观整个生物界，生命的进化线路就像生命本身一样多姿又多彩，虽然柏格森的进化延绵在通往人类这一支最为艳丽夺目，几乎达到了智慧的极限，但也有像细菌/古菌这样微小的原核生物，虽经历了几十亿年的漫长岁月，依然保持着古老、原始而简洁的风采。这些原始物种间通过频繁的基因交流共享基因，以快速的遗传变异应对无限多样的环境变化，因此，在进化线路的这一支，被柏格森视为生命本质的延绵似乎无影无踪。

总之，进化，对物种自身来说，是一种无目的性的新种创造行为。进化在微观上具有随机性，在宏观上具有方向性。进化既可停滞于一种平淡无奇的组合式变化，也可是一种烈焰般的创造与延绵。进化的轨迹可以是圆点、圆圈、发散或缠绵之线……。任何一个物种都不会永生，它要么被环境或其他物种消灭，要么消逝于变化之中，流逝的光阴将使一切生灵成为过眼云烟！进化论应该作为进化本身勇敢地走出“圣曲”的羁轭，用熊熊天火消融掉久久凝固的冰封，尽情地融会入一个真正是百鸟鸣啭、千枝起舞、万花争艳的大自然之春中！

第七章　生命起源论简史

有机的东西是现实的东西，这种东西自己维持自己，经过它自身内的过程；它是它自己的普遍东西，这种普遍东西把自己分裂为自己的各个部分。这些部分在创造整体时就扬弃了自己

——黑格尔（Georg Wilhelm Friedrich Hegel，1770～1831 年）

一向被视为宇宙结构之点来处理的个样事物，现在都可以看成是一种无限定的时间纤维中的瞬刻了。张眼望之，物质各元素继往开来、延亘不绝，都是那根植于无量度的过去并发展向遥远渺不可及的未来之系列中的一部分罢了

——德日进（Pierre Teilhard de Chardin，1881～1955 年）

生命来自哪里？或者说生命是如何起源的？这一问题看似简单，其实人们对它还知之甚少，或者说，虽然进行了不懈的努力，但是远未获得令人信服的答案。对生命起源认识的缺乏，毫无疑问将阻碍我们对生命科学许多问题的认识，如生命的本质、进化……。关于生命起源的各种理论或假设看似玄妙莫测、缤纷瑰丽，但却如流星般地消隐，因为没有一个能经得起绵密的推敲。

法国哲学家德日进（1881～1955 年）曾说，“就事物而溯其源本，就等于化约到它最简单的元素……有些分子质量大到一定点——转折（临界）点，而超过这点，我们便可以发现生命了……细胞与化学世界有质的与量的混融”（de Chardin，1955）。人类正是试图通过这种从复杂到简单的溯源、再从简单到复杂的重构来获得对生命起源的认知，但前者相对容易，而后者却异常艰难。本章就是对生命起源研究简史的回顾，并介绍流传着的五花八门的学说，以及科学家对这一问题的认识迷惘。

一、古希腊哲学家的生命起源观

万物的本原、生灭、联系及动因曾是古希腊哲学家探究的核心问题，这万物也自然包含了生命，他们也曾关注或思索过关于生命起源与进化的问题。虽然在现在看来，很多猜想不甚准确甚至十分荒唐，但还是隐含了许多关于生命起源与进化的科学思想的萌芽。

1. 阿那克西曼德——生命源自海洋

古希腊的哲学家阿那克西曼德（公元前 610 ~ 前 546 年）曾推测了生命的起源：所有的生命都来自海洋，随着时间的流逝，有生命的东西离开海洋来到陆地（斯通普夫和菲泽，2008）。关于生命起源的现代的主要观点也还是如此，即生命起源于海洋。

2. 恩培多克勒——生命是宇宙演化的产物，“爱”的冲力使元素混合而产生生命

古希腊的哲学家恩培多克勒（公元前 490 ~ 前 430 年）认为，整个宏大的天体系统都是由物质元素（水、土、气、火）在宇宙中演化形成的，生命也是宇宙演化的产物。他用“爱”与“争”此起彼伏的变化而引起的元素的聚合与离散，来说明生命的起源——当爱的仁慈神圣的冲力往前推进时，“原来没有生灭的东西很快变成有生灭的东西，原来不混合的东西变成混合的东西，改变了它们的道路。当它们混合的时候产生了无限种族的生物，具有多种多样形式，蔚为奇观”（汪子嵩等，1997）。

柏拉图（公元前 427 ~ 前 347 年）在《法篇》一书中说，“他们认为火、水、土、气都是有其本性及偶然机遇存在的，不是人为的产物；而一系列的天体——大地、太阳、月亮、星辰，都是由这些绝对无生命的存在物造成的。这些元素由于偶然机遇以及一定的某种内在的亲和力活动起来，成为热和冷、干和湿、软和硬，并且以不可避免的因果结合，将这些对立物混合起来。这样，它们便产生了整个天体及天空中的一切东西，产生了一切动物和植物，以及季节；这些都是从元素产生的，不是由于心灵的活动，不是任何神造的，也不是人为的，而只是由自然和机遇造成的”。虽然柏拉图在这里没有直接点出恩培多克勒或任何哲学家的姓名，但这段话代表了恩培多克勒元素论的基本思想（汪子嵩等，1997）。

据艾休斯在《哲学家意见集成》（第 5 卷）一书中记载，“恩培多克勒说，在太阳传播以前，在白昼和黑夜区别开来以前，树是首先从土里生长出来的生物。由于它们的混合中各种元素的不同配置，便结合成雄性和雌性的不同形式。由于土地中热的推动，它们发育生长；所以它们是土的一部分，正如胎儿是子宫的一部分一样。果实是植物中过剩的水与火构成的”（汪子嵩等，1997）。虽然这些看法在现在看来几乎都是错误的，但是，可以理解恩培多克勒试图说明植物的生成、性别与发育对无机的元素配比、热和水分的依赖性。

当然，在古希腊那个年代，恩培多克勒不可能知道从无机物向有机体的进化需要经历漫长的岁月和复杂的过程，但他却猜测到了生命是由无机的物质元素产生的，是宇宙演化的产物，以及在无机物和有机物之间并不存在不可逾越的鸿沟等重要事实；他还认为由各种元素结合成的生命体并不是杂乱无章的，而是按一定的比例（汪子嵩等，1997）。

3. 阿那克萨戈拉——生命早已在“种子”中亘古存在

据第欧根尼·拉尔修在《著名哲学家的生平和学说》一书和赛奥弗拉斯特在《论感觉》一书中的记载，阿那克萨戈拉（公元前488～前428年）认为，“生物最初是在湿、热和土中产生的，后来就一代一代自行繁殖了”，但他并不认为生命是从无机物中逐渐自行演化产生的，不存在由无机物向生命的转化，在他看来，生命早已在种子中亘古存在，他认为“空气中包含了一切种子，它们随着雨水冲落下来，产生了植物”（汪子嵩等，1997）。他持这样的想法并不奇怪，因为他的“种子”说认为，种子包含生成万物的成分。

4. 伊壁鸠鲁——生命由原子碰撞而成

伊壁鸠鲁（公元前342或341～前270年）用原子没有开端这种思想来解释万物的起源。他认为，首先，存在着的万物必定是由永恒不变的原子所构成，而原子是一些细小的、不可毁坏的、坚硬的物质微粒。其次，原子永远存在于空间之中，原子间的碰撞使一些原子进入另一些原子的轨道之中，因而在运动中造成了整个一连串的碰撞，直到这些原子形成许多原子团，而这些原子团或原子的排列就是我们一直到现在所看到的事物，包括岩石、花朵、动物、人类，简而言之，整个世界。由于有无限多的原子，所以必定有无限多的世界，人类也只不过是原子碰撞的偶然产物（斯通普夫和菲泽，2008）。是啊，这里的原子团不就是现在我们所说的分子么？生命的化学进化不就是这样的轨迹吗？虽然自然的进化历程被过度压缩了，但仍可将其视为现代生命起源观的正确的素描。当然，伊壁鸠鲁的思想也是对留基波和德谟克利特的原子学说的继承。

在自然科学还未出现的古希腊时代，对生命起源的细节是不可能准确获知的。现在，人们对生命起源的认识虽然前进了许多，但离真知仍然相距甚远。但是，有一点值得肯定的是，在古希腊，哲学家就认识到生命是宇宙演化的产物，生命是原子碰撞的产物（按现代的语言，生命就是化学进化的结果），这种正确的观点流传到了现在或者说被现代科学所支持。古希腊这些仅源自一些逻辑猜测的生命起源观虽然十分朴素，但它们却扎根于伟大而智慧的古希腊哲学家的唯物主义的动态变化的世界观之中。

二、近代以来的生命起源观

1. 活物出自大地之初的混沌

德国哲学家康德（1724～1804年）在其于1790年出版的专著《判断力批判》中指出：“自然的考古学家可以把大地的内部，在其刚发生时，看成是一个巨大的动物，从它的混沌状态生出种种活物来，其形状并不显出那么多的类似性的，而这些活物又生出其他的活物来，是更适应于它们的生长环境与其相互的关系的”（康德，1985）。

现在看来，康德的这种猜测肯定是极为荒唐的，他的这种想法有点类似于古希腊哲学家恩培多克勒将动物的最初产生想象为各种器官和肢体的偶然组合，都是一种异想天开。

2. 生命起源于原始海洋胶状物

德国博物学家奥肯（1779～1859 年）假定存在一种原始的、未分化的黏液状液体——“原液”，在这种胶状物中产生球状小泡，并形成“纤毛虫”，即最简单的生命体。歌德在《浮士德》一书中运用此概念描述所有生物起源的“原始海洋胶状物”（玛格纳，2001）。

这种猜测是大胆的，虽然仅仅是一种猜测，也没有科学根据。但是，最初的生命或许就是在类似的环境中产生的，虽然经历了漫长的岁月。

3. 生生相生的生源论

法国微生物学家、微生物学的奠基人之一巴斯德（Louis Pasteur，1822～1895 年）提出一种称为“生源论”的学说，认为一切有生命的机体只能来自原先存在的有生命的机体，不能由无生命的物质演化而来。他否定了自然发生说（自生说）。简单地说，“生源论”就是主张生生相生，那最初的生命从何而来呢？

4. 生命的起源是通过化学途径实现的——化学进化论

19 世纪后期，随着人们对宇宙和地球环境演化及生命物质（如蛋白质）认识的不断深入，一些学者试图从更为细节性的线索（如水、温度、光、电、无机营养盐类等）来说明地球上的生命起源，也主张生命是宇宙演化的产物以及生命的起源是通过化学途径得以实现的，正如古希腊哲学家早已预测到的那样。

①黑格尔——生命的起源通过化学途径产生

德国哲学家黑格尔（1770～1831 年）在其《自然哲学》一书中说，“化学过程本身是地球上的一般过程……而气象过程则是自然界的巨大化学过程……这类过程又是生命过程的直接起源……化学过程是一种类似于生命的东西；我们在这里遇见的生命内在活动会令人感到惊奇。化学过程如能自动地继续进行下去，那就会成为生命；因此，显然应该从化学方面理解生命”（黑格尔，1986）。

②钱伯斯——生命的创造归结到“第一个原始细胞是如何产生的”

英国业余博物学家钱伯斯（1802~1871年）在于1844年匿名出版的《自然创造史的遗迹》一书中说，由于化学家已经合成了尿素和尿囊素，就再也不用证明有机化合物具有独特的化学特性了。他认为细胞是“无机物和有机物之间的交汇点，它是矿物界的结尾和动物界的开端”，这样，生命的创造就归结到了“第一个原始细胞是如何产生的”这样一个问题。他提出，某种“化学-电的作用”导致了第一个细胞的形成（玛格纳，2001）。

③达尔文——生命起源的温暖小水池

1871年，英国博物学家达尔文在写给英国植物学家胡克（Joseph Dalton Hooker）的一封信中谈到了生命起源的问题，他写道，“人们常说初次产生生物的一切条件现在都具备，过去也会是如此。然而如果（好家伙！这是多么伟大的如果！）我们能够想出某一个温和的小池塘，并有氨、磷酸盐、光、热、电等所有的东西，并想象形成了某种蛋白质似的化合物，准备经历更复杂的变化；在现在情况下这样的物质将会立刻被吞食或吸收，这种情形在生物形成之前是不会发生的”（迈尔，1990）。

达尔文关于生命可能起源自温暖小水池的观点现在还受到一些学者的追捧。虽然20世纪的实验科学已经证实，在合适的光、热或电的条件下，由无机物（氨等）确实可以形成有机分子（氨基酸、肽类），但这实际上离揭示真正的生命起源还相差甚远。

美国化学家夏皮罗（Robert H. Shapiro，1935~2004年）在1986年的著述中注意到达尔文上面这段似乎不经意的说法，“竟然与今天的知识相当符合，如果不是因为他有远见，就是说明多年来生命来源的研究没有什么进步”（詹腓力，1999）。

④瓦格纳——大气是有机胚种的永恒栽培地

德国探险家和博物学家瓦格纳（Moritz Wagner，1813~1887年）在于1874年出版的《自然科学的争论问题》（第1卷）一书中指出：在这旋转着的星云中，“在各不相同的区域中有各不相同的温度，所以完全有理由假定：为有机的生命所必需的各种条件，总可以在其中的某个地方找到。因此，我们可以把天体和旋转着的宇宙星云的大气看成是有生命形式的永久储藏所，看成是有机胚种的永恒栽培地”(恩格斯，1925)。虽然瓦格纳给予的是一种宏观的原则性论述，但是，即使是在现在，这种关于生命起源客观性的见解也是毋庸置疑的。

⑤恩格斯——生命的起源必然是通过化学的途径实现的

德国哲学家恩格斯（1820～1895年）在《自然辩证法》一书中说，“当行星有了一层硬壳而且在它的表面上有了积水的时候，行星固有的热就比中心天体发送给它的热越来越减少。它的大气层变成我们现在所理解的意义下的气象现象的活动场所，它的表面成为地质变化的活动场所……最后，如果温度降低到至少在相当大的一部分地面上不越过蛋白质能在其中生存的限度，那么在其他适当的化学的先决条件下，有生命的原生质便形成了……也许经过了多少万年，才出现了可以进一步发展的条件，这种没有定型的蛋白质能够由于核和膜的形成而产生第一个细胞……生命的起源必然是通过化学的途径实现的”（恩格斯，1925）。

恩格斯试图从行星环境演化与生命构建物质（蛋白质）之间的关系推测生命可能的起源方式，并强调了（第一个）细胞起源的重要性。当然，那时对原核生物还没有认识，因此，最初的细胞并不可能是如恩格斯所说的有细胞核的细胞。此外，那时也不可能知道构建细胞的生物大分子除了蛋白质外，还有核酸（DNA和RNA）。

⑥奥巴林——“团聚体假说”

苏联生物化学家奥巴林（Alexander Ivanovich Oparin，1894～1980年）于1936年出版了《地球上生命的起源》一书，提出了关于生命起源的化学进化理论。他将生命的起源分为三个阶段：首先，原始地球大气是还原性的，主要由CH_4、NH_3、H_2O、H_2S、CO_2或CO、PO_4^{3-}等组成（O_2和O_3稀少或缺乏），短波紫外线照射能催化这些无机分子生成构成生命的一些小分子有机物（如氨基酸）；其次，小分子有机物可聚合成生物大分子并在原始海洋中进一步形成多分子体系的团聚体（如氨基酸可聚合成多肽和蛋白质、一定长度的磷脂能形成构成细胞膜的脂质双层）；最后，在自然的选择作用下，适合于当时外界条件的团聚体得以保存，不适者则消亡，经过漫长的演化，终于出现了能够新陈代谢和自我复制的原始生命——原生体，并最终产生了细胞。

奥巴林提出了原始大气是还原性的假设以及高能的紫外线可促进像氨基酸这样的小分子有机化合物生成的观点，这是一个重要的进步，也受到大量现代科学研究证据的支持。但是，在其他方面，奥巴林的观念并不比达尔文和恩格斯的观念前进了多少，因为，如何从大分子聚合物（奥巴林所说的‘团聚体’）进化到能够自我复制的细胞仍然没有答案。

5. 宇宙胚种论（或泛种论）

20世纪，化学进化论的观点虽然被普遍接受，但是，面对在有时用肉眼都难以辨别的一个小小的细胞中竟然存在如此复杂的生命组分以及被如此复杂的相互关系精细地调控的事实，人们仍然很难相信从一些简单的有机小分子在我们生存的这个地球上是如何能够完成如此宏大的伟业的！宇宙胚种论（或泛种论）便是这等信仰的产物。

1907年，瑞典化学家、诺贝尔化学奖得主阿列纽斯（Svandte Arrhenius，1859～1927年）提出了宇宙胚种论，认为在宇宙中存在着微生物孢子，可以在星际或行星际自由漂流以传递生命，遇到合适的行星（如地球）环境，就可以演化出各种各样的生命。这种运输机制包含生命可能由太空进入地球，也有可能由地球输送到其他星际。宇宙胚种论者的最重要的理由是，微生物可以在各种极端环境（异常的温度、压力、宇宙辐射等）中生存，据说，在特殊环境下，细菌甚至可以休眠存活上百万年。

从某种意义上来说，宇宙胚种论可能不过是古希腊哲学家阿那克萨戈拉的“种子说”的翻版。此外，这一学说并未真正解释生命是如何起源的，只是猜测生命的种子早已存在于宇宙之中。宇宙胚种论也被称为泛种论。连DNA双螺旋结构的发现者之一的克里克（Francis Crick）都不相信生命源自地球，1972年，他与英国化学家奥格尔（Leslie Orgel，1927～2007年）共同提出了“定向泛种论”，认为地球生命可能最初起源于另一颗星球。地球上的生命是如何起源的？除了地球，宇宙中是否还有其他星球拥有生命的存在？这些都还是未解之谜！正如詹腓力（1999）批评的那样，这“是把难题推移到太空去”！

三、从天体与地球化学看生命的起源

如果生命的起源必然是通过化学途径实现的，那么，天体-地球环境化学也应该能为我们窥视生命的起源与演化提供一种独特的重要视角。

1. 生命不过是浩瀚宇宙之一粟

在天文学家看来，地球上的生命演化及其历史只不过是无限宇宙中物质进化的一个小小的场景或极短暂的一瞬罢了。我们居住的这个地球，是太阳系从内到外的第三颗行星（依次是水星、金星、地球、火星、木星、土星、天王星和海王星，图7-1），而太阳存在于银河系之中，是银河系的恒星之一。据称，银河系是一个由1000亿～4000多亿颗恒星等组成的庞大星系，而在宇宙中至少有几十亿个和银河系一样的星云！人类对太阳系的认识都还十分不足，对银河系乃至整个宇宙的认识就更为有限了！

2. 宇宙-地球-生命的元素既相似又不完全相似

地球上的生命虽然神奇无限，但是却不能改变元素的性质，举例来说，它们不可能把氧变成氢，也不能把氢变成氧。它们只能利用自然界存在的元素来加工

图 7-1　太阳系的主要成员：由左至右依序为（未依照比例）海王星、天王星、土星、木星、小行星带、太阳、水星、金星、地球和月球、火星，在左边可以看见一颗彗星（来源：维基百科）

各式各样的化合物，即可以从无机物制造有机物或从一些有机物制造另一些有机物，但是不能改变构成化合物的元素。因此，生命存在的基础就是地球上的元素化学背景。由于地球也是整个宇宙系统演化的产物，因此其化学组成也与宇宙的化学组成有着密切的联系或相似性。

宇宙、地球和生命化学组成的比较如表 7-1 和表 7-2 所示。在宇宙中，H、He 是最丰富的元素，其次是 O、N、Ne、Si、Mg 和 S；而在地球上，O 是最丰富的元素，其次是 Si、Mg、Al、Na、S、P、H、C 等。在生物体中，O、C、H、N、Ca、P 为主要结构元素，占生物体的 95% 以上，其中，C、H、O、N、S、P 构成了蛋白质、核酸、糖、脂肪等生物大分子。不难看出，宇宙–地球–生命之间的主要元素组成及相对丰度具有一定的相似性，但又不完全相同。这既反映了宇宙–地球–生命之间通过化学的必然联系，又反映了生命构建物质自身的特殊性。换句话说，生命的元素并不完全是地球化学元素的随机组合，它是一个具有一定选择性的化学系统。

表 7-1　地球及宇宙中的元素

原子序数		整个地球（A）	宇宙（B）	亏损比 log（B/A）
1	H	84	3.5×10^{8}	6.6
2	He	3.5×10^{-7}	3.5×10^{7}	14
6	C	71	80 000	4.0
7	N	0.21	160 000	5.9

续表

原子序数		整个地球（*A*）	宇宙（*B*）	亏损比 log（*B/A*）
8	O	35 000	220 000	0.8
9	F	2.7	90	1.5
10	Ne	1.2×10^{-8}	50 000	10.6
11	Na	460	462	0
12	Mg	8 900	8 870	0
13	Al	940	882	0
14	Si	10 000	10 000	0
15	P	100	130	0.1
16	S	1 000	3 500	0.5
17	Cl	32	170	0.7
18	Ar	5.90×10^{-4}	1 200	6.3
36	Kr	6×10^{-8}	0.87	7.2
54	Xe	5×10^{-9}	0.015	6.5

资料来源：引自原田（1978）

表 7-2　人体的元素组成

元素	所占比例/%	元素	所占比例/%
O	65	Cl	0.15
C	18	Mg	0.004
H	10	Fe	0.004
N	3	Cu	0.000 14
Ca	1.5 ~ 2.2	Mn	0.000 13
P	0.8 ~ 1.2	I	0.000 04
K	0.35	Co	……
S	0.26	Zn	……
Na	0.15		

资料来源：引自原田（1978）

生物大分子的神奇与一个特殊的化学元素——碳不无关系。碳在元素周期表中位于第二周期，是一个四价元素，在生命的主要构成元素（C、H、O 和 N）中，只有碳能形成带复杂支链的长链分子，因为碳不仅可与许多其他元素结合（如 C—H、C—O），也能与碳原子本身结合（C—C）。还有可能替代碳作为生命骨架的元素存在吗？与碳同族的另一个元素是硅，但位于第三周期，硅常见的价态也是+4 价（如 SiO_2），且地球上的硅的储量比碳更为丰富。但是，在人体的元素组成中却不见硅的踪影。为什么呢？CO_2 在常温条件下为一种气体，而在地球

上广泛分布的 SiO_2（又称为硅石）熔点却接近 1700℃，沸点更是高达 2230℃！因此，硅不可能成为生命的主要结构材料。也就是说，正是碳温和、适中的化学特性赋予了它作为相对柔性的生命（生物大分子）骨架以及易于进行生物能量转化等的重要使命。

3. 地球上的水圈——生命演化的必要条件

水是地球上一切生命得以存在的最重要基础，没有水（严格来说，液态水）就不会有任何生命的存在。水是所有生命（无论植物还是动物）的最主要的成分（约占活细胞质量的 70%，表 7-3），也是生物体内生化反应的重要媒介。正是地球表面适中的温度条件，恰好使水呈现出周期性的气—液—固三态之间的转化，由此形成了独特的气候系统，为生命的诞生、发展与演化提供了绝佳的条件。或者说，水奇特的性质（气—液—固态之间转换）决定了它是地球生命得以存在的根本。

表 7-3　一个细菌中大致的分子组成

组成	质量百分比/%	每个细胞中的大约分子数	不同种类数
水	70	4×10^{10}	1
DNA	1	1～4	1
RNA	6	5×10^{5}	3000
蛋白质	15	1×10^{5}	3000
核苷酸及其前体	0.4	1.2×10^{7}	200
氨基酸及其前体	0.4	3×10^{7}	50
碳水化合物（多糖及其前体）	3	2.5×10^{8}	200
脂类	2	2.5×10^{7}	50
离子	1	2.5×10^{9}	20
废物及中间体	0.2	1.5×10^{7}	200

首先，地球上构成生命基础的各式各样的有机化合物的合成必须有足够的液态介质的存在。其次，原始地球最初产生的活有机体也需要液态介质来防止紫外线的伤害（据推测，那时到达地球表面的紫外线等要比现在更多）。此外，如果温度过高（如超过 100℃），而大气压力不太高，则在地球表面就不能形成水圈，当然就不可能有生命的发生（什可洛夫斯基，1984）。

地球与太阳的周期性运动，在很大程度上决定了地球表面的水、热分布以及周期性格局。特别是地球表面水的循环决定和影响着地球表面的气候格局，进而决定了地球上生命（特别是植被）的宏观地理格局。因此，从宏观（生态）上来看，生命就是水—热的产物。

在现在太阳系的八大行星（依次是水星、金星、地球、火星、木星、土星、天王星和海王星）中，只有地球的表面被液态水覆盖。地球上的液态水是如何形成的呢？有一种观点认为，在地球形成之初，原始大气中的氢与氧化合成水，水蒸气逐步凝结下来并形成海洋。还有一些人认为，地球形成初期，遭受大大小小彗星与陨石的不断撞击，在这些小行星中，有很多储存了丰富的水资源（蒸汽、液态水和冰）。迄今为止，关于地球上液态水的来源问题还没有统一的说法，各种学说多达几十种。无论是通过怎样的途径或方式，有一个不争的事实是，地球表面上的液态水确确实实存在了数十亿年之久，因此，我们生存的地球十分幸运。

4. 地球表面的平均能量——支撑最大的分子复杂性

美国生物物理学家莫罗维茨（Harold J. Morowitz，1927 年～）考察了有机分子的主要结构元素——C、H、N、O 和 S 及其连接方式，区分了两种键，一种是终止键，如羟基—OH；另一种是链延伸键，如 C ═C。前者增加分子多样性，而后者则是限制。在高温时，系统是等离子体，链终止键比链延伸键更具主导作用，在低温时，链延伸键占据主导（考夫曼，2004）。

如果将链延伸键的平衡比率作为每单位体积中的温度（能量）的函数画一条曲线，该曲线先上升，接着达到峰值，然后再下降。曲线的最大值（链延伸键在平衡态时的最大值）非常接近于地球生物圈中单位体积的平均能量（考夫曼，2004）。这就是说，生物圈单位面积的能量可使有机物的延伸键最大化，这也意味着地球的热力学（温度）条件是最适合于有机物质的多样化以及由此所构建的形形色色生命体的演化与发展的。但问题是，现在的有机物已是生命加工的产物，虽然依赖于一定的热力学条件。

5. 地球上的大气圈——“天文学上的荒唐”

在太阳系中，现今地球的大气化学组成是独一无二的（什可洛夫斯基，1984）：火星和金星大气中的主要气体是 CO_2（超过 95%），在极其稀薄的火星大气中，游离氧总共只占 0.2%，而在金星上更少；但是，在地球的大气中，CO_2仅有约 0.032%，而氧气却极为丰富。为什么 CO_2在我们太阳系“邻居们”的大气中独占鳌头，而在我们地球上却“消失了”呢？

现已知道，这是因为覆盖在我们地球这个行星上的绿色植物（蓝细菌、藻类、高等植物）生命活动的结果——植物利用太阳光能将几个分子的 CO_2 和 H_2O 结合，生成葡萄糖，同时释放出氧气，在几十亿年漫长的地球生命历史演化过程中，使地球大气中的 CO_2逐渐被“清除”，而使氧气逐渐积累起来了。因此，在这种意义上来说，生命既是地球环境演化的产物，又是地球环境的改造者！

据估计，地球上的植物每年向大气提供 10^{11} t 氧气，如果没有植物的生命活动，这一极其活泼的分子就会参加各种化学反应，而在大约 10 000 年的时间内从我们的大气中消失。从行星的观点来看，现代的地球大气圈是一种天文学上的“荒唐”或奇迹，因为这里有 21% 的大气是由化学性质十分活跃的气体组成的，而这还是我们这颗行星上长达 40 余亿年生命活动不断累积的结果（什可洛夫斯基，1984）。这也有另一个遗憾，即地球诞生早期的大气环境已不复存在，这给生命起源的探索带来了困难。

四、从无机物通向简单有机物之路——实验证据

早在 1828 年，德国化学家维勒（Friedrich Wöhler，1800 ~ 1882 年）在给铵氰酸加热时，吃惊地发现尿素这种生物废品形成了，由无机物质合成的尿素打破了有生命和无生命的明显界限（贝希，1998）。

如果地球上的生命起源于无机化合物，那构成现在生物大分子的一些简单有机物（如氨基酸、核酸等）应该就能合成。正是这样的动机，使科学家早在一个多世纪前，就开始了探索原始地球条件下低分子有机化合物来源问题的实验研究，如关于糖类起源的研究可追溯至 19 世纪 60 年代。在低分子有机化合物起源的研究中，以氨基酸的研究最多。

人们在降落到地球上的陨石中已经找到了几十种氨基酸，在星际空间也检测到约 140 种有机分子。这些结果表明，在合适的星际环境中，从无机化学元素可以自发地形成有机化合物，这些有机化合物在地球表面上日渐复杂，直到其中一些相互作用产生出活的能够新陈代谢繁衍生命的个体（格莱泽，2011）。

1. 构成蛋白质的氨基酸几乎都能在人工条件下产生

早在 1922 年，奥巴林就认为，原始的大气与现在的氧化大气环境非常不同，具有丰富的甲烷、氨和水，但基本缺乏氧气，是一个还原性的大气（Nelson and Cox，2004）。在 1952 年，美国化学家米勒（Stanley Lloyd Miller，1930 ~ 2007 年）用实验验证了奥巴林关于在还原性大气环境下小分子有机化合物起源的假说（图 7-2）。米勒在一个大烧瓶中放入早期地球大气中可能有的化学元素：水、氨、甲烷和氢，然后释放电火花，几天之后，在烧瓶底部聚集起一种橙色黏稠混合物，在甲烷中的碳有 10% ~15% 跑到有机化合物那里去了，包括构成蛋白质的 9 种氨基酸，这样通过向无机混合物的前生命汤放电，创造出了一些生命物质，虽然不是生命本身，但是，是一些能使生命成为可能的化合物（格莱泽，2011）。无声放电是使用臭氧发生器进行的，用氮气代替氨进行火花放电也得到同样的结果，可氨基酸的产量低。米勒认为，醛、氨及氰化物发生反应生成氨基氰，再被水解成为氨基酸，即是按斯特雷克尔反应进行的（原田，1978）。

米勒的实验之后，科学家进行了大量的类似实验（表 7-4），如用紫外线辐

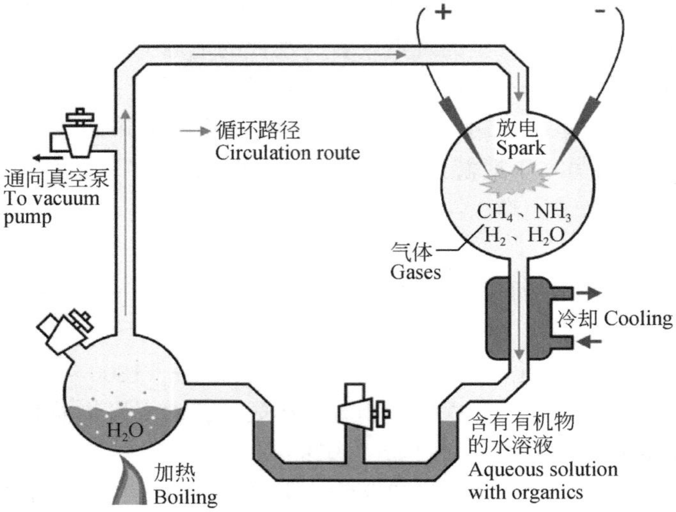

图 7-2　米勒的实验装置示意图（由 KuriPop 提供）

射来代替电火花，也可获得氨基酸和其他有机化合物，尽管生成量不尽相同。构成蛋白质的几乎所有氨基酸都可在实验条件下获得（表 7-5），这意味着前生命体的原始蛋白质似乎可以在一定条件下从环境中拾掇而成。

表 7-4　关于氨基酸形成的实验研究

原料	条件	产物	文献*
CO、NH_3、H_2O	无声放电	甘氨酸	勒布，1913
氢、甲烷、氨、水	火花放电 此外用无声放电或火花放电（但用 N_2 代替氨）得到类似的成分	①甘氨酸、丙氨酸、肌氨酸、β-丙氨酸、α-氨基酪酸、*N*-甲基丙氨酸、天冬氨酸、谷氨酸、亚氨二醋酸、亚氨醋酸-丙酸、甲酸、乙酸、丙酸、戊二酸、乳酸、α-羟基酪酸、琥珀酸、尿素、甲脲； ②气体中还产生了 CO_2、CO、N_2 和 HCN	米勒，1953
CH_4、NH_3、H_2 及 H_2O、CO、CO_2、N_2 和 O_2	放电	①主要生成物与米勒的实验相似，为甘氨酸、丙氨酸、β-丙氨酸及肌氨酸； ②混合气体是氧化性时不产生氨基酸，是还原性时产生氨基酸	爱贝尔森，1953～1954 年
CH_4、CO_2、NH_3、N_2、H_2、H_2O 和 O_2 的各种组合	通电	①甘氨酸、丙氨酸、肌氨酸、β-丙氨酸及 α-氨基酪酸等； ②如果在反应气体中加入 H_2S，就生出 NH_4CNS、硫脲、硫代乙酰胺，但没有发现含硫氨基酸	海恩斯，1957

续表

原料	条件	产物	文献*
CH_4、NH_3、H_2O 及 CO	放电	甘氨酸、丙氨酸、天冬氨酸、谷氨酸、β-丙氨酸及α-氨基酪酸	巴普洛夫斯卡娅和巴辛斯基，1959
氨、水、异辛烷（或甲醇）	放电	得到了氨基酸	费兰克，1960
如果将乙烷同甲烷一道加到反应气体中	?	除形成通常的氨基酸之外，还产生了高级氨基酸——脯氨酸、缬氨酸、白氨酸	奥罗，1963
甲烷、氨、水	火花放电	①天冬氨酸、酥氨酸、丝氨酸、谷氨酸、甘氨酸、丙氨酸、异白氨酸、白氨酸及赖氨酸；②在反应液中可能存在着小的多肽，以及随着反应的进行，在溶液中生成微小的球状物	格罗森贝且和奈特，1965
CH_4、NH_3	火花放电	①赖氨酸、组氨酸、天冬氨酸、酥氨酸、丝氨酸、甘氨酸、丙氨酸、异白氨酸 ②气体中发现 H_2、N_2、HCN，少量的 CH_3CH_3、CH_4、$CH_2{=}CH_2$、$CH{\equiv}CH$	马修斯和莫泽，1966
甲烷、氮	火花放电	腈基乙炔（可变成天冬氨酸）	桑切斯，1966
CH_4、NH_3、H_2O	放电	甘氨酸、丙氨酸、酥氨酸、天冬氨酸、缬氨酸、白氨酸、异白氨酸、苯基代丙氨酸	庞南佩鲁马和弗洛里斯，1966
CH_4、NH_3	放电	α-氨基乙腈、α-氨基丙腈	庞南佩鲁马和沃勒，1967
CH_4、NH_3、H_2O	放电	甘氨酸、丙氨酸、天冬氨酸、谷氨酸	石上，1969
甲酸铵、氨、氰化钠、硫酸亚铁、水	紫外线	氨基乙腈（甘氨酸）	艾尔贝森，1953～1954
甲醛、KNO_3、$FeCl_3$、水	太阳光	天冬氨酸、丝氨算、赖氨酸	巴哈杜尔，1954；1958
FeS、氯化铵、水	吹甲烷气、紫外线照射	苯丙氨酸、甲硫氨酸、缬氨酸	埃伦博根
甲烷（或乙烷）、NH_3、H_2O	紫外线	甘氨酸、丙氨酸、α-氨基酪酸、甲酸、乙酸及丙酸	格罗斯、冯魏森哈夫
甲醇、甲醛、铵盐、氨、羟氨等	紫外线 以 ZnO、Cu^{2+}、Fe^{3+} 作催化剂	甘氨酸、丙氨酸和甲酸	里德，1959

续表

原料	条件	产物	文献*
硝酸铵（或氯化铵）、甲醛、水	紫外线	甘氨酸、丙氨酸、谷氨酸、丝氨酸和缬氨酸	巴普洛夫斯卡娅和巴辛斯基，1959
CH_4、NH_3、CO、水蒸气	紫外线	甘氨酸、丙氨酸、缬氨酸、白氨酸、乙胺、肼、尿素、甲醛	多德诺娃和西多罗娃，1961
氰化氢、水	紫外线	甘氨酸、丙氨酸、丝氨酸、天冬氨酸	艾贝尔森，1966
醋酸铵、水	β 射线	甘氨酸、天冬氨酸、二氨基琥珀酸	哈塞尔斯特罗姆等，1957
甲烷、氨、水	高能电子	甘氨酸、丙氨酸	帕尔姆和卡尔文，1962
碳酸铵（固体）	X 射线	甘氨酸	斯帕克等，1957
甲烷、氨、水	质子照射（低温 77°K）	尿素、乙酰胺、丙酮	伯杰，1961
甲烷、氨、水蒸气	在 950～1050℃的二氧化硅中通过	天冬氨酸、酥氨酸、丝氨酸、谷氨酸、脯氨酸、甘氨酸、丙氨酸、缬氨酸、别异白氨酸、异白氨酸、白氨酸、酪氨酸、苯丙氨酸、α-氨基酪酸、β-丙氨酸	原田和福克斯，1964；1965
同上	同上	氨基酸： 甘氨酸、α-丙氨酸、β-丙氨酸、丝氨酸、谷氨酸、天冬氨酸、α-氨基酪酸、脯氨酸、缬氨酸、白氨酸、苯丙氨酸、色氨酸、赖氨酸 烃类： 苯、甲苯、P-O＝二甲苯、萘、乙烷、丙烷、环丁烷、环已烷、乙炔 含氧物质： 乙醛、丙醛、丙烯醛、乙醇、丙酮、挥发性酸、不挥发性酸、一氧化碳、甲酰胺 含氮化合物： 氰化氢、甲胺、二甲胺、乙胺、二乙胺、苯胺、乙腈、丙烯腈、丙烯基腈	陶布等，1967
C_2H_2、NH_3	在 600℃的石英管中通过	谷氨酸、丙氨酸、苯丙氨酸、丝氨酸、苏氨酸、色氨酸、天冬氨酸	陶布等，1968
C_2H_2、NH_3、CO_2		谷氨酸、丙氨酸、苯丙氨酸、丝氨酸、苏氨酸、β-丙氨酸、β-苯丙氨酸、白氨酸、缬氨酸、赖氨酸、天冬氨酸	同上

续表

原料	条件	产物	文献*
甲烷、氨、水蒸气	在约 1000℃ 的石英管中通过	甘氨酸、丙氨酸、天冬氨酸、谷氨酸、酥氨酸、丝氨酸、白氨酸、异白氨酸、酪氨酸、苯丙氨酸、β-丙氨酸	奥罗，1965

*具体文献见原田（1978）。

注：根据原田（1978）书中的资料摘录而成

表 7-5　氨基酸及能否实验生成情况

中文名	英文名	英文缩写	相对分子质量	结构	类别	能否实验生成
			蛋白质氨基酸			
甘氨酸	Glycine	Gly	75.07	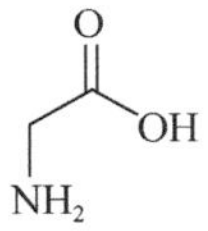	脂肪族类	√
丙氨酸	Alanine	Ala	89.09	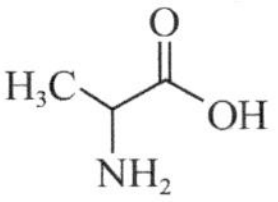	脂肪族类	√
缬氨酸	Valine	Val	117.15	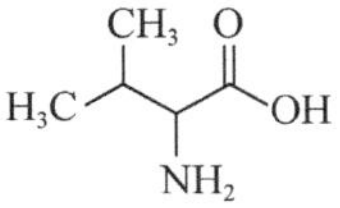	脂肪族类	√
亮氨酸	Leucine	Leu	131.17	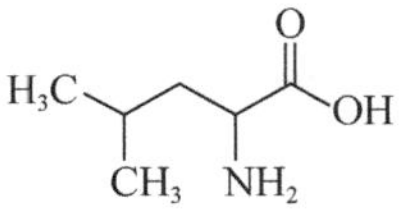	脂肪族类	√
异亮氨酸	Isoleucine	Ile	131.17	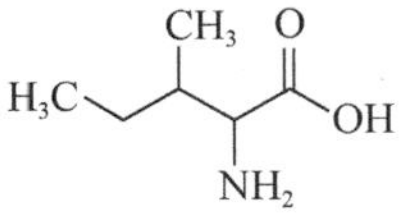	脂肪族类	√
苯丙氨酸	Phenylalanine	Phe	165.19	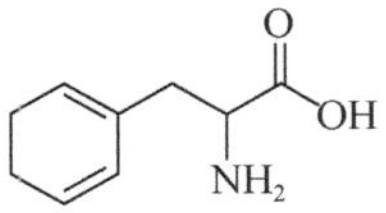	芳香族类	√
色氨酸	Tryptophan	Trp	204.23	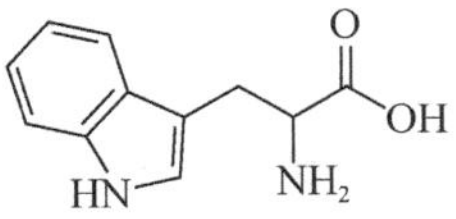	芳香族类	√

续表

中文名	英文名	英文缩写	相对分子质量	结构	类别	能否实验生成
			蛋白质氨基酸			
酪氨酸	Tyrosine	Tyr	181.19	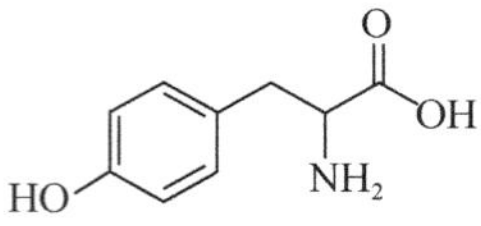	芳香族类	√
天冬氨酸	Aspartic acid	Asp	133.10	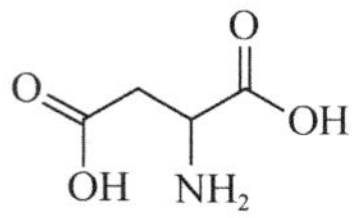	酸性氨基酸类	√
组氨酸	Histidine	His	155.16	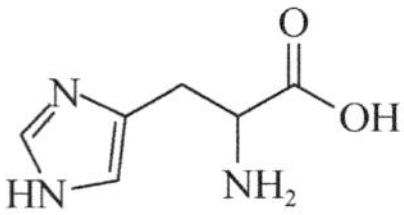	碱性氨基酸类	√
天冬酰胺	Asparagine	Asn	132.12	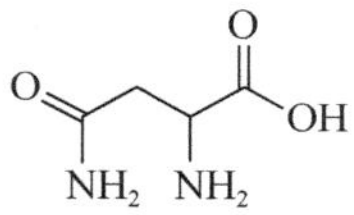	酰胺类	
谷氨酸	Glutamic acid	Glu	147.13	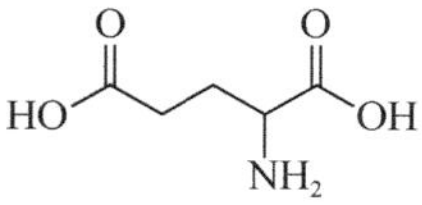	酸性氨基酸类	√
赖氨酸	Lysine	Lys	146.19	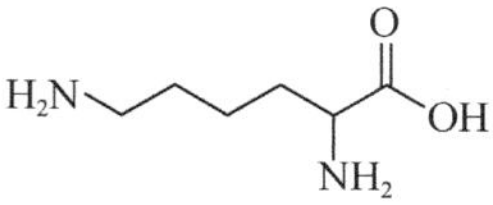	碱性氨基酸类	√
谷氨酰胺	Glutamine	Gln	146.15	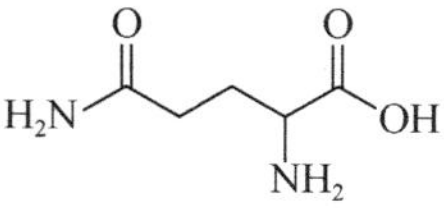	酰胺类	
甲硫氨酸	Methionine	Met	149.21	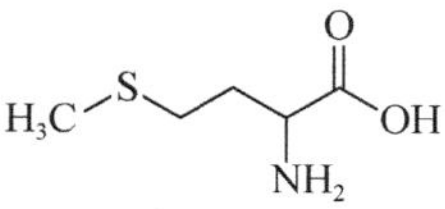	含硫类	√
精氨酸	Arginine	Arg	174.20	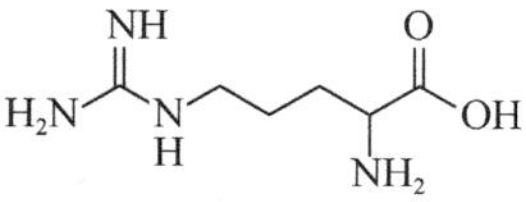	碱性氨基酸类	

续表

中文名	英文名	英文缩写	相对分子质量	结构	类别	能否实验生成
蛋白质氨基酸						
丝氨酸	Serine	Ser	105.09	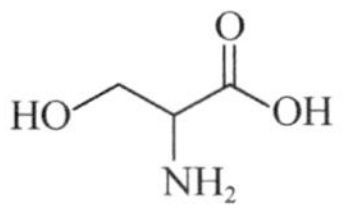	羟基类	√
苏氨酸	Threonine	Thr	119.12	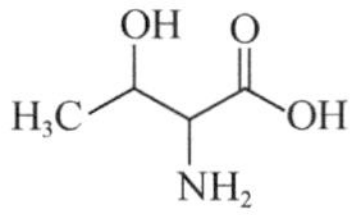	羟基类	√
半胱氨酸	Cysteine	Cys	121.16	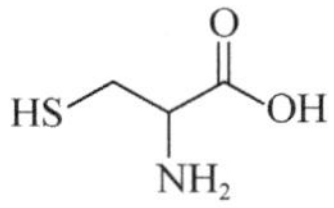	含硫类	
脯氨酸	Proline	Pro	115.13	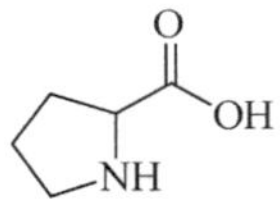	亚氨基酸	√
非蛋白质氨基酸						
肌氨酸（N-甲基甘氨酸）	Sarcosine		89.09	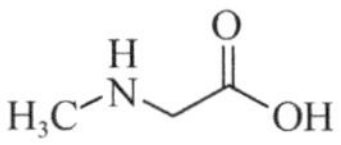		√
β-丙氨酸	β-Alanine		89.10	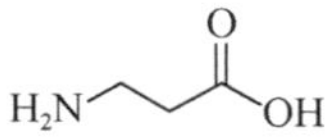		√
α-氨基酪酸	α-aminobutyric acid		103.12	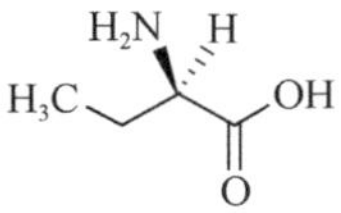		√

从结构上来看，在构成现存生物蛋白质的20种氨基酸中，有两种氨基酸（苯丙氨酸和酪氨酸）含芳环、有3种氨基酸（组氨酸、脯氨酸和色氨酸）含杂环，但都是五元芳杂环化合物。组氨酸含有一个咪唑基，而咪唑是含2个N的五元芳杂环化合物；脯氨酸含有一个吡咯基，而吡咯是含1个N的五元芳杂环化合物；色氨酸含有一个吲哚基，而吲哚是一个双环的芳香杂环化合物，含一个六元苯环和一个五元含氮的吡咯环。

苯丙氨酸和酪氨酸在结构上只有一点差异：后者在苯环上多了一个O。在现代生物体内，有一种酶——苯丙氨酸羟化酶（PheOH）可将苯丙氨酸侧链上的苯环羟基化而形成酪氨酸（图7-3）。PheOH使用四氢生物蝶呤（BH_4，蝶啶类辅因子）和亚铁离子（Fe^{2+}）作为辅酶，是一种单加氧酶类。在反应中，一个氧分子的两个氧原子被分别加入到 BH4 和苯丙氨酸之中。

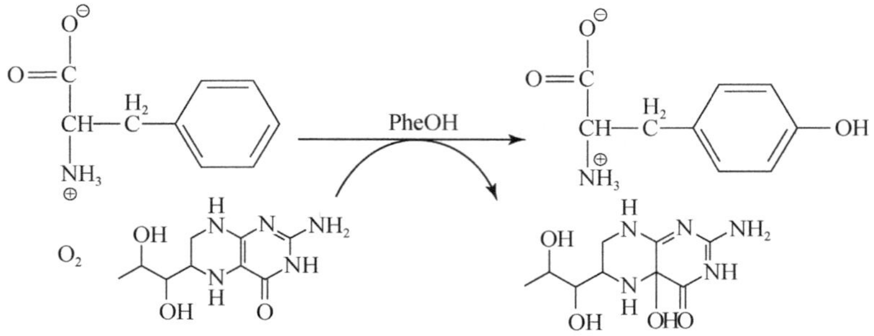

图 7-3　苯丙氨酸羟化酶（PheOH）将氧加到苯丙氨酸的苯环上（来源：维基百科）

在实验条件下，不仅可以从一些无机物生成氨基酸，还可以使一些生成的氨基酸转化成另外的氨基酸（表 7-6）。在现代的生物体内，很多氨基酸之间可以互相转化，虽然并不是在每种生物中所有氨基酸之间都能互相转化。例如，在人体内就有一些氨基酸必须从食物中摄入，称为必需氨基酸。

表 7-6　氨基酸之间的相互转化

原料	条件	产物	文献*
高岭土分散吸附由甘氨酸 *N*-羧基无水物进行聚合合成聚甘氨酸，再使它与甲醛、乙醛进行反应	60 ~ 80℃，催化剂 K_2CO_3 或 $NaHCO_3$ 7 ~ 50h	丝氨酸、苏氨酸残基（没有高岭土载体时，反应几乎就不发生）	赤堀等，1956
将分散在酸性陶土中的聚甘氨酸和过剩的丁 2-丁烯放置在一起	130℃	白氨酸残基	赤堀等，1956
聚甘氨酸、乙醛	加有金属钠的液体氨	苏氨酸残基	古山等，1963
丝氨酸、胱氨酸	热分解或碱分解	这些氨基酸首先脱水或脱去硫化氢，而变成脱氢丙氨酸	Bergmann and Miekeley，1927；Nicolet，1932；Nicolet and Shinn，1941
聚脱氢丙氨酸、氰化钾		天冬氨酸、丙甘氨酸、丝氨酸、苏氨酸、谷氨酸	Sakakibara，1961
聚脱氢丙氨酸、苄基硫醇、乙腈		*S*-苄基胱氨酸、谷氨酸、丙甘氨酸、丝氨酸、苏氨酸	Sakakibara，1961

续表

原料	条件	产物	文献*
二肽甘氨酸、1-丁烯或甲苯	光照	正亮氨酸或苯丙氨酸残基	伊拉德和斯珀林，1968
含有甘氨酸残基的氨基酸共聚物、1-丁烯或甲苯、丙酮	光照	正亮氨酸或苯丙氨酸残基	斯珀林，1969

*具体文献见原田（1978）

2. 其他低分子有机化合物的生成

在实验室（模拟原始地球环境）条件下，可以产生出生命构建物质的几乎所有类别——氨基酸、碳氢化合物、脂肪酸、糖、嘌呤、嘧啶、核苷、核苷酸和卟啉等（表7-7）。一般认为，火花放电和半电晕放电在原始地球上曾一起发生过，所以出现了由甲烷产生芳香族及高级脂肪族碳氢化合物的可能性；甲醛聚糖的产生可能是两分子的甲醛发生聚合产生羟乙醛，接着变成甘油乙醛及二羟丙酮，它们再通过与甲醛的化合而产生丁糖、戊糖和己糖，而甲烷、氨和水在受到放电、电子束及γ射线作用的反应中可生成甲醛（原田，1978）。

表7-7　关于低分子有机化合物形成的实验研究

原料	条件	产物	文献*
1. 碳氢化合物			
甲烷	1000℃，SiO_2	苯、萘、芭、菲、芘等的缩环芳香族碳氢化合物	奥罗和含，1966
CO、H_2	200～250℃，镍、钴或铁为触媒，常压或加压	多为*n*-链烷	?
甲烷	火花放电及半电晕放电	苯最多，甲苯次之，也产生了具有C_8H_{10}、C_8H_8组分的碳氢化合物	庞南佩鲁马和沃勒，1964
甲烷	半电晕放电	2，2-二甲基丁烷、3，4-二甲基己烷	庞南佩鲁马和沃勒，1964
2. 脂肪酸			
碳氢化合物、CO_2	高能电子（2Mev）	生成脂肪酸，如环己烷→环己烷羧酸、甲苯→苯乙酸	麦库西克等，1960
碳氢化合物、甲酸	X射线	生成脂肪酸：RH+HCOOH→RCO_2H	多斯和爱特尔，1958

续表

原料	条件	产物	文献*
碳氢化合物、氰化氢	X 射线	生成腈： $R—CH_3+HCN \rightarrow R—CH_2CN$	同上
$CH_3—CH_2—NH_2$、CO_2	X 射线	$CH_2—CH—COOH$ H、NH_2	同上
乙醛的碳酸氢钠溶液	X 射线	丙酮酸	同上
甲烷、水	半电晕放电	$C_2 \rightarrow C_{12}$的单羧酸，它们是乙酸、丙酸、酪酸、异酪酸、吉草酸、异吉草酸、异己酸，C_6 以上的是分支脂肪酸	艾伦和庞南佩鲁马，1967
3. 糖（包括核糖）			
多聚甲醛、稀碱		化学性质与葡萄糖相似的有甜味的糖浆	布特列罗夫，1861
甲醛水、石灰水		甲醛聚糖（糖的混合物）	洛，1886
		从甲醛聚糖中找出了果糖、山梨糖、木糖及甘醇乙醛	费歇和帕斯莫尔，1889；尤勒和尤勒，1906；施密茨，1913
		从甲醛聚糖中确定了半乳糖、葡萄糖、甘露糖、果糖、山梨糖、阿拉伯糖、核糖、阿东糖、木糖、木酮糖及来苏糖，此外还有 10 种未确定的糖	玛丽安尼和拖拉卡，1953
		从甲醛聚糖进一步找到了羟乙醛、甘油乙醛、二羟丙酮以及各种 4，5，6 碳糖类	迈尔和耶施克，1960；浦发伊尔和吕克特，1961
甘油醛和乙醛或甲醛和乙醛	MgO、$Ca(OH)_2$、$Ba(OH)_2$、NH_3	2-脱氧核糖、2-脱氧木糖（氨缓慢地催化乙醛和甘油醛的反应，同时对产物 2-脱氧核糖无分解作用）	奥罗和考克斯，1962
甲醛的稀溶液、高岭土（含水硅酸铝）	加热	多种 3，4，5，6 碳糖类，也有核糖	加贝尔和庞南佩鲁马，1967
4. 嘌呤			
氰化氢、氨、水	从室温到 100℃，加热一天到数天	腺嘌呤	奥罗和金布尔，1960；1961；1962

续表

原料	条件	产物	文献*
甲烷、氨、水	高能电子	腺嘌呤	庞南佩鲁马等，1963
去掉氧的稀薄的氰化氢溶液	紫外线	腺嘌呤、鸟嘌呤、尿素	庞南佩鲁马，1965
5. 嘧啶			
苹果酸、尿素、硫酸	加热	尿嘧啶	戴维森和鲍迪施，1926
苹果酸、尿素、聚磷酸	100～140℃	尿嘧啶	福克斯和原田，1961
丙烯腈、β-氨基丙腈、β-氨基丙酰胺、尿素、水	135℃	尿嘧啶	奥罗，1963；1965
腈基乙炔、腈酸钾、水	100℃	胞嘧啶	桑切斯，1966
腈基乙炔、腈酸离子、水	加热	β-氰乙烯基尿素→胞嘧啶	费里斯，1968
6. 核苷			
腺嘌呤、核糖、磷酸（或乙基偏磷酸盐）	紫外线	腺苷（没有磷酸存在时不产生腺苷）	庞南佩鲁马等，1963
腺嘌呤、脱氧核糖	光照	脱氧腺苷（没有磷酸或氰离子不形成腺苷）	庞南佩鲁马和柯克，1964
7. 核苷酸			
腺嘌呤、核糖、乙基偏磷酸盐	紫外线	腺苷、AMP、ADP、ATP、A4P（无紫外线照射时则没有任何生成物）	庞南佩鲁马等，1963
腺苷、鸟苷、胞嘧啶核苷、尿核苷和胸腺核苷，各种磷酸盐	加热到 160℃或50℃	发生了核苷的磷酸化	庞南佩鲁马和柯克，1965
腺苷、胞嘧啶、鸟苷、尿核苷、脱氧胞嘧啶核苷、胸腺核苷、聚磷酸	0～22℃	得到核苷的磷酸化，但脱氧腺苷和脱氧鸟苷在这样的条件下未能发生磷酸化	温黑尔特和福克斯，1967
尿核苷、$Ca(H_2PO_4)_2$或$(NH_4)_2HPO_4$	65～85℃	5-磷酸-尿核苷、2′（3′）-磷酸-尿核苷、二磷酸尿核苷	贝克等，1967
尿核苷、$H_2PO_4^-$、缩合剂（氰、氰酸离子、氰氮、双氰胺或碳化二亚胺）	37℃或65℃	5′-磷酸-尿核苷（UMP）	洛尔曼和奥格尔，1968
腺苷、直链的聚磷酸盐、水	加热	2′、3′及5′磷酸腺苷	施瓦茨和庞南佩鲁马，1968

续表

原料	条件	产物	文献*
8. 卟啉			
乙炔、氰化氢	加热	吡咯	迈尔，1913
乙炔、氨	加热	吡咯	奇奇巴宾，1915
吡咯、苯甲醛	加热	α，β，γ，δ-四苯基二氢卟吩 α，β，γ，δ-四苯基卟吩	罗森穆德，1936；鲍尔等，1946
吡咯、甲醛、水	Ni^{2+}或Cu^{2+}	卟啉	霍奇森和贝尔，1967

*具体文献见原田（1978）

3. 对米勒实验的批评

雅荷雅（2003）在《进化论的欺骗性》一书中收集与分析了反对米勒实验的各种研究证据，并对米勒的实验提出了激烈批评，其主要有以下理由。

其一，在米勒的实验中，使用了一个称为“冷陷阱”的机制，氨基酸一旦形成，就被隔离开来，如果不这样做，形成氨基酸的环境就会立即毁掉分子，而原始地球不可能存在这种有意识的隔离机制。

其二，米勒的实验用甲烷和氨水的混合物来模仿古老的地球大气环境，这被认为是不切实际的，现在的科学家认为，在取代甲烷和氨水的人为环境中，应该存在氮（N_2）、二氧化碳（CO_2）和水蒸气（H_2O）。

其三，已经形成的氨基酸也会被大气中足够多的氧气所破坏：有一些研究认为，那时的氧的含量比人们预期的要高得多，因为那时地球所受紫外线辐射的程度比通常估计的要高出1万倍，这将不可避免地通过分解大气中的水蒸气和二氧化碳来释放出氧气。而米勒的实验完全忽视了氧，如果有氧存在，甲烷就会被分解成二氧化碳和水，氨就会被分解成氮和水。另外，在无氧的环境中也没有臭氧层，氨基酸很快就会因没有臭氧层保护而被非常强烈的紫外线辐射所破坏。

其四，在米勒实验的末尾，形成了很多对生物结构和功能有害的有机酸，如果氨基酸没有被隔离，并且与这些化学元素一起留在相同的环境中，通过化学反应，它们会不可避免地因破坏或转变，而成为不同的化合物。

其五，实验后期形成了大量的右手型氨基酸，而构成蛋白质的都是左手型氨基酸。因此，这些反对者认为，米勒的实验并不能证明生物在原始地球条件下的偶然形成，而不过是一种在实验室里进行的有目的的、可控性的氨基酸合成。

其实，这些批评过于牵强，虽然很多关于地球早期大气环境的研究尚未有定论，但是，对早期厌氧的大气环境的改造发生在放氧光合生物出现之后，这是当前学术界主流的看法。纵观太阳系的其他行星，有哪一个是像地球这样拥有一个氧化的大气层的？此外，在米勒的实验中，用N_2代替氨进行火花放电也得到同样的结果，只是氨基酸的产量较低。

五、简单有机物的聚合——实验证据

另有一个非常重要的问题就是必须知道一些简单的有机化合物，如氨基酸、单糖和核苷酸等能否发生聚合。在这一类的实验研究中，以探讨氨基酸聚合的研究最多。

1. 氨基酸的聚合

在一定的实验条件下，氨基酸可以发生聚合，包括单种氨基酸的聚合、两种不同氨基酸之间的聚合、三种不同氨基酸之间的聚合及十几种不同氨基酸之间的聚合（所谓的类蛋白）（表7-8）。

表7-8　氨基酸聚合物或多肽的形成

原料	条件	产物	文献*
单种氨基酸的聚合物			
天冬氨酸	加热	四天冬氨酸酐、八四天冬氨酸酐	席夫，1897；1899
甘氨酸	密封管中加热160℃	主要为二酮哌嗪，少量聚甘氨酸	阿布德霍尔登和科姆，1924
DL-天冬氨酸	180～200℃	聚天冬氨酸，相对分子质量8000以上	科瓦奇等，1953
富马酸、苹果酸的铵盐	加热	据原田（1959）推测，形成了脱水聚天冬氨酸	福克斯等，1955
氨基乙酰腈、高岭土	加热	二甘氨酸、三甘氨酸和四甘氨酸	花房和赤堀，1959
赖氨酸	加热	聚赖氨酸	原田，1959
α-氨基丙腈、酸性陶土	80℃，50～60h	聚丙氨酸，相对分子质量约为20 000，但不用陶土时，几乎不形成丙氨酸聚合物	洛斯和安德斯，1961
甘氨酸	氨水，140℃	聚甘氨酸	奥罗和吉戴，1961
天冬氨酸	水溶液，加热	聚天冬氨酸	科瓦奇和内盖，1961
甘氨酸	加热，水、酸、有机碱、盐（分别或组合）	聚甘氨酸	渡边和香西，1963
丙氨酸	二氰铵钠盐	丙氨酰-丙氨酸	施泰曼等，1965

续表

原料	条件	产物	文献*
甘氨酸	二氰铵钠盐	二甘氨酸、三甘氨酸、四甘氨酸，强酸条件下产量高	施泰曼等，1965
两种氨基酸的聚合物			
甘氨酸、加热熔化了的焦谷氨酸液体	170℃左右	谷氨酸-甘氨酸共聚物，相对分子质量 11 000 ~ 18 000	原田和福克斯，1958
天冬氨酸、谷氨酸	160 ~ 200℃	天冬氨酸-谷氨酸共聚物，相对分子质量 5000 ~ 20 000	原田和福克斯，1960
谷氨酸、苹果酸	加热	天冬氨酸-谷氨酸共聚物	
DL-赖氨酸、甘氨酸	加热	赖氨酸-甘氨酸共聚物	原田
L-谷氨酸、L-天冬氨酸	170 ~ 200℃，1h	谷氨酸-天冬氨酸共聚物	原田和福克斯
天冬氨酸和另外一种氨基酸 X（甘氨酸、丙氨酸、缬氨酸、谷氨酸、赖氨酸、HCl）	聚磷酸，65 ~ 100℃，100h	两种成分的聚合物：天冬氨酸-X，相对分子质量 5800 ~ 15 000	原田和福克斯
甘氨酸、白氨酸	氰氨、水溶液、紫外线（1800Å）	双甘氨酸、甘氨酰-白氨酸、白氨酰-甘氨酸、双白氨肽、三甘氨肽、白氨酰-甘氨酰-甘氨酸	庞南佩鲁马和佩特宗，1965
三种以上氨基酸的聚合物			
在谷氨酸和天冬氨酸中加入另一种氨基酸（X 为丙氨酸、组氨酸、异白氨酸、白氨酸、赖氨酸、甲硫氨酸、苯丙氨酸、脯氨酸、酪氨酸、缬氨酸）	85% 磷酸，160℃，8h	三种成分的共聚物：谷氨酸-天冬氨酸-X	原田和福克斯，1965
首先将谷氨酸溶解，再混合天冬氨酸及其他 18 种氨基酸	170℃，数小时	多种氨基酸的聚合物，相对分子质量 3000 ~ 5000	福克斯和原田，1958；1960
谷氨酸、谷氨酰胺、胱氨酸、缬氨酸、戊氨水、白氨酸、组氨酸、甘氨酸	氨水，140℃	含有这么多种氨基酸的聚合物	奥罗和吉戴，1960
各种氨基腺苷酸的混合物	碱性水溶液	含有很多氨基酸的聚合物	克雷皮茨和福克斯，1969

* 具体文献见原田（1978）

甘氨酸及天冬氨酸能单独进行热聚合，因为与其他氨基酸相比，这两种氨基酸分子中的反应基，即氨基及羧基所占的比例大，因而反应中的立体障碍少。一些氨基酸单独虽难以生成聚合物，但同谷氨酸一起加热时可生成肽键，因生成物呈双缩脲反应阳性。焦谷氨酸分别与甘氨酸、天冬氨酸、丙氨酸、缬氨酸、亮氨酸、苯丙氨酸、赖氨酸·HCl、白氨酸+甘氨酸、脯氨酸+甘氨酸、天冬氨酸+甘氨酸等加热均可生成肽键（原田，1978）。

聚磷酸存在时，即使在100℃（甚至低至65℃亦可）的温度条件下也可发生氨基酸聚合，生成的聚合物的相对分子质量为6000～15 000，聚磷酸比正磷酸更为有效，因此，聚磷酸被认为是脱水剂、溶剂及酸催化剂，但是，硫酸却不会使氨基酸聚合（原田，1978）。

赤堀认为，在原始地球上产生的甲醛与氨和氰化氢的反应，形成氨基乙酰腈并聚合，然后通过亚氨基的水解生成聚甘氨酸。聚甘氨酸与醛类、不饱和烃类反应而形成各种氨基酸残基，如甲醛、乙醛与甘氨酸残基的亚甲基反应，形成丝氨酸和苏氨酸残基，与1-丙烯和2-丁烯作用时，分别形成缬氨酸和白氨酸残基；另外，像苯丙氨酸、酪氨酸、色氨酸等，如果和芳香族醛结合之后并被脱水还原的话，能够说明其侧链的生成……因此，他认为，聚甘氨酸是地球上产生的最原始的蛋白质，称之为“前蛋白质”（原田，1978）。

雅荷雅（2003）认为，肽键不可能在水里合成，他说，“根据化学中的‘勒夏忒列原理’，释放水的反应（浓缩反应）在一种氢氧化物的环境中不可能发生。这种在氢氧化物环境中的反应，在所有化学反应中被说成是‘最小可能的反应’”。勒夏忒列原理又称为平衡移动原理，是一个定性预测化学平衡点的原理：化学平衡是动态平衡，如果改变影响平衡的一个因素，平衡就向能够减弱这种改变的方向移动，以抗衡该改变。雅荷雅的批评没什么道理，虽然这一原理影响平衡，但并不是否定生成，因为很多实验都证实，只要给予足够的能量（通过加热），即使在水溶液中，氨基酸的聚合反应也能发生（表7-8）。

贝希（1998）略带讽刺地说，“由于水在地球上含量丰富，也由于氨基酸很容易溶于水，生命起源研究者们不得不提出一个不同寻常的情节来解决水的问题。例如，一个叫希德尼·福克斯的科学家就提出了这样一种设想：也许原始海洋中的一些氨基酸被冲刷到一个很热的地表，如一座活火山边缘，事情就这样发生了：由于温度达到沸点以上，随着水分的蒸发，氨基酸就聚合在一起。遗憾的是，其他一些研究人员早已证明加热干的氨基酸只会留下一种难闻的焦状物，而看不见任何产生蛋白质的迹象。但是福克斯演示说明：如果把3种不同的氨基酸（其中一种占很大的份额）加入到净化的氨基酸中并在实验炉上加热，它们确实可以聚合。但即使这样，它们的聚合也不会形成蛋白质——它们所形成的结构在化学上有很大的不同。所以福克斯和他的合作者们把这种结构称为‘类蛋白（质）’。然后接着说明类蛋白具有一些有趣的特性，包括适度的催化能力，使人联想到真正的蛋白质”。

针对美国学者福克斯在实验室中制出的“类蛋白”，雅荷雅（2003）批评道，“他在实验室的‘非常特殊的条件下’，通过在干燥环境中的加热，组合净化了的氨基酸。氨基酸是结合了，但仍然没有获得蛋白质。实际上他得到的不过是简单、无序、彼此任意结合的氨基酸链，而且这些链远远不像任何蛋白质……使实验失效的另一点是，福克斯没有使用在米勒实验中所获得的氨基酸，而是用来自生物体内的纯氨基酸。但是，这一旨在继续米勒实验的实验，本来应该从米勒获得的结果开始。然而，福克斯和其他研究人员都没有使用米勒生产的无用氨基酸”。

2. 糖的聚合

与氨基酸的聚合类似，在实验条件下，使糖聚合也需要加热（140～170℃）、高能射线（γ射线）或催化剂（如磷酸盐），不仅单种糖类能够聚合，不同糖类混合在一起也能聚合（表7-9）。

表7-9　糖的聚合

原料	条件	产物	文献*
α-D-葡萄糖	H_3PO_3，140～170℃	聚葡萄糖，相对分子质量5000～30 000，聚合物不是直链状，而是有分支	莫拉和伍德，1957
α-D-葡萄糖	偏硼酸，140℃	聚葡萄糖，高度分支	杜兰德等，1958
D-半乳糖、D-甘露糖、2-脱氧-D-葡萄糖、L-阿拉伯糖、D-木糖、D-核糖、L-鼠李糖、麦芽糖	加热	这些糖的多糖，相对分子质量1500～18 700	莫拉等，1960
葡萄糖、果糖、核酮糖	乙基片磷酸盐、二甲基甲酰胺	这些糖的多聚糖	施拉姆等，1961
核糖	H_3PO_3	多聚糖，相对分子质量20 000～40 000	施拉姆等，1961
葡萄糖等	γ射线	多聚糖	巴克等，1962

*具体文献见原田（1978）

3. 核苷酸的聚合

与氨基酸或糖类的聚合相似，通过催化剂（聚磷酸）、高能射线（γ射线、紫外线）或加热等都可以导致核苷酸的聚合（表7-10）。在催化剂（如聚磷酸）的存在下，即便是在较低的温度条件下，也能使核苷酸发生聚合。那么这种聚磷酸在什么条件下才能形成呢？维诺戈拉道夫（1959；1960）认为，积聚在局部地区中的磷酸，由于火山活动的能量有形成聚磷酸的可能。

表 7-10　核苷酸的聚合

原料	条件	产物	文献*
核苷酸	乙基偏磷酸盐，50℃	聚核苷酸，核苷酸的结合为 3′–5′	施拉姆，1961
5′–磷酸胞嘧啶核苷酸	聚磷酸，65℃	平均聚合度为 5.6 的寡核苷酸，磷酸的 50%～60% 是作为 2′–5′及 3′–5′磷酸二乙酯存在	施瓦茨和福克斯，1967
胞嘧啶核苷、腺苷	聚磷酸	聚核苷酸	康特雷拉斯，1962
核糖核苷酸水溶液	γ 射线	聚核苷酸	同上
脱氧核糖核苷酸	紫外线（2537Å）	聚核苷酸	奥罗等，1969
5′-磷酸尿苷酸	160℃	聚核苷酸，大体上是 2′–5′及 3′–5′	斯科达和莫拉维科等（1968a；1968b；1968c）；斯科达，1969
核苷酸	以各种均聚核苷酸为模板，碳化二亚胺	寡核苷酸	奥尔盖研究小组
腺苷酸	聚尿苷酸（样板）	聚合速率显著提高	萨尔斯汤，1968
脱氧腺苷酸	聚尿苷酸	聚合速率显著提高	施奈德–伯恩勒尔，1968
活性化的核苷酸	样板	磷酸二乙酯	萨尔斯汤研究组
5′–磷（代）腺苷咪唑，腺苷	聚尿苷酸（样板）	聚合	韦曼等，1968
5′-磷（代）脱氧腺苷咪唑，腺苷	聚尿苷酸	聚合	施奈德–伯恩勒尔等，1970
L 和 D 单体混合物	聚-D-尿苷酸	D-寡核苷酸，主要是 2′–5′及 5′–5′磷酸二乙酯结合	施奈德–伯恩勒尔等，1968；奥盖尔，1969

* 具体文献见原田（1978）

六、有机物起源的太空生物学证据

正如 Raulin（2011）所说，“还有一些行星体，与产生生命之前的我们的星球具有相似性。因为早期地球的多数条件在今天都已消失，被地质演变和生命自身抹去，所以对这种环境的研究有极大的重要性……土卫六（Titan）——土星最大的卫星，是一个非常好的目标”。

1. 土星的卫星

土卫六是太阳系中第二大卫星，比行星中的水星还要大，也是唯一拥有明显大气层的卫星（现已确认的土星的卫星有62颗）。根据惠更斯探测仪穿越土卫六大气层测定的结果，土卫六的大气主要由N_2组成，与地球大气相似，其他的主要成分为CH_4（1.6% ~2%，同温层）和H_2（约0.1%），推测土卫六的原始大气最初由NH_3组成，后来通过光解和（或）撞击引起的化学过程转化为N_2。在土卫六的大气中探测到了一些有机物，它们在地球前生物化学过程中通常被认为是关键分子，包括氢氰酸（HCN）、丙炔腈（HC_3N）和氰（C_2N_2），在同温层中探测到的有机物为碳氢化合物（含饱和链和不饱和链）和含氮有机组分（主要是腈），这与实验室模拟实验预期的一致。卡西尼号的CIRS仪还证实了水和苯的存在。低层大气中的有机物可能冷凝在浮质中，这些浮质由耐高温的有机物组成，在热解时释放出HCN和NH_3，显示可能存在腈、氨基酸和（或）亚氨基基团。惠更斯号着陆后，GC-MS对地表附近大气的分析显示，可能存在多种有机物，包括含氮有机物，C_3、C_4碳氢化合物和苯（Raulin，2011）。

土卫二（Enceladus）是土星的第六大卫星。卡西尼-INMS在土卫二的巨大的冰粒子组成的羽状物中检测出双氮、N_2和（或）CO及一些碳氢化合物（甲烷、丙烷和乙炔），N_2可能由氨的热分解产生，最终由矿物催化，因此，氨及有机物可能存在于内部的液态水体中，提供了发展前生物化学反应的可能性（Raulin，2011）。

2. 彗星

彗星（图7-1）是由冰冻物质和尘埃构成的太阳系小天体，是太阳系中行星形成后的残余物，已有4000多颗彗星被发现。通过大型望远镜对彗星头部的无线电及红外图谱的分析显示，H_2O是彗冰的主要成分，探测出的其他化合物还有约30种：含量丰富的CO（为水的1% ~30%）和CO_2（为水的5%）及许多种与前生物化学反应相关的分子—HCN、NH_3、H_2CO、H_2S（约百分之几），HC_3N、CH_3CN、NH_2CHO、CH_3CHO、H_2CS……（为水的0.01% ~1%），其中HCN是合成腺嘌呤及其他核酸碱基的关键分子，H_2CO可用于合成糖类（甲醛聚糖反应）、NH_2、HCN、H_2CO及其他醛类，使得氨基酸和相关物质的Strecker反应能够进行（Cottin and Despois，2011）。

美国航天局用星尘号（Stardust）收集了彗星样本并带回地球，检测出了芳香族分子，如臭樟脑（$C_{10}H_8$）、菲（$C_{14}H_{10}$）和芘（$C_{16}H_{10}$），并通过红外线光谱鉴定出CH_2、CH_3，芳香族CH、OH和C=O基团。X射线吸收近边结构谱分析也检出了羰基、腈和氨基酸功能集团（Keller et al.，2006；Sandford et al.，2006）。彗星可将元素带到地球，如碳、水（量仍不确定）、简单的或复杂的有机分子，这可能有助于地球早期对前生物分子的富集，并可能影响到地球上生命的发展（Cottin and Despois，2011）。

3. 陨星

陨星是起源于外太空、在撞击到地球表面后仍然残存的天然物体，多数陨星为小型星体的碎片，大部分分布于火星和木星之间。陨星分为铁陨石、石陨石及石铁陨石等类型。1969 年，在澳大利亚维多利亚州的 Murchison 附近发现了一块质量超过 100kg 的碳质球粒陨石（carbonaceous chondrites），被命名为 Murchison 陨石，其外表没有经过极端温度或压力转化的痕迹（图 7-4），在这种原始而普遍存在的陨石中的有机物，也许就是生命诞生前不久地球上曾经发生过的从无机到有机反应的样本，类似的反应在太阳系中应该普遍存在过。

图 7-4　美国华盛顿国立自然历史博物馆的 Murchison 陨石样本（来源：维基百科）

在 Murchison 陨石中，铁占 22.13%、水占 12%，有机物含量较高。Murchison 陨石中的有机物种类丰富：氨基酸 17～60ppm、脂肪烃 >35ppm、芳香烃 3319ppm、富勒烯 >100ppm、羧酸 >300ppm、羟基酸 15ppm、嘌呤类和嘧啶类 1.3ppm、醇类 11ppm、磺酸 68ppm、膦酸 2ppm，而对核碱基的碳放射性核素含量分析显示，这些化合物并非来自地球。

在 Murchison 陨石中，发现其有机碳中较大的部分为油母岩类似物，与地球上的油母岩一样，是一种不可溶的大分子物质，其假定的结构如图 7-5 所示，具有芳香环的簇，通过 S、N 和 O 的脂肪链进行桥连，还带有分子和功能基团。这些物质在类似于在地球热液口处（300℃、100MPa）的高温、高压条件下释放的单个分子（Pizzarello，2011）。

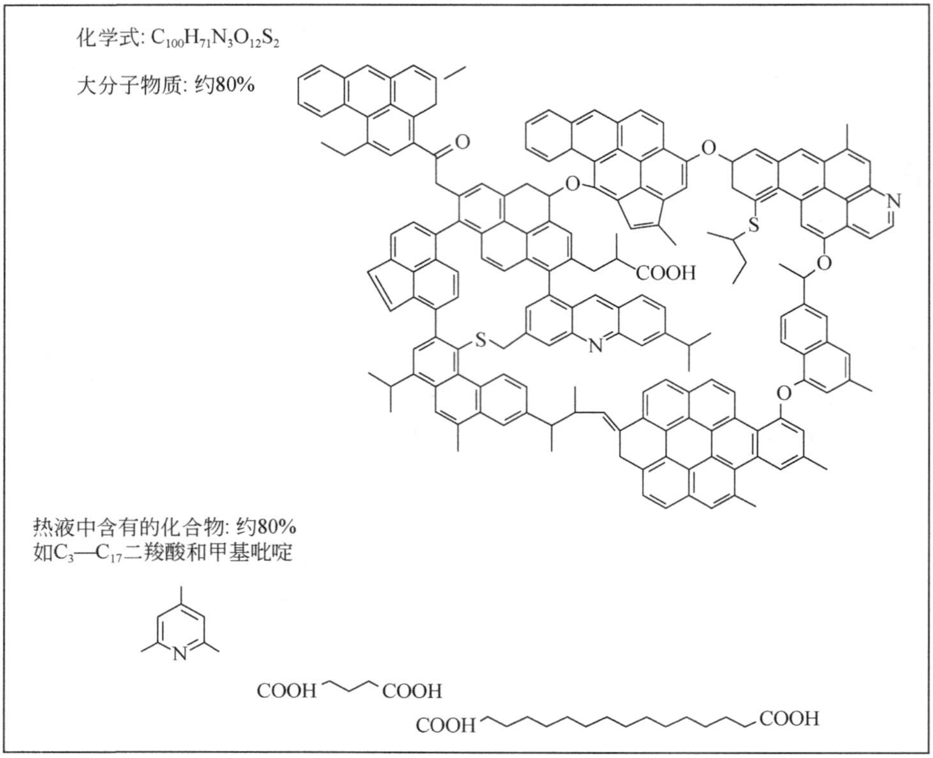

图 7-5　Murchison 陨石中不可溶有机碳的组成（引自 Pizzarello，2011）

在陨石中发现的氨基酸超过了 100 种，而地球上所有蛋白质的氨基酸仅由 20 种组成（且全部由 α 氨基酸组成），在 Murchison 陨石中发现有 10 种氨基酸与地球上的蛋白质氨基酸相同，即甘氨酸、丙氨酸、丝氨酸、苏氨酸、缬氨酸、亮氨酸、异亮氨酸、天冬氨酸和谷氨酸。在其他陨石和生物圈中都有发现的有机物还有烟碱酸（以烟酸形式存在，是一大类氧化还原酶的辅酶）、一些单羧酸（如蚁酸、乙酸、丁酸）、类糖物质（许多地球上的多糖的组成）及复杂的两亲物质（同时具有疏水端和亲水端），它们是用氯仿从陨石粉末中抽提出来的，在水中能形成膜状囊泡（Pizzarello，2011）。

从 Murchison 陨石粉末中提取的可溶性有机化合物如表 7-11 所示，很多成分在陨石中普遍存在，也是地球生物圈的常见类型。陨石有机组分的分析结果告诉我们，无生命的合成反应可以产生大量具有显著复杂性的有机物，包括与地球生物分子完全对应的组分，也就是说，地球外无生命的合成体系可以产生生物分子（Pizzarello，2011）。

表 7-11　Murchison 陨石中的可溶性有机化合物

化合物	典型结构	分子和典型分子
羧酸	$H_3C—COOH$	乙酸
氨基酸	$H_3C—CH(NH_2)—COOH$	丙氨酸
羟基酸	$H_3C—CH(OH)—COOH$	乳酸
酮酸	$H_3C—C(=O)—COOH$	丙酮酸
二羟酸	$OOC—(CH_2)_2—COOH$	琥珀酸
糖醇和糖酸	$H_2C(OH)—CH(OH)—COOH$	甘油酸
醇、醛和酮	$H_3C—CH_2OH$	乙醇
胺类和氨基化合物	$H_3C—CH_2NH_2$	乙胺
吡啶羟酸	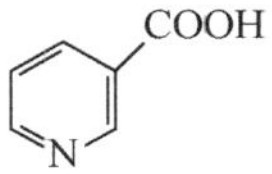	烟酸
嘌呤和嘧啶	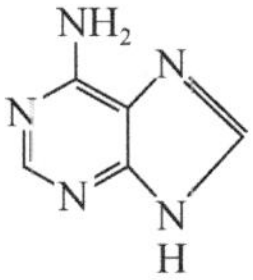	腺嘌呤
烃、脂肪族	$H_3C—CH_2—CH_3$	丙烷
芳香族	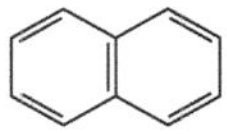	臭樟脑
极性	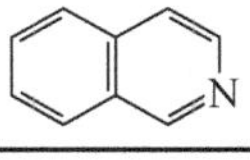	异喹啉

资料来源：引自 Pizzarello（2011）

陨石中有机化合物的复杂性与丰富性令人惊叹！依笔者之见，陨石几乎备齐了原始生命及光合作用起源用的一些核心的有机化合物构件。例如，各种各样的氨基酸的存在使多肽链的出现顺理成章，腺嘌呤和类糖物质说不定就是生物能量的货币物质——ATP 及核苷酸前体形成的基础，再加上烟酸的存在，另一个重要的还原力——NADPH（或 NADH）的出现似乎有了可能；从芳香环的存在加上核苷酸，另一个重要的电子传递体——FAD 的出现似乎不会困难。从成簇的芳香环化合物的存在似乎看到了出现卟啉结构的希望，加上长脂肪烃的存在，似乎叶绿素这样的感光物质的出现也已万事俱备。此外，碳同化（卡尔文循环）、糖酵解、三羧酸循环等关键代谢过程中的一些小分子有机化合物（如丙酮酸、琥珀酸、甘油酸、乳酸等）也已存在。能够在水中形成膜状囊泡的两亲物质的存在使这些有机物在水存在的条件下形成细胞膜这样的结构成为可能。可以这样说，宇宙的普适性的物理、化学过程已经为光合作用的出现准备好了物质铺垫，只是在等待一个适宜阳光的沐浴和珍贵雨水的降临，而地球正好具备了这样一个得天独厚的条件。

七、原始地球上的“化学进化”

一般将生命的进化粗略地划分为 3 个阶段：化学进化阶段、分子自组织进化阶段和物种进化阶段。所谓的化学进化是指前细胞阶段的初级有机化合物的形成过程，即无机物→简单有机化合物→有机聚合物的过程。

1. 高能——推动低分子有机化合物合成与聚合之必需

大量的研究模拟了几种基本的高能环境——放电、紫外线照射（其他高能辐射）和热能，并成功生成了最重要的生命构建（低分子）有机化合物——氨基酸、单糖、低分子碳氢化合物、嘌呤、嘧啶、卟啉等。人们认为，在早期的地球可能存在过这样的环境（全部或一些）。

在这些实验中，人们是从一些最简单的有机化合物开始的。例如，在氨基酸合成中，常常是 CH_4、NH_3、H_2O 及 CO 等；在单糖的合成中常用甲醛、乙醛或甘油醛；在嘌呤合成中常用氰化氢、氨和水；等等。这些无机化合物被认为是地球诞生之初原始大气中的主要组分，因此，这表明现今如此复杂的生命世界也不过只是起源自为数不多的一些无机化合物而已。近年的太空生物学证据也与这些生命化学起源的实验证据相一致。

从化学结构来看，天然蛋白质是由 α-L-氨基酸脱水缩合而成的，多糖是由糖脱水缩合而成的，核酸是由嘌呤或嘧啶类、糖（D-核糖或 2-脱氧-D-核糖）及磷酸脱水凝缩而成的。这样看来，蛋白质、核酸、多糖在形式上都是由其组成成分经脱水缩合而成的。因而可通过加热使这些高分子聚合，或利用相当于原始地球性的脱水缩合剂，前者常常是在近于无水的状态下进行的，后者则可在水溶液中进行（原田，1978）。可促进氨基酸聚合的催化剂（聚磷酸）其实也是高能的产物，在实验条件下，聚磷酸可通过将磷酸加热到 200～350℃而生成。

在原始地球上存在着各种能源（如热能、太阳射线、放电、辐射线、宇宙射线等），它们既能生成有机物，也能分解有机物，但为了产生生命，有机物的积累可能是必要的。因此，原始地球上肯定存在过这样的适宜条件：在伴随能和物质的流动而相继发生的化学反应中，生成的有机物的积累超过其分解（原田，1978）。其实，从总的趋势来看，自从生命在地球上诞生之后，有机物质的积累似乎从未停息过。

2. 低分子有机化合物的聚合——并不完全随机

从现存生物的蛋白质氨基酸的平均组成来看，含量依次为：谷氨酸>甘氨酸>天冬氨酸>丙氨酸。在实验条件下，将所有氨基酸按等摩尔混合并加热，生成的氨基酸聚合物（类蛋白）与天然蛋白质的氨基酸组成相近，表明氨基酸可被吸收到聚合物中去的比例有所不同。无论是通过氨基酰腺苷酸混合物的聚合，还是氨基酸的热聚缩合所获得的氨基酸的吸收类型，都与天然蛋白质的组成类似，这大概可以认为不是偶然，如果在原始地球上有 ATP 和氨基酸同时存在的话，生成氨基酰腺苷酸将是可能的（原田，1978）。

可以推想原始地球上产生的类蛋白中也较多地含有这类氨基酸，事实上，通过前生化反应生成的氨基酸（放电、热能、氰化氢）是以赖氨酸、丙氨酸和天冬氨酸所占的比率为高。类蛋白物质可能是原始地球上产生的原始蛋白质（原田，1978）。

此外，类蛋白物质的 N 端及 C 端的氨基酸组成同整个类蛋白氨基酸组成也有明显差异，表明类蛋白的氨基酸连接并不是完全随机的。因此，原田（1978）推测，没有核酸密码时，在类蛋白物质中的氨基酸的结合次序上所表现出来的某种秩序，也许能够成为蛋白质进化的出发点。在这一阶段，大概是由于各个氨基酸以及由它们所形成的肽链的形态，特别是肽链的立体化学因子，支配着氨基酸残基的排列。

3. 材料虽有，但如何“自动地”组装成细胞呢?

已有的实验研究足以说明，在地球诞生之后，构成生命的原材料应该是应有尽有。但是，生命在材料选择上还颇为挑剔。例如，天然氨基酸有 200 ~ 300 种之多，而蛋白质几乎只用了 20 种；此外，作为信息载体的核酸只用了 5 种碱基来处理信息；等等。

从核苷酸的聚合实验中发现，在有模板（聚尿苷酸）存在的条件下，可显著提升聚合速率，这似乎也表明核苷酸的配对是一种内禀的化学属性，就像一些人工合成的肽类也具有微弱的催化能力（虽然与天然的蛋白质相比能力极低）一样。但这又有什么奇怪的呢？首先必须有这样的属性（本性），才可能会在进化之旅中不断地完善与发展，才有机会扬升出新的属性。

需要指出的是，即使人们能使氨基酸、单糖、核苷酸等发生聚合，并形成可观的长链化合物，但它们与现在的生命大分子——蛋白质、多糖、核酸还是相差甚远（虽然人类已经能合成一些相当复杂的有机化合物），更不用说去构建人工的细胞去模拟这些生物大分子之间的相互作用了。正如法国哲学家德日进所说，“若我们观察得更仔细时，就马上会看出，这块整体与重复而铰链在一起的一堆东西完全两样”（de Chardin，1955）。

笔者无法相信，自然界在一个几近无限的地球表面（相对于一个小的细胞来说），花费了长达10亿年的时间才成功构建的细胞，人类怎么可以在如此之短的时间内，在几个小小的烧杯中就可以成功实现！大自然花费了近10亿年的时间精心编织出的秘密不会如此简单就荡然无存的！

在这个所谓的“化学进化”之后，最大的问题就是了解大自然如何机缘地设计与创作了生命。其实生命起源最大的难点可归结于一点，即这些原材料是如何“自动地”组装成一个细胞的。应该可以这样说，只要细胞的形成问题得以解决，生命起源的问题就能迎刃而解了。

八、关于细胞起源的若干重大疑问

可以肯定，地球上诞生的第一个细胞绝对没有现在生物体内的细胞这样精细的结构，原始的细胞肯定经历了漫长的发展历程，绝不可能是什么偶然的一蹴而就的事件，否则，从地球的诞生到生命的出现，怎么会花费了近10亿年的时间呢？细胞的起源乃是生命进化的最大谜团之一。

1. 研究细胞起源面临的困难

探索原始生命的起源是一项极其困难之事，准确的细节也许永远无法知晓。理由如下：

首先，我们无法重现早期的地球环境，因为据现代科学的认知，几十亿年的生命活动对地球环境已产生了巨大的改变，因此，我们无法寻找到那些可能还在进行的生命发源过程；

其次，微小的原始单细胞生命几乎不会在化石中留下能够被现代科学技术予以辨识的历史痕迹；

最后，人类个体生命周期内进行的任何实验都不可能再现在数亿年尺度上才发生的生命起源事件。

克拉墨（2000）认为，可用两种办法来解决生命的起源问题：一方面，通过设计实验来模仿当时的环境条件；另一方面，通过已知的分子结构推出理论的结果。现在的一些实验已经证实，构成各种生命结构的主要有机分子——氨基酸和核苷酸——在某种条件下可以在自然界中自发地形成。但是，这又是如何进一步发展到能自我复制和自我选择的分子群，并最终产生生命本身？

2. 对生物大分子与细胞随机形成的质疑

DNA双螺旋的发现者之一的克里克（1981年）在《生命本身、生命起源和大自然》一书中说，“生命之复杂，不可思议，绝对不可能凭空发生，……若单以

100 个氨基酸组成生命的概率，那数字比整个宇宙的原子数目还大数倍”。华人神学家马有藻（2004）指出，克里克此言大有智慧，以地球年龄照进化论之 45 亿年或 46 亿年为准，克里克自己也说不够时间供无机物演变成有生命之物。

1983 年，英国太空物理学家霍伊尔爵士（Sir Fred Hoyle）在《智慧的宇宙》一书中说，单细胞的 20 万个氨基酸肽绝不能在地上发生，因为地球年纪不够让从无机物演化成有机物，甚至一个单细胞也不可能生出来。他经过详细运用数学可能率计算后，打了一个家喻户晓的比喻：从无生命到有生命的概率像一次大暴风吹袭某座废铁场地，过后竟然产生一架庞然大座的波音 747 航机来，因此是绝不可能发生的（马有藻，2004）。

雅荷雅（2003）说，“我们来假设，蛋白质在最不时宜的、最难控制的环境中——如原始地球条件下——真的形成了。仅仅形成一个蛋白质是不够的，这个蛋白质还必须在这种不可控的环境里，不受破坏地耐心等待数千年，也许百万年，直到另一个蛋白质分子，在同样的条件下偶然在它旁边形成，直到数百万正确的蛋白质，在相同的地方偶然地并肩形成。那些早些时候形成的蛋白质，为生成旁边的其他蛋白质必须有足够的耐心去等候，并在紫外线和猛烈的机械效应下不致破损。然后，这些在完全相同的地点上形成的蛋白质，以适当的数量有意义的结合，与细胞器官的形成必须聚到一起。外来物质、有害分子或无用的蛋白质链，也许对它们无妨。那么，既使这些细胞器非常和谐地结合，并有计划有秩序地合作，它们也必须获得周围必需的酶，并被隔膜覆盖，其内膜中必须充满能提供理想环境的一种特殊的液体。就算这些‘非常不可能’的事件真地偶然发生，那么这个分子堆能够变活吗？答案当然是‘不’，因为研究已经显示，仅仅结合生命基本的物质，不足以启动生命。即使把生命的所有基本蛋白质聚合，并放到试管里，这些努力也不可能产生一个活细胞”。如果认为生命起源于无目的性的随机事件，则雅荷雅的批评就不无道理，难怪他认为“生命是超越分子堆的一个概念”，并将生命的起源归功于“真主”！

数学家和天文学家卡尔迪亚宣称，“对生命起源唯一合乎逻辑的答案是：创造——绝非偶然的编造”。笔者在原则上也同意这样的说法，但不是所谓的神创，而是自然目的性驱使下的生命创造（详见本书的第十二章）。

3. 分子能自组织成细胞吗？

德国化学家和生物物理学家、诺贝尔化学奖得主艾根认为，在细胞出现之前存在一个所谓的分子自组织阶段，在这一阶段产生、保持和积累了信息，并通过选择、复制和进化，形成了统一的细胞机构（艾根和舒斯特尔，1990）。很多人相信存在分子进化阶段。例如，德国化学家克拉墨（2000）指出，在原始单细胞生物进化之前及其之后所有高级生命的进化中——达尔文的研究重点——一定曾发生了“分子进化”，从简单、无序的分子开始，一直到细胞结构的形成。

艾根还提出了一个关于细胞信息进化的分子系统超循环理论，“可概括为以下3个论点：① 超循环是一个自然的自组织原理，它使一组功能上耦合的自复制体整合起来并一起进化；② 超循环是一类全新的、具有独特性质的非线性反应网络，它便于进行统一的数学处理；③ 超循环可以通过趋异突变基因的稳定化，而起源于某种达尔文拟种的突变体分布中，一旦聚集起来，超循环将经一个类似于基因复制及特化的过程，进化到更复杂的程度”(艾根和舒斯特尔，1990)。

艾根提出超循环理论的主要目的就是想解决细胞起源之前核酸和蛋白质之间的协同演化关系。他宣称，超循环组织和一般的自组织一样，它必定起源于随机过程，但是这些随机效应能反馈到它们的起点，使它们本身变成某种放大作用的原因；经过因果的多重循环、自我复制和选择，功能不断完善、信息不断累积，从而向高度有序的宏观组织进化。

分子如何选择呢？艾根借来了达尔文的进化理论，也宣称是通过所谓的变异（mutation）与自然选择（natural selection）。他还模仿达尔文，也假设了一个所谓的分子拟种（大概相当于达尔文的变种吧）。仿照个体物种的概念，艾根先定义了分子物种（具有一定信息量的复制单元，其信息量由分子符号的特定排列来表示），即主要是基于复制单元（DNA链）在序列上的差异，这种差异由诸如复制速率、生命周期、误差率等来表征。接着，他定义了称之为“拟种”的概念，即通过选择而出现的、有确定概率分布的分子物种的有组织的组合。艾根认为，单个的分子物种不是真正的选择目标，真正的选择目标是拟种。说得直白一点，艾根试图用一个超循环的概念来将生物大分子在细胞出现前的进化达尔文主义化，就如他自己声称的那样，超循环是在组织的更高一级层次上的达尔文系统的类似物。

考夫曼（2004）指出，“超循环就是一个帮助彼此复制的小的分子复制因子群。它是一个高级的分子复制系统……超循环是由互惠共生的循环中彼此相联系的复制因子组成的”。这也是对超循环特性的一种刻画，不无道理。

笔者认为，客观地说，艾根关注到生物体内循环的生物化学反应及其不同的类型，这是有一定价值的。但这充其量只能说明现存细胞的生物化学反应的运作与组织模式。试问，这如何能说明前细胞阶段的信息进化乃至细胞的起源呢？艾根先生充其量只是猜测了生命进化过程中存在生物化学反应循环模式的整合，即他所称谓的“超循环”。

正如一些人批评的那样，这个所谓的超循环就是一些纯粹的数学模型，缺乏细节，完全是猜测性的，缺乏真实世界的基础，这样的超循环在自然界甚至实验室都没有观察到过（Gitt，2005；Truman，2006）。

笔者的问题是，分子为什么要进化和进行自组织呢？或者说，是什么驱动了分子的进化和自组织呢？为什么这些所谓进化的分子最终要形成细胞呢？什么对分子进化进行了选择？目的又是什么？为何自然不满足停留于有机汤的阶段？笔者相信，艾根回答不了这些问题，迄今为止，不会有人能圆满地回答这些问题。艾根也只不过从古代哲学家那里倒腾来一点一知半解的东西来搪塞一下甘愿自我禁锢于井底的可怜的技术型分子生物科学家罢了。

雅荷雅（2003）对所谓开放系统中的物质自组织理论进行了猛烈的抨击，他说，“一个系统有能量的流入，并不足以使这个系统有序化；需要有特殊的机制才能使这些能量发挥作用……太阳能只有通过生命中极为复杂的转换系统，才能转换成化学能，如植物的光合作用、人和动物的消化系统。没有这样的能量转换系统，生命就不可能存在；没有这样的转换系统，太阳能就只会是一种燃烧、炙烤或熔化的破坏性能量……无论是开放系统还是封闭系统，没有能量转换机制的热力学系统，对进化能毫无意义……仅靠阳光来供给世界能量，并不能为它自己带来秩序。另外，无论温度有多高，氨基酸都不会连接成有序的序列。能量并不能指导氨基酸形成更加复杂的蛋白质分子，或者使蛋白质成为更加复杂、有组织结构的细胞器”。雅荷雅的这些观点并非没有一点道理，这是对毫无目的的生命随机起源论的批判，但他的目的却是为了劝服人们相信“真主”的设计。笔者认为，恰恰是这个被雅荷雅彻底否定的阳光，才是将有机物推上生命舞台的真正英雄！

Thaxton 等（1992）指出，“……在每一个例子中，分子在液体中的随机运动，都自发地被高度有序的行为所取代。普里戈金、艾根及其他人提出，类似这样的自我组织，也许是有机化学所固有的，并且能为生命系统所具备的、高度复杂的大分子的产生提供解释。但是，这样的类比与生命的起源毫无关系；一个主要的原因，就是他们没有把有序和复杂区分开来……规则或有序不能用来储存生命系统所必需的大量信息。由于需要非周期的又很特别的结构——而不仅仅是有序的结构；所以这就成为类比中一个严重的缺陷。能量流入产生的自发有序化和非周期性的含有大量信息的大分子，如 DNA 和蛋白质，所需工作之间没有明显的联系”。笔者认为，不能仅停留于能量流入与自发的有序化这样的描述，只有从化学的本质上阐明细胞构建过程中复杂有机分子的形成与分化机制才能避免遭受如此攻击。也如雅荷雅（2003）批评的那样，能量的输入并不是生命有序性发展与演化的充分必要条件。笔者认为，生命并不是没有随机性，但也不是毫无目的的完全随机性，而能量正是从光化学的随机性中筛选并凝析出了生命的必然性，这就是大自然的奇迹。能量是如何改变生命的随机性的呢？笔者在第十二章将阐述，伟大的太阳不仅给地球带来能量，还催生出能量转换系统，带来神奇的秩序性。

4. “细胞重建”学说能揭示细胞的起源吗？

20 世纪 30 年代，我国发育生物学家贝时璋（Shitsan Pai，1903～2009 年）在对甲壳类动物南京丰年虫的观察中发现，这种动物存在性转变现象，在这一过程中，生殖细胞也同时发生性的转变——通过老细胞的解体和新细胞的形成而实现的。但是，新形成的细胞并不是由母细胞分裂来的，而是以母细胞细胞质中的卵黄颗粒为基础材料建立起来的（Pai，1942；贝时璋，1943）。贝时璋提出了称之为“细胞重建”的学说（http：//hi. baidu. com/qingweizhixin/item），其要点如下所述。

ⓐ 细胞重建是一个自组织的过程，只要具备组成细胞的物质基础和合适的环境，在生物体内，或在离体培养的不存在细胞的制备中，都有可能发生细胞重建或核重建。

ⓑ 细胞重建在自然界广泛存在。不仅真核细胞能重建，原核细胞也能重建。不仅生殖细胞能重建，胚胎的或成体的体细胞也能重建。

ⓒ 在鸡胚卵黄颗粒内有 DNA、组蛋白和染色质，在合适的环境下能重建细胞。染色质不是细胞核独有的物质。卵黄颗粒也不是没有生命的细胞内含物。

ⓓ 细胞和细胞核可以从细胞质重建，说明细胞质、细胞核之间本来就没有森严的壁垒。

ⓔ 细胞重建很可能是地球上细胞起源在今日生命世界的反映，是简单的生命形态发展为细胞的漫长过程的一个缩影。细胞重建的研究，有助于对生命进化的阐释。

ⓕ 细胞分裂是“闭锁性”的繁殖，细胞在分裂过程中和它的环境是以细胞膜隔离的。细胞重建是“开放性”的繁殖，在重建过程中细胞组分始终和周围环境打成一片。把细胞分裂和细胞重建结合起来研究，把模拟和诱导自组织结合起来研究，对改变细胞的结构和性质、改造细胞的性状，选优汰劣，控制定向生产，也就是说对促进和发展细胞工艺和细胞工程，将提供新的手段和途径。

笔者想对这一学说陈述一点自己的愚见。

其一，这里（卵黄颗粒）的自组织并不是真正意义上的自组织，它必定还是按照一套完整的遗传指令的构件过程（因为从卵黄颗粒中提取出了染色质），如不如此，那就不是丰年虫了！

其二，真核细胞的细胞质与细胞核本来就是一个相互联系、相互依存的有机整体，细胞分裂过程就是一个重新构建与分配的过程，但肯定离不开物种既存的遗传指令的指导。至于遗传物质的存在形式，在真核生物中主要存在于细胞核之中（一些细胞器也有自己的遗传物质），而在原核生物则分散在细胞之中，但这仅仅是存在的形式不同罢了。即使在真核生物生殖的某一阶段可能会存在一些特殊现象（如卵黄颗粒中也存在有染色质），但它还是遗传介导下的细胞构建过程。

其三，这里所谓的细胞重建的“开放性”也并不是绝对的开放，因为它还得存在于一种特定的环境（如卵黄颗粒）之中。

其四，贝时璋指出，“可以想见，在地球的发展过程中，总会有那么一个时期，生命由比较原始的非细胞形态进化为细胞形态，绝不会是一有生命就出现细胞那样复杂的形态，细胞不可能没有历史……细胞重建可能是以前地球上细胞起源过程的缩影”。遗憾的是，甲壳动物已经是十分复杂的多细胞动物了，丰年虫的细胞重建不过是在性逆转过程中出现的特殊现象罢了，但它也必定是有性生殖演变或特化的产物，笔者不否认这作为一类特殊的动物生殖与发育现象的科学意义（或许对动物的性别控制问题具有重要价值），但笔者认为试图用它来说明单细胞原核生物的起源过程有点风马牛而不相及。

5. 为何生命只有一套遗传密码？

艾根问道，动植物的种类有数百万种之多，而细胞却只有一种基本的分子机制，即一种普适性的遗传密码，这是为什么？他认为，生物的遗传密码也是在分子进化阶段确立起来的。他说，“在达尔文物种进化的前面还有一个类似的分子进化的渐进过程，由此导致了唯一的一种运用普适密码的细胞机制。这种密码最终确立起来，并不是因为它是唯一的选择，而是由于一种特殊的‘一旦–永存’选择机制，这可以从任何随机分配开始”（艾根和舒斯特尔，1990）。

笔者要问，什么是‘一旦–永存’的选择机制？“一旦”都“永存”了，还选择什么？这不是自相矛盾的逻辑吗？

一般认为，原始的遗传密码可能比现在简单得多，随着生命演化制造出新的氨基酸再被利用而令遗传密码变得复杂。但是，这又是如何才能实现的呢？在最初生命处于无性生殖的状态下，现在生物界的唯一一套统一的密码要么意味着它在生命起源的第一个物种那里就得到了完美的发展，然后才开始物种的分化，要么它在物种间能够不断交流。这到底是为什么？

6. 先有核酸（信息）还是先有蛋白质（结构）？

关于在细胞进化过程中先有核酸还是先有蛋白质？这依然是生命起源中的未解之谜。在生物个体水平，类似的问题普遍存在，如先有“鸡”还是先有“蛋”？或先有“雌”的还是先有“雄”？……［关于涉及雌雄的“性”的起源问题，参见谢平（2013）的论述］。

在现存的任何生命系统中，蛋白质和核酸相互依存，不可割裂，因为如果没有蛋白质的参与，DNA/RNA 的复制便无法完成，而没有 DNA/RNA 携带的遗传信息的指导，蛋白质也无从产生。正如雅荷雅（2003）所说，“DNA 只能借助蛋白质的一些酶来复制，但这些酶的合成只能依靠 DNA 的信息码得以实现。它们相互依存时，要么为了复制必须同时存在，要么其中的一个在另一个之前被‘创造’”。但蛋白质和核酸之间的这种互为因果的关系是如何演化而成的呢？虽然有一些学说试图解答这一问题，但均无法令人满意。

①蛋白质在先论

在对核酸还没有太多认识的背景下，蛋白质在先（protein first）论者认为首先由无机物形成氨基酸，再进一步形成多肽和蛋白质，最后发展出原始生命。与其说是蛋白质在先，不如说很少考虑核酸的形成问题，如达尔文、恩格斯、奥巴林、米勒等。

②核酸在先论

核酸在先（nucleic acids first）论者认为，首先由核苷酸分子随机聚合成 RNA 进而出现了核酶——一种同时具备自我复制能力和催化功能的 RNA 分子。核酶的发现打破了只有蛋白质才是酶的传统观念（Kruger et al.，1982；Guerrier-Takada et al.，1983）。当然，与蛋白质催化剂（酶）相比，细胞内的 RNA 催化剂要少得多。从功能上来说，有些核酶能切割 RNA 或 DNA，有些能转移核苷酸或磷酸，有些能进行水解反应等，在已知的几十种天然 RNA 催化剂中绝大部分参与 RNA 的加工和成熟。与蛋白质酶相比，核酶的催化效率较低，因此被认为是较为原始的催化酶。

核酸在先论者认为，由于催化效率和多样化的选择压力可能导致了核酶催化肽基转移（因此形成小蛋白质），而与 RNA 耦合的寡肽复合物则形成了更好的催化剂。最初的核糖体可能就是这样形成的，从而导致了更普遍的蛋白质合成方式的出现。后来，被合成的蛋白质可能在催化能力上比核酶更强，因此，变成了占优势的生物大分子，使核酸降格到现代的用处，即其占绝对优势的功能就是作为遗传信息的携带者。

另外，有研究表明，一些氨基酸与它们相对应的密码子有选择性的化学结合力，显示现在复杂的蛋白质制造过程可能并非早就存在，最初的蛋白质可能是直接在核酸上形成的（Knight and Landweber，1998）。

③不分先后论

艾根认为，在生物信息起源上的这种“在先”不是指时间顺序，而是指因果关系，这里有一种双向的因果关系，或者说是一种互为因果的封闭圈。核酸和蛋白质的相互作用相当于“封闭圈”，即“循环”的一个复杂的等级组织。从反应循环到催化循环再到超循环，构成了一个从低级到高级的循环组织（艾根和舒斯特尔，1990）。

艾根试图用哲学家的口吻来解释一个他无法清楚回答的问题，他牵强地将这个问题与细胞内的各种循环扯上关系，认为他的超循环具备内在的整合信息能力。天知道谁是因谁是果呢？依笔者之见，他的所谓超循环毫无疑问只不过是模仿了亚里士多德和黑格尔的哲学思想罢了。亚里士多德曾精辟地阐述过循环和无限之间的辩证关系，黑格尔曾辩证地分析过认识发展的无限循环过程。

7. 先有复制（基因）还是先有代谢？

复制优先论者认为，核酶及其互补链可以自我复制并通过突变产生新的代谢反应，而相比之下，代谢似乎并不具备进化的能力，代谢循环中的要素是否能够自我组织是值得怀疑的，而自动催化循环通常都有内在的困难，因此，由于代谢自行进化的这些问题，复制应该在代谢之前（Orgel，2000；2008；王子晖，2011a）。

代谢优先论者则认为，一套燃烧热很低的小分子水溶性有机物就构成了三羧酸（TCA）循环中所有的有机酸，这个发现非常有启发性，它意味着这些有机酸可能自发组织形成了还原性的 TCA 循环。这样，前生物进化的第一步就可能是通过分子间的联系进行的。相反，若 RNA 复制子随机产生序列，那么这些序列可能没有一点用处（Morowitz et al.，2000；王子晖，2011a）。

Robinson（2005）评价道，"这两个模型——通常被称为'基因优先论'和'代谢优先论'——都存在明显的问题，并且没有哪一个是完善或具有明显优势的"。王子晖（2011a）指出，"若代谢不能有效引导复制，复制又不能有效引导代谢，那么这个两难处境将只能有一种解决方式：它们必须从一开始就共同作用。任何一种合作要想成功，每一方必须对另一方有所帮助。复制子可以通过引发催化新的代谢反应参与代谢。而代谢是如何帮助复制的呢？由于复制面临的最大挑战是需要从无数没用的序列中挑选出有意义的序列，代谢反应能够对此提供帮助。复制子可以帮助产生新的催化类型，而代谢作用可以帮助选择有用的复制子，它们的共同作用便可以迅速发展出一个基于可用结构单元和能量的生命策略蓝图，在不违背基本热力学规律和水溶性的前提下，建立由代谢中固有的分子逻辑构成的代谢通路、循环和网络"。

笔者认为，这样的观点似乎仿效了艾根关于核酸（信息）与蛋白质（结构）之间关系的说法，基因与代谢之间原则上可能存在一种不可分割的协同演化关系，但问题是，到底是何种缘由引发了这样的进化过程呢？

8. 第一个细胞的形成——3 个独立进化原件（膜、代谢和复制）的机缘整合

关于细胞的起源，王子晖（2011a）说，"关于如何产生细胞还有很多未知的问题，但关键过程的骨架轮廓已经得到。在早期阶段，环境中可用的生物分子与矿物质相互作用，并被黏土催化的代谢作用转化，从而产生 RNA、TNA 或其他与 RNA 类似的复制子。通过 REIM 和 REAS，复制子和代谢产物间的相互作用有助于对代谢中有用的核酶复制子（replicator-cum-ribozyme）进行选择，从而扩展代谢反应及生物合成途径。接着复制子与代谢就会与分布在矿物质表面的类脂膜汇合，封装入由这些膜形成的囊泡内。然后会不断发生膜—复制子—代谢物

相互作用，逐渐形成第一个细胞”。这里，TNA 为苏糖核酸，是一种具有苏糖磷酸骨架的 RNA 类似物；REIM 为代谢物引起的复制子诱导；REAS 为稳定化引起的复制子扩增。

王子晖（2011a）说，“膜、代谢和复制这 3 个原件通过各自独立的前生物起源碰在一起，共同构建了细胞，这仅仅是因为它们能够密切配合。这种配合是通过催化作用、遗传编码、封装、REIM、REAS、能量耦联、转运梯度、信号转导这一整套进化出来的工具巧妙构造的，使分子以比通路和自动催化循环更高复杂性的组织形式组织起来。组织起来的整体功能远远超出了这 3 个原件的各自功能，超出的部分具有全新的性质，代表了生命的精华，这是非生命世界不能想象的。这种组织形式通过遗传、变异和进化，具有极强的适应能力，使生命具备以目标性为导向的行为特征……生命就是膜、代谢作用，以及能够突变并实现催化的复制子整合成的一个整体。这样一个整体的自我复制就是它成功整合的信号，标志着生命诞生的时刻。因此，当第一次分裂时，活细胞就诞生了”。

笔者要问的是，膜、代谢和复制何以能独立进化呢？进化到何种程度才开始整合呢？是什么驱动了这样的整合呢？这些问题都无法从这些学说中得到答复，最后只好借助于自组织这种黑箱式的说法而一笔带过了。

九、RNA 世界假说——生命起源之 RNA 在先论

近年来，在众多的生命起源学说中，RNA 世界假说受到了极大的关注，也被认为是最具可能性的学说，虽然也不乏批评之声。

1. 现代 RNA 和 DNA 特性之比较

RNA 由于其五碳糖 2′位是羟基，化学活泼性远大于 DNA，没有 DNA 那么稳定，因此作为遗传物质的携带者，RNA 不如 DNA；RNA 在结构上的可塑性与多样性不如蛋白质，不可能形成如蛋白质那般多样的结构，因此在行使生命功能（如多样的形态与适应性等）方面，RNA 又不如蛋白质。

但是 RNA 却能将 DNA 的遗传信息进行翻译、寻找到和携带上特定的氨基酸并制造出蛋白质（当然还需要一些结构蛋白的帮助），因此，RNA 是蛋白质与 DNA 之间的桥梁。

2. 何为 RNA 世界假说？

RNA 世界假说认为，地球上早期的生命分子以 RNA 的形式先出现，之后才是 DNA；早期的 RNA 分子同时拥有遗传信息的储存功能（如同当今的 DNA 一样）和催化能力（如同当今的蛋白质一般），支持了早期的细胞或前细胞生命的运作。将 RNA 作为原始的独立生命形态的思想可追溯至 20 世纪 60 年代，如

Woese（1967）、Crick（1968）、Orgel（1968）等，但“RNA 世界”一词则是由美国物理学家和生物化学家、诺贝尔化学奖得主吉尔伯特（Walter Gilbert，1932年～）提出的。Gilbert（1986）认为，“在生命起源的某个时期，生命体仅由一种高分子化合物 RNA 组成。遗传信息的传递建立于 RNA 的复制，其复制机制与当今 DNA 复制机制相似，作为生物催化剂的、由基因编码的蛋白质还不存在”。

所谓的“RNA 世界”学说与以下两个假设有关：①RNA 是地球早期的生命形式唯一使用的具有遗传编码性质的生物催化剂；②RNA 作为自身遗传编码分子的生命形式就是地球上最早出现的第一种生命形式，也是能够对达尔文进化论提供支持的第一种化学体系。第二个假设所需要的证据是，RNA 的生命属性是直接从无生命的物质中演变而来的，这一过程要早于所有生命形式的出现（Benner et al.，2007）。

一个假想的“RNA 世界”情景如下（Nelson and Cox，2004）：①从原始大气成分形成包括核苷酸的前生物汤，机缘地产生了具有随机序列的短链 RNA 分子；②一些 RNA 片段碰巧获得了能催化自身复制的功能（称为自复制 RNA），就获得了选择的机会，即自我复制效率最高的核苷酸就会获得更多延续下去的机会，反之就被淘汰了；③进一步，自复制 RNA 的突变体还获得了催化氨基酸缩合成肽的能力，之后，形成的肽类偶然又反过来强化了 RNA 的自复制能力，这样，RNA 分子和协助的肽类开始协同演化，不断产生出更有效的复制系统；④原始的转录系统不断发展，并伴随着 RNA 基因组和 RNA-蛋白质催化功能的发展；⑤RNA 基因组开始拷贝到 DNA 上，DNA 基因组不断发展，并在蛋白质的催化下，转录到 RNA-蛋白质复合体（内质网）上（图 7-6）。

总的来说，在这种原始的蛋白质合成系统中，与自复制 RNA 互补的 DNA 分子承担下保存“遗传”信息的功能，RNA 分子逐渐向担负蛋白质翻译与合成功能的方向演化，而蛋白质则变成了生物化学反应的催化能手。最后，原始汤中类似于脂类一样的物质围绕自复制分子的聚集体形成相对不通透的分子层，而这些脂质隔室中的蛋白质和核酸的浓度更有利于自复制分子间的相互作用（Nelson and Cox，2004）。

Cech（2012）列举了支持 RNA 世界学说的 6 个方面的原因：①RNA 既是信息分子又是生物催化剂——既是基因型又是表型——而蛋白质转导信息的能力极为有限，因此，RNA 应该能进行自我复制，而事实上 RNA 也确实能完成为了 RNA 复制所需要的某种化学过程；②从同时在同一地点进行随机化学反应的角度来看，设想一个能自我复制的单一分子类型比设想两种不同的分子（如一个核酸和一个能复制该核酸的蛋白质）类型要更为合理；③在所有现存的生物中，核糖体利用 RNA 的催化作用完成蛋白质合成的关键生物化学过程，因此在所有现存物种的共同祖先（the last universal common ancestor，LUCA）那里也必定如此；④RNA 的其他催化活动——在一个 RNA 世界中 RNA 所需要的但在现代的 RNA

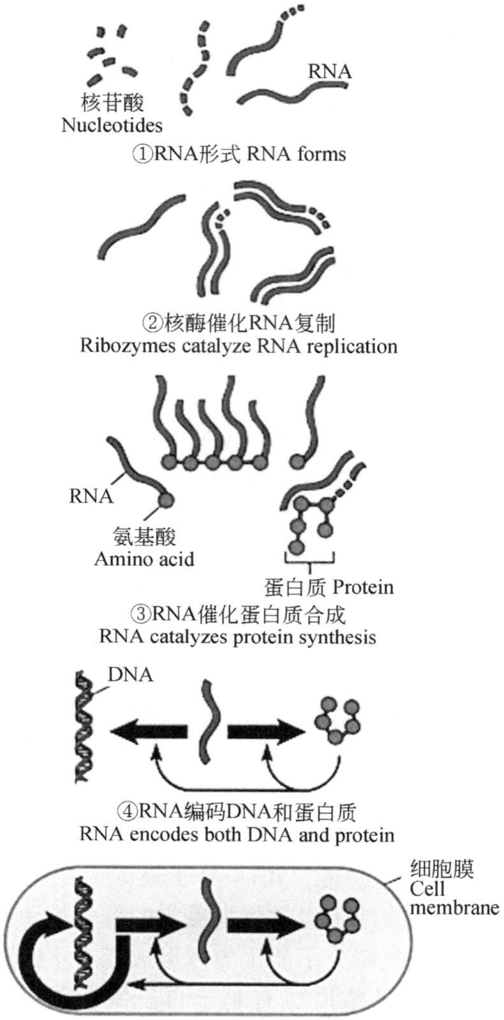

图 7-6　一个假想的 RNA 世界的起源模式（来源：www. tumblr. com）

中没有被发现的——一般也在 RNA 序列的大的组合文库（large combinatorial library）中存在了，能通过 Selex 的筛选方法来确认；⑤RNA 明显先于 DNA，因为 RNA 的核苷酸前体的生物合成需要多种酶的催化，而脱氧核苷酸的生物合成衍生自核苷酸的生物合成，仅添加了两个额外的酶促反应步骤（胸苷酸合成酶和核苷酸还原酶）；⑥一个原始的 RNA 世界具有出色的特征连续性，它能通过先前的事件进化到现在的生命之中。但是，Cech 承认并不清楚一个基于完全不相关的化学过程的自复制系统是如何被 RNA 所取代的。

Cech（2012）描绘了一个假想的 RNA 世界模型（图 7-7），许多被隔离开来的复杂有机分子的混合物没能获得自复制，因此消亡了（如虚线所示），而通向自复制 RNA 的路线作为现代的祖先而被保存下来，在自复制 RNA 左边的数个箭头表示 RNA 之前可能存在过的自复制系统。大到可以折叠并具有有用功能的蛋白质只有在 RNA 能够催化肽类片段连接或氨基酸聚合才开始出现，虽然氨基酸和短肽在最左边的混合物中就存在了。DNA 担负起基因组功能是更加后期的事情，虽然仍然大于 10 亿年前。现存物种的共同祖先已经具有了一个 DNA 基因组，能够利用蛋白酶、核糖核蛋白酶（如核糖体）和核酶来进行生物催化。

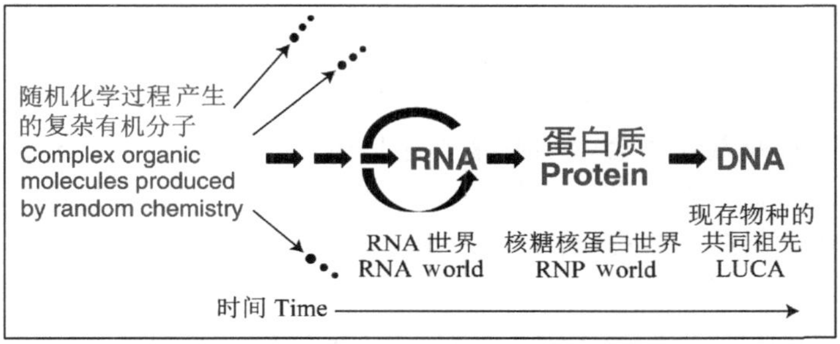

图 7-7　一个 RNA 世界模型，描述地球上生命进化过程中依次出现 RNA、蛋白质和 DNA（引自 Cech，2012）

Benner 等（2007）指出，“在今天的地球上，假如真有一些来自现代生命的生物催化剂，RNA 就是其中具有指导自身复制功能的一种独特催化剂……RNA 的这种独特功能使得有机化学体系成为达尔文进化理论的有力支持者，这是目前化学领域中唯一已知的天然产物产生功能行为的化学过程。只有一种另类分子——DNA，具有相似的特殊性”。

3. 对 RNA 学说的质疑

为何在地球生命演化的一开始就出现了这种复杂而神奇的 RNA 分子？莫非是神造的分子？当然，RNA 世界假说根本无法说明细胞是如何得以产生的。不少学者坚决反对 RNA 世界假说。例如，雅荷雅（2003）就无情地抨击道，“在每一个环节上拼凑起来的、不可能的链接，即这个不可信的假想，对生命的起源远远没有做出解释，只是扩大了这一问题，并引出许多没有答案的问题”。其实，在关于生命起源的太多环节上依靠主观臆想的情节拼接是不可避免的事实，不光 RNA 世界学说，其他学说也大抵如此，没有人能发现比这更幸运的方式。

纽约大学的化学家夏皮罗（Robert H. Shapiro，1935～2004 年）曾说：“根据化学运作原理，要形成这样一种分子绝不可能。在这个领域里，这是不可能的事。要接受这个观点，除非你相信我们有难以置信的幸运”。Horgan（1991）问道，“RNA 最初是怎样出现的？RNA 及其成分难以在实验室最好的条件下合成，它在真正的似是而非的条件下就更难合成了”。

雅荷雅（2003）质问道：“即使我们假设它是偶然形成的，那仅仅由核苷链组成的RNA，又如何‘决定’自我复制，并根据哪一种来实现自我复制呢？又从哪里获得自我复制时所需的核苷呢？”笔者喜欢雅荷雅的质疑方式，但不喜欢他把问题引向“真主”！Joyce和Orgel（1999）说，“从某种意义上来讲，这一讨论集中到稻草人上了：RNA分子自我复制的神话——重新从随意的、多聚核苷酸汤引发的神话。这个概念不仅不切合目前我们所理解的生命起源以前的化学概念，同时也损伤了RNA通过自我复制而成为分子的乐观派的观点”。

法国生物化学家、诺贝尔生理学或医学奖得主莫诺指出，“如果不翻译，密码（DNA和RNA的信息）就毫无意义。现代细胞密码翻译器，至少由50个大分子组成，且在DNA中自我编码：密码不能翻译，而靠产品自己的翻译。这种循环何时、以何种方式才会密切起来？这是极难想象的”（Monod，1971）。因此，雅荷雅（2003）进一步质疑道，“在原始地球上，RNA链怎能做出决定，并用何种方法来‘制造’蛋白质产品——自己替代50种专门粒子的功能？进化论者对此无言以答”。

丹麦生物化学家P. A. Monnard认为，“人们依然可以质疑，要产生一个RNA世界，RNA本身是否足够？……我们所知的生命提示，从很早开始就有了独立的代谢结构，这对创造基于RNA的前细胞是必需的，仅仅由于两者的同时出现和相互反馈调节才使它们存活了下来……可能曾经存在一种基于自我装配网络的系统，具有相互联系的催化作用，而没有RNA或其替代物介入，它可能起始了一系列的进化步骤，带来生命的产生。尽管如此，这个代谢世界的进化最终一定会产生一个遗传信息或催化——多聚物系统”（Monnard，2011）。这是一种代谢在先的思想，但是，如果没有领悟生命演化之合理目的性，Monnard也不可能迈入正确之道。

十、关于生命起源的其他各种学说

最初的生命起源发生在何处？在这里不讨论上帝创世论，因为这不是科学而是一种宗教，也不讨论宇宙生命论，因为，这一学说主张一切生命来自宇宙，但问题是宇宙中的生命又是如何产生的呢？因此，这里只限于介绍关于发生在地球表面上产生原始生命的与化学进化途径相关的各种假说（维基百科）及笔者自己的见解。笔者认为，每一种假说都可能是在揭示真理的一个侧面或一个点，但没有哪一个能画出一个草图（哪怕十分粗犷），或者给笔者的感觉犹如盲人摸象。

1. “原始汤”假说（“soup” hypothesis）

生命起源于原始地球上有机物的“原始汤”（primeval soup）的思想可追溯

至达尔文、奥巴林等，但是，实验性的证据直到20世纪中期才开始出现。1952年，米勒模拟闪电的条件，在常温下，用一些无机分子成功合成了许多有机分子(如氨基酸)。他的实验支持了奥巴林在20世纪初提出的关于生命起源的一些猜想，即在早期的地球上，可能存在一个还原性的原始大气圈（主要是 CH_4、NH_3、H_2O 和 H_2 等）及原始的海洋，闪电作用将这些气体聚合成多种氨基酸，即使在常温、常压下，这些氨基酸也有可能在局部浓缩，再进一步演化成蛋白质，而蛋白质和其他的多糖类和高分子脂类，在一定的时候就有可能孕育出生命。

Shapiro（1987）对原始汤假说进行了总结：①早期的大气环境是还原性的；②还原性大气在暴露在各种能量的情况下产生了简单的小分子化合物；③这些化合物浓缩成“汤”，这可能发生在不同的地方（海滨、海洋热液喷口等）；④通过进一步的转化，更为复杂的有机聚合物乃至生命在这种有机汤中就发展起来了。①~③已通过实验得到了证实，问题是④如何成为现实仍然是一个谜团。

笔者认为，米勒及其后续类似的实验研究能够解释在给予足够能量的条件下，从简单的有机物可以生成像氨基酸这样相对简单的有机化合物（虽然这些生成的氨基酸在手性上与蛋白质氨基酸不同)。这只是生命起源迈出的最初一步。

2. 黏土假说（clay hypothesis）

20世纪60年代中期开始，英国物理化学家凯恩斯·史密斯（A. G. Cairns-Smith）致力于一种称为黏土假说的生命起源学说，他认为黏土晶体在溶液中的自我复制可能在非生物活性物质和有机生命之间提供了一个简单的中间步骤。黏土在硅酸盐溶液中自然形成，与其他晶体一样，黏土晶体在它们的生长—断裂—再生长过程中保存其外部的排列形式。一个特定外部形式的黏土晶体可能以一种影响它们进一步复制机会那样的方式去影响其外部环境（Cairns-Smith，1987)。

凯恩斯·史密斯认为，对在其表面捕获一定形式的分子的黏土晶体也存在一种自然选择过程，有利于促进其潜在的复制能力。相当复杂的原有机分子(proto-organic molecules）能被硅酸盐表面特性晶体化，最终，当这些复杂的分子从它们的晶体模子中形成“遗传接管”（genetic takeover）后，就变成了一个独立的复制核心，在进化上的这一刻就是所谓的最初的联适应（the first exaptation)。他将此作为DNA形成的一种可能进化模式。

关于最初的有机分子是如何获得的问题，凯恩斯·史密斯（1995）认为是某些矿物质模拟光合作用获得的，“在原始地球上发生的反应不会像现代植物的光合作用那样高深复杂……有些矿物质却可以在有限的程度上模仿这种植物的光合作用。在紫外线的照射下，某些结构简单的铁盐溶于水中之后可以使二氧化碳凝固并将它合成如甲酸之类的小有机分子。某些晶体矿物质也能以这种方式模仿光合作用效应……固氮也是有机物中一种非常复杂的反应过程。这种复杂的反应过程同样也有一些矿物质可在有限程度上加以模仿。作为砂的一种次级成分，含铁的二氧化钛也具有固氮能力。当太阳光照射到这种物质的潮湿的晶体之上，这时就会有少量的氮转化为氨。氨是一种形态的氮，它相比之下比较容易发展成为如氨基酸之类的较大的分子”。

凯恩斯·史密斯（1995）认为，这些小有机分子的“合成当然绝不可能在汪洋大海这样广阔的范围内进行，但在局部，如在潮湿的矿物质暴露在大气层以及早期含有大量紫外线的太阳光线之下时，这种合成是完全可以想象得到的”。

黏土矿物制造这些有机分子对其自身又有何作用呢？凯恩斯·史密斯（1995）说，“甲酸是最简单且最易合成的有机分子之一，它可以稳定溶液的酸性，从而帮助控制黏土结晶过程。比甲酸稍复杂一些的草酸也非常容易合成。大家知道，草酸能帮助黏土合成……有几种分子通过将铝离子溶解协助黏土合成。氨基酸及小串的氨基酸，还有其他一些分子，则善于控制溶液中的金属离子……核苷酸的字母段是一种易于黏结在黏土层之间的分子……核苷酸中出现的三价磷酸盐单位则特别适合与黏土层的边缘黏结。也许核苷酸这种分子首先就是为了与黏土相互作用而设计的……多糖由许多连在一起的糖单位合成……当黏土有机物的生长必须解决溶液不因受到光线照射而被烘干或被水冲掉等诸如此类的问题时，多糖的用途就会明确地显示出来。也许脱氧核糖核酸和核糖核酸的前身属于一种特异多糖。无论是不是，你都可以这样理解，即脱氧核糖核酸或核糖核酸的前身在开始时并不具有遗传用途。发现这类分子可以复制信息是后来的事情，而且这种发现是一种偶然事件……某种东西为了一个目的而进化，但结果却经常或通常发现这种进化后的东西具有其他用途。这种情况谈不上什么预谋，这只是一种机会主义”。

笔者不否认黏土作为平台和模子对原始细胞诞生的可能意义，也不否认晶体矿物质在原始地球上最初的小分子有机物产生与累积中的可能作用。但是，生命为何要这样开始呢？怎样在这种黏土环境中诞生出蛋白质、RNA 和 DNA 等生物大分子以及最终过渡到细胞呢？这些都是黏土学说还无法回答的问题。

3. 脂质世界假说（lipid world hypothesis）

脂质世界假说认为最初的自复制物质是类脂物（lipid-like）（Segré et al.，2001）。在搅拌的情况下，磷脂在水中形成脂质双层结构，在细胞中也是同样的结构，这些分子在早期的地球上并不存在，但其他两性的长链分子也能形成膜。此外，这些脂质体通过脂质分子的插入可能会扩张，在过度扩展的情况下可能会自发地一分为二，子体保存同样的体积和脂质组成。该理论认为，脂质体的分子组成是信息储存的初步方式，进化导致像 RNA 或 DNA 这样能有效储存信息的聚合物的出现。

在该假说中，脂质双层膜由各种各样的两性分子化合物混合而成，因而在膜上这些化合物的排列组合方式非常多，在这些潜在的组合中，膜上特定的排列应该是有利于艾根的所谓超循环模式，即在膜的位点与捕获在囊膜中的特定化合物之间存在互相催化的正反馈关系。这种位点/化合物对应关系可以传到子代的囊膜，导致能够接受达尔文自然选择的囊膜的不同世系的出现。

笔者也认为，封闭的脂质膜的出现是通向细胞的重要一步，这种结构形成的自发性也为细胞的自然发生奠定了重要的基础，同时，膜的扩张容易导致一分为二，也为细胞分裂机制的诞生奠定了一定基础。但是，仅从脂质体的分子组成如何去推导信息储存进而发展到 RNA 或 DNA 的出现呢？该理论借用艾根的超循环也是无济于事的。因此，虽然脂质对细胞生命体的出现十分重要，但它还不是最为核心的原因。

4. 多磷酸盐假说（polyphosphate hypothesis）

关于生命自然发生的大多数情景面临的一个问题就是氨基酸对多肽的热力学平衡处于个别氨基酸的方向之中。缺失的是驱动多聚化的某种力，而多磷酸盐的特性正好可以解决这一问题（Brown and Kornberg，2004；Pasek，2008）。多磷酸盐由普通的单价磷酸离子 PO_4^{3-} 聚合而成，有几种可能的机制，多磷酸盐引起氨基酸转变为多肽的多聚化，它们也是合成像 ATP 这样的关键生化物质的合乎逻辑的前体，一个关键的观点似乎是，钙与可溶性磷酸盐反应形成不溶性磷酸钙（磷灰石），因此必须有某种可靠的机制来维持钙离子不引起磷酸盐的沉淀。

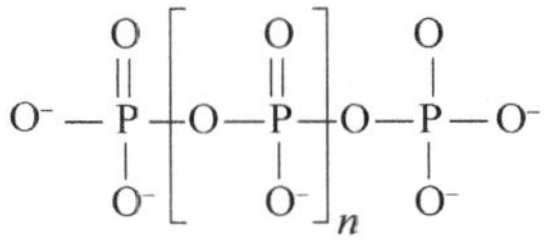

笔者认为，多磷酸盐假说关注到最初的生物大分子自发形成的能量基础，不可否认，高能的多磷酸盐是自然形成像 ATP 这样的能量货币物质的重要基础，且在生命的化学进化中具有重要意义，但这也只能是诸多化学进化因素之一。

5. 辅酶世界假说（coenzyme world hypothesis）

最近有研究通过将摩尔定律运用于生物进化及回推法，认为生命起源于 97（±25）亿年前，比地球形成早了数十亿年（Sharov，2006；Sharov and Gordon，2013）。在生物进化中，经验证据表明复杂性每隔 3.76 亿年翻 1 倍，就像树木的年龄可用树轮表示一样，生命的年龄也可能用生物复杂性（如基因组中功能性非冗余性 DNA 的长度）来推算。如果将对数转换的复杂性与大进化世系的起源时间作图，得到一条直线，该直线与 *X* 轴相交点（1 个核苷酸）的时间为 97（±25）亿年前。因为太阳系的年龄也只有 46 亿年，这就是说，生命可能是从更老的星球以某种方式来到地球的。

一些学者基于以下论点对这一假说进行了批评：①由于早期地球缺乏竞争，生物进化速率可能要快得多；②生命起源于几个核苷酸是不可想象的。为了回应这些批评，Sharov 提出了一个从类似辅酶分子（功能上与单核苷酸相当）的假想的自然发生情景（Sharov，2009；Raffaelli，2011）。笔者认为，这种统计规律性固然有一定的科学价值，但距说明生命起源的机制还相差甚远。

6. 铁–硫世界假说（iron-sulfur world hypothesis）

德国化学家 G. Wächtershäuser 提出了一个称之为铁–硫世界的生命起源假说，这也是一种热源起源学说，也与生命起源于海底热液喷口的假说一致。Wächtershäuser（1990）认为，①推动生命起源的能源是铁的硫化物和其他矿物质（如黄铁矿），来自这些金属硫化物的氧化还原反应所释放的能量不仅可用于有机分子的合成，而且可用于低聚物或多聚物的形成；②这样的系统可能进化出成套的能够自我复制的自催化系统以及在我们现在已知的生命形式之前的能够新陈代谢的活的独立实体。Wächtershäuser 也是代谢在先论者，认为在生命起源中代谢先于遗传，这里的代谢是指一种产能化学反应的循环，而且这种能量能被其他过程所利用，他认为，一旦一种原始的代谢循环建立起来，它就开始生产更复杂的化合物。

笔者认为，这种海底热液喷口假说需要面临的一个问题是，即使这些微生物诞生了，但是，当它们随着混合作用进入茫茫大海时，它们如何能够存活下去？因为这时它们赖以生存的能量来源（大量金属硫化物）已经消失，它们如何能够适应完全不同的生存环境？也许有人会认为，在漫长的地质岁月中这些喷口处的原始细胞中总会有一些个体能够成功演变为适应大海的一般生存环境，但这也只能停留于一种无法证实的假设或猜想之中。在后面还要谈到的利用 H_2 的深海喷口假说也面临同样的问题。

7. 锌世界假说（Zn-world hypothesis）

Mulkidjanian（2009）提出了一个称为锌世界的生命起源假说，该学说认为热液中丰富的 H_2S 与原始海洋（或“达尔文水池”）冷水相互作用导致了金属硫化物颗粒的沉降，这就是为何海洋的喷口和其他热液系统分布有带状结构，它也反映了古老的火山成因的块状黄铁矿矿床（VMS）的热液起源。这种结构直径可达数千米，可追溯至太古宙，最丰富的物质为 FeS_2、$CuFeS_2$ 和 ZnS，还有一些 PbS 和 MnS。ZnS 和 MnS 具有储存辐射（如紫外线）能量的独特能力。在复制分子起源相关的时间窗口，原始大气压力也足够高（>100bar）以便在地球表面沉淀 ZnS，紫外线辐射比现在要强 10～100 倍，被 ZnS 媒介的独特的光合作用特性就正好提供了驱动信息和代谢分子合成及耐光的核碱基选择的适当的能量条件。

但是，Mulkidjanian 等（2012）注意到，所有细胞的无机物组成都与现代海水的组分不同，他们结合地球化学分析以及现代细胞普遍的无机离子成分需求的谱系分析，重构了最初细胞的“孵化场”，推测普遍的原始的蛋白质和功能系统显示出对 K^+、Zn^{2+}、Mn^{2+} 和磷酸盐的亲和性及功能需求。地球化学重建显示，有助于细胞起源的无机离子组成并不存在于现在我们称谓的海底，但与我们现在称谓的内陆地热系统（主要是散发蒸汽的地带）相一致。在缺氧且充满 CO_2 的原始大气条件下，近地热场的水的冷凝与蒸发化学成分将类似于现代细胞的内部环境。因此，进化的前细胞期可能发生在浅的“达尔文水池”，那里排列着多孔的硅酸盐矿物质，混合着金属硫化物，并富含 K^+、Zn^{2+} 和磷化物。

该学说基于现代生物细胞中的关键离子浓度的比例对首个原始细胞诞生之地进行了推测（充其量只是对“达尔文水池”假说的扩充），他们认为首个生成的细胞既没有能锁定离子的细胞膜，也没有膜蛋白泵，那么只能与环境保持平衡了，因此现代细胞中的离子构成也许反映了原始细胞起源地的无机离子构成。但是，如何才能保证这一假设是成立的呢？

8. 多环芳烃世界假说（PAH world hypothesis）

一些学者主张生命起源自一些地球大气圈外（星际）的复杂分子，因为通过光谱分析发现，有机分子存在于彗星和陨星之上。Witt（2003）在星系检测出多环芳烃（polycyclic aromatic hydrocarbon，PAH），García-Hernández 等（2010）在星际检测出 PAH 和富勒烯。PAH 是迄今为止在星际空间发现的最复杂的分子。

最近，用斯皮策空间望远镜从环绕一颗正在形成（如同太阳曾经形成的那样）的年轻的恒星 HH 46-IR 的圆盘里的物质中检测到非常大范围的分子，包括氰化物、烃和 CO。2012 年，NASA 的科学家报道，PAH 在星级介质的条件下发生了转化，通过氢化作用、氧化作用和羟基化作用，变成了更为复杂的有机物，分别在通往蛋白质和 DNA 的原材料——氨基酸和核苷酸的道路上迈出了一步（Gudipati and Yang，2012）。

笔者认为这一假说一方面提供了星际中存在的有机分子向地球输送的可能，另一方面也指出宇宙空间存在有机分子形成的条件，这或许可以看成是类米勒实验的太空佐证吧，但仅此而已，它无法说明生命起源的具体过程。

9. 代谢在先模型（“metabolism first” model）

有若干模型否定“裸基因”（naked-gene）自我复制的观点，而假定原始代谢先出现，这可为后来 RNA 复制的出现提供环境。在好氧生物为了能量生产的三羧酸循环的中心以及在复杂有机化合物的生物合成中的二氧化碳和氢离子（包括氨基酸和核苷酸）的移动都暗示这是代谢进化的最初部分之一（Lane，2010）。Smith 和 Morowitz（2004）认为，如果组分的浓度充足，循环将会自我运转，随着每个中间产物浓度的上升，它就会自发地切换到下一个中间产物。因此，最初的起点不是基因的创造，而只是热力学和化学产物本身。宇宙学家 Carroll 认为，“生命的目的是为了还原 CO_2” （代谢在先而不是遗传在先情景的一部分）（Musser，2011）。

笔者认为，这一理论虽然还十分粗糙，但是提出了有价值的观点，即生命不可能起源于所谓的“裸基因”，至于“生命的目的是为了还原 CO_2”这样的说法，虽然没有揭示生命的本质，但至少比无目的性要强。

10. 自催化假说（autocatalysis hypothesis）

Kauffman（1993）提出生命最初起源于自催化化学反应网络。所谓自催化是指能催化自我形成的物质，因此也具有简单的分子复制者的特性。Rebek 等构建了氨基腺苷（amino adenosine）和五氟苯酯（pentafluorophenyl ester）与自催化剂氨基腺苷三酸酯（AATE）的混合系统，其中一个来自实验系统包含了多种能自行催化自身合成的 AATE。此实验证明了自催化可能在一个分子种群的不同遗传实体间进行竞争的可能性，这可解释为一种初步的自然选择方式（Dawkins，2004）。

依笔者之见，这与艾根的以分子自组织为基础的超循环理论大同小异，没有本质的差别；此外，没有隔离（细胞膜）的系统，所谓初步的自然选择也是不可能发生的。

11. 自组织和自复制假说（self-organization and replication hypothesis）

自组织和自复制常被认为是生命系统的标志，但是也有非生物分子在合适的条件下呈现出类似特性的许多例子。例如，Martin 和 Russell（2003）认为，从环境中的细胞膜的物理分隔与自我支撑的氧化还原反应的自组织是生物最保守的特性，因此，具有这种特性的无机物就最有可能是生命最后的共同祖先。后来，Palasek（2013）指出，由于热液喷口的物理因子，RNA 分子能自发地进行自我组装。在宿主体内病毒的自我装配对生命起源的研究也有借鉴意义，因为它使生命能起始于自我组装的有机分子的理论更为可信（Nussinov et al.，1997；Vlassov et al.，2005；Koonin et al.，2006）。

笔者认为，该学说指出细胞膜的物理隔离以及自我支撑的氧化还原反应是生命最后的共同祖先的特性这一点其实是对判断原始细胞标准的一种说明。至于以病毒为例的 RNA 的自我装配在生命起源早期的作用则难以确认，因为，对现代生命来说，没有宿主，病毒也将不复存在。

詹腓力（1999）批评道，“既然在实验上取得成果的前途不佳，有些科学家干脆就从计算机模拟方式下手，以免碰到实验性的障碍……一般科学家已经假定生命是自生自发而来，以后不断进化到更复杂的结构。果真如此，那么万物当然需要有自发性的自我组合能力了……运用这种假说，科学家可以设计一些计算机模式来模拟生命起源及其进化。至于这个模式与现实有何关联，倒完全是另一个问题了”。

12. 深部热液生物圈模型（“deep-hot biosphere”model）

20 世纪 70 年代，Gold 提出了深部热液生物圈模型，认为生命最初不是起源自地表，而是在地表的数千米之下（Gold，1992；2001）。90 年代后期，在深部岩石中发现纳米微生物（比细菌更小的丝状结构，但可能含有 DNA）可能看成是对 Gold 理论的支持。

现在已经熟知，从地表到之下 5km 都存在丰富的微生物，主要是嗜极的古细菌而不是真细菌，后者更多地分布在一些容易接触的环境之中。Gold 声称，从深不可及之处食物的涓涓细流对生存来说是需要的，因为在一个水坑中诞生的生物总会将其中的有机物质消耗一空，最后自己也会灭绝。Gold 的理论认为，这样的食物流源于地幔中原始甲烷气的溢出，深部微生物（远离沉积碳化合物）食物供给更通常的解释是有机体靠水与岩石中的（还原性）铁化合物之间相互作用释放的氢气来维持生活。

笔者认为，深部热液存在微生物是事实，但到底那里是否是生命诞生之地又是另外一回事，既不能排除这种可能，也无法确认亦如此。但是，这些假想的共同祖先又如何能从深达数千米的地下顺利到达地面并成功转变自己的代谢系统以适应新的缺乏甲烷或 H_2 的地表呢？如果地表有这样的能量物质，那它们又何必隐匿于地下而被创造呢？

13. 深海喷口假说（deep sea vent hypothesis）

深海喷口或碱性热液喷口假设认为，生命可能起源于海底的热液喷口，在那里富含氢气的液体从海底涌出［式（7-1）］，在这样一个系统中，持续的化学能由氧化还原作用所提供，在那里，电子供体（如 H_2）与电子受体（如 CO_2）发生反应。

$$3Fe_2SiO_4 + 2H_2O \rightarrow 2Fe_3O_4 + 3SiO_2 + 2H_2 \qquad (7\text{-}1)$$

Martin 和 Russell（2003）认为，碱性喷口创造了一个自发的质子动力势化学渗透梯度，这种条件是生命自然孵化的理想场所。这里的细微隔室，为有机分子的浓缩提供了一种自然的方式，如 Wächtershäuser 设想的那样，这些由铁-硫矿物（如四方铁硫矿）构成的隔室天生就有催化特性（Lane，2010）。离子的跨膜运动源于以下两个因子的组合：

①由浓度梯度引起的扩散力——包括离子在内的所有颗粒物倾向于从高浓度向低浓度扩散；

②由电势梯度引起的静电力——像质子 H^+ 这样的阳离子倾向于沿电势向下扩散，而阴离子则方向相反。

这两个梯度合在一起就是电化学梯度，为自发的合成提供能量。质子动力势也能表述为储存为跨膜（质子浓度和电势不同）的质子与电压梯度相组合的势能的一个度量。

笔者认为，这里只是描述了现代化能自养菌的特性，此外，这一假设面临与前面说过的这些假想的共同祖先在被稀释到茫茫大海中之后如何能够成功适应完全不同的新的环境的问题。

14. 热合成世界假说（thermosynthesis world hypothesis）

现今发酵的生物能量学过程通过三羧酸循环或乙酰辅酶A途径来进行，两者都与原始的铁-硫假说相联系。而Muller（1985；1995）提出的热合成假说则考虑化学渗透的生物能量学过程，这在细胞呼吸和光合作用中扮演着重要角色，比发酵更为基础。在热合成世界，维持化学渗透的ATP合成酶被认为是在现存的酶中最接近最初的代谢过程的。

首先，生命需要能源去推动凝聚反应以产生出蛋白质的多肽键和RNA的磷酸二酯键。一般来说，关于今天的ATP合成酶的结合变化机制的热量变化，“第一个蛋白质”应该结合了底物（多肽、磷酸、核苷酸、RNA“单体”）并将它们浓缩成一个反应产物，这个产物会保持结合直到经历一个温度变化才被热诱导去折叠所释放。热合成世界的能源来自热循环，就是一个对流的水流中原始细胞悬浮的结果，正如一个火山温泉的情形一样，对流解释任一生命起源模型所需要的自组织和耗散结构。热循环在萌发和细胞分裂过程中仍然扮演着普遍角色，被认为是原始热合成的遗物。

通过磷酸化细胞膜脂质，这个“最初的蛋白质”使含有蛋白质的脂质原始细胞具有了选择优势。一开始，这个最初的蛋白质也合成了一系列蛋白质，其中只有极少数具有热合成能力。正如Dyson（1985）所设想的，这个最初的蛋白质功能性地繁殖了：它制造了相似能力的后代，但它没有拷贝自身。功能后代由不同的氨基酸序列组成。假设在随机合成的RNA中，RNA序列根据最初蛋白质合成的速率和效率增加来选择，如根据作为mRNA、tRNA或rRNA的生成，或者更一般地，RNA世界的所有成员被生成与选择。这样，在理论上热合成世界可解释遗传体系的起源。

铁-硫世界确认了一个最简单的循环路径，因此假定了酶的存在，但是，热合成世界甚至没提及一个通路，也没有假定通常酶的存在：ATP合成酶的结合变化机制类似于一个产生自由能的物理吸附过程（Muller and Schulze-Makuch，2006），而不是一个正常的减少自由能的酶的机制。RNA世界也意味着若干酶的存在。有人声称，靠随机来产生一个酶，这是绝不可能的事（Orgel，1987）。

这是一个蛋白质在先的假设，但笔者认为它在如何通过蛋白质生成DAN和RNA的说法上并不能令人信服。

15. 放射性海滩假说（radioactive beach hypothesis）

Adam（2006）提出了一种称为放射性海滩的生命起源假说。他认为，曾经在某一时候发生过的潮汐过程（当月亮非常接近时，可能在原始海滨的高水位标志区浓缩了铀和其他放射性元素颗粒）可能导致了生命构建物质的起源。这样的放射性海滨可能为有机分子（氨基酸、糖）的产生提供了足够的能量，放射性的磷铈镧矿（monazite）还可释放生物易获得的可溶性磷。这样氨基酸、糖和溶解性磷化物就同时形成了。在这种反应中所遗留下来的一定浓度的发射性锕类可能形成了有机金属复合物的部分，这些复合物可能是生命过程的早期催化剂。

笔者认为这一假说为原始生命诞生之地提供了一种可能，它假设放射性物质为从无机化合物合成简单有机化合物提供了能量，并假想了早期的催化剂，但是，生物大分子以及最后的细胞又是如何起源的呢？

16. 紫外线和温度辅助的复制模型（ultraviolet and temperature-assisted replication model）

紫外线和温度辅助的复制模型主要是基于生命起源的热动力学视角。Michaelian（2009；2011a）认为，任何关于生命起源的模型都必须考虑这样的事实，即生命是一个不可逆的热动力学过程，它的产生与持续归因于它产生熵，熵的产生对生命来说并不是偶然的，而是生命存在的根本原因。现在的生命通过促进基于蒸散的水循环而增加地球的熵的生产；因此，如果现今生命的热力学功能是伴随水循环而产生熵，那在生命诞生之初也应该如此；事实上，水溶液中的RNA和DNA是200～300nm波长紫外线的非常强烈的吸收者，这是能穿过浓厚的前生物大气层到达地表的太阳光的一部分。

Cnossen等（2007）认为，在太古宙时期到达地球表面的波长在260nm处（也是RNA和DNA吸收最强烈的波长）的紫外线的量能是现在的31个数量级。紫外线在太古宙海面被有机分子的吸收和耗散显著增加了表层温度，导致蒸发增加，因此也增加了原始的水循环。因为光能量光子的吸收和耗散是一种熵的生产过程，Michaelian认为热动力学过程应该促进了利用紫外线进行的RNA和DNA的非平衡的自然合成过程（Powner et al.，2009）。

有一个不必借助酶就可以解释RNA和DNA复制的简单机制，它可由这同样的热力学框架所提供，假设生命出现时原始海洋的温度已经冷却到了差不多RNA或DNA的变性温度之下［根据南非巴伯顿35亿～33亿年前的绿岩带燧石中的$^{18}O/^{16}O$的比率，表面温度估计约为70（±15）℃，接近RNA或DNA的变性温度］（Lowe and Tice，2004）。在晚上，当表层水温将降低到变性温度以下时，单链RNA/DNA可作为模板形成双链的RNA/DNA；到了白天，RNA和DNA将吸收紫外线，将其转化为热而使局域温度升高到可使RNA和DNA变性，这种拷贝过程在昼夜循环中反复进行（Michaelian，2010；2011b）。这种温度辅助的拷贝机制与实验室日常用于扩增 DNA 片段的聚合酶链反应（PCR）相似。Michaelian 认为，传统的关于生命起源的研究期待去描述近于平衡条件的生命诞生，但这是错误的，必须考虑非平衡的条件，特别是熵生产对生命诞生的重要性。

笔者认为该学说提供了一个新奇的视角，但是，问题是这些 RNA 和 DNA 最初是怎样或为何产生的呢？

17. 水泡假设（bubble hypothesis）

冲击海岸的波浪产生精致的泡沫，席卷海洋的气流具有驱动表面颗粒冲上海岸的倾向，这种海岸线浮沫与被风吹拂的有机颗粒可在海滩相互作用，而滨海浅滩上的海水会更加温暖，可能通过更快的蒸发浓缩有机分子；主要由水构成的水泡很快就会破裂，而含有两亲分子的水泡就会稳定得多，允许其中的关键反应有更长的时间进行。两亲分子具有亲水的头部和疏水的尾部，一些两亲分子在水中有自发形成膜的倾向，一个球形含水的封闭的膜就是现代细胞膜的假想的前体。如果一个蛋白质能增加亲体水泡的完整性，这个水泡就会有优势，会被置于更接近于自然选择等待名录中的顶端。当水泡破裂时可想象为原始的繁殖，同时向周围的环境中释放“实验”的结果。一旦足够“正确的构建原料”被释放进环境，就可能出现最初的原核生物以及真核生物和多细胞生物的发展（Panno，2005）。

凯恩斯·斯密斯（1995）提出了这样的一种设想：“在缺氧状态下，海洋分子将‘生命分子’积聚起来。海洋就像一个盛着营养汤的巨大的碗，为‘生命分子’的积聚提供了场所，其他则由机会来完成。在这只大碗中，各种分子不断结合、破裂。有些分子之间的结合会比其他分子的结合更为稳定，于是，这种结合就形成了汤中凝聚的小飞沫或小凝块。海浪时常将这些不断增大的飞沫打散成小块，这些小块飞沫也同样吸收了新的物质。最后，这种分子结合体中有一个——也只需要一个即可——终于爬上了达尔文描述的进化的阶梯。它可以繁衍，可以将其特征传给后代。”

笔者认为，水泡假设提供了原始细胞的一种可能模式，与脂质世界假说或“原始汤”假说或多或少有些相似，但同样未深入涉及生物大分子的形成问题。

18. 多起源假说（multiple genesis）

在地球历史的初期，不同形式的生命可能准同步（quasi-simultaneously）出现（Davies，2007）。其他的形式可能绝迹了，由于其不同的生物化学过程（如利用砷代替硫）而留下了特别的化石，或作为嗜极生物而幸存下来，或简单地仅仅是由于与现在的生命树上的生物相似而未被注意。Hartman（1998）通过对许多理论的整合提出了以下观点：最初的生物是自我复制的富含铁的黏土，它固定

CO_2并将其转化成草酸或其他二羧基酸，接着，这个由能复制的黏土和它们的代谢表型构成的系统进化到需要固氮能力的富含硫的温泉区域。最后，硫被整合到一种能合成核苷酸和磷脂的进化系统之中。如果生物合成重述了无生源说，那么氨基酸的合成先行于嘌呤和嘧啶碱基的合成。此外，氨基酸硫酯聚合成多肽先于通过多聚核苷酸的氨基酸酯的直接聚合。

Margulis 的内共生理论认为，不同形式的古细菌通过共生形成了真核细胞（Margulis and Sagan，2001），在不同古细菌之间遗传物质的水平转移促进了这样的共生关系，因此，许多不同的有机体可能参与贡献了普遍称之为我们现代生物的共同祖先（LUCA）的构建。

结　　语

苏联学者奥巴林在他 1936 年出版的《生命的起源》一书中说，“很遗憾，细胞的起源仍然是个问题，也是全部进化理论中最黑暗的一点”；1988 年，德国学者道斯（K. Dose）在他的一篇论文中说，“在化学和分子进化领域里，关于生命起源的试验已做了 30 多年；这些试验实际上扩大了这个问题，而没能找到解决问题的办法。目前，所有关于这些理论的讨论和试验，不是陷入僵局就是对无知招供了”；1998 年，美国学者巴达（J. Bada）在他的一篇文章中说，“今天，当我们告别 20 世纪时，我们仍然面对进入 20 世纪时的最大的未能解决的问题：生命怎样在地球上开始?”（雅荷雅，2003）。

贝希（1998）说，“当化学家努力用试验和计算来验证生命到底从何而来的时候，进化生物学家们却没有做出任何努力通过试验和计算验证分子层次上的进化情景。结果，进化生物学就停留在 20 世纪 50 年代早期支配生命起源研究的相同的思维框架中”。笔者倒觉得贝希这样的批评不无道理。神创论者詹腓力（1999）说，“能够想象或构想一个理论，与可能用试验证明出来，还有天壤之别……没有试验证据支持任何一种理论，反而为无限制的臆测打开了大门”。他对令人眼花缭乱的各种各样的生命起源理论的这种批评也不是没有一点道理的。

笔者很赞同法国哲学家（也是神学家和古生物学家）德日进的看法：“‘有机化合物’的世界才是我们的……虽然它的形式非常多，比矿物不知多过凡几，但因为只构成地球物质的很小部分，以致地球化学只视它为旁支……有机物必须是看成在地球初生时就已开始，一点也不比无机物为迟……若不在开始时就真的存在，则它们以后永不会发生……为什么要在渺茫的太空中寻找地球的起源呢——这岂不是不可理喻吗?早期的地球，它本身所有的化学组成，这本身整个乃就是我们梦寐以求的生命来源。当它生成时，它已先于天地（如果我能这么说的话）带来了‘前生命’了，而且是带有‘一定量’的”（de Chardin，1955），当然，这里的有机物应该限定于像氨基酸、碱基（如嘌呤）、单糖类、有机酸等生命的基本构件物质。

在过去的近一个世纪中，关于生命起源的追求从未停息，争议也从未消歇。生命起源这个领域就像一个熙熙攘攘的集市，各种学说飘来荡去，恰似西风中坠落四散的黄叶，而如今这个神秘的“真容”依然还深藏于灰雾蒙蒙之中。在这里，罕见的是禁锢，常见的是草率仓猝，几乎人人可以自炫一番，个个为自己的空想得意洋洋，因为无法证实，也不能证伪。但大家迷茫依旧，因不知路有多远，山有多遥。借引歌德在“你为何给我们深邃的眼力”一诗（创作于1776年）中的一句名言：“一个空洞的梦使他无事忙碌也是幸福，一种想象使他内心感到充实也是幸福”。历史舞台上的生命起源论，莫不也如此？

第八章　原核微生物的代谢

生命本质上就是其一切部分的完全流动的相互渗透，以及对整体默然无关的那些部分的相互渗透

——黑格尔（Georg Wilhelm Friedrich Hegel，1770～1831年）

生命就是趋向，而趋向的本质就是以集束（sheaf）的形式发展，依靠自身的成长，创造出不同的方向，而冲动（impetus）就在这些方向上被分化

——柏格森（Henri Bergson，1859～1941年）

结构相对简单的原核生物乃是生命之源头，这已是公认的事实。因此，探寻微生物世界是揭秘生命起源的必经之路。但是，人们面临着一个最大的难题：这些微米级的生命形式却没能留下可以辨识种类的化石记录，其实，即便是对活着的现代微生物种类的鉴定都是十分困难与繁杂，就更不用说化石了。虽然面临形态上特征辨识的困难，但是，人们对现代各种各样原核微生物的生理与代谢已有了不少的认识，这些或许可为探寻生命的起源提供宝贵的线索。

一切生命都处于永不停息的运动与变化之中，这也是所有物质的根本属性。正如凯恩斯·史密斯（1995）所说，“原子和分子总是在移动、在旋转、在振动、在推撞、而它们在做所有这些运动时却并不需要外部动力。原子具有的永恒运动的特性早就为希腊哲学家预言过……分子也运动，只是分子越大，其运动速率也就越慢”。与非生命的物质形态相比，生命物质的运动形式出现了质的飞跃，常常被称为神秘的“活力”。

我们说，生命既是物质的，也是能量的，是因为能源为物质性的生命机器之运转提供了动力。生物体内的能量流动是如何得以实现的呢？它是通过电子与质子的转移。携带着能量的电子和质子的流动是生命系统中一切生物合成的基础，它离不开氧化与还原反应的耦联以及一些十分精巧的电子传递链。

本章主要介绍原核微生物（真细菌和古菌）的代谢，它们复杂的能源和碳源利用方式，以及各种微生物——化能细菌、非产氧的光能细菌等的电子传递链及CO_2的还原方式（关于产氧的蓝细菌相关的问题将在第九章详细介绍）。对这些原核微生物的认知将是人们打开通向神秘的生命起源之门的钥匙，因为所谓的共同祖先应该就是它们的近亲。

一、生命的本质——电子（质子）驱动的元素组合游戏

现已发现的化学元素多达110种，也就是说虽然有这么多不同种类的原子，但构成有机物最常见的原子却仅有C、H、O、N、P和S。从结构上来说，任何一种原子都是由电子、质子和中子所构成，而原子结合在一起就形成分子。一个分子存在的时间有长有短，也有大有小。例如，最小的分子仅由2个原子组成，而大的分子可包含数以千万计的原子。

1. 细胞内能量转换的基础——氧化还原反应的耦联

电子是一种神奇的带电粒子，其质量很小。形象地说，电子就像是一种万能的黏合剂，正是它把不同的原子键合成各种各样的分子（它还能把不同的分子也聚合在一起）从而形成了地球上的万物，而它的离合也驱动了万物的变迁。电子可以共享，也可以转移，一些类型的原子容易失去（如Na^+）或共享电子，而另一些类型的原子则容易接受电子（如Cl^-）。失去电子的原子带正电，获得电子的原子带负电。此外，还存在一个重要的原则——同种电荷相排斥，异种电荷相吸引。在包括生命在内的所有物质中，氢（H）是最轻的元素（原子最小），也是宇宙中含量最丰富的元素，它既能与其他元素共享电子（如C–H），也能失去电子变成H^+，因为氢的原子序数是1，H^+不带电子，只有由一个质子组成的原子核，是一个“赤裸的电荷”，具有极强的化学反应性。

从物质中移去电子（一或多个）称为氧化反应，而物质接受电子（一个或多个）称为还原反应。在生化反应中，氧化还原作用既指电子传递，又指氢原子（含一个电子和一个质子）的传递。由于电子不能在溶液中存在，它们必须是原子或分子的一部分，这样，在氧化还原反应中，同时需要电子供体和受体。这就是说，任何一个氧化反应的发生必须伴随一个相应的还原反应。这里，被氧化的物质就是电子供体，而被还原的物质就是电子受体。一系列的氧化反应与还原反应的耦合就形成电子的流动，这是生物体内一切生化反应体系存在的基础。

在生命系统中，这种电子/质子流动之所以重要，是因为它伴随着能量的变化，从而可使一种能量（如光能，通过激发电子）转化为另一种能量（如化学能）。光合生物的光合作用就是基于这样的原理，它通过一种复杂的光化学反应，能将光能转化成化学能，储存于高能化合物三磷酸腺苷（ATP）和强还原性物质烟酰胺腺嘌呤二核苷酸磷酸（NADPH）之中，并进一步用于将CO_2还原为糖类（也储存了化学能）等大分子有机化合物。光合作用是地球上最重要的一种生物化学反应，其实质是包含了一系列氧化还原反应。

当有机化合物（如糖）或无机化合物被氧化时释放出的能量称为化学能。在生物体内，一些有机化合物氧化时所释放出来的化学能通常又以高能磷酸键的

形式重新储存起来，进一步支撑细胞内的其他需能反应。ATP 就是一种能量货币，是一种重要的能量载体，它在放能反应中形成，又可用于吸能反应。除此之外，在生物体内的高能化合物还有辅酶 A 衍生物（如乙酰辅酶 A）等。

生物化学反应的一个重要特点就是放能反应和吸能反应相耦联，因为能量是守恒的。正如考夫曼（2004）所说，“两个复杂有机分子上的电荷分布，让它们彼此靠近，并与平动、振动和转动模式相结合，那么，这种电荷分布就可精密地测量相对平衡态的偏离，再与这些偏离相结合，就可获得相互连接的被催化的放能反应和吸能反应”。

2. 细胞内能量转换的核心过程——电子传递链

电子如何在不同的有机化合物之间进行传递呢？这与所谓的还原电势密切相关。物质被氧化时释放出电子的能力会不同，物质被还原时接受电子的能力也会不同。这种倾向能力可用还原电势（E'_0）来表征，当书写氧化-还原（O-R）偶极对时，将氧化态放在左侧。生物化学上一些重要的氧化还原对的还原电位如表 8-1 所示，顶端的还原电势具有较大的负值，因而具有较强的提供电子的倾向（接受电子的能力就较弱），而底部的还原电势具有较大的正值，因而具有较强的接受电子的倾向（提供电子的能力就较弱），因此，顶部右侧的物质为最强的还原剂，而底部左侧的物质为最强的氧化剂，电子自上而下进行传递。

表 8-1　生物化学上一些重要的氧化-还原对的还原电位

氧化-还原对	E'_0/V
SO_4^{2-}/HSO_3^-	-0.52
CO_2/甲酸根离子	-0.43
$2H^+/H_2$	-0.41
$S_2O_3^{2-}/HS^- + HSO_3^-$	-0.40
铁氧还蛋白（氧化/还原）	-0.39
黄素氧还蛋白（氧化/还原）*	-0.37
NAD^+/NADH（$NADP^+$/NADPH）	-0.32
细胞色素 c_3（氧化/还原）	-0.29
CO_2/乙酸	-0.29
S^0/HS^-	-0.27
CO_2/CH_4	-0.24
FAD/FADH	-0.22
SO_4^{2-}/HS^-	-0.217
乙醛/乙醇	-0.197
丙酮酸/乳酸$^-$	-0.19

续表

氧化-还原对	E_0'/V
FMN/FMNH	-0.19
磷酸二羟二酮/磷酸甘油	-0.19
$HSO_3^-/S_3O_6^{2-}$	-0.17
铁氧还蛋白（氧化/还原）*	-0.12
HSO_3^-/HS^-	-0.116
甲基萘醌（氧化/还原）	-0.075
$APS/AMP+HSO_3^-$	-0.060
红素氧还蛋白（氧化/还原）	-0.057
丙烯酰-辅酶 A/丙酰辅酶 A	-0.015
甘氨酸/甘氨酸根离子+NH_4^+	-0.001
$S_4O_6^{2-}/S_2O_3^{2-}$	+0.024
延胡索酸$^{2-}$/琥珀酸$^{2-}$	+0.033
细胞色素 b（氧化/还原）	+0.035
泛醌（氧化/还原）	+0.113
$A_3O_4^{3-}/ASO_3^{3-}$	+0.139
二甲基亚砜（DMSO）/二甲基硫（DMS）	+0.16
$Fe(OH)_3+HCO_3^-/FeCO_3$	+0.20
$S_3O_6^{2-}/S_2O_3^{2-}+HSO_3^-$	+0.225
细胞色素 c_1（氧化/还原）	+0.23
NO_2^-/NO	+0.36
细胞色素 a_3（氧化/还原）	+0.385
NO_3^-/NO_2^-	+0.43
SCO_4^{2-}/SeO_3^{2-}	+0.475
Fe^{3+}/Fe^{2+}	+0.77
Mn^{4+}/Mn^{2+}	+0.798
$1/2O_2/H_2O$	+0.82
NO/N_2O	+1.18
N_2O/N_2	+1.36

* 在这个双电子传递中，给出的是每传递一个电子的分离电位（引自马迪根等，2001）

在这种电子传递过程中，能量如何变化呢？根据还原电位可预测氧化还原反应的产能状况：当电子从顶部向下传递时，它可以被不同水平的电子受体所捕获；在捕获之前，电子降落得越远，电子供体和电子受体之间的还原电势差就越大，所释放出的能量就越多，这就如同水从高处跌落到低处的情形一样，跌的

“落差”越大，释放出的势能（转化成动能或电能）也就越大。还原电势差越大，就越能允许较长的电子传递链的存在，反之就会越短，产能效率及代谢速率也越低，而且还可能需要一些逆向的电子传递过程来完成 NAD(P)H 的生成。

从表 8-1 不难看出，除了 N_2O/N_2外，O_2/H_2O 的氧化性最强，因此，对同样的电子供体而言，当 O_2作为电子受体时所产生的能量比其他的电子受体多。此外，很多分子既可以作为电子供体也可以作为电子受体，这取决于它们与何种（氧化-还原对）物质进行耦联。

有如此之多的不同还原电位的氧化-还原对，这就为生物化学反应中多种多样的电子传递链（包含多个中间电子载体）的存在提供了可能。一般来说，电子是按表 8-1 所示自上而下进行传递的，但是，生物也有办法进行逆向电子传递，只是需要外加能量的推动。在电子传递链中，起始供体称为原电子供体，最后的电子受体称为终电子受体。有些电子载体与膜紧密结合，有些则能自由扩散，如 NAD^+和 $NADP^+$（它们还是氢原子的载体）。

当然，即使具有同样的还原电位，不同氧化-还原对在生化反应中的角色也可能截然不同。例如，$NAD^+/NADH$ 和 $NADP^+/NADPH$ 电极对的还原电位均为 -0. 32V，它们都是很好的电子供体，但 $NAD^+/NADH$ 直接参与产能（分解反应），而 $NADP^+/NADPH$ 则主要参与合成反应。

考夫曼（2004）说，“细胞和有机体具备了精密的探测器，它能测量能源，并与耦合装置一道提取功，然后用于构建自身的大致拷贝。因此，细胞中的新陈代谢就是一个耦合了的化学反应网，简单分子、复杂分子和非常复杂的有机分子无所不包，从二氧化碳到由成千上万的氨基酸所组成的蛋白质”。然而，笔者认为，两种相对简单的化合物——ATP 和 NADPH 则是一切复杂生物化学反应网络的不可替代的核心，细胞对能量的管理和物质的重构主要是通过它们来实现的。

3. 微生物的能源和碳源——多样而复杂

除了存在极少数无机化能细菌外，地球上生命占绝对优势的能量来源为太阳光能，而构建大分子有机化合物骨架的物质基础则是碳。对真核的自养生物（如高等植物、藻类）来说，其能量来自太阳光能，而碳源则来自大气中的 CO_2，但是对原核的微生物来说，情况就要复杂得多。

一些微生物能利用光作为能源（称为光能细菌），另一些微生物能以化合物作为能源（称为化能细菌），其中以有机化合物作为能源的称为化能有机营养细菌，以无机化合物作为能源的称为化能无机营养细菌。光养细菌的碳源既可来自无机物，也可来自有机物，既可利用 H_2O 作为电子供体，也可利用 H_2S 或 H_2作为电子供体（表 8-2）。

表 8-2　能量代谢和碳代谢以及微生物的营养类型

碳源	能源		
	光	无机物	有机物
无机物（CO_2、HCO_3^-、CO_3^{2-}）	光养真核微生物；蓝细菌（光合自养，H_2O 是电子供体） 紫色细菌和绿色细菌（光合自养，H_2S 或 H_2 是电子供体）	化能自养菌：氢细菌、硫细菌、铁细菌、硝化细菌	未知
有机物	紫色细菌和绿色细菌利用有机碳源（光合异养）	兼养微生物	化能有机营养菌（大多数原核微生物，所有非光养真核微生物）

资料来源：引自马迪根等（2001）

自然界中的化能自养菌种类并不多，它们氧化无机物的专一性很强，如硝化杆菌只能氧化亚硝酸盐。此外，同样的无机化合物也能被不同类群的细菌所利用。例如，能氧化硫化合物的既有化能细菌，也有光能细菌。光合细菌都是具有色素（细菌叶绿素、类胡萝卜素，图 9-7）的厌氧细菌（多栖息于含 H_2S 的厌氧水域中），而化能细菌一般都是不含色素的好氧菌。

为何原核微生物的能源和碳源是如此的多样而复杂呢？这可能反映了它们具有更广泛的适应性或更大的可塑性，或许这些机制或类型正好反映了它们起源与进化过程中的阶段性遗迹。

不仅如此，同一种微生物也能呈现出惊人的代谢可塑性。例如，一种嗜热光合菌——光合绿丝藻（*Chloroflexus aurantiacus*）的营养方式多种多样，它不仅可在厌氧条件下进行光合异养或光合自养，还可在好氧条件下进行有机异养（Krasilnikova et al.，1986）。

二、化能细菌的电子传递链

一些原核生物能从还原性物质中获取能源以固定 CO_2，这些生物称为化能无机营养型（chemolithotroph），作为电子供体的还原性无机物包括氮化合物、硫化合物、Fe［II］、H_2 和 CO，CO_2 固定主要是通过卡尔文循环（图 9-27），但也存在一些特殊的途径，如逆向的三羟酸（TCA）循环、乙酰辅酶 A 途径和 3-羟丙酸循环等（Kim and Gadd，2008）。

自养生物对 CO_2 的固定需要 ATP 和还原力（NADPH 或 NADH）的参与，因此，这是所有自养生物（无论是光能自养还是无机化能自养）为了生物合成所必须解决的关键问题。ATP 的合成是通过膜内外 H^+ 浓度的梯度（电势梯度）来进行的，而 NAD(P)H 则需要依赖电子传递链，由于偶极对 $NAD^+/NADH$ ($NADP^+/NADPH$) 的被还原物质具有较高的电势能（接受电子的能力较弱，势能是指把一物质抬高所需的能量），无论光养细菌还是化养细菌，在很多情况下，逆向的电子传递对还原力的合成来说都是一个关键的特征。

1. 氨和亚硝酸盐氧化细菌

能被用作电子供体的最常见的无机氮化物为氨（NH_3）和亚硝酸盐（NO_2^{2-}），它们可被硝化细菌（nitrifying bacteria）氧化（好氧）。硝化细菌包括两类：亚硝酸细菌（又称为氨氧化菌）将氨氧化成亚硝酸，硝酸细菌（又称为亚硝酸氧化菌）将亚硝酸氧化成硝酸。因为没有一种细菌能够直接把氨转变成硝酸，因此硝化作用必须通过这两类菌的共同作用才能完成。

亚硝酸细菌［如欧洲亚硝化单孢菌（*Nitrosomonas europaea*）］对 NH_3 的氧化是通过 NH_2OH 和 NOH 两个步骤进行的，反应由氨单加氧酶（AMO）和羟胺氧化酶（HAO）所催化。AMO 需消耗 2 个电子来将 NH_3 氧化为 NH_2OH，因 NH_2OH/NH_3 的还原电位（+0.899V）高于 1/2 O_2/H_2O（+0.82V），这两个电子来自还原态的细胞色素（Cyt）c_{552}（通过细胞色素 P450 介导）。NH_2OH 的氧化与 Cyt c_{544} 相偶联，这一氧化过程释放 4 个电子，其中 2 个被 AMO 消耗用于 NH_3 的氧化，另外的 1.65 个电子经细胞色素氧化酶产生质子动力势，而剩下的 0.35 个电子通过逆向电子传递用于还原 NAD^+；因此从 Cyt c 到 $NAD(P)^+$ 的逆向电子传递消耗的能量是正向电子传递产生能量的 5 倍（图 8-1）。

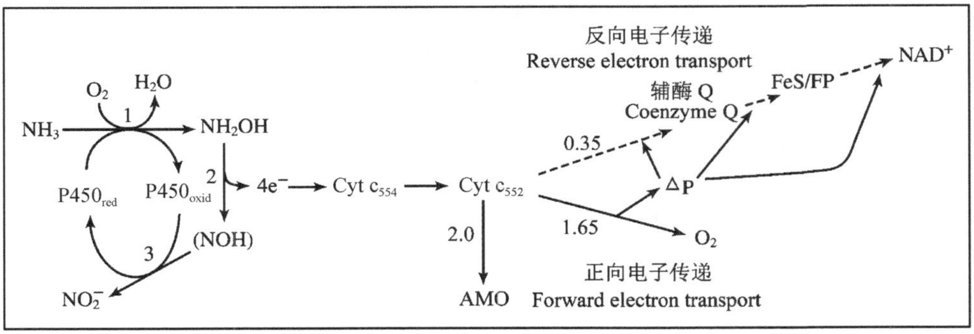

图 8-1　亚硝酸细菌将氨氧化为亚硝酸盐（Kim and Gadd，2008）

运动亚硝化球菌（*Nitrosococcus mobilis*）氧化亚硝酸盐获得电子以还原 Cyt a_1，其中一些电子被用于还原 O_2，形成质子动力势（正向电子传递），其余的电子逆向传递到 $NAD(P)^+$ 获得用于生物合成的还原力（图 8-2），后一过程需要消耗质子动力势，因此被称为逆向电子传递（Kim and Gadd，2008）。

硝酸细菌在亚硝酸盐氧化还原酶（nitrite oxidoreductase，NOR）的催化下，将

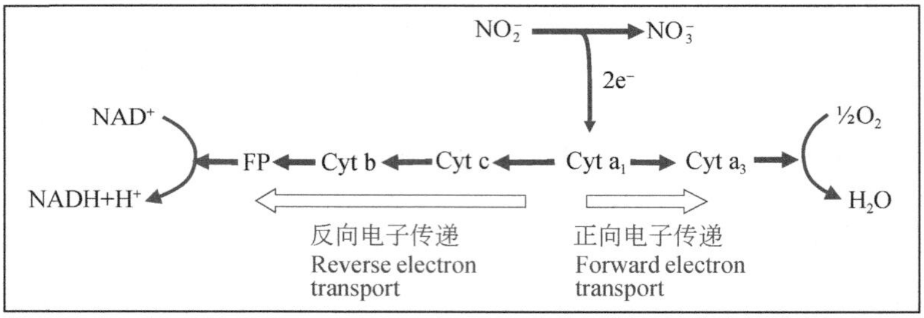

图 8-2　亚硝酸盐氧化菌——运动亚硝化球菌（*Nitrosococcus mobilis*）为了还原 NAD（P）$^+$的逆向电子传递（仿 Kim and Gadd，2008）

亚硝酸盐氧化为硝酸盐，并还原 Cyt a_1。NOR 是一个铁–硫–钼蛋白，也是电子传递链（从亚硝酸盐到分子氧）的一部分。氢阴离子（H^-）从 NOR 传递到 Cyt c 时需要消耗内部的负膜电位，因此是一个上坡反应（uphill reaction）（图 8-3）。

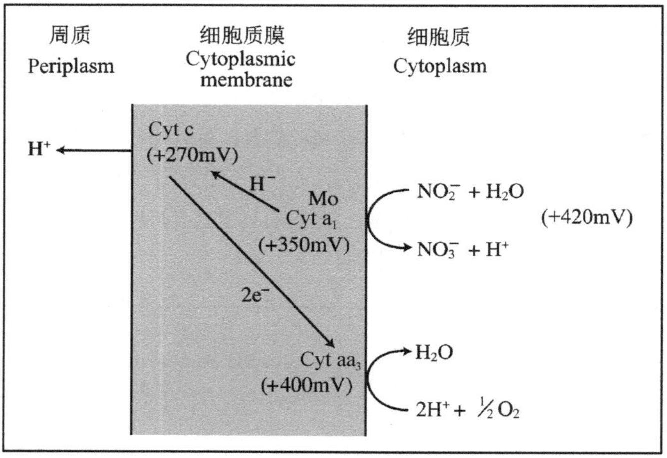

图 8-3　维氏硝化杆菌（*Nitrobacter winogradskyi*）在亚硝酸盐氧化过程中的电子传递（引自 Kim and Gadd，2008）

2. 铁氧化菌

一些细菌（如 *Gallionella ferruginea*、*Thiobacillus ferrooxidans*、*Leptospirillum*）和古菌（*Sulfolobus acidocaldarius*、*Acidianus brierleyi*、*Ferroplasma*）可将亚铁离子（Fe^{2+}）氧化为铁离子（Fe^{3+}）而获取能量，称为铁氧化菌。有些铁氧化菌（如 *Thiobacillus ferrooxidans*、*Sulfolobus acidocaldarius*、*Acidianus brierleyi*）也可以以还原性硫化物作为电子供体自养生活（Kim and Gadd，2008）。

氧化亚铁硫杆菌的电子传递链系统很短，仅由 Cyt c、Cyt a_1 及一种含铜的铁硫菌蓝蛋白组成，因为 Fe^{3+}/Fe^{2+}的正电势很高（pH = 3 时，$E_0' = +0.77V$），与氧

（$1/2O_2/H_2O$，$E_0' = +0.82V$）很接近。这样，Fe^{2+}氧化产生的电子不足以还原NAD^+、FAD和许多其他的电子传递链成分（图8-4）。

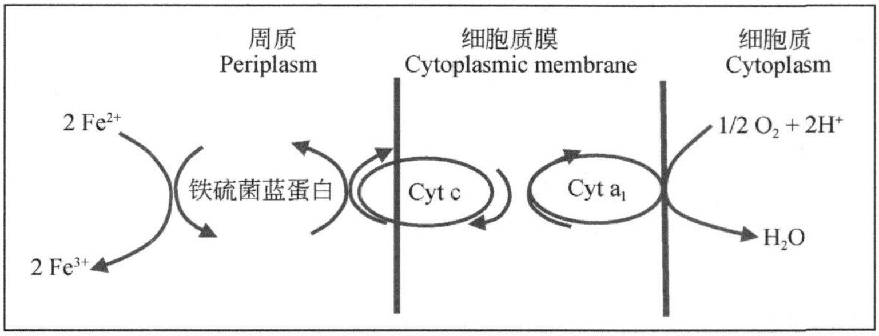

图8-4　氧化亚铁硫杆菌（*Thiobacillus ferrooxidans*）的电子传递系统，Cyt是细胞色素（仿马迪根等，2001）

嗜酸的氧化亚铁硫杆菌其内部pH约为6，而它周围环境中的pH接近2，因此，细胞质膜两侧的pH差异形成了天然的质子浓度梯度，可推动ATP的合成（图8-5）。因为Fe^{2+}到Fe^{3+}的氧化反应消耗质子，与ATP酶进入的质子形成平衡，维持了细胞质膜内外的质子梯度（马迪根等，2001）。

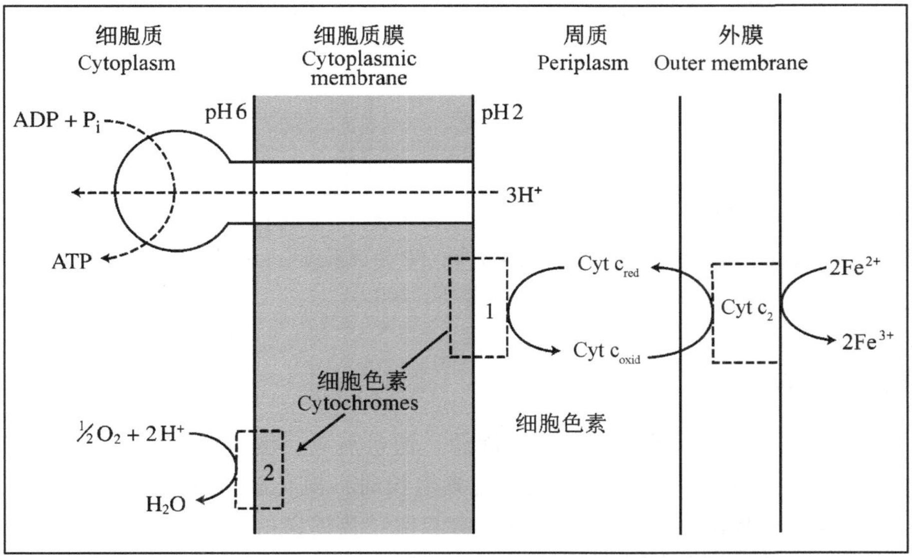

图8-5　氧化亚铁硫杆菌（*Thiobacillus ferrooxidans*）伴随Fe^{2+}的氧化进行的ATP合成。$Cyt\ c_{red} = Cyt\ c_{还原}$，$Cyt\ c_{oxid} = Cyt\ c_{氧化}$（引自Gottschalk，1986）

铁氧化细菌还需利用跨膜电位的能量逆向电子传递生成NADH和NADPH，由于Fe^{3+}/Fe^{2+}电偶的正电势很高，使得这个过程需要大量的能量，因此这类细菌的生长缓慢，倒是可以形成大量的铁离子沉积物（马迪根等，2001）。

3. 无色硫细菌

能氧化硫化合物的细菌分为两类：光能营养菌和化能营养菌。前者是含色素的厌氧光合菌（在后文介绍），后者是缺乏色素的好氧菌。作为能源的硫化物有 H_2S、HS^-、元素态硫（S^0）和 $S_2O_3^{2-}$ 等，终产物多为硫酸盐（SO_4^{2-}），绝大多数还原态硫化物（H_2S）的氧化过程是逐步进行的。

图 8-6 是典型硫氧化细菌的电子传递系统，还原态硫化物的电子从不同的位置进入链（依赖于它们的还原电势），并传递给 O_2，整个过程导致质子动力势的形成，通过膜结合 ATP 酶合成 ATP，而 CO_2 还原过程的电子为逆向传递，最终得到 NADPH。

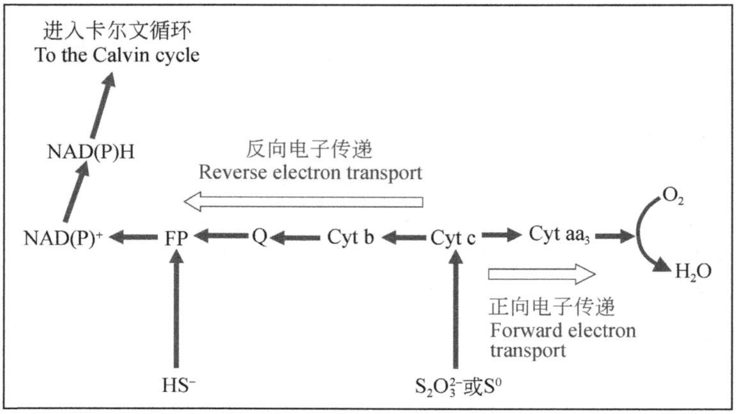

图 8-6　典型硫氧化细菌的电子传递系统，生长在硫磺、硫化物、硫代硫酸盐的环境中，注意 ATP 合成的电子传递与反电子传递方向。FP 为黄素蛋白；Q 为醌；Cyt 为细胞色素（仿马迪根等，2001）

4. 氢氧化细菌

一些化能无机营养菌能将氢作为能源，通常需氧，但也能进行厌氧呼吸。大多数氢细菌营兼性化能营养。当进行自养生长时，氢化酶催化氢气最初的氧化，电子被传递给受体醌，来自还原态的醌参与电子传递链的电子继续传递，以致产生一个质子动力，通过结合在膜上的 ATP 酶形成 ATP（马迪根等，2001）。

真氧产碱杆菌（*Ralstonia eutropha*）有一个依赖于 NAD^+ 的溶解性氢化酶（除了颗粒性酶以外），该溶解氢化酶还原吡啶核苷酸用于生物合成，而颗粒氢化酶则引导电子从氢直接到电子传递链以产生质子动力势（图 8-7）。

除专性化能的嗜热氢杆菌（*Hydrogenobacter thermophilus*）利用逆向 TCA 循环

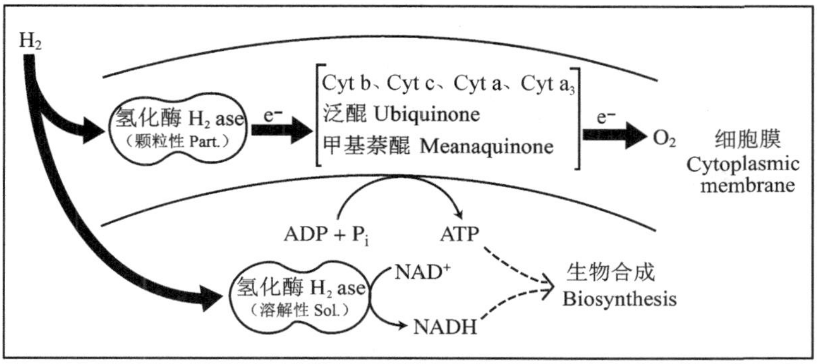

图 8-7　真氧产碱杆菌（*Ralstonia eutropha*）的氢能利用（引自 Gottschalk，1986）

（reductive TCA cycle）固定 CO_2外，所有其他氢细菌均通过卡尔文循环固定 CO_2（Kim and Gadd，2008）。

三、不产氧光合菌的电子传递链

蓝细菌产生氧气，它们有两种光系统（I 和 II），有能够裂解水的锰聚集体（详见第九章）。而光合细菌不产生氧气，只有一种光系统，也没有锰聚集体，因此，它们只能以其他无机或有机物质作为电子供体。

1. 光合细菌特性的比较

依据光合色素和电子供体的不同可将光合细菌区分成若干类型（表 8-3）：紫细菌（purple bacteria）、绿细菌（green bacteria）和螺旋菌（heliobacteria）。紫细菌再进一步分为紫色非硫细菌（purple non-sulfur bacteria）和紫色硫细菌（purple sulfur bacteria），绿细菌再进一步分为绿硫细菌（green sulfur bacteria）和丝状非产氧光合细菌（filamentous anoxygenic phototrophic bacteria）。绝大多数光合细菌都含有细菌叶绿素 a，有一些的电子供体既可以是无机化合物，也可以是有机化合物。光合细菌的碳源主要是 CO_2，但有些类群可以利用有机物作为碳源。

表 8-3　光合细菌特性的比较

特性	紫色非硫细菌	紫色硫细菌	绿硫细菌	丝状非产氧光合细菌	螺旋菌	好氧非产氧光合细菌
BChl	a、b	a、b	a、c、d、e	a、c、d	g	a
H_2S 作为电子供体	±[I]	+	+	+	—	—
S 累积	—	胞内[II]	胞外	—	—	—

续表

特性	紫色非硫细菌	紫色硫细菌	绿硫细菌	丝状非产氧光合细菌	螺旋菌	好氧非产氧光合细菌
H_2作为电子供体	+	+	+	+	—	—
有机物作为电子供体	+	+	—	+	+	+
碳源	CO_2	CO_2	CO_2	CO_2	有机物	有机物
好氧呼吸	+	—	—	+	—	+
CO_2固定	卡尔文循环	卡尔文循环	还原性三羧酸循环	卡尔文循环[III]	—	—
反应中心	BPh-Q	BPh-Q	FeS	BPh-Q	FeS	BPh-Q

资料来源：引自 Kim 和 Gadd（2008）

Ⅰ. 依不同的株而变化。

Ⅱ. 外硫红螺旋菌科（Ectothiorhodospiraceae）在胞外累积硫磺颗粒。

Ⅲ. 绿屈挠菌属 Chloroflexus 采用3-羟丙酸循环（3-hydroxypropionate cycle）的方式。

BPh. 脱镁细菌叶绿素，Q 为醌

不同的非产氧光合细菌不仅在光合色素上有所不同，在光合膜系统上也存在一定差异。紫细菌的光合膜系统为菌褶、微管或与质膜连续的小泡，绿细菌为与质膜附着但不连续的绿色体，而螺旋杆菌缺乏内膜系统，其光合色素位于质膜上。

2. 不产氧光合菌的电子传递链

与放氧的蓝细菌（图9-5）一样，紫细菌、绿色硫细菌和螺旋杆菌的电子传递链都起始于一个由光能驱动的光反应中心色素分子的激发态（只不过不是叶绿素分子，而是细菌叶绿素分子）。在紫细菌中，电子经质醌 Q（还原电位 E'_0 = +0.113V）传给 NAD^+/NADH（还原电位 E'_0 = −0.32V），因此还必须进行一个反向（上坡）电子流动，而在绿色硫细菌和光细菌中则不需要这样（图8-8）。在这3类光合细菌的电子传递链中，叶绿素（或细菌叶绿素）、细胞色素和质体醌（Q）都不可或缺，有些还需要铁–硫中心（FeS）。

看来叶绿素或细菌叶绿素分子对几乎所有的光合生物（除了下面要讲的利用视紫红质进行光合作用的古菌外）来说具有不可替代的功能，没有它们，就无法利用光能来启动电子传递链，因为它们能被光激发产生很大的还原电势差，即在激发态具有很高的负电势而呈现出很强的提供电子能力（强还原剂），而失去电子的叶绿素或细菌叶绿素分子对又能在很高的正电势下重新获得电子（强氧化剂）。因此，可以这样说，没有叶绿素分子就不可能有光系统，而且还没有任何其他的色素分子可取代光系统中叶绿素分子扮演的重要角色。

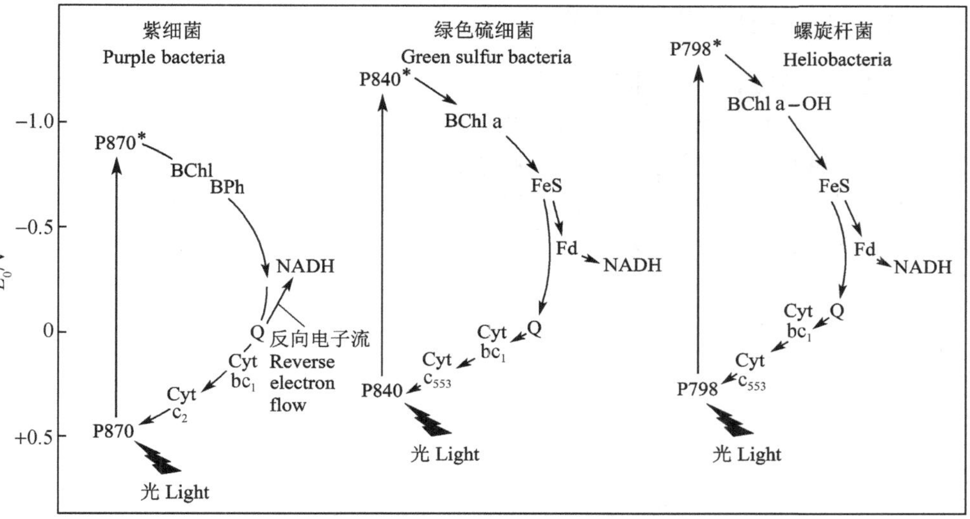

图 8-8 不产氧的光合菌——紫细菌、绿色硫细菌和螺旋杆菌中电子流的比较。BChl. 细菌叶绿素；BPh. 脱镁细菌叶绿素；P870 和 P840 分别为紫细菌和绿细菌反应中心的特殊对细菌叶绿素（＊表示光激发态），均由 BChl a 组成，光细菌反应中心的 P798 含 BChl g（引自马迪根等，2001）

四、一种特殊的“光合作用”

1. 视紫红质——特殊的光感受体

20 世纪 70 年代，在极端嗜盐古菌 *Halobacterium salinarum* 中发现了一种称为视紫红质（rhodopsin）的物质，由视蛋白（opsin）和视黄醛（retinene）共价结合而成，这是一类色素蛋白复合体，一种特殊的光感受体。

视紫红质分为Ⅰ型和Ⅱ型，Ⅰ型视紫红质最早发现于 *H. salinarum* 中，在这种细菌中含有 4 种视紫红质——Bacteiorrhodosin（Br，质子泵）、Halorhodopsin（Hr，氯离子泵）及两种 Sensoryrhodopsin（SR Ⅰ和 SR Ⅱ）；Ⅱ型视紫红质主要分布于高等真核生物中，包括动物眼睛中的视紫红质、人类的杆细胞和锥细胞的视觉色素、低等脊椎动物的松果体和丘脑等中。编码与 Bacteiorrhodosin 有同源性的蛋白质（命名为 Proteorhodopsin，PR）的基因广泛存在于淡水水域与海水水域的细菌中，这些细菌大多属于 α 型变形杆菌（α-Proteobacteria）、γ 型变形杆菌（γ-Proteobacteria）和拟杆菌属等（王宁等，2010）。

2. 感光分子——视黄醛的工作原理

通过光诱导的结构变化推动质子的跨膜传送：感光分子——视黄醛通常以全-反式结构存在于膜内侧，它可被光激发转换成顺式状态，其结果使 H^+转移到膜外，随着视黄醛分子的松弛和质子的吸收，又转变回较稳定的全-反式状态，又再次被光激发，转移 H^+，如此循环（图 8-9）。正是这种跨膜的 H^+梯度可在 ATP 酶的催化下完成 ATP 的合成。

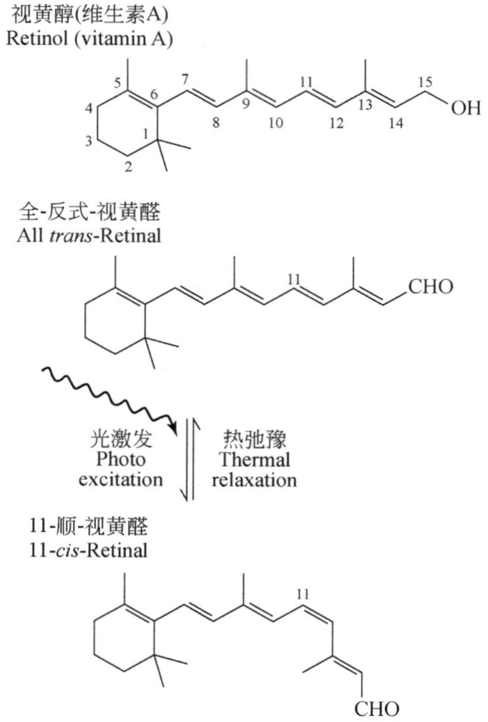

图 8-9 在光的驱动下，视黄醛在反式与顺式异构体之间的切换

（来源：http：//www. meta-synthesis. com/webbook/17_ photo/photo. html）

对光养或无机化养微生物来说，跨膜质子梯度和 ATP 合成酶是 ATP 生成的必要条件。而放氧光合生物通过水的裂解（类囊体膜内）既提供了电子，也释放出 H^+从而形成了跨膜 H^+梯度，使 ATP 合成酶利用跨膜的质子动力势将 ADP 转化成 ATP，在这一过程中释放到类囊体膜外的 H^+又可与高能的电子一道用于形成还原力——NADPH，这就解决了 H^+在细胞中的堆积问题。显然，光合放氧生物的 ATP 生产模式得到了自然界更大的青睐（详见第九章）。为何这种与视紫质偶联的相对简单的 ATP 的生成方式与蓝细菌通过与复杂的光系统 I 和 II 偶联而生成 ATP 的方式相比不那么普遍呢？

3. 同样的感光物质服务于完全不同的生存目的

迄今为止，已发现了数千种不同的*PR*基因，视紫红质广泛存在于各种古菌和真细菌之中。但是，令人惊讶的是，它也存在于动物的视觉细胞中。为何动物视觉借用了这种古菌和细菌中的感光物质（视黄醛）而不是其他的感光物质（如叶绿素、类胡萝卜素等）？

视黄醛从何而来呢？只要比较一下图8-9与图9-7就不难看出β-胡萝卜素与视黄醇（醛）之间在结构上的同源性，β-胡萝卜素在氧化酶催化下可裂解为2分子视黄醇（醛），视黄醇在醇脱氢酶作用下转化为视黄醛。

显然，在结构上同源的感光物质在进化的过程中被不同的生物类群用于完全不同的生存目的：在放氧光合生物中，类胡萝卜素参与光能的吸收和传递，并可猝灭激发态的叶绿素而保护后者；在一些古菌中，其氧化产物——视黄醛与视蛋白结合成视紫质，利用光能形成跨膜的H^+梯度为ATP的合成创造条件，推动光能向化学能的转变；而在动物的视觉细胞中，视紫质通过复杂的生物化学反应可将光能转化成为神经信号。这纯粹是一种偶然还是偶然中的必然呢？

五、细菌特殊的CO_2固定方式

对自养生物来说，必须利用高能化合物（ATP）和还原力（如NADH或NADPH）固定CO_2。大多数细菌（蓝细菌、绝大多数光合细菌、全部好氧的化能自养菌）通过卡尔文循环固定CO_2，但也有一些细菌使用其他的途径，如逆向TCA循环、厌氧的乙酰辅酶A途径和3-羟基丙酸循环等。

1. 逆向TCA循环

少数光合紫色细菌和绿硫细菌通过逆向TCA循环（也称为还原性TCA循环）固定CO_2。例如，热变形菌属（*Thermoproteus*）和硫化叶菌属（*Sulfolobus*）能通过逆向的TCA循环将CO_2还原为乙酰辅酶A。另外，一种专性化能营养菌——嗜热氢杆菌（*Hydrogenobacter thermophilus*）不含有卡尔文循环的酶，但通过逆向TCA还原CO_2。

逆向TCA反应的第一步是将乙酰CoA还原羧化为丙酮酸（固定1分子CO_2），后者在丙酮酸羧化酶的催化下生成磷酸烯醇式丙酮酸（消耗1个ATP分子），随后被羧化为草酰乙酸（固定1分子CO_2）而进入循环。草酰乙酸经一系列反应转化为琥珀酰辅酶A，再被还原羧化为α-酮戊二酸。α-酮戊二酸转化为柠檬酸后，裂解成乙酸和草酰乙酸。乙酸经乙酰辅酶A合成酶催化生成乙酰辅酶A（消耗1分子ATP），从而完成循环反应（图8-10）。

这样，每循环一次，固定4分子CO_2，合成1分子草酰乙酸，消耗3分子

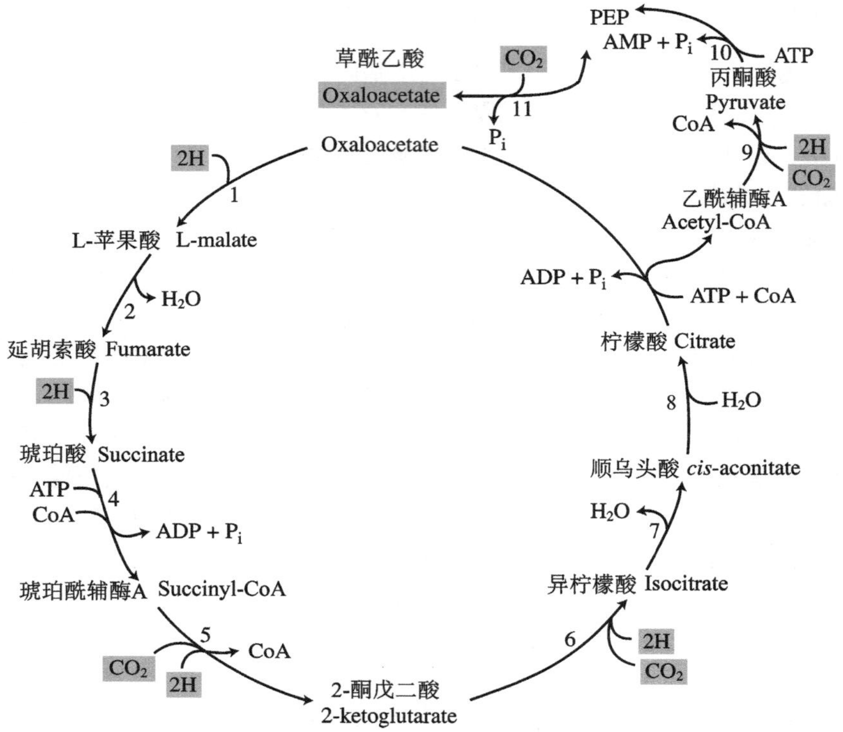

图 8-10 逆向 TCA 循环（引自 Kim and Gadd，2008）

1. malate dehydrogenase；2. fumarase；3. fumarate reductase；4. succinyl-CoA synthetase；5. 2-ketoglutarate synthase；6. isocitratedehydrogenase；7. aconitase；8. ATP：citrate lyase；9. pyruvatesynthase；10. PEP synthetase；11. PEP carboxylase.

ATP、2 分子 NAD（P）H 和 1 分子 $FADH_2$。这几乎就是 TCA 循环的逆反应，在那里的产物是这里的消耗物，在那里的消耗物是这里的产物。TCA 循环的本质是氧化与获能，而逆向 TCA 循环的本质是还原与耗能。

令人惊叹不已的是，TCA 循环是有氧呼吸的核心过程，它将丙酮酸氧化为 CO_2 和 H_2O，而在这里，其逆过程则被用于还原 CO_2，而不是用卡尔文循环。到底 TCA 循环来自逆向 TCA 循环，还是恰好相反？既然几乎是一种可逆过程，为何这两者不能在同一种细菌中存在？

2. 厌氧的乙酰辅酶 A 途径

厌氧的乙酰辅酶 A 途径（anaerobic acetyl-CoA pathway）是厌氧的化能菌固定 CO_2 的一种途径（图 8-11），包括硫酸盐还原菌、产甲烷菌和产乙酸菌等。该途径有几个不同的名字，称为乙酰辅酶 A 途径是因其为最终产物，称为 CODH 途径是因为该酶的关键作用，也称为 Wood-Ljungdahl 途径是因为纪念阐明了该途径的学者。

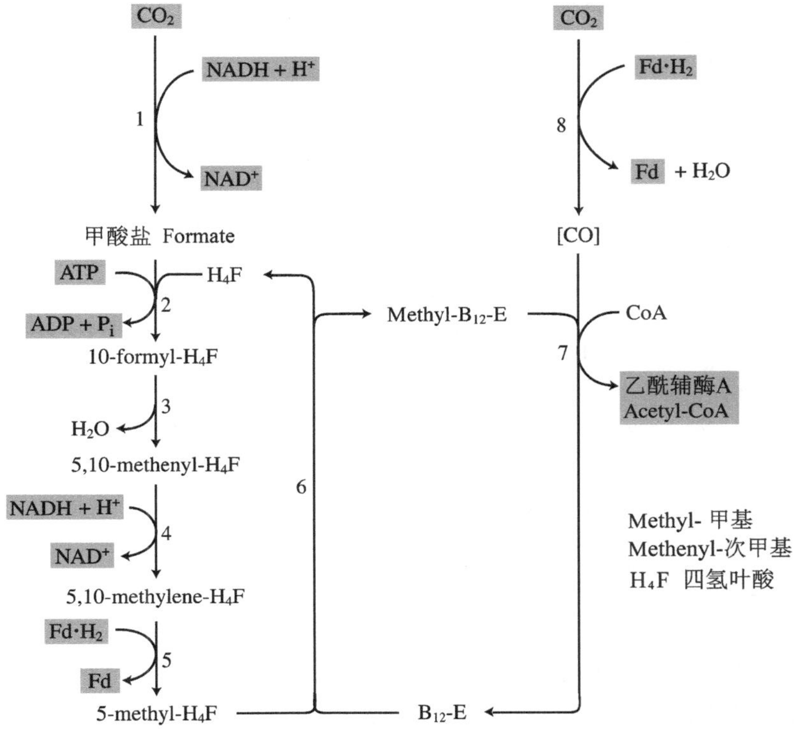

图 8-11　乙酰辅酶 A 途径——一种厌氧的 CO_2 固定机制（引自 Kim and Gadd，2008）

甲酸脱氢酶（formate dehydrogenase）将 CO_2 还原为甲酸，而甲酸结合到四氢叶酸（H_4F）的一碳基团载体上而被还原为甲基-H_4F，该甲基被转移到辅酶 B12（类咕啉）上。第二个 CO_2 分子在一氧化碳脱氢酶（carbon monoxide dehydrogenase，CODH）的催化下还原为与酶结合的［CO］，结合有［CO］的 CODH 从甲基类咕啉接受甲基而合成乙酰辅酶 A。CODH 是一个双功能酶，既催化 CO 氧化/CO_2 还原，又催化乙酰辅酶 A 合成/裂解，该酶也可被称为乙酰辅酶 A 合成酶。

$$2CO_2 + 2NADH + 2H^+ + 2Fd \cdot H_2 + CoASH + ATP \rightarrow$$

$$CH_3CO\text{-}CoA + 2NAD^+ + 3H_2O + 2Fd + ADP + P_i$$

叶酸（folic acid）是由蝶啶（由吡嗪和嘧啶并联而成的二杂环化合物）、对氨基苯甲酸和谷氨酸残基组成的一种水溶性化合物，还原型衍生物称为四氢叶酸（tetrahydrofolic acid）（图 8-12）。叶酸作为重要的一碳载体，在核苷酸合成中扮演了重要角色，是 DNA 复制过程必需的一种辅酶，没有它，DNA 复制就不能进行。虽然不像 ATP 和 NADH 之间在结构上的关联性那么强，也不排除叶酸与这两类重要物质在起源上的某种关联性。前两者都含有高能的磷酸键，分别是能量和氢的重要载体，而叶酸作为碳的载体，对早期生命过程中 CO_2 的还原可能具有重要意义。看似同一类物质的 3 种不同的分化以通过承担不同的功能又整合性地完成同一个目的——CO_2 的还原。

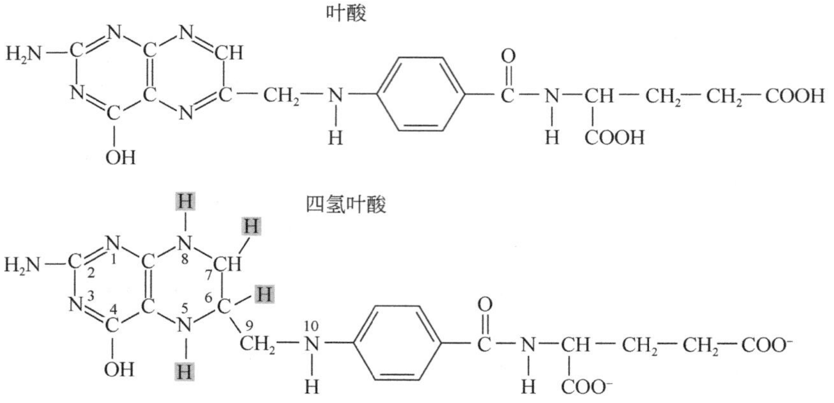

图 8-12　叶酸和四氢叶酸

3. 其他途径

细菌固定 CO_2 的方式除了卡尔文循环、逆向 TCA 循环和厌氧乙酰辅酶 A 途径外，还有几种其他途径。一种称为 3-羟基丙酸循环，存在于嗜热光合细菌（如 *Chloroflexus aurantiacus*）中，此循环的特征代谢中间物为 3-羟基丙酸。

在嗜热嗜酸古菌 *Metallosphaera sedula* 中还发现了 3-羟基丙酸/4-羟基丁酸途径（3-hydroxypropionate/4-hydroxybutyrate pathway）（Berg et al.，2007）。在嗜热古菌 *Ignicoccus hospitalis* 中发现了二羧酸/4-羟基丁酸途径（dicarboxylate/4-hydroxybutyrate pathway）（Huber et al.，2008）。

结　　语

在一切原核微生物的代谢中，ATP 和 NADPH（或 NADH）的生产不可或缺，但实现途径的选择在不同类群中可以完全不同，ATP 和 NAD(P)H 是后续合成代谢的最重要的基础。在原核生物中，CO_2 的还原方式也是十分多样，真可谓殊途同归啊！此外，还存在不依赖叶绿素的简洁的光合作用方式。电子传递链就是通过一系列的氧化还原反应来实现的，它是生命的化学性灵魂，在一切生命形式中都不可或缺。

微生物在代谢上十分多样，这既反映了这类简单生物在生理与生态上的超强的可塑性，也反映了模式形成的偶然或随机性。同时，这也折射出原核微生物对多样的生存环境（尤其是一些极端）的极为灵活的适应性。即便如此，这种基于模式的对比性研究却很难判断时序性的演化过程。例如，是利用叶绿素的光合作用古老，还是利用视紫红质的光合作用古老呢？还有，是化能自养菌古老，还是光能自养菌古老？

微生物的世界离纯粹的化学性最近，离复杂的生命性最远，它们的精髓就是在飞舞的电子和质子的流动中实现能量与物质的涌动。不像那怒放的百花，那袅袅的树枝，微生物既渺小又隐匿，它们变幻无常（在生理的一切方面），飞逝匆匆。它们是生命的开拓者、探险者和创造者！

第九章　光合作用概述

植物涉及的外在自然是……α）光、β）气、γ）水（生命）各部分在其本身有其独立的圆圈进程，而这一进程又是各部分具有的特殊性的扬弃，是普遍的东西的生成

——黑格尔（Georg Wilhelm Friedrich Hegel，1770～1831 年）

太阳！唯愿你是我的美好时日的创造者；是生命，是永恒

——歌德（Johann Wolfgang Von Goethe，1749～1832 年）

在太阳系中的地球，占据了一个十分幸运的位置，恰到好处地享受着太阳光辉的沐浴，维持一个温和的气温，并能在地表囤积液态水。如果离太阳太近，烈日将会蒸干一切水分，烧尽一切有机质；如果离太阳太远，就只能存在一个永久冰封的世界。但是，地球的环境却能使水在气态—液态—固态之间循环转化，创造出寒来暑往、风栉雨沐、江河湖海……为原始生命的登场准备好了一个绝佳的舞台。这一切，都与一个标刻有质和量的太阳光息息相关，在这样一个地球上，一些特殊的有机物质对光发展出了一种特殊而神奇的反应关系，这就是通过将光能转化成化学能而进行物质生产的光合作用。

对地球上的生命世界来说，没有什么是比光合作用更为重要的事件了，没有它，就不会有绚丽多彩、花香馥郁的大千世界。特别是放氧光合作用的出现，使地球的大气环境得到了彻底改变，使一个还原性的大气圈蜕变成如今的氧化性大气圈，并演化出了利用氧来进行呼吸的琳琅满目的动物世界。以光作为能源的生命可能是地球上最早的生命形式吗？或者说地球上生命的起源是为了光合作用吗？这是接下来一些章节的重点。这里，先对光合作用的物质基础（光合色素、电子/质子载体、能量载体等）、机构（光化学反应中心）及运行机制等作一扼要的介绍。

一、光合作用概述

1. 光合作用的基本原理

光合作用（photosynthesis）是指一些生物（高等植物、真核藻类、蓝细菌及光合细菌等）在太阳光的照射下，利用光能将简单的无机化合物 CO_2、H_2O（或 H_2S）转化为复杂有机化合物——碳水化合物，同时释放出 O_2（或 H_2）的生物

化学过程。光合作用分为产氧光合作用（oxygenic photosynthesis）和不产氧光合作用（anoxygenic photosynthesis）。

图 9-1 是高等植物细胞中进行放氧光合作用的示意图（实际的反应过程要复杂得多），在叶绿体的类囊体上进行光化学反应，H_2O 被氧化，同时释放出 O_2，从水分子获得的电子传递到 ATP 和 NADPH。然后，在类囊体外的细胞质中进行暗反应，利用 ATP 和 NADPH 储存的能量固定 CO_2，合成糖类及细胞功能与代谢必需的各种其他的有机分子。光合作用的总反应式如下：

$$6CO_2+6H_2O \longrightarrow C_6H_{12}O_6+6O_2 \tag{9-1}$$

式中，$C_6H_{12}O_6$ 表示一个 6 碳的单糖，如葡萄糖。

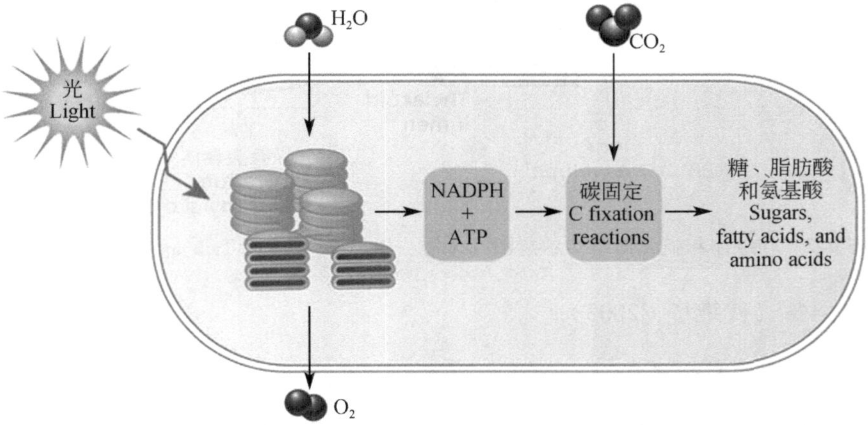

图 9-1　叶绿体中的光合作用示意图（引自 Nelson and Ben-Shem，2004）

2. 光合作用的主要器官

所有生物类群的光合作用器官都是一种膜结构，在一些原始的光合细菌中为细胞膜内褶的膜系统，在蓝细菌为类囊体，而在高等植物中则是含类囊体的特殊机构——叶绿体。这反映了光合膜系统从简单到复杂的一般进化趋势。

①高等植物的光合器官——叶绿体的基本构造

在真核的藻类和高等植物中，叶绿体是进行光合作用的基本器官，其外围是双层膜结构（外膜和内膜），里面是类囊体和基质。类囊体是一种单层膜结构（图 9-2），是光合作用光反应的场所，参与光反应的光合色素——蛋白质复合体都位于其上，而固碳过程则在基质中进行。类囊体这种片层结构显然可以增大叶绿体的膜面积，从而增大受光面积，提高光合效率。

类囊体主要由蛋白质、脂类和色素构成，蛋白质和脂类的质量比约为 1∶1，叶绿素、胡萝卜素、质体醌各占全脂的约 20%、3% 和 2.5%，糖脂和磷脂各占

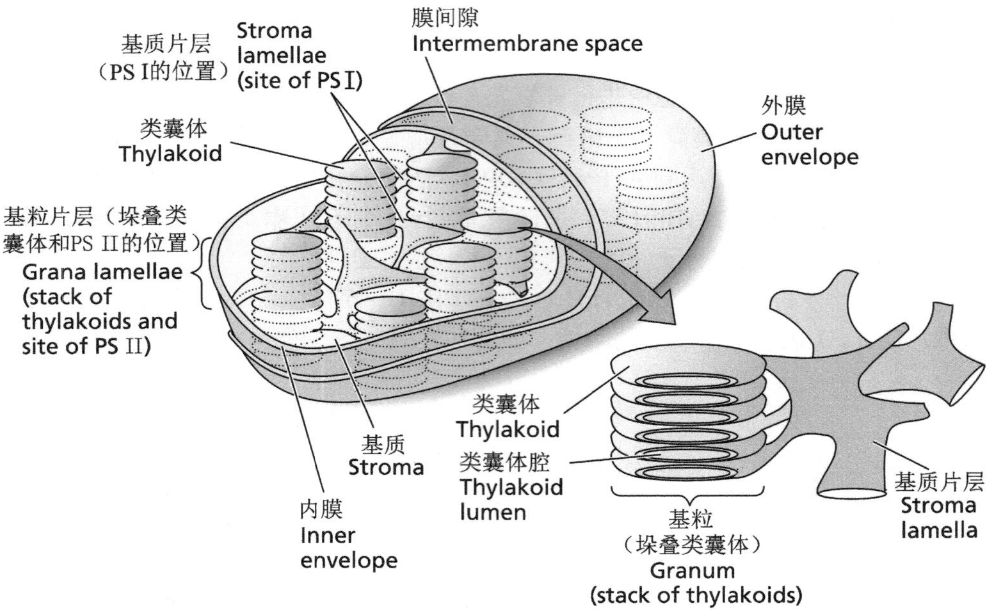

图 9-2　叶绿体和类囊体结构示意图（来源：Becker，1986；Taiz and Zeiger，2010）

50% 和 14% （武维华，2003）。

②蓝细菌的光合器官

原核蓝细菌的细胞壁分为内外两层，外层为脂多糖层，内层为肽聚层。蓝细菌光合作用的部位也称为类囊体，也是一种单层膜结构，它们或多或少分布于细胞膜附近，而真核生物的类囊体还被包裹在具有双层膜的叶绿体之中（图 9-3）。

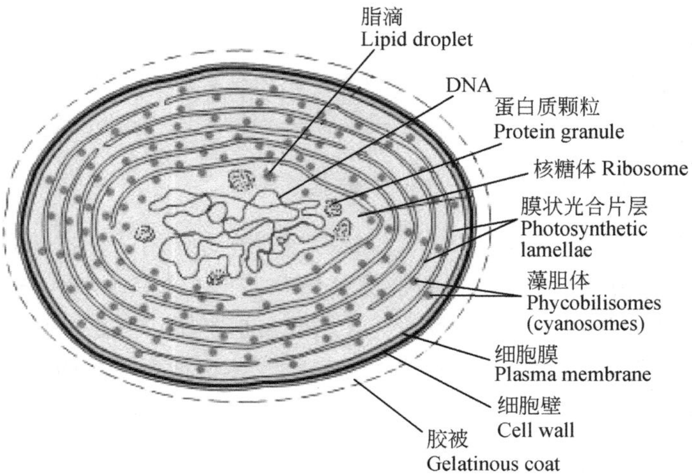

图 9-3　蓝藻细胞结构的模式图（引自 Jonathon Keats）

一般认为，真核生物的叶绿体起源于蓝细菌，即叶绿体是由内共生形成的（吞噬了蓝细菌），一个最重要的证据就是叶绿体具有一套自身的遗传系统，它有自己的 DNA、RNA 和核糖体，许多蛋白质在叶绿体中完成编码、转录和翻译。当然，叶绿体中的许多蛋白质仍然需有核基因编码，在细胞质中合成，然后被搬运进叶绿体，这显示了宿主细胞和蓝细菌之间在进化过程中的相互整合。

在原核生物中，能进行光合作用的不仅仅限于蓝细菌，还有绿细菌和紫细菌，但它们之间存在一些差异，如色素组成、电子供体等（表 9-1）。此外，与蓝细菌有所不同的是，其他光合细菌在细胞膜内褶的膜系统上进行光合作用，而化能营养细菌则在细胞膜系统上进行能量代谢。从光合细菌→蓝细菌→真核光合生物，光合膜系统似乎日益复杂化与专业化。从地球环境演化的意义上来说，能进行放氧光合作用的蓝细菌其重要性远远高过其他光合生物，因为它们对地球早期大气环境的改造（氧化）贡献巨大。

表 9-1　真核生物和原核生物的光合作用比较

特征	真核生物	原核生物		
	藻类、高等植物	蓝细菌	绿细菌	紫细菌
还原 CO_2 的物质	H_2O 的 H 原子	H_2O 的 H 原子	硫、硫化物和 H_2 气体	硫、硫化物和 H_2 气体
是否产氧	产氧	产氧（和不产氧）	不产氧	不产氧
叶绿素的类型	叶绿素 a	叶绿素 a	细菌叶绿素 a	细菌叶绿素 a 或叶绿素 b
光合作用地点	叶绿体的类囊体	类囊体	绿色体	细胞质内膜
环境	好氧	好氧（和厌氧）	厌氧	厌氧

二、光合作用的核心机构——光化学反应中心

类囊体是光合作用的核心器官，因为光合作用的核心过程——光化学反应就是在类囊体膜上进行的。那么，到底是通过什么样的结构来实现光化学反应的呢？现已知道，光化学反应是在所谓的光反应中心中进行的。

1. 光化学反应的平台——PS Ⅱ和 PS Ⅰ

光合生物的光反应系统主要分为两种基本类型——光系统Ⅱ（PSⅡ）和光系统Ⅰ（PS Ⅰ），Ⅰ、Ⅱ是按其发现的先后顺序来命名的。构成光反应中心的基本要素包括原初电子供体、原初电子受体等电子传递体以及相关的支撑性色素蛋白复合体（图 9-4）。在利用水作为光合作用原料的蓝细菌、藻类和高等植物中，都同时具有 PS Ⅰ和 PS Ⅱ，这两个中心是串接起来进行光化学反应的，分别承担不同的功能。简单地说，PS Ⅱ利用光能裂解（氧化）水并释放出 H^+，而 PS Ⅰ

则利用 PS Ⅱ产生的电子还原 $NADP^+$。此外，膜内外 H^+浓度的梯度还可用于合成 ATP，之后，$NADP^+$和 ATP 用于还原 CO_2产生有机物。

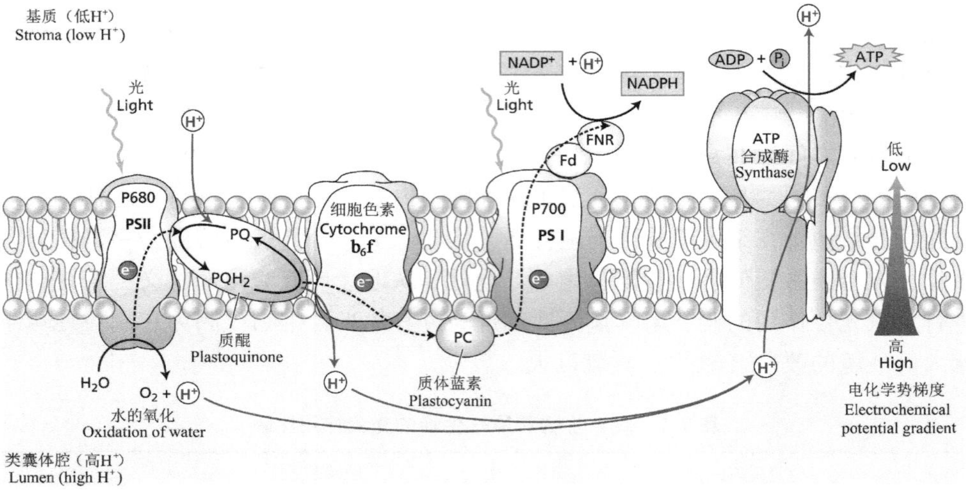

图 9-4　光反应相关蛋白质复合体在类囊体膜上的分布及
电子传递示意图（引自 Taiz and Zeiger，2010）

PS Ⅱ和 PS Ⅰ具有相似的结构，其核心都是由两条对称的多肽组成，都利用“特殊对”的叶绿素分子作为中心色素分子或原初电子供体，其原初电子受体是一个叶绿素或去镁叶绿素分子，但是，在这两个系统之间存在一个显著差异——最终电子受体在 PS Ⅱ是质体醌，在 PS Ⅰ是铁氧还蛋白（ferredoxin，Fdr）。叶绿素二聚体在 PS Ⅱ中为 P680（在长波部分的最大吸收峰为 680nm），在 PS Ⅰ中为 P700（在长波部分的最大吸收峰为 700nm）。显然，两个光系统都利用色素收集光能，虽然推动的反应有所不同。

与产氧光合生物同时具有 PS Ⅰ和 PS Ⅱ不同，非产氧光合生物仅有一种类型，PS Ⅰ或 PS Ⅱ。例如，紫细菌（purple bacteria）和绿色非硫细菌（green nonsulfur bacteria）具有非产氧的 PS Ⅱ，而绿硫细菌（green sulfur bacteria）和螺旋杆菌（helicobacteria）具有同型二聚体的 PS Ⅰ；此外，蓝细菌的 PS Ⅰ和PS Ⅱ都是异型二聚体的（Meng et al.，2009）。

这两个光系统有何关系呢？一般认为，它们来自一个共同的祖先，因为两者具有相似结构的蛋白质和辅助因子。那么为何蓝细菌同时具有 PS I 和 PS II，而其他原核光合生物仅有一个光系统呢？存在两种假说。融合假说认为，两种类型的光系统在非产氧光合细菌中独立发展，然后通过两个个体的融合而结合在一起，接着发展了氧化水的能力；而选择性丧失假说认为，两种光系统在一个祖先那里起源，而光系统中一个或另一个的丢失导致这些生物只具有其中之一，而氧化水的能力是后来添加的（Blankenshi，2010）。

2. 光化学反应的核心——电子传递链

在类囊体膜上，光化学反应中心由 4 个蛋白质复合体（PS Ⅱ、$Cytb_6f$、PS Ⅰ和 ATP 合成酶）相间排列而成（图 9-4）。这种结构看似极为复杂，但功能却十分单一，即为了传递电子（还有质子），为此，人们取了一个好听的名字——电子传递链。

简单地说，这样的结构收集光能，利用光能驱动电子传递，并源源不断地从水中夺取电子（同时形成质子并放出氧气），通过一系列的电子传递体将电子传递到 $NADP^+$，通过铁氧还蛋白-NADP 还原酶（FNR）使其还原成 NADPH（图9-4），电子沿着这样的路径进行传递称为非循环传递。而电子传递也可在局部循环：PS I 作用中心色素（P700）→原初电子受体（特殊状态的叶绿素 a）→铁氧化还原蛋白（Fd）→细胞色素复合体（Cyt b）→质体蓝蛋白（PC）→P700。

电子得以在电子载体之间传递取决于它们之间氧化还原电位的差异，如果将它们按顺序排列，即得到图 9-5。有两处的反应中心色素分子接受光子（绝大部分来自捕光色素）形成激发态：P680→P680*、P700→P700*，获得很高的负电势，因此很容易失去电子而启动电子传递链。在 PS Ⅱ中，失去电子的 $P680^+$ 则

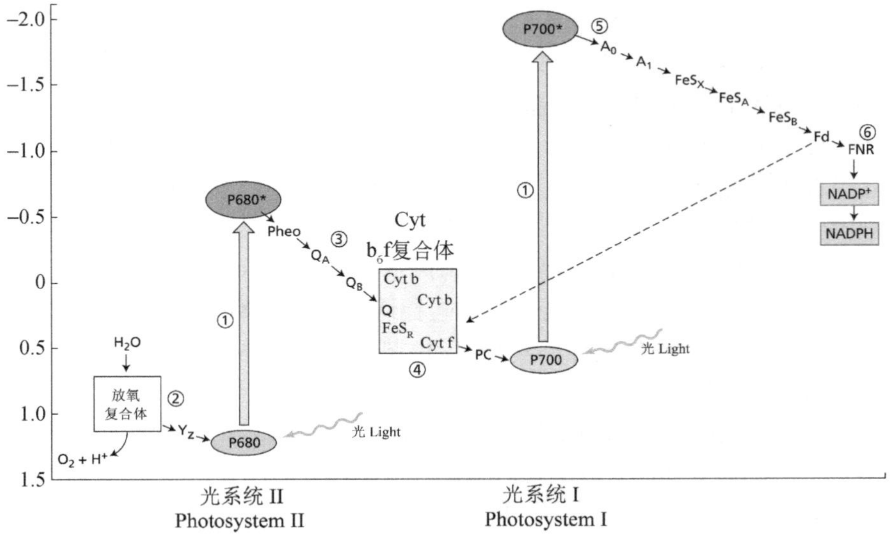

图 9-5　光合作用光反应过程中电子传递体的氧化还原电位示意图。P680 和 P700 分别是反应中心 II 和 I 的叶绿素二聚体，Pheo 为脱镁叶绿素，Q 为质醌，Cyt 为细胞色素，PC 为质体蓝素，A_0为一种叶绿素 a，A_1为叶绿醌，FeS_x、FeS_A和 FeS_B都是铁-硫中心，Fd 为铁氧还蛋白，FNR 为铁氧还蛋白-$NADP^+$还原酶（来源：Blankenship and Prince，1985；Taiz and Zeiger，2010）

成为很强的氧化剂，容易从放氧复合体中接受电子，还原成 P680。能够通过光能诱导形成强还原型的激发态叶绿素分子（$P680^*$ 或 $P700^*$）对光合电子传递链十分重要，正是因为有了这样的关键步骤，才使得其余的电子传递能顺电势梯度进行，而其余电子载体的功能就简单得多了。真不知这个成对的叶绿素（还有细菌叶绿素）分子是如何成功地获得了这样一种神奇的特性的，在光合生物的电子传递链中还未见到任何替代物！

从图 9-4 不难看出，光化学反应的平台就是双层类脂膜（lipid bilayer membrane），即光能的吸收和传递是由一些与膜融为一体的含有色素的蛋白质来完成的，水的裂解也是由一类称为放氧复合体的膜蛋白完成的，虽然光合作用的后期过程（有机化合物的合成）在细胞质中进行，由一些能在水相中自由扩散的蛋白质所媒介。

由于电子在水中的化学性是不稳定的，因此，解决的办法就是将电子传递链包埋在疏水的膜中，如同在导线上包裹了一个绝缘层，使电子处于和水隔绝的状态（翁羽翔，2007）。

在水的裂解过程中，取走了电子，释放了 O_2，但在细胞内却留下来了 H^+。随着 H^+的累积，形成了跨类囊体膜的 H^+梯度，ATP 酶正好利用膜内外的电势梯度，将 H^+泵出类囊体腔的同时也利用电势能合成了 ATP，这也解决了腔内 H^+的累积问题。而 $NADP^+$ 利用腔外的 H^+ 以及通过电子传递链传来的电子合成 NADPH，也解决了腔外 H^+的累积，最终 NADP 和 ATP 又进一步用于体内的生物合成，通过细胞的分裂使单一细胞的物质趋于平衡。

考夫曼（2004）说，“对于一个给定的非平衡系统，只有某些特征被测量到了，才可探测到能源，这些能源又可耦合到其他过程中去，如通过做功传播宇宙中宏观改变的过程。而且，微型风车就是这样一个例子。它不仅能探测到从盒子的左边吹向右边的风，而且也能使叶片与风垂直，并且还能在它的结构中体现耦合和限制，使机械功能真正被提取”。笔者认为，ATP 酶就似这样的“风车”，而具有电势梯度的 H^+就似这样的“风”，电势能被提取并作为化学能储存于 ATP 之中，之后用于各种生命的合成（“做功”）过程。

在光化学反应中获得的两个化合物—NAD(P)H 和 ATP 是一切生命不可或缺的物质，它们是生物合成的最重要的基础，在光合自养生物中，它们用于还原大气中的 CO_2来合成各种各样的有机质，构建生命运转的结构基础。ATP 有何之用呢？如果不与其他能源相结合，一切自发的化学反应都是放能反应，因此，生物体内的合成（还原）反应必须与放能（氧化）反应相耦联，这依赖于高能化合物 ATP，即当 ATP→ADP 时释放出能量。此外，为了保证源源不断的能量供应，光养生物体内还必须有借助光能用 ADP 合成 ATP 的机制，这样就形成 ADP↔ATP 的循环模式。

NAD(P)H 有何之用呢？生物体内的合成（还原）反应既需要能量，也需要特定的物质。打个通俗的比喻，在细胞的合成代谢中，ATP 就像电焊机喷射的火花（高能），而 NAD(P)H 就像熔化的焊条，ATP 通过高能键的断裂使反应物活化，接下来使其可以接受 NAD(P)H 携带的 H，使有机还原反应得以推进。

三、光能吸收与传递的主角——光合色素

在光合生物中，用于光合作用的光能首先是被色素分子所吸收的，称之为光合色素。有哪些光合色素分子？它们的主要结构如何？它们之间在结构上的联系如何？

1. 主要的光合色素及结构

光合色素主要有三大类：叶绿素（包括细菌叶绿素）、类胡萝卜素和藻胆素（图 9-7）。类胡萝卜素（包括胡萝卜素和叶黄素）和藻胆素等是对叶绿素捕获光能的补充，称为辅助色素。这些光合色素的一个共同的特点就是存在较长的共轭体系（有些是环形封闭的，有些是线性的），因此可以参与能量传递。

①叶绿素

叶绿素存在于所有光合生物之中，从原核的蓝细菌到真核藻类及高等植物。在光合作用中，一些叶绿素参与光能传递，称为天线色素；另一些叶绿素吸收从天线色素传递过来的能量用以推动光化学反应，称为反应中心色素。无论是天线色素还是反应中心色素，叶绿素均结合在特定的蛋白质上，形成所谓的色素蛋白复合体。在大多数情况下，天线色素蛋白复合体是插入膜中的，是类囊体的膜蛋白。

叶绿素为一类镁卟啉化合物，所谓卟啉是指一类由 4 个吡咯类亚基的 α-碳原子通过次甲基桥（═CH—）互联而形成的大分子杂环化合物，其母体化合物称为卟吩（$C_{20}H_{14}N_4$）（图 9-6），有取代基的卟吩即为卟啉。卟啉环是一个高度共轭的体系，含有 26 个 π 电子，并因此显深色。而叶绿素则是卟啉与金属离子镁配位形成的（图 9-7A）。

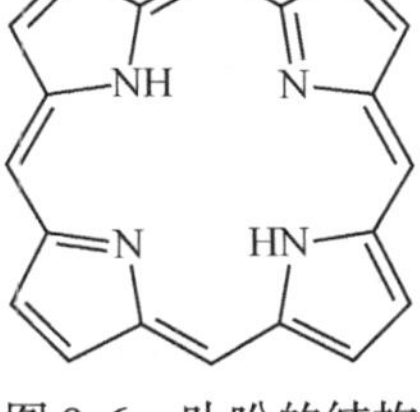

图 9-6　卟吩的结构

叶绿素分子是一个家族，包括叶绿素 a、叶绿素 b、叶绿素 c、叶绿素 d、叶绿素 f 及原叶绿素和细菌叶绿素等，它们是在生命演化的历程中，围绕基本的共同结构进行变异而形成的。叶绿素分子的共同结构就是有一个卟啉环用于光能吸收（通过卟啉环中单键和双键的改变来吸收可见光），还有一个长脂肪烃侧链（称为叶绿醇，链长约 20 个 C 原子）以插入到类囊体膜中。叶绿素不参与氢的传递或氢的氧化还原，而仅通过电子传递或共轭传递参与能量的传递。

所有的叶绿素（叶绿素 a、叶绿素 b、叶绿素 d 或 8-乙烯基衍生物）都用叶绿醇侧链（除了叶绿素 c 用其他基团）附着在天线或反应中心蛋白上。此外，叶绿素 a 还有一些独特之处：①各种各样的叶绿素作为捕光色素，其中只有叶绿素 a 依赖其蛋白质环境既可作为捕光者，又可在产氧生物的 PS Ⅱ和 PS Ⅰ的反应中心中的电子激发陷阱（原初电荷分离）和电子传递过程中作为氧化还原的参与者；②没有一个产氧光合生物仅含有叶绿素 b、叶绿素 c 或叶绿素 d，而相反，仅含有叶绿素 a 的光合生物已经存在并将还会存在下去；③只有叶绿素 a 对所有的光合产氧生物是不可或缺的，它是叶绿素家族中唯一存在于所有光合产氧生物（从原始的蓝细菌到巨杉）中的成员（Björn et al.，2009）。

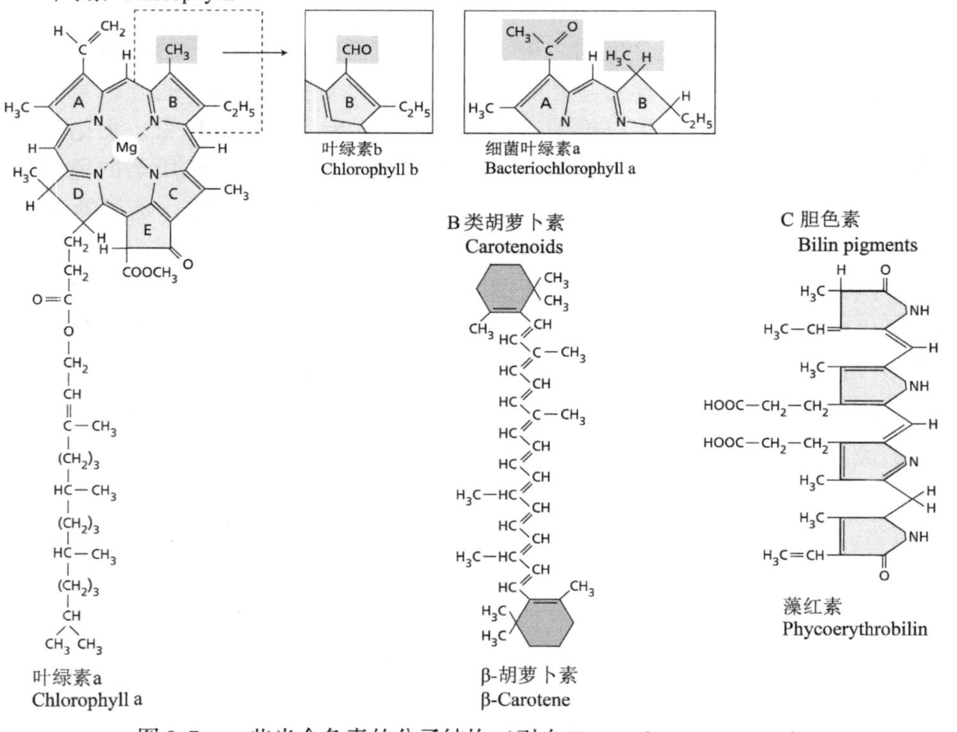

图 9-7　一些光合色素的分子结构（引自 Taiz and Zeiger，2010）

②藻胆素

藻胆素（phycobilin）存在于蓝藻（称为藻蓝素 phycocyanin）和红藻（称为藻红素 phycoerythrobilin）中，是藻胆蛋白的发色团，属于一种开链四吡咯结构，在藻蓝素和藻红素之间，仅存在细微的结构差异，具有同源性。藻胆素的 4 个吡咯环形成直链共轭体系，虽然不像叶绿素分子那样含有金属镁原子和叶醇链，但从结构上来看，两者应该存在同源关系，也就是说，藻胆素可能由叶绿素衍生而来。藻胆素与蛋白质结合成藻蓝蛋白或藻红蛋白，总称藻胆蛋白。藻胆体的色素蛋白复合体有规则地相间排列在类囊体膜的表面。

③类胡萝卜素

类胡萝卜素（carotenoid）是一类由 8 个异戊二烯基本单位构成的碳氢化合物（胡萝卜素）和它们的氧化衍生物（叶黄素）组成的化合物。这是一类结构变异非常丰富的色素分子，至今为止已发现的天然类胡萝卜素达 700 多种（Britton et al.，2004），普遍存在于高等植物、藻类、真菌和细菌之中。

类胡萝卜素从何而来呢？古菌膜上的磷脂是由异戊二烯构成的由 20 个碳原子形成的侧链（而在细菌和真核生物中，磷脂上的侧链通常是链长 16～18 个碳原子的脂肪酸），因此，类胡萝卜素或许就是膜结构成分的特殊衍生物（两者在链长上也基本相近）。其实，真细菌细胞膜的磷脂脂肪酸（饱和脂肪酸、一元与多元不饱和脂肪酸）、古菌磷脂的异戊二烯链与类胡萝卜素的异戊二烯链之间都可能是同源的。

在光合生物体内的类胡萝卜素到底有何功能呢？在叶绿体内也含有类胡萝卜素，能将吸收的光能传递给叶绿素 a，但是，能量从类胡萝卜素向叶绿素的传递效率要比叶绿素间的低。此外，有研究证据表明，类胡萝卜素可猝灭激发态的叶绿素而保护后者。

2. 光合色素对光的吸收特征

如果一种色素分子能对一定波长的光产生感应，那它就必须能够吸收它（所谓光的吸收特性），这是由色素分子的化学结构所决定的。这样，化学结构不同的色素分子对不同波长光的吸收可能会有所不同，因此，不同的色素组合既反映了不同的光合生物对光能利用的不同特点，也反映了其对历史与现存环境的适应机制，当然它们也可能是随机演化的产物。

图 9-8 显示了一些最重要的色素分子对光的吸收曲线，不难看出，它们各不相同，而且出现不同程度的重叠，这也是它们彼此间可以互换或互补的重要基础。有些色素（如叶绿素 a、叶绿素 b）有两个吸收峰，而有些色素（如 β-胡萝卜素、叶黄素、藻蓝素、藻红素）只有一个吸收峰。像类胡萝卜素，能大量吸收

高能量的短波辐射，因此能对叶绿素起到保护作用。理论上来说，一种生物体内的色素越多样（如原始的蓝细菌既有叶绿素又有藻蓝素），就越能有效地利用太阳辐射。

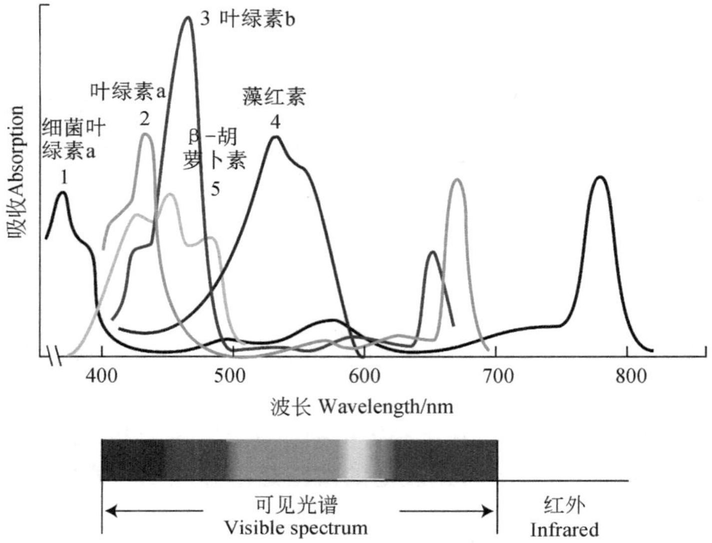

图 9-8　光合色素对光波的吸收（来源：Avers，1985；Taiz and Zeiger，2010）

3. 色素在不同光合生物中的分布

叶绿素是最重要的光合色素，其中以叶绿素 a 的分布最为普遍（表 9-2），而在非产氧的光合细菌中，取而代之的则是细菌叶绿素 a，在真核藻类中，叶绿素 c 的分布也较为普遍。从图 9-8 不难看出，叶绿素的光吸收特性并不是不可替代的，但为何它成为了光合生物不可或缺的组分呢？依笔者之见，这或许与它强大的电子激发功能从而具有能够起始一个足够长的电子传递链的特殊能力（它的衍生物——细胞色素也是重要的电子传递体）不无关系。

表 9-2　叶绿素和细菌叶绿素的分布

生物类群	产氧	Chl a	Chl b	Chl c	Chl d	BChl a	BChl b	BChl c、BChl d、BChl e	BChl g	类胡萝卜素	胆色素
紫细菌	No					+[a]	+[b]			+	
绿色硫细菌	No					+		+		+	
绿色非硫细菌	No					+		+		+	
厚壁细菌	No								+	+	

续表

生物类群	产氧	Chl a	Chl b	Chl c	Chl d	BChl a	BChl b	BChl c、BChl d、BChl e	BChl g	类胡萝卜素	胆色素
蓝细菌	Yes	+	+[b]	+[b]	+[c]					+	+
绿藻	Yes	+	+							+	
硅藻	Yes	+		+						+	
褐藻	Yes	+		+						+	
双鞭毛藻	Yes	+		+						+	
隐藻	Yes	+		+						+	+
红藻	Yes	+			+?					+	+
高等植物	Yes	+	+							+	

注：a. 紫细菌要么含有 BChl a 或 b，但在同一个种里，不同时含有两者。

b. 大部分蓝藻仅含有叶绿素 a，而原绿藻（*Prochlorophytes*）还含有 Chl b，一些类型还含有 Chl c。

c. 一种称为 *Acaryochloris marina* 的蓝藻主要含有 Chl d，而只含有少量的 Chl a（引自 Blankenship，2002）

类胡萝卜素虽然是辅助色素，但几乎分布于所有光合生物体内，而对光合作用来说，它远不及叶绿素那么重要。但是，类胡萝卜素也存在于许多其他非光合的生物类群，因此其进化历史除了与光合作用有关外，可能也衍生出了许多其他方面的功能（Sandman，2009）。

4. 细胞中光合色素的合成途径

现存植物细胞中光合色素的合成十分复杂，但在植物细胞中，光合色素的合成经历了怎样的演化途径已无法知晓。

①叶绿素和藻胆素

卟啉在某种自然条件下就能产生，Hodgson 和 Baker（1967）的实验证实了这一点，他们从含有 Ni^{2+} 或 Cu^{2+} 的吡咯和甲醛的水溶液中生成了卟啉。早在 20 世纪初，R. Meyer 和 A. E. Chichibabin 分别在加热的条件下由乙炔和氰化氢（或氨）合成了吡咯（原田，1978）。Gaffron（1965）认为，像卟啉这样的色素在光合作用发生之前就已存在。

在现存的光合生物体内，叶绿素的生物合成始于一种常见的氨基酸——谷氨酸，但是需经历一系列复杂的生物化学反应，包括了 17 个酶促反应步骤或更多（Beale，1999）。简单地说，首先，谷氨酸被转变为氨基 γ- 酮戊酸（ALA）；其次，2 分子的 ALA 聚合成胆色素原（PBG），PBG 将最终形成叶绿素的吡咯环，之后，4 分子的 PBG 聚合成卟啉环，并最终形成原卟啉；再次，丙酸的一条侧链环化，形成叶绿素分子的第 5 个环（E），这是一个被光驱动的反应，需要

NADPH 或在被子植物中需要原叶绿素酸酯氧化酶的催化。最后，由叶绿素合成酶催化加上叶绿醇的“尾巴”就成为了完整的叶绿素分子（图 9-9）。

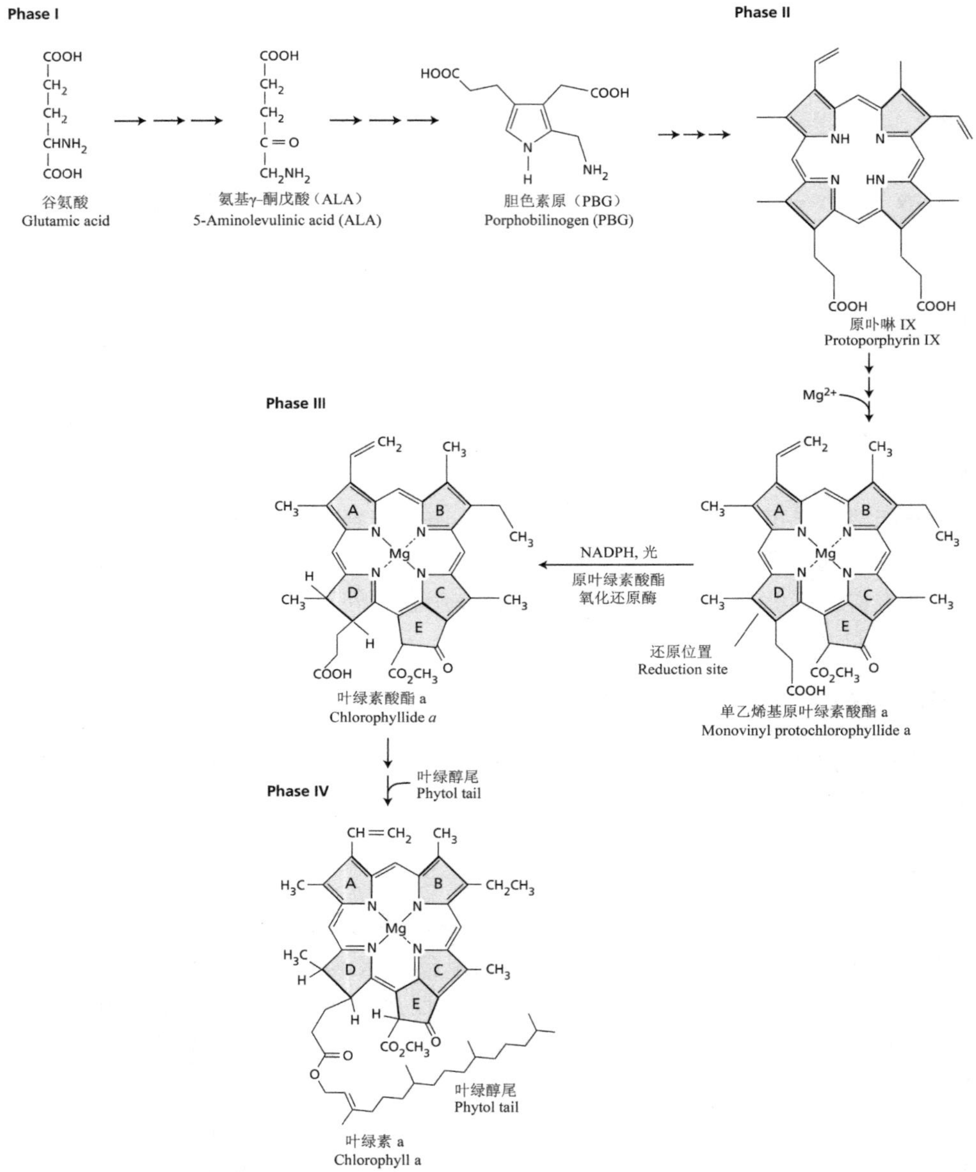

图 9-9　叶绿素的合成途径（引自 Taiz and Zeiger，2010）

最早的叶绿素合成路径（在现生的不产氧光合生物还在使用）几乎肯定是厌氧的，既不需要也不能忍受 O_2 的存在，但是，所有现存产氧光合生物在这一通路的几个步骤中却需要 O_2 作为氧化剂（Blankensh，2010）。在不同的光合生物，整个合成路径保持不变，但在关键步骤的酶却完全不同了，一种可能的解释是编码这些步骤的催化酶的基因被替换了（Raymond and Blankenship，2004）。

从主体部分的化学结构上来看，藻胆素与叶绿素有相当的同源性，只不过叶绿素的 4 个吡咯环通过次甲基—C ═基相连形成了卟吩体系，而藻胆素是开链的四吡咯结构。因此，第一种可能是藻胆素是叶绿素的衍生物，第二种可能是叶绿素是藻胆素的衍生物，考虑到蓝藻的古老性，第二种可能也不是完全没有可能的。

②类胡萝卜素

在不同的生物中，类胡萝卜素的合成途径可能有些不同。例如，在真菌和植物细胞的胞液/内质网上，由乙酰辅酶 A（acetyl-CoA）经羟甲基戊二酰辅酶 A 途径进行合成，在细菌与植物的质体中由磷酸甘油醛与丙酮酸经 1-脱氧木酮糖-5-磷酸途径合成。形成的异戊烯基焦磷酸经多次缩合生成第一个类胡萝卜素八氢番茄红素，再经脱氢、环化、羟基化、环氧化等转变为其他类胡萝卜素，如番茄红素、β-胡萝卜素、玉米黄质、紫黄素等。图 9-10 为类胡萝卜素通过异戊烯基焦磷→香叶基香叶基焦磷酸→八氢番茄红素……→新叶黄素的生物合成途径。

乙酰辅酶 A（图 9-11）是辅酶 A 的半胱氨酸残基的 SH 基团与乙酰基（CH_3CO—）以高能键硫酯键相连而成，它也是脂肪酸的 β-氧化及糖酵解后产生的丙酮酸脱羧的产物。磷酸甘油醛和丙酮酸也都是碳水化合物代谢过程中的重要中间产物。

辅酶 A 是一种含有泛酸的辅酶，在某些酶促反应中作为酰基（酰基指有机或无机含氧酸去掉羟基后剩下的一价原子团）的载体。辅酶 A 是由泛酸、腺嘌呤核苷酸、磷酸等组成的大分子。而泛酸则是丙氨酸通过肽键与 α,γ-二羧-β-β-二甲基丁酸缩合而成。

因此，辅酶 A 或乙酰辅酶 A 也可看成是核苷酸、氨基酸和简单有机酸缩合而成，这些都是前生物时期就应该存在的简单的基本有机化学材料。而一些蛋白质需要这样的辅助因子，可能恰好反映了以高效的酶促反应为核心的生物化学系统建立初期，多肽与高能核苷酸之间的协同演化关系。

从三大类光合色素的现代生物合成途径来看，它们都始于相对简单的有机化合物，特别是最重要的叶绿素分子的合成起始于一种常见的氨基酸——谷氨酸，这种氨基酸在生命起源之前就可能存在于地球上了，因为在米勒著名的放电实验（甲烷、氨、水及氢）中就可以获得。看来，在已经存在的原色素分子被消耗殆尽之前，演化出能从简单的分子材料予以补充的方法是生命系统构建的重要步骤，其他生物大分子的情况也是如此。

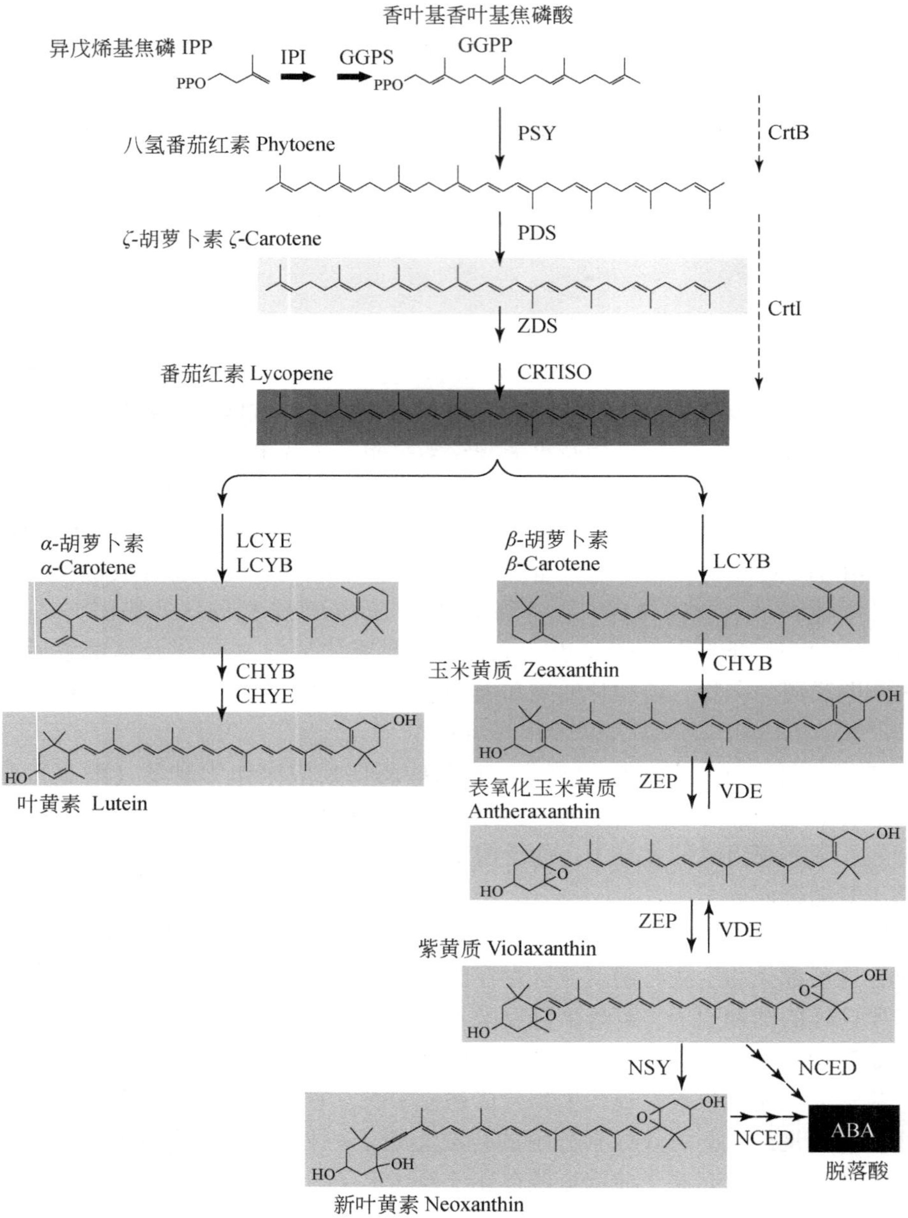

图 9-10 类胡萝卜素的生物合成途径（引自 Tanaka and Ohmiya，2008）

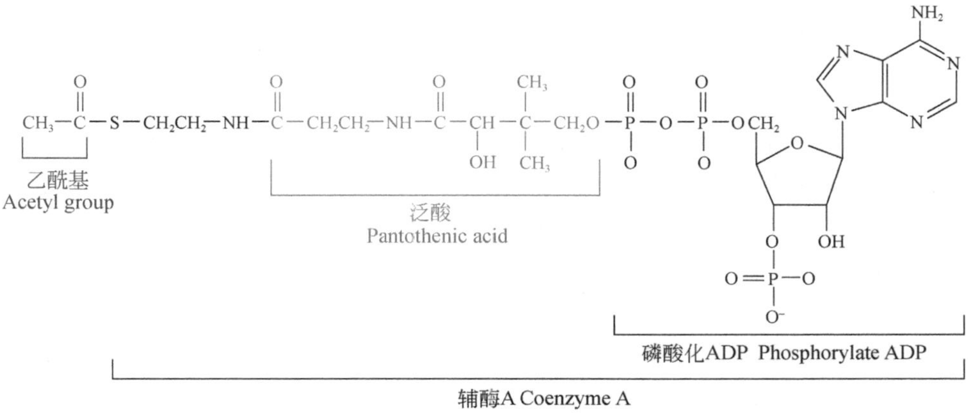

图 9-11　乙酰辅酶 A 的结构

5. 太阳光能的吸收与传递

色素分子是如何吸收和传递光能的呢？在捕光色素蛋白复合体上的色素（称为天线色素）就是专门用于吸收和传递太阳光能到光化学反应中心的，即光能被色素分子吸收后传递到光反应中心，在那里，通过光化学反应生成高能有机化合物，实现光能向化学能的转化。当然，光能被植物的色素分子吸收后，不可能都被用于光合作用，只有部分被传递到光反应中心以用于光化学反应，有一些光能会辐射为荧光散失掉，或以热辐射方式损耗掉（图 9-12）。在进化的历程中，植物必定会谋求最大的能量传递效率。

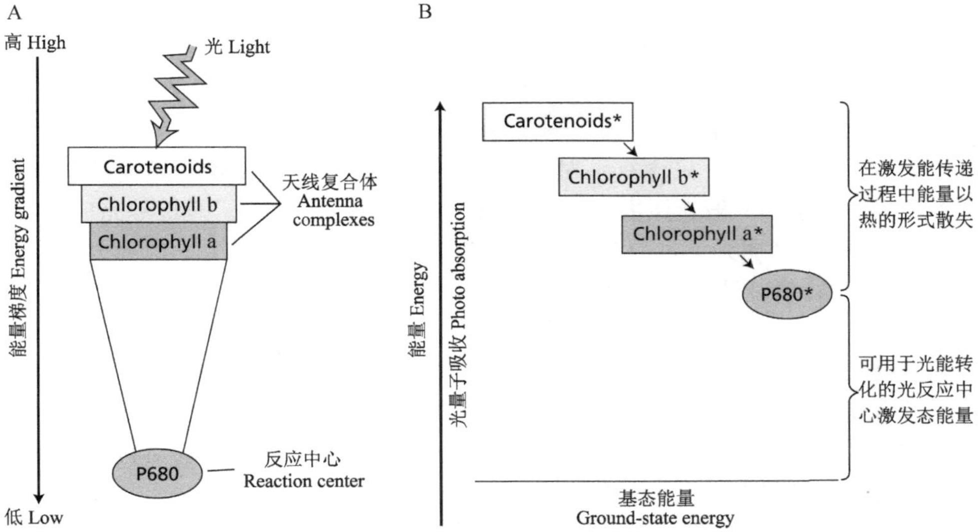

图 9-12　光合色素之间的能量传递（引自 Taiz and Zeiger，2010）

一般认为，光能在天线色素分子间的传递并非以光的形式，而是通过所谓共振转移来进行的（图9-13），这就要求色素分子保持合适的距离和角度，以便满足共振传递的要求。从图9-7不难看出，色素分子都不大，因此仅凭其自身不大可能会形成整齐的排列方式来传递光能。但是，如果它们能锚定在某种稳定的结构物质上，就能接近这样的要求。事实上，叶绿素正是这样与蛋白质的多肽链结合成色素蛋白复合体的。不知何种缘由，像叶绿素这样的色素分子似乎不能直接锚定于脂质膜上。

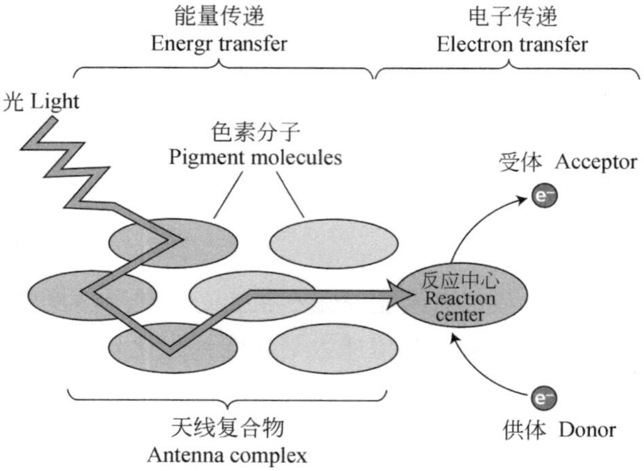

图9-13　光能在叶绿素分子间的共振传递（引自 Taiz and Zeiger，2010）

在光能传递系统中，越是接近光反应中心，色素分子的光谱吸收峰就越偏红端，表明能量在传递过程中逐渐降低（图9-12）。当然，为了满足一个反应中心的光传递需求，就必须要众多的色素分子进行支撑。有资料显示，每个光反应中心具有的天线色素分子数在一些细菌中有20～30个，在高等植物中有200～300个，而在一些藻类中可达数千个。

在一个反应中心，只含有一对叶绿素分子，为何有那么多的天线色素分子呢？因为叶绿素在一般光照情况下，对光的吸收速率是10Hz，即每秒完成10个激发–弛豫循环（弱光下将为0.1Hz），而在反应中心所发生的原初电荷分离反应中，状态转换–恢复速率为1000Hz，因此单纯依靠反应中心的一对叶绿素分子捕获光能，远远不能满足反应中心强大的电荷分离能力，这就是为何天线色素分子一般是反应中心色素分子的数百乃至数千倍的缘故（翁羽翔，2007）。

所有光合生物都有捕光天线系统，但是天线蛋白复合体的结构及它们使用的色素在不同类型的光合生物中却有很大的差异，这表明在这些生物对特定光环境的适应与进化过程中出现了数次的革新（Blankenshi，2010）。

简而言之，为了使光能被光合作用所利用，它必须被与光合机构相偶联的色素分子所吸收。并不是每个色素都参与光化学反应，大部分是天线色素，收集光能并将其传送到光化学反应中心。因此，天线系统并不进行任何化学反应，它支撑一种能量的转移过程，包括电子激发态从一个分子到另一个分子的迁移，这是一个纯物理的过程，依赖于天线色素微弱的能量偶联（Blankenship，2002）。

四、光合作用的搬运工——电子/质子载体

天线色素分子将太阳光能捕获并传递到光反应中心，这只是完成了光合作用的第一步，随后还需进行一系列的光化学反应，这涉及一系列的电子（还多了质子）传递，以形成一些高能的小分子有机物（如 ATP）和强还原性物质（如 NADPH）。此外，电子和质子还必须进行跨膜传递或转运。显然，叶绿素分子不可能完成所有这些功能。实际上，在光化学反应中，还有若干电子传递体，如质醌、细胞色素 c、质体蓝素、铁氧还蛋白等。

1. 质醌

醌是一种六元环状 α，β-不饱和二酮，质醌（plastoquinone，PQ）是对苯醌（1，4-苯醌）的衍生物，在醌环的一侧连有 2 个甲基，另一侧连有一侧链，为不同数目的异戊二烯单位。植物体中有数种不同的质醌，其区别在于异戊二烯单位数目的不同，在叶绿体中最多的是 PQ9（图 9-14A）。不难看出质醌与类胡萝卜素在结构上的同源性，或许它们都是膜结构成分的衍生物。

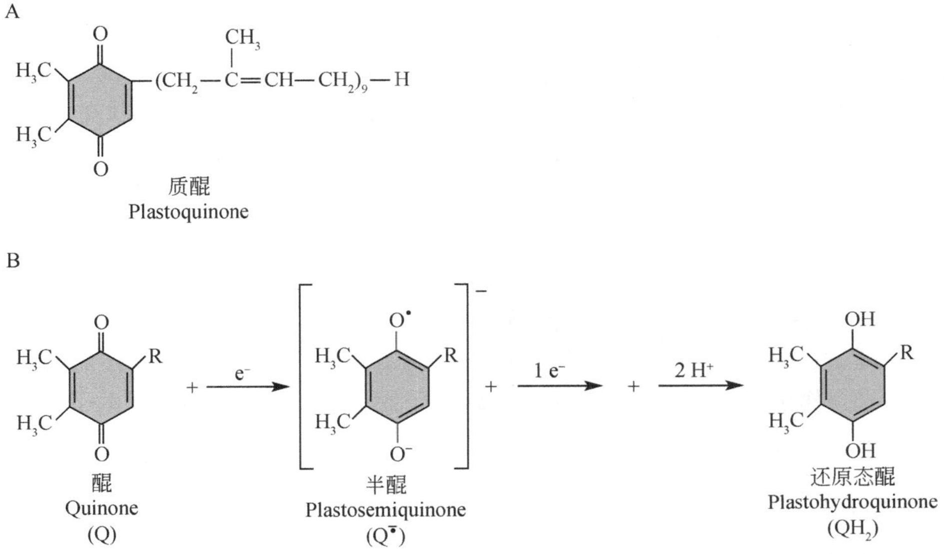

图 9-14　质醌的结构及不同的氧化还原状态（引自 Taiz and Zeiger，2010）

质醌是脂溶性分子，容易在质膜中扩散，而且它既能传递电子，又能传递质

子（图9-14B），因此，适用于电子和质子在细胞膜中或跨膜传输。在光合作用中，质醌从光反应中心Ⅱ的特殊叶绿素分子接受电子和质子后，离开反应中心，穿越类囊体膜移动到相邻的蛋白质复合体Cyt b_6f，交出电子，并将所携带的氢离子释放到类囊体膜的内侧。

在线粒体的呼吸链中，质醌的同系物——泛醌（图9-15A）是其重要组分，其脂溶性使它在内膜上具有高度的流动性，特别适合作为一种流动的电子传递体。也是通过醌和醌醇循环来传递电子和氢质子。泛醌中的苯醌部分在体内以酪氨酸（图9-15B）为原料合成，而异戊二烯侧链则是以乙酰CoA为原料经甲羟戊酸途径而合成。

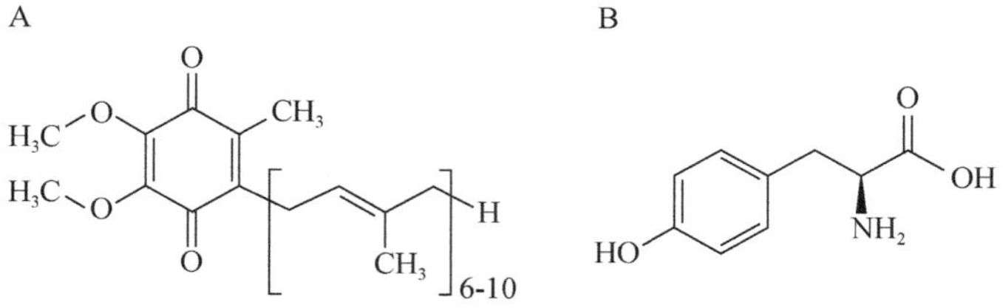

图9-15　泛醌（A）和酪氨酸（B）的结构

2. 细胞色素

细胞色素（cytochrome，Cyt）是一类以铁卟啉（或血红素）作为辅基的电子传递蛋白，主要有Cyt a、Cyt b、Cyt c（Cyt f属于Cyt c的一种）、Cyt d和Cyt o等类型。血红素上的卟啉环以4个配位键与1个铁原子相连，形成四配位的络合物，在这样一个环状体系中，铁原子处于活泼的化学状态，可以在还原态（Fe^{2+}）和氧化态（Fe^{3+}）之间可逆变化［式（8-2）］，这就是Cyt可以传递电子的原理。其实，叶绿素与血红素的结构十分相似，只是前者是镁卟啉化合物，后者是铁卟啉化合物而已。

$$\text{Cyt}\,[Fe^{3+}] + e^{-} \leftrightarrow \text{Cyt}\,[Fe^{2+}] \qquad (9\text{-}2)$$

Cyt c中蛋白质分子的半胱氨酸巯基与血红素卟啉环上的乙烯基相加形成共价（硫醚键）结合（图9-16、图9-17），而其他3类Cyt则没有这样的共价结合。在光合作用中，Cyt b_6f就是一种中转电子的分子，它从质醌接受电子，传递给类囊体膜内表面的水溶性的质体蓝素（PC）。

3. 质体蓝素

质体蓝素（plastocyanin，PC）是一种位于类囊体膜内表面的含有铜原子的蛋白质（分子质量为40kDa，图9-18），是水溶性电子载体。在光合作用中，质体蓝蛋白充当电子传递体，负责从PS Ⅱ的Cyt b_6f复合体中的Cyt f接受电子，携

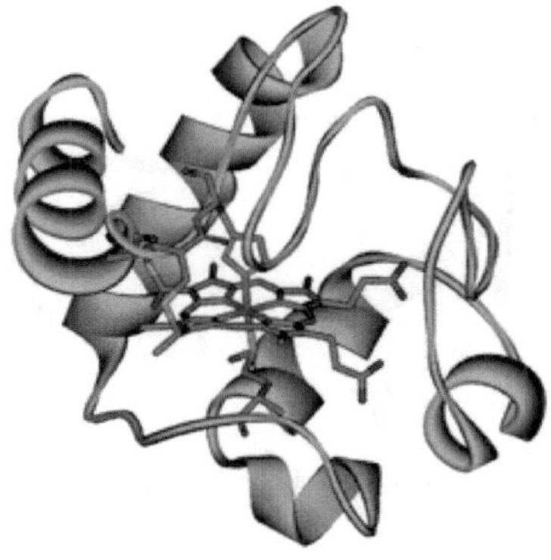

图 9-16　Cyt c（结合有血红素 c）的三维结构（引自维基百科）

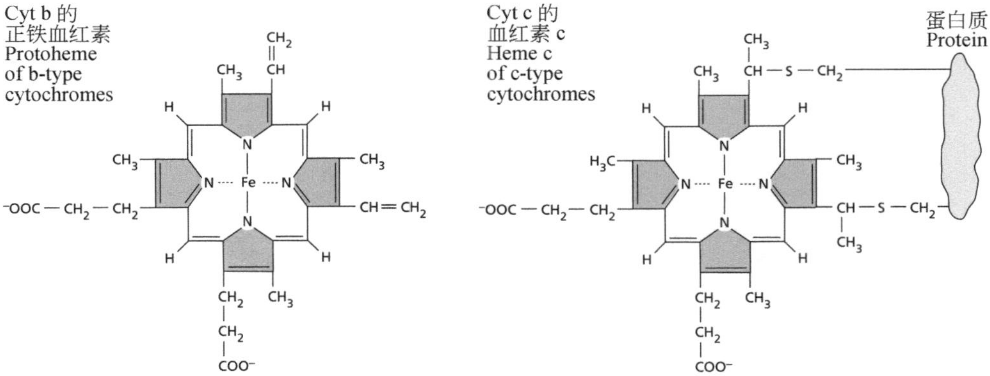

图 9-17　Cyt c 和 Cyt b 辅基的结构。Cyt c 的血红素共价结合在蛋白质上，而 Cyt b 的原卟啉没有共价结合到蛋白质上（引自 Taiz and Zeiger，2010）

带电子在水中游动，将电子转交给光系统 I 的 P700$^+$。据称，质体蓝素是在细胞质中合成后被转运到叶绿体类囊体腔中实行电子传递功能的。

质体蓝蛋白（PC［Cu^{2+}］）被细胞色素 f 经由以下反应方程式还原：

$$PC\,[Cu^{2+}] + e^- \rightarrow PC\,[Cu^+]$$

解离后，PC［Cu^+］扩散离开类囊体直到与 P700$^+$发生结合。P700$^+$经由以下反应式氧化 PC［Cu^+］：

$$PC\,[Cu^+] \rightarrow PC\,[Cu^{2+}] + e^-$$

4. 铁氧还蛋白

铁氧还蛋白（ferredoxin，Fd）是一类具有电子传递功能的小分子蛋白质（6～24kDa），是可溶性电子载体。Fd 含有铁原子和无机硫化物，铁原子和半胱氨酸侧链的 SH 基和无机硫相结合（图 9-19）。在光合作用中，Fd 是光系统 I 的最终

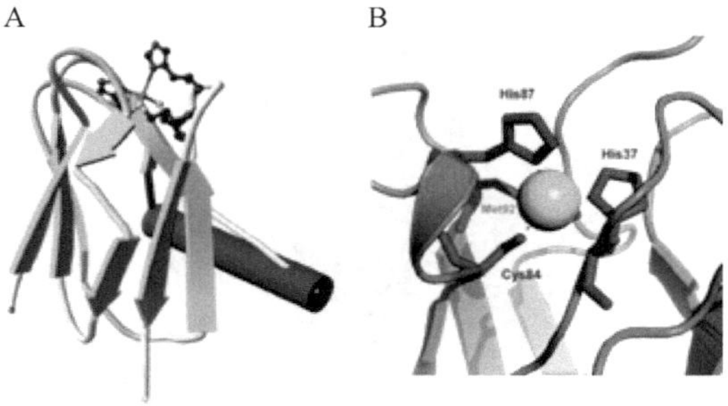

图 9-18　质体蓝蛋白的结构（A），质体蓝蛋白中的铜原子与四周的 4 个氨基酸（B）

电子受体。需要指出的是，在固氮细菌里，Fd 还是固氮酶的电子供体，使 N_2 还原成氨。

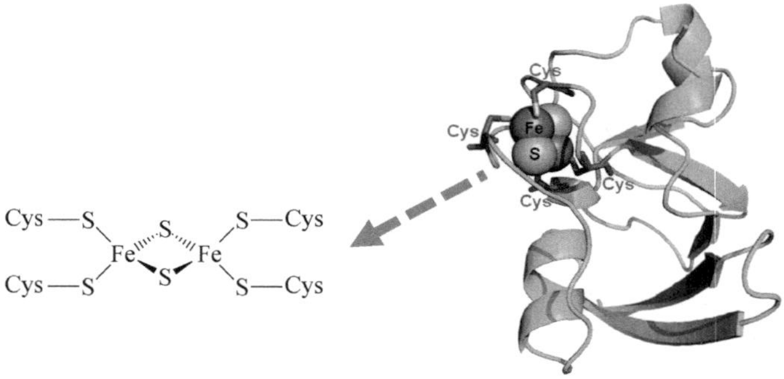

图 9-19　铁氧还蛋白的结构

5. 铁氧还蛋白-NADP$^+$还原酶

铁氧还蛋白-NADP$^+$还原酶（ferredoxin-NADP$^+$ reductase，FNR）是以黄素腺嘌呤二核苷酸（FAD）为辅基的黄素蛋白（图 9-20），是光合电子传递链的末端氧化酶，接收 Fd 传来的电子和基质中的 H^+，还原 NADP$^+$为 NADPH。此酶的 3 个底物分别是还原型铁氧还蛋白、NADP$^+$及氢离子，产物则是氧化型铁氧还蛋白及 NADPH。反应式如下：

$$2\ Fd_{还原} + NADP^+ + H^+ \rightleftharpoons 2\ Fd_{氧化} + NADPH$$

核黄素-5′-腺苷二磷酸（FAD）是一种核苷酸的衍生物，是由核苷酸与核黄素结合而成。FAD 是比 NAD 和 NADP 更强的氧化剂，能被 1 个电子或 2 个电子途径还原，FAD 既可传递电子，也可传递质子（图 9-21）。FAD 传递电子和质子是通过核黄素的氧化与还原来实现的。核黄素化学名称为 7，8-二甲基-10-（1′-D-核糖基）–异咯嗪，也可看成是苯环与吡嗪和尿嘧啶共用碳原子而形成的稠杂环化合物。

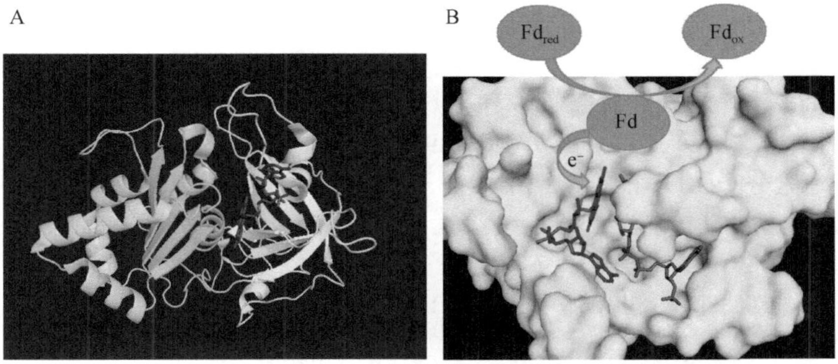

图 9-20　A 显示 FNR 的结构，有一个 β 桶形结构域（黄色）、α 螺旋 β 折叠（绿色）和一个 FAD 辅基（红色）。B 是一个卡通图，显示在酶的活性部位结合的 FAD（红色）和 NADP$^+$（蓝色），还原性 Fd 与酶结合，将一个电子传递给 FAD（引自维基百科）

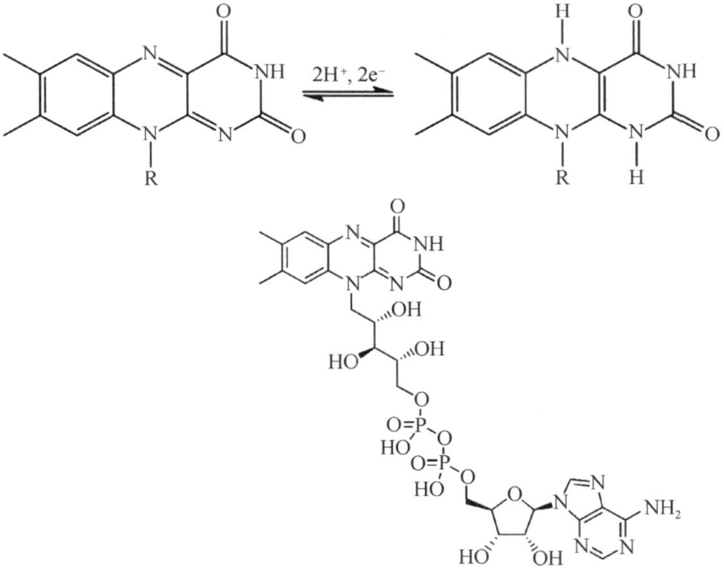

图 9-21　FAD 的氧化还原态。左边是 FAD，它通过得到 2 个电子转化为右边的 $FADH_2$（引自维基百科）

五、电子流形成的基础——水的裂解机制

1. 水的裂解机构——PS Ⅱ的精细结构

蓝藻中的 PS Ⅱ包含 17 个跨膜亚基、3 个外周蛋白和许多辅助因子，总分子

质量为350kDa，光诱导的水分子的氧化是由 Mn_4Ca 聚集体催化的（Umena et al.，2011）。

Umena 等（2011）研究了一种嗜热蓝藻（*Thermosynechococcus vulcanus*）的 PS Ⅱ的结构（图9-22），每个单体有19个蛋白质亚基、35个叶绿素分子、2个脱镁叶绿素分子、11个β-胡萝卜素分子、20多个脂质分子、2个质体醌分子、2个血红素铁、1个非血红素铁、4个锰原子、3个或4个钙原子（1个位于 Mn_4Ca 聚集体之中）、3个氯离子（其中2个毗邻 Mn_4Ca 聚集体）和1个碳酸氢根离子。此外，在每个 PS Ⅱ单体中，还有1300多个水分子。

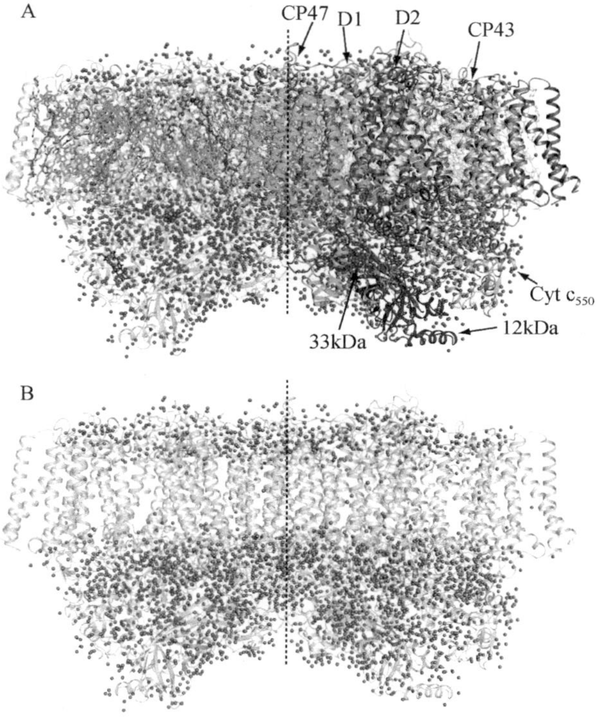

图9-22　一种嗜热蓝藻（*Thermosynechococcus vulcanus*）的 PS Ⅱ二聚体的总体结构，分辨率为为1.9Å，视角为与垂直的方向。A. 总体结构，右侧单体的每个蛋白质亚基分别用颜色标识，左侧单体用浅灰色标识；左侧单体的辅助因子用颜色标识，在右侧单体为浅灰色；橙色球为水分子。B. 在 PS Ⅱ二聚体中水分子的排列。蛋白质亚基用浅灰色表示，其他的辅助因子全部省略了。中间的折线表示与两个单体相关的二度的非晶轴（引自 Umena et al.，2011）

Umena 等（2011）确定了所有与叶绿素分子中心的镁离子的配位，其中有7个是通过水分子而不是氨基酸残基，它们是 Chl6（D1 的辅助叶绿素），Chl7（D2 的辅助叶绿素），Chl12、Chl18 和 Chl21（包藏于 CP47），Chl31 和 Chl34（包藏于 CP43）（图9-23A）。此外，Chl38 与 CP43-Asn39 配位，而所有其他叶绿

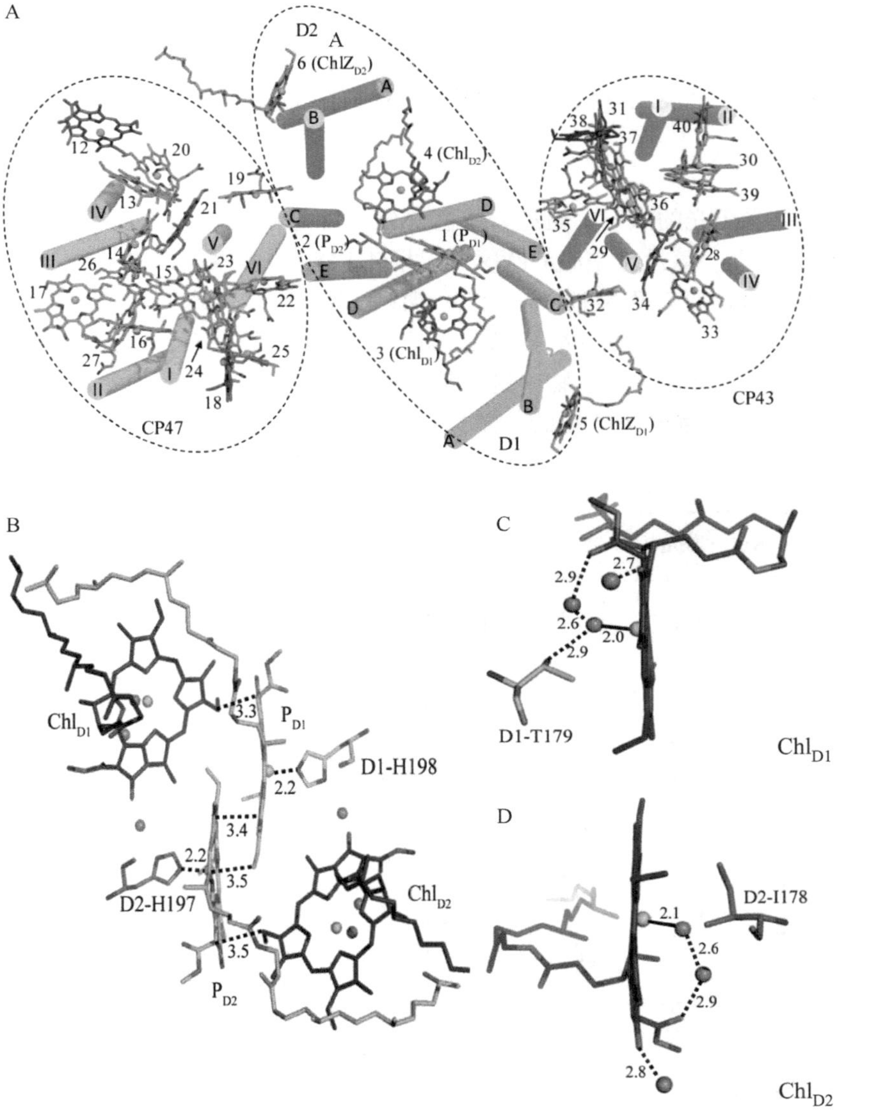

图 9-23　在一种嗜热蓝藻（*Thermosynechococcus vulcanus*）的 PS Ⅱ中叶绿素的组织形式。A. 一个 PS Ⅱ单体中 35 个叶绿素分子的组织形式，叶绿素的中心镁原子与水配位用橙色显示，与光合膜蛋白 CP43-Asn39（Asn 天冬酰胺）配位的用蓝色显示，所有其他与组氨酸（His）配位的用绿色显示，反应中心多肽 D1 和 D2 的跨膜螺旋用 A ~ E 标记，天线色素蛋白 CP47 和 CP43 的跨膜螺旋用Ⅰ ~ Ⅵ标记；B. 4 个反应中心叶绿素分子的组织形式，叶绿素的镁原子用绿球显示，水分子用橙色表示，边对边的距离用 Å 表示；C. Chl$_{D1}$的水配位基与氢键；D. Chl$_{D2}$的水配位基与氢键（引自 Umena et al.，2011）

素与组氨酸配位。大部分的乙烯基位于或接近四吡咯环同样的平面，这可能有利于叶绿素分子间的能量迁移。构成 PS Ⅱ反应中心的 4 个叶绿素分子如图 9-23B 所示。CP47 和 CP43 是将接受天线和反应中心连接起来的蛋白质复合体，分别结合了 16 个和 13 个天线叶绿素分子（antenna chlorophyll）。

2. 水的裂解过程

植物接受阳光的照射，通过天线色素分子（主要是叶绿素），将光子传递到反应中心 PS Ⅱ，该反应中心的叶绿素二聚体 P680 被激发放出一个电子（传给邻近的电子载体）而转变为 $P680^+$，它需得到一个电子才能返回基态，才能重新接受光子。如果反应中心的叶绿素二聚体能够获得电子的补充，就会形成连续不断的电子流动，在光合放氧生物中这正是从裂解水中得以实现的。

PS Ⅱ的一个重要功能就是裂解水，获得电子：

$$2H_2O \longrightarrow O_2 + 4H^+ + 4e \qquad (9\text{-}3)$$

因此，水分子是光合作用电子传递过程中最初的电子供体。那么水的裂解是如何实现的呢？Kok 等提出了水氧化的 S 态转换机制：水的氧化是在称为放氧复合体的系统中进行的，在光的驱动下，水依次经过 $S_0 \rightarrow S_1 \rightarrow S_2 \rightarrow D_3 \rightarrow S_4$，系统就会放出氧气并重新回到状态 S_0（图 9-24）。

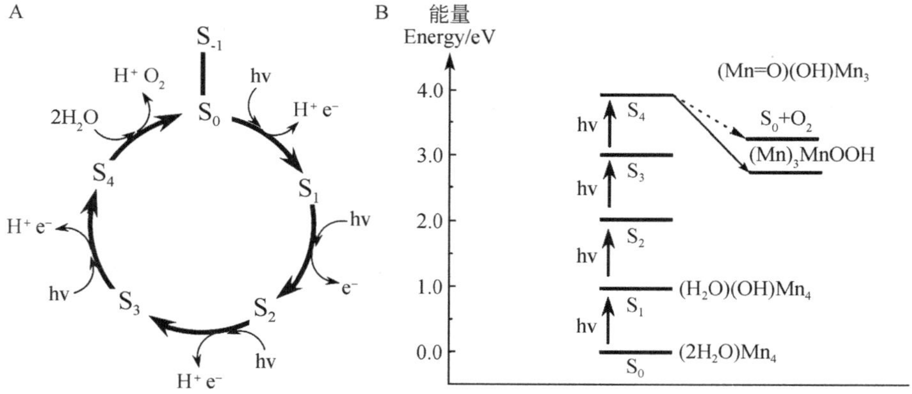

图 9-24 Kok 等提出的在 PS Ⅱ中放氧复合体裂解水的循环模型（A）和能量变化（B）示意图（引自 Kawakami et al.，2011）

锰、Ca^{2+}和 Cl^-都是水氧化必不可少的元素（图 9-25），特别是，4 个锰原子组成一个锰聚集体，这些锰原子被若干独立的光化学反应依次转化为高价的状态，直到氧气的放出，锰聚集体又回到原初的状态（图 9-26）。在 PSII 蛋白复合体的腔面有一个由 3 条分子质量分别为 16kDa、23kDa 和 33kDa 的多肽链所组成的复合体帽结构，它加上锰聚集体就构成了放氧复合体（也称为水氧化酶）。一般来说，水裂解包括 4 个基本反应：水的去质子化、锰离子的氧化、O—O 键的形成和三线态分子氧的释放（Kawakami et al.，2011）。在锰聚集体中裂解水产生的电子需通过 PSII 的 Tyr 残基（D1 蛋白上 161 位的酪氨酸残基）再传给 P680$^+$。

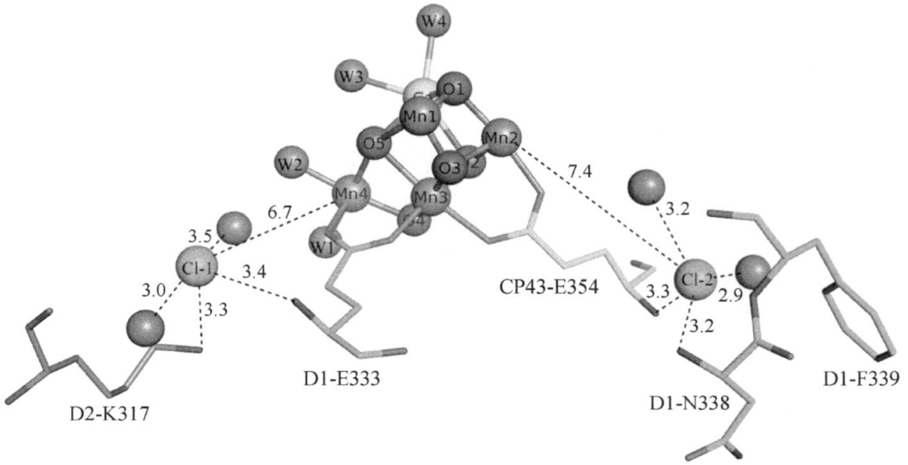

图 9-25 在一种嗜热蓝藻（*Thermosynechococcus vulcanus*）的 PS Ⅱ单体中的 Mn_4CaO_5 聚集体及其邻近的两个 Cl^- 结合位点的结构。紫色为锰原子，黄色为钙原子，绿色为氯离子，红色为氧原子，橙色为水分子，氢键距离为 Å（引自 Kawakami et al.，2011）

3. 水裂解的重要意义

从 PS Ⅱ中叶绿素分子的数量及结构特点可见，叶绿素对光化学反应具有极为重要的意义，它们在水的裂解过程中扮演着能量和电子传递者的重要角色，而其他色素（如 β-胡萝卜素）只是辅助性的。正是因为叶绿素分子将太阳光能传递到了 Mn_4Ca 聚集体，后者才能进行水分子的裂解，所产生的电子又通过叶绿素（还要通过反应中心多肽链上的氨基酸残基）得以从 PS Ⅱ传递出去。

PS Ⅱ就是一个电子流动场，它通过色素分子传递进太阳能，裂解水，获得电子（还有质子 H^+），将电子传递到 PS Ⅰ，在那里合成重要的还原性物质 NADPH，而裂解水产生的 H^+形成跨膜电势梯度（电势能），被成功用于合成高能的 ATP（化学能），之后，开始导演各类生物大分子的合成。因此，PS Ⅱ的运作就是一种电子流动“游戏”，水就是最初的电子供体（没有它就不会有现在的生命世界），之后流经（循环或非循环）各种各样的电子载体！能最终推动了 ADP 与 Pi 的脱水缩合，并作为化学能储存于所谓的高能磷酸键之中；而 $NADP^+$承接了电子传递链上的高能电子与被泵出膜外的 H^+（其电势能已被用于 ATP 的合成），所形成的 NADPH 具有很强的还原力；但原始生命最初将 O_2 作为“废物”予以丢弃。

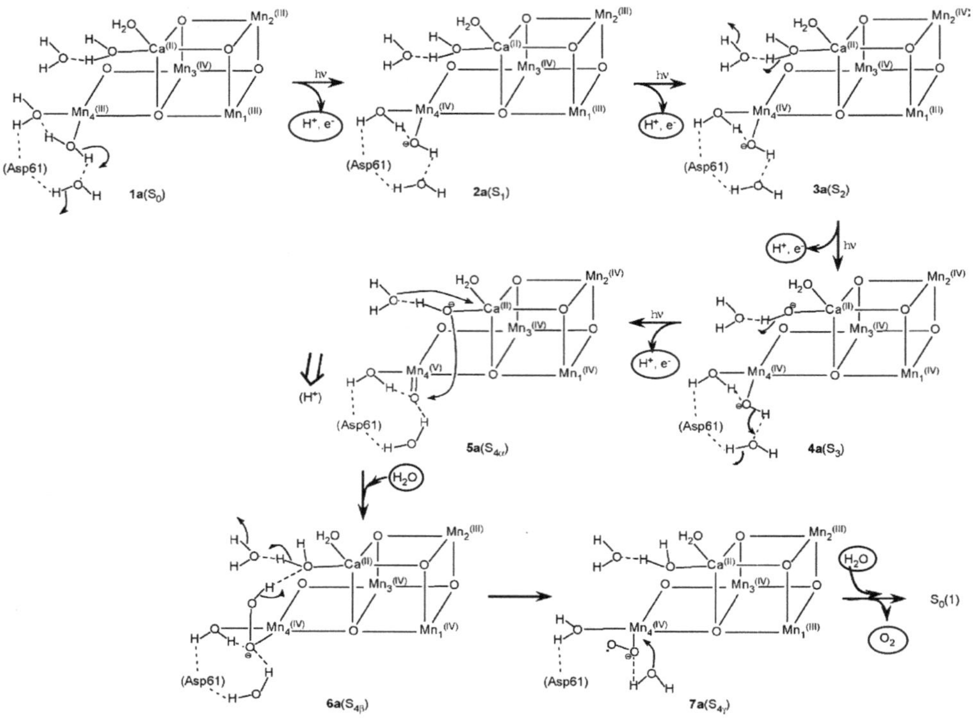

图 9-26　基于 WH10 的水裂解的可能反应机制（引自 Kawakami et al.，2011）

虽然从细节来看，水的裂解貌似十分的精细与复杂，但从原料来看还是普遍存在的物质或能量——用之不绝的太阳光能、由氨基酸组成的多肽、普通的金属离子（锰、钙）和非金属离子（氯），还有取之不尽的水。在进化的历程中，生命用这些平凡的素材，将极为稳定的水就这么轻松地裂解了。

H_2O 中 O—H 键是一种稳定的共价键，平均键能为 463kJ/mol，在普通的太阳光照射下是很难裂解的。水氧化酶并不与底物 H_2O 形成共价结合，但却可以通过金属离子与水分子的非共价结合，将 H_2O 的 O—H 键撕开，夺走电子，释放 H^+和 O_2。这是一个了不得的化学事件，它使得生命在相对温和（普通的太阳光能下）的条件下找到了一种从普遍存在但难以裂解的 H_2O 中获取电子和质子的方法！在漫长的演化历史中，生命还尝试过很多其他的电子供体（这在一些原核生物中还依然存在，见第九章），但裂解 H_2O 这个途径显然最受青睐，已被绝大多数光合生物所采用。

就是这样一个不起眼而简单的式（9-3）却彻底改变了地球的命运，氧——一个植物光合作用的副产物（对植物来说，就是一个废物），却意外地在地球上累积起来，将一个厌氧的大气层改变成了一个氧化的大气层。而包括我们人类在内的所有动物还演化出利用它进行高效的能量代谢的本事！多么令人不可思议啊！

4. 产氧蓝藻中的不产氧光合作用

一般情况下，产氧光合作用中的 PS Ⅰ和 PS Ⅱ都会发挥作用，但有一些蓝细菌在特殊情况下（存在还原性物质 H_2或 H_2S、厌氧）仅通过 PS Ⅰ进行环式光合磷酸化，可利用水以外的其他还原力，类似于紫色细菌和绿色细菌所进行的不产氧光合作用，用于还原 CO_2的电子不是来自水而是来自那些还原性物质（马迪根等，2001）。

许多蓝细菌能将 H_2S 作为不产氧光合作用的电子供体，H_2S 被氧化成硫元素（S^0），这些硫粒与绿色硫细菌产生的并分泌到细胞外的硫粒相似。一种称为沼泽颤藻的丝状蓝细菌生活在富含硫化物的盐池中，在那里，它与光合绿细菌和光合紫细菌一起进行不产氧光合作用，并产生硫化物的氧化产物——硫。此外，在沼泽颤藻的培养物中，H_2S 能强烈地抑制从 PS Ⅱ开始的电子传递。因此，虽然有些生物（如沼泽颤藻）具有 PS Ⅱ，能够分解水，但它们仍然保留了在某些条件下独立使用 PS Ⅰ的能力（马迪根等，2001）。

这虽然说明非产氧光合细菌与产氧光合细菌之间密切的进化联系，但仍然无法回答到底谁起源自谁，因为除了 PS Ⅱ额外有一个裂解水的放氧复合体外，两个光系统的结构其实十分相似。你可以认为紫色细菌和绿色细菌是蓝细菌适应极端厌氧（但有光照）环境的产物，也可以认为蓝细菌是从紫色细菌和绿色细菌演变而来，似乎大多数的人更相信后一种可能，也许基于这样的两种理由：一是因为后者更为简单，符合进化从简单到复杂的一般原则；二是地球早期的环境也应该是厌氧的。但是，也可以驳斥上述两个理由：其一，进化也可能是简化（特别是在特殊环境下）；其二，蓝细菌最初也是在厌氧条件下诞生的，况且它们还保留了在厌氧条件下进行不产氧光合作用的能力（利用 H_2S 作为电子供体）。

六、光合碳同化与呼吸

前面介绍了在叶绿体中进行的光合作用的第一步，即光能的吸收与传递、水的裂解以及 $NADP^+$的还原和 ATP 的生成。至此，植物细胞完成了将光能转化为活跃的化学能的目的，这主要是以类囊体膜上的 4 个蛋白质复合体（PS Ⅱ、Cyt b_6f、PS Ⅰ和 ATP 合成酶）为平台进行的。光合作用的第二步就是对大气中的 CO_2的同化（也称为还原），其核心是利用在光合作用第一步中获得的高能化合物——ATP 和强还原性物质 NADPH，合成各式各样的含碳的有机化合物，而碳是所有生物大分子的结构基础。

1. 光合碳同化——光合作用的第二步

绝大多数光合生物的碳同化是通过一个称为卡尔文循环（Calvin cycle，因被美国学者卡尔文最先发现，所以以此名称）的途径来完成的，在该途径中，CO_2被固定后形成的最初产物为三碳化合物，所以也被称为 C_3 途径。在真核生物中，卡尔文循环的所有反应都是在叶绿体中完成的，但是在其基质（而不是膜）中进行的。

植物的光合碳同化途径分为 3 类：C_3途径、C_4途径和 CAM 途径。在 C_3途径中，CO_2被固定后形成的最初产物为 3 碳化合物（催化羧化反应的酶为 Rubisco）；而在 C_4途径中，CO_2被固定后形成的最初产物为苹果酸或天冬氨酸等 4 碳二羧酸（催化羧化反应的酶为 PEPC），而 CAM 途径有 PEPC 和 Rubisco 两种酶，在暗中进行 PEP 的羧化反应，在光下完成 CO_2再固定。不同的碳同化途径反映了植物不同的生理生态对策：C_3途径见于典型的温带植物，C_4途径见于典型的热带与亚热带植物，而 CAM 途径见于典型的旱地植物。

2. 卡尔文循环——碳同化的核心过程

卡尔文循环（图 9-27）分为 3 个阶段：核酮糖-1，5-二磷酸（RuBP）的羧化、C_3产物的还原和 RuBP 的再生，共有 10 多步反应，每一步都由特定的酶所催化。每同化 3 分子 CO_2，需消耗 9 分子 ATP 与 6 分子 NADPH，可产生 6 分子磷酸丙糖（甘油醛-3-磷酸，G3P），但只有 1 分子磷酸丙糖能离开循环。可是，从碳的角度上来看是平衡的，即将 3 分子的 CO_2固定，生产了 1 分子的三碳糖。以下 3 点需要特别注意。

① 一切生物的卡尔文循环都需要高能化合物 ATP 和强还原性的 NADPH，而对光合生物来说，它们是通过光化学反应而获得的。

② 对卡尔文循环来说，始于 5 碳糖可能十分重要，因为加一个 CO_2分子，其正好可以裂解为 2 个 3 碳糖，这种 3 碳糖一方面通过多次转换又可使起始的 5 碳糖再生，另一方面通过 3 次循环使得 1 个 3 碳糖可以脱离循环，这又成为了一切其他生物合成的起点。在从 3 碳糖到 5 碳糖再生的过程中，出现了 7 碳、6 碳和 4 碳糖类，这表明糖类重组起来十分灵活。

③ 这个似乎是卡尔文循环副产品的磷酸丙糖的脱循环具有极为重要的意义，它是光反应将太阳能首先转化成化学能并储存在 ATP 和 NADPH 之后，再进一步转移到简单糖类的重要一步。因为磷酸丙糖是整个新陈代谢的启动物质，可以用来合成其他更为复杂的有机化合物。例如，在叶绿体基质中形成的磷酸丙糖通过叶绿体被膜上的磷酸转运器与无机磷交换进入细胞质合成蔗糖。

从图 9-27 不难看出，卡尔文循环中的所有有机组分都至少带有一个磷酸基团，当 ATP 再加上一个磷酸基团时就使之活化，从而得以将 CO_2 固定，ATP 的活化再加上 NADPH 提供的 H，就进一步将羧酸（甘油酸-3-磷酸）还原成醛（甘油醛-3-磷酸）。似乎一切都与这个神奇的磷酸基团息息相关，即它的黏接使一些化合物进入激发状态从而推动吸能的反应，但磷酸基团的加载则需通过 ATP，而

NADPH 则有助于脱掉有机物的氧化性。

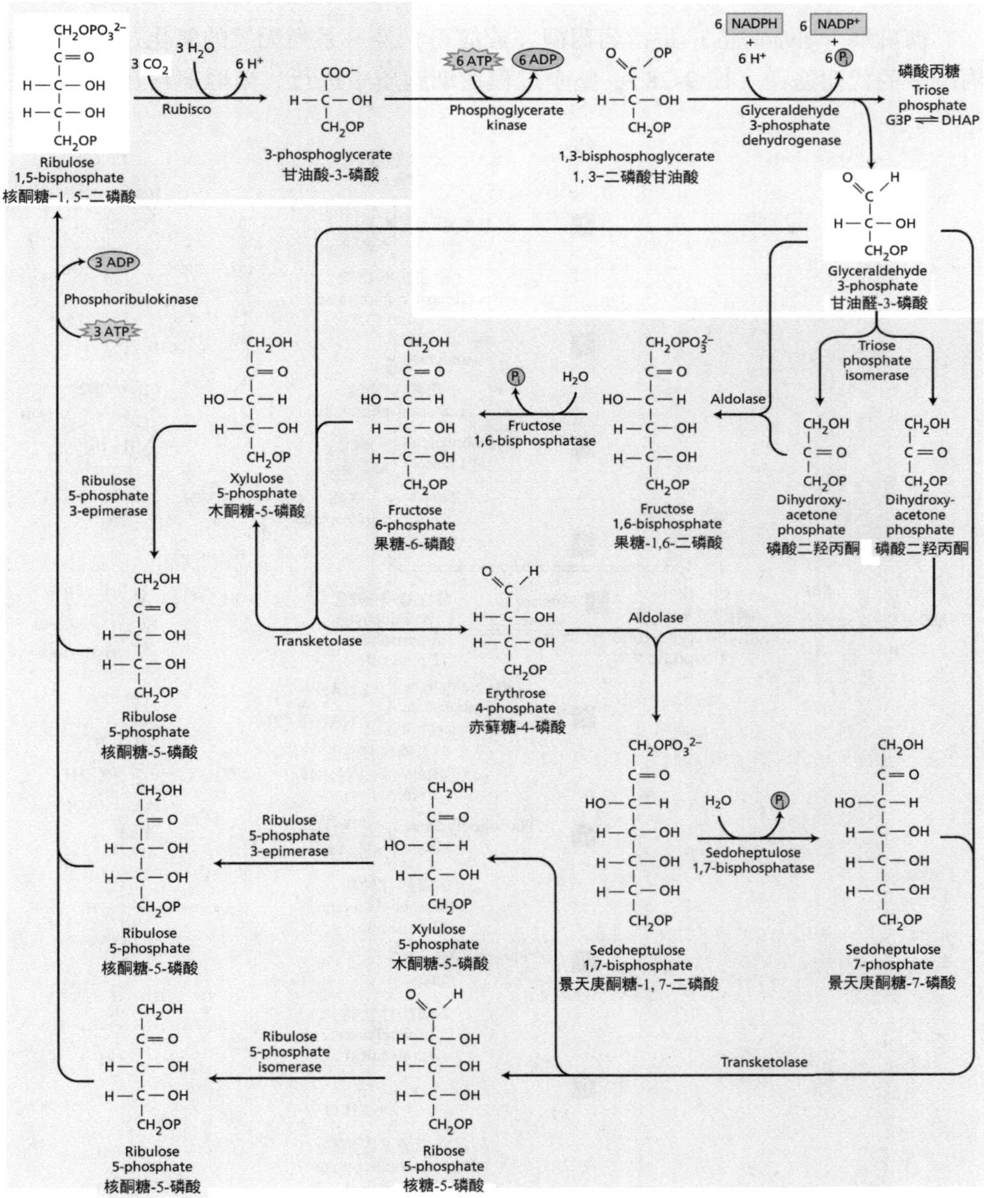

图 9-27　卡尔文循环。3 分子的核酮糖-1，5-二磷酸的羧化产生 1 分子的 3-磷酸甘油醛以及再生 3 分子的初始物质，该过程起始和终结都是 3 分子的核酮糖-1，5-二磷酸，反映了该路径的循环性质（引自 Taiz and Zeiger，2010）

3. 糖酵解——最古老的呼吸产能方式

糖酵解（glycolysis）是指葡萄糖（或淀粉）经一系列无氧的氧化过程分解为丙酮酸的代谢途径（图 9-28），整个过程在细胞质中进行。糖酵解存在于所有生

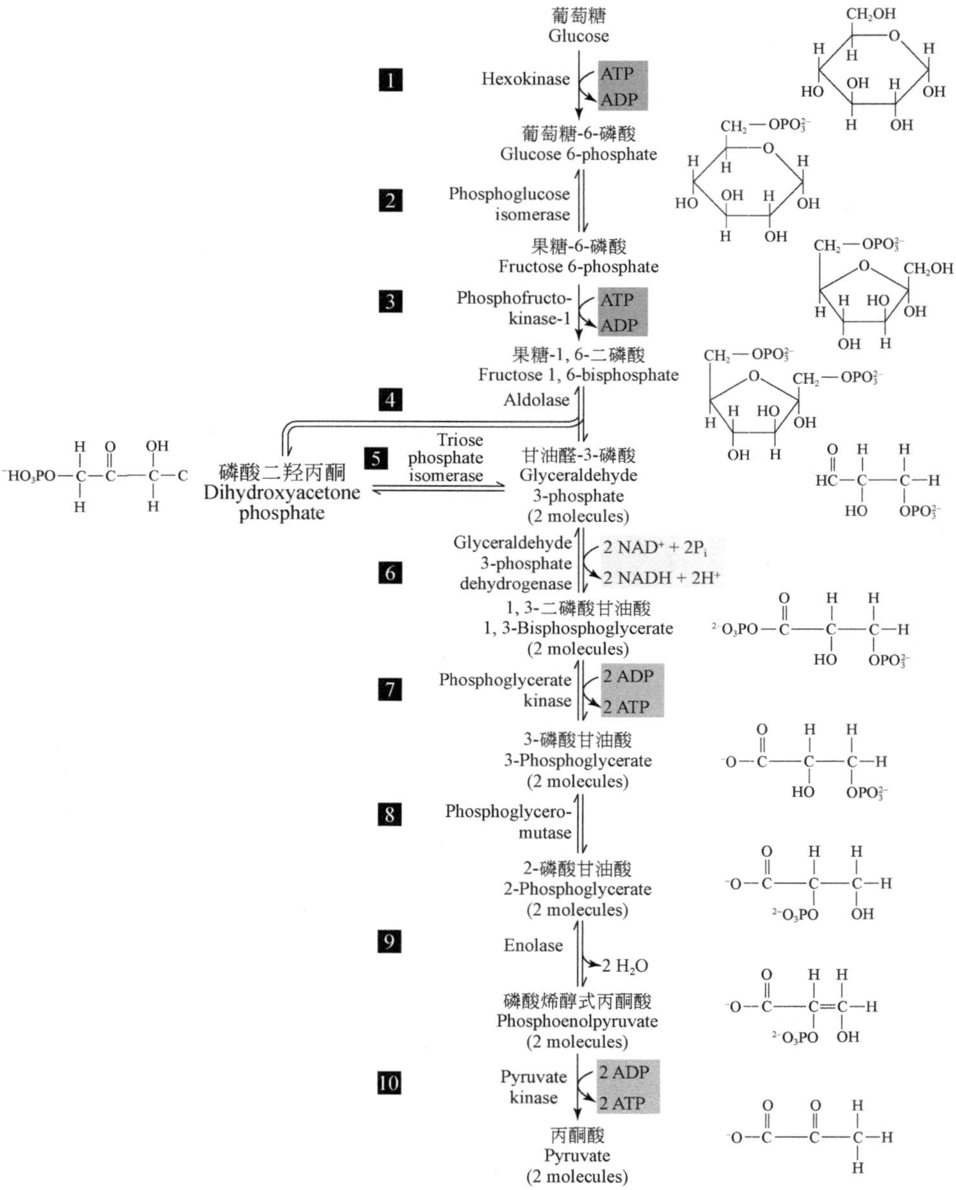

图 9-28　糖酵解途径（引自 Lodish et al.，2008）

物体内，被认为是光合产氧出现之前生物呼吸产能的主要方式，是一种最古老的呼吸途径。糖酵解也以其最初的3位发现者（Embden、Meyerhof和Parnas）的首个字母合并起来命名为EMP途径。糖酵解过程的总反应式如下：

$$葡萄糖+2NAD^{+}+2ADP^{2-}+2H_2PO_4^{-}\longrightarrow 2\ 丙酮酸+2NADH+2H^{+}+2ATP^{3-}+2H_2O$$

这一过程将6碳的葡萄糖氧化为2分子3碳的丙酮酸，还产生了2分子的NADH，NADH既可以进入线粒体被O_2所氧化产生2分子的ATP，也可以参与细胞质中合成的还原反应。比较图9-26与图9-27不难看出，糖酵解几乎就是卡尔文循环前两个阶段反应的逆反应。糖酵解的终产物又回到了3碳化合物，只不过是丙酮酸，在卡尔文循环起始阶段的三碳化合物是甘油酸-3-磷酸。

在缺氧的条件下，糖酵解产生的丙酮酸和NADH会在植物体内积累，可以进行发酵（无氧呼吸），其终产物为乙醇或乳酸。发酵是一种没有外源电子受体参与、在有机化合物之间的氧化还原反应，但只有少量的自由能被释放出来，因为：①起始有机物的碳原子只是部分氧化；②起始电子供体和终端电子受体之间的还原电势差较小（与O_2作为电子受体相比）。

4. 三羧酸循环——有氧呼吸的核心过程

在有氧条件下，丙酮酸（通过丙酮酸转运器）进行有氧降解（在真核生物中是在一种特殊的专门用于呼吸的细胞器——线粒体中进行的），最终生成CO_2和H_2O，因为在这个循环中几个主要的中间代谢物是含有3个羧基的柠檬酸，这一过程也称为三羧酸循环（tricarboxylic acid cycle，TCA循环，图9-29）或柠檬酸循环（citric acid cycle），这一循环也以其最初的发现者而命名为Krebs循环。三羧酸循环是需氧生物体内普遍存在的代谢途径，全部反应的总和可表示为

$$\text{Acetyl-CoA}+3NAD^{+}+FAD+GDP+P_i+2H_2O\rightarrow$$
$$\text{CoA-SH}+3NADH+3H^{+}+FADH_2+GTP+2CO_2$$

从乙酰辅酶A进入循环的2个碳原子，以CO_2的形式离开循环，得到1分子GTP（它可以和ATP相互转换：ADP + GTP ↔ ATP + GDP），生成的3分子NADH和1分子$FADH_2$将会在细胞呼吸链里释放更多的能量。三羧酸循环的4次脱氢，其中3对氢原子以NAD^{+}为受氢体，1对以FAD为受氢体，分别还原生成$NADH+H^{+}$和$FADH_2$。一个乙酰辅酶A分子经三羧酸循环一周可生成12分子ATP，当然，还原性当量NADH和$FADH_2$还需被转移到线粒体内膜的呼吸链中，在那里通过氧化磷酸化（oxidative phosphorylation），1个NADH生成3个高能磷酸键，1个$FADH_2$生成2个高能磷酸键。氧化磷酸化发生在原核生物的细胞膜或真核生物的线粒体内膜上。

5. 代谢的特点——氧化的高效性与循环的交织性

与无氧呼吸相比，有氧呼吸的能量效率要高得多：1个分子葡萄糖经无氧酵

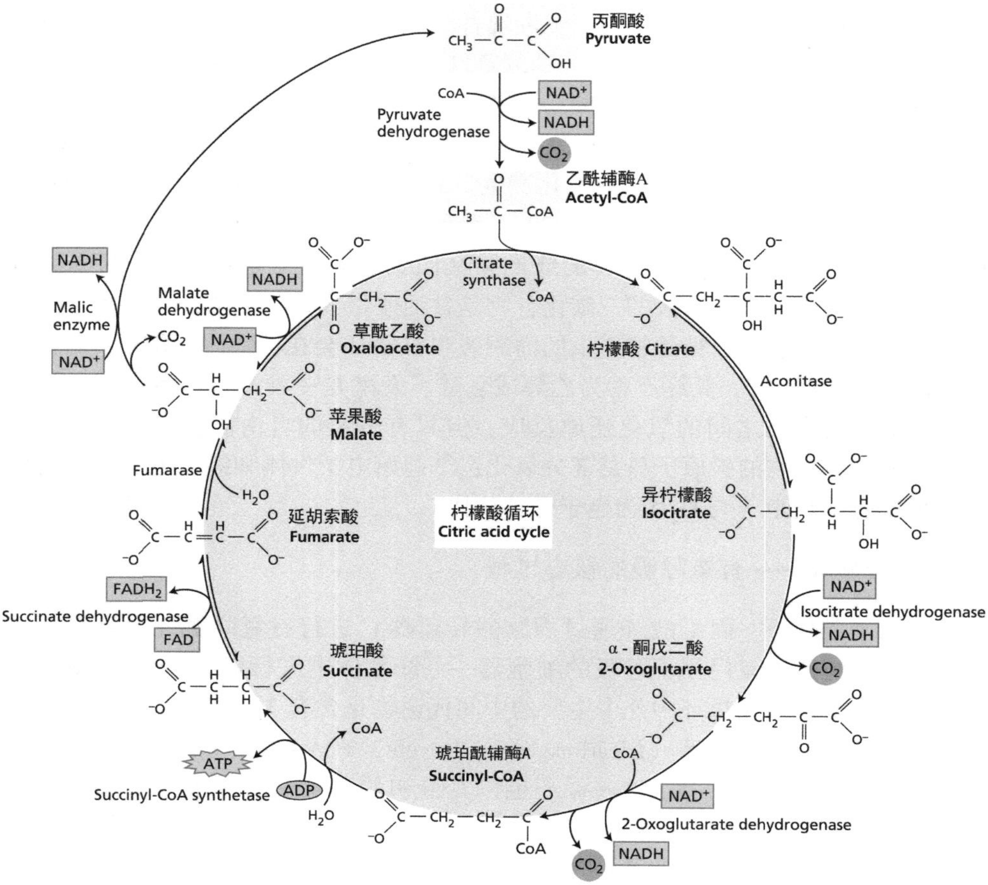

图 9-29　三羧酸循环（引自 Taiz and Zeiger，2010）

解净生成2个分子ATP，而经过有氧呼吸可净生成38个ATP（糖酵解2个、TCA循环2个、电子传递系统约34个），即使考虑质子损失等因素，1分子葡萄糖也可以生成29～30个ATP分子。因此，从能量代谢的角度来看，有氧呼吸与无氧呼吸存在天囊之别。

三大物质在分解代谢过程都先生成乙酰辅酶A，再与草酰乙酸结合进入三羧酸循环而被彻底氧化，而草酰乙酸、α-酮戊二酸、丙酮酸、乙酰辅酶A等三羧酸循环的中间产物又是合成糖、氨基酸、脂肪等的原料。因此，三羧酸循环既是糖、脂和蛋白质等的能量代谢的核心过程，也是这些生物大分子之间相互转化（或者说一系列反应循环）的枢纽。正是这种复杂交织的节点才催生了生物化学反应复杂的调控机制，从而也奠定了生命适应性的生物化学基础。

生命的代谢模式有时令人费解。首先通过光合作用产生ATP和NADPH利用

CO_2合成（还原）有机化合物，接着通过呼吸（氧化）作用（糖酵解和三羧酸循环）释放出能量并生成 ATP 和另外两种强还原型物质——NADH 和 $FADH_2$，再进一步推动生物体内的糖、脂和蛋白质等的合成。这两类强还原型物质（NADPH 和 NADH、$FADH_2$）似乎并无太大的本质差异，因此，为何不直接用光合作用产生的 ATP 和 NADPH 来推动生物大分子的代谢呢？生命的代谢为何要如此兜圈呢？

结　语

从化学性来看，光合作用是一种太阳光能激发的电子和质子传递游戏，成功的玩法就是能获得两个产品：ATP 和 NAD(P)H（也成功地将光能转化成化学能），接着利用它们固定（还原）空气中的 CO_2，并进一步导演各式各样的生命构建（通过各式各样的基于简单有机化合物的代谢循环）。在温和条件下将水裂解，源源不断地获取电子和质子，并释放出“废物”——O_2，这是生物界最重大的事件。原始生命擅长在光能的驱动下用简单制造复杂。一切生命的冲动（或活力）都根植于这种最原初的化学性——川流不息的电子传递链、各式各样的氧化还原反应以及神奇无比的能量载体 ATP。因此，光通过这种神奇的电子流动驱动着生命的辚辚车轮，催生出繁花似锦的绿野，酝酿出醉人的芳泽。

在光合作用这一研究领域，人们对这一系统的运作方式已有了惊人的理解，但对其起源问题的探求却并没有太大的起色。笔者很欣赏贝希（1998）的说法，“理解某种物体的工作方式与理解某种物体的起源并非一回事”。他还说，“光合作用的中心是怎样发展的？这些问题连提都没有提到过更不用说解决了，这一事实足以说明达尔文的进化论对于理解复杂生物化学系统的起源是远远不够的”。这句话的前半截说得有理，而后半截则很牵强，因为达尔文从未说过他的理论可以适用于生命的起源，他已明确声明过对这一问题的回避。其实，如果解决了光合中心的起源问题，或许能意味着生命起源的黑匣子就被打开了。

第十章　蛋白质、RNA 与 DNA

它（密码本）是法律条文与执行权力的统一，或者用另一个比喻来说，是建筑师的设计与建筑工人的技艺的统一

——薛定谔（Erwin Schrödinger，1887～1961 年）

蛋白质、RNA 和 DNA 是构成生命的三类主要生物大分子，是一切生命存在的基石。蛋白质是一种高效的生物催化剂（称为“酶”），以能够催化生物体内几乎一切生化反应而闻名。DNA 则储存物种的所有遗传信息（镌刻着生命构建的蓝图）并能在细胞分裂过程中相当精确地传递给子代，而 RNA 则是遗传信息的传递者（从 DNA→蛋白质），完成蛋白质合成的主要任务（密码的转录、氨基酸的搬运及肽链的合成）。

这三类生物大分子之所以功能差异如此之大，是由它们不同的结构特点及相应的物理化学特性所决定的。核酸在结构上的一致性或单纯性，适合于作为精确的信息遗传的载体，而蛋白质在结构上的多样性和化学活跃性，是其能催化各种复杂的生化反应高效进行的基础。

本章的目的就是简要介绍三大类生物大分子——蛋白质、RNA 与 DNA 的基本结构、功能与合成途径等，为探讨生命起源中生物大分子的协同演化机制提供铺垫。

一、蛋白质——多样的氨基酸、侧链与结合力是结构多样性的基础

1. 肽键——氨基酸通过缩合形成多肽链

两个氨基酸通过缩合反应形成肽键而共价结合（图 10-1），如果不断地重复这一反应就可以形成一条长的多肽链。在现代生物体中这一反应是在一个专门的机构——核糖体中完成的，但实际上蛋白质的生物合成远非图 11-1 所示的如此简单，它包含了一系列非常复杂的过程。肽键虽然是单键，但具有一定的双键性质，因为 C ═O 双键中的 π 电子云与 N 原子上的未共用电子能够发生共振，这有利于加强肽键的稳定性。

此外，并不是所有的天然氨基酸都能用于蛋白质的生物合成，或者说生命在合成蛋白质时对氨基酸具有高度的选择性，因为，生物体内的蛋白质只使用了不

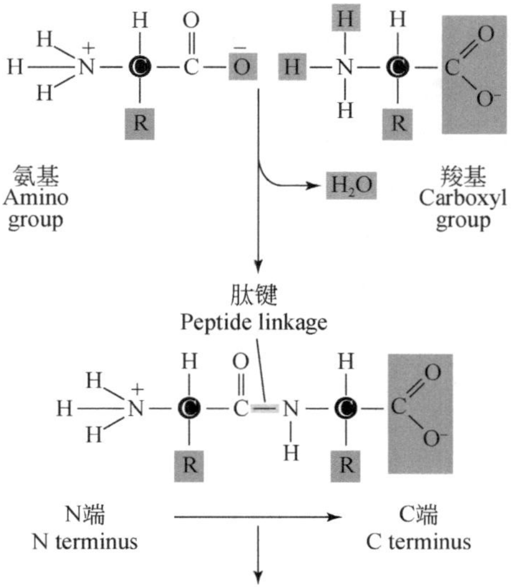

图 10-1　肽键的形成（来源：www. blc. arizona. edu）

到 1/10 的天然氨基酸。即便如此，与核酸只使用 4 种碱基（RNA 和 DNA 有一种不同）和一种核糖（DNA 为脱氧核糖）相比，蛋白质氨基酸的种类还是要丰富得多（达到 20 种）。与核苷酸相比，氨基酸在结构上要多样得多，这是蛋白质具有几乎无限催化可能性的重要基础。

凯恩斯·史密斯（1995）用形象的语言描述了 DNA 和蛋白质的这种巨大差异："首先，蛋白质信息语言所用的字母不是 4 个，而是 20 个。其次，蛋白质信息语言所用的字母不像脱氧核糖核酸信息语言中那 4 个字母一样彼此看起来都差不多，而是差别很大。这 20 个字母中，有的大，有的小；有的长，有的粗；有的松软，有的坚硬；有的具有黏性，有的却非常光滑；有的带负电，有的则带正电；等等。"

与核苷酸相比，氨基酸要小巧得多，最小的只有 10 个原子，最大的也只含 27 个原子。一个蛋白质一般由 100～1000 个氨基酸组成，而 DNA 通常由上百万个核苷酸组成！

2. 键能——共价键远高于非共价键

原子与原子之间共价结合的牢靠程度也存在很大的差异，这可用离解能进行表征（是指将两个用共价键连接起来的原子拆开成原子状态时所需要吸收的能量）。此外，在多原子分子中，相同键的离解能也可能不同。例如，从甲烷中依次断裂 C—H 键的离解能分别为 435kJ/mol、443kJ/mol、443kJ/mol 和 340kJ/mol，这 4 个共价键离解能的平均值为 415kJ/mol，被称为 C—H 键的键能（荣国斌和苏克曼，2000）。

原子之间除了共价结合外，还存在一些非共价的结合形式，如氢键、疏水相互作用和范德华力等，但键能比共价键要小1~2个数量级（表10-1）。这些非共价键既可存在于生物分子之内（如蛋白质的二级结构、RNA分子内的双链），也可存在于生物大分子之间（如两条DNA链之间）。显然，肽键由于具有一定的双键性质而更为稳定。共价键是生物大分子一级结构的基础，而非共价键则在维系生物大分子的立体结构中发挥作用。

表10-1　一些共价键和非共价键相互作用的能量

共价键	键能/(kJ/mol)
单键	
H—H	436
C—H	411
C—O	369
C—N	294
C—S	260
双键	
C ═C	616
S ═O	704
O ═O	402
三键	
C≡C	805
N≡N	955
非共价键	能量
氢键	4.2 ~8.4
疏水相互作用	4.2 ~8.4
范德华力	4.2 ~8.4

资料来源：引自马迪根等（2001）

3. 蛋白质结构的多样性——形成复杂的三级、四级结构

由于氨基酸在结构上的多样性以及含有丰富的侧链基团，使蛋白质能够折叠成十分复杂多样的结构类型（从而行使各式各样的催化或结构功能）。为了描述方便，一般将蛋白质的结构类型分为4类。将组成蛋白质多肽链的线性氨基酸序列称为一级结构。通过不同氨基酸之间的C ═O和N—H基团之间的氢键形成所谓的α螺旋和β折叠，称为二级结构。二级结构元素通常被折叠为一个紧密形态，元素之间以各种类型的loop和转角相连，称为三级结构。由两个或多个多肽

链通过相互作用形成所谓的四级结构，其中，单独的一条链称为亚基，所形成的复合物称为多聚体（multimer）（图 10-2）。并不是所有的蛋白质都形成四级结构，许多蛋白质也可以以单体形式来发挥功能。

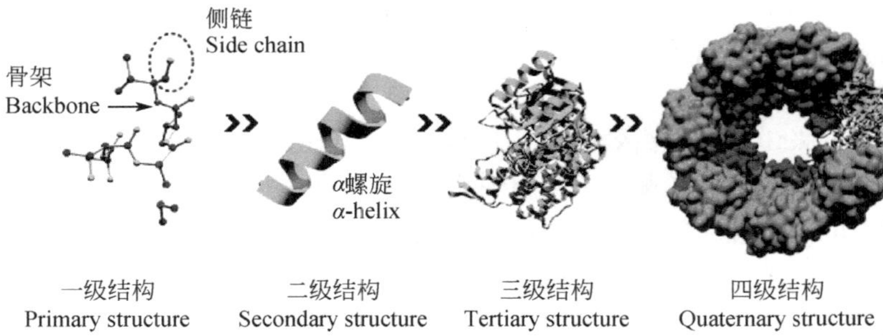

图 10-2　蛋白质的结构（引自 Heim et al.，2010）

蛋白质的各级结构是通过多样的化学键或力来维持的，包括共价键和非共价的作用力，一级结构和二级结构的作用力分别由肽键和氢键所决定，而三级和四级结构包括多种作用力（表 10-2）。氨基酸种类和结构的多样性决定了蛋白质侧链及其相互作用的多样性，因此也决定了蛋白质的三级、四级结构的多样性——这使得蛋白质在生物体内的一个重要的功能——无数特异性酶才有存在和演化的物质基础。例如，凯恩斯·史密斯（1995）是这样来说明蛋白质为何折叠的："组成蛋白质链的氨基酸单位有各种不同形态，有亲水的也有恐水的。根据它们的排列顺序，蛋白质链以一种特定的方式折叠起来。这种折叠方式是将亲水的氨基酸单位尽可能放在外层而将那些恐水的放在里层，从而使各个链接之间的凝聚力发挥最大的效应。这样，一根散乱的蛋白质链就变成一台结构紧凑的工作机器，如酶"。

表 10-2　维持各种蛋白质结构的化学键或力

结构类型	化学键
一级结构	肽键（共价键）
二级结构	氢键
三级结构	疏水作用、氢键、离子键、二硫键等
四级结构	疏水作用、氢键、离子键、二硫键等

生物细胞中的绝大多数反应都需要催化剂，这些催化剂几乎都是一些蛋白质（虽然核酸偶尔也能起到一定的催化作用），称为酶或蛋白酶。酶具有高度的专一性，一般来说，一种生物化学反应就需要一种特定的酶。生命需要高效的反应速率，而适应与分化又催生生命的个性化特征，因此，酶促反应似乎趋于舍弃广谱性的催化过程，不断地向专一而高效的催化反应方向演进。

酶的高效性依赖于结构上的专一性（这取决于酶的立体结构），这也是细胞对多样的环境变化快速适应的生理学基础。但是，酶的专一性发展的一个必然的后果就是导致细胞内调控机制的极端复杂化——在一个肉眼都难以看清的细胞内居然会拥有数以千计的蛋白酶！简而言之，酶的高效性促进专一性，专一性又促进复杂性，而复杂性由于使生命系统代谢的能量成本增加最终又会对系统整体的高效性产生负反馈抑制。

从理论上来说，这种高效的专一化与调控复杂化导致的低效化之间终将会趋于某种平衡，否则这样的复杂系统最终将会走向崩溃。或者说，在生物细胞中，为了获得酶的高效性，就得发展专一性，而这就无疑会增加复杂性，而复杂性又会由于协调与调控的增加不仅会降低酶促反应的总体效能，还会削弱机体对环境大幅度波动的可塑性。因此，酶的专一化与生化系统的复杂化通过这样的负反馈机制得以调控与平衡。

二、核苷酸——信息单元与能量“货币”

1. 作为核酸基本单元的核苷酸——遗传信息的载体

不论是DNA还是RNA，基本组分都是碱基、核糖和磷酸（图10-3）。碱基包括2种嘌呤（带4个N的芳杂环，双环）和3种嘧啶（带2个N的芳杂环，单环）。核糖（或脱氧核糖）是一种5碳醛糖，在核酸中它以环状结构存在，其3′和5′两个位置上的羟基与磷酸成酯，1′上的羟基与嘧啶（或嘌呤）碱缩合，这样的碱基-核糖-磷酸单位就是核苷酸（图10-4），而众多核苷酸就聚合成核酸，无论是DNA还是RNA，其基本结构都是如此。核糖和磷酸都只有一种，只因为它们使命单一：前者构建统一的骨架，后者充当一致的黏合剂。而碱基之所以有4类，是因为通过它们的排列组合正好满足了通过一个3联体编码20种氨基酸的最低需要。另外，从核苷酸的结构不难看出，核酸链的合成（延伸）方向只能是5′→3′。

2. 作为辅酶的核苷酸——合成与分解代谢的参与者

一些酶的催化作用还需要一些小的非蛋白质有机分子的帮助，这些有机分子称为辅酶。辅酶本身并无催化作用，一般在酶促反应中有传递电子、原子或某些功能基团的作用。辅酶与酶的结合较为松散，但对特定酶的活性发挥是必要的。不同的辅酶能够携带不同的化学基团——NAD或$NADP^+$携带氢离子，辅酶A携带乙酰基，叶酸携带甲酰基，*S*-腺苷基甲硫氨酸也可携带甲酰基，等等。

在叶绿素合成的演化中，在光的驱动下，辅酶NADPH在使原卟啉的丙酸的一条侧链环化形成叶绿素分子的第5个环中发挥了重要作用。NADPH（图10-5）

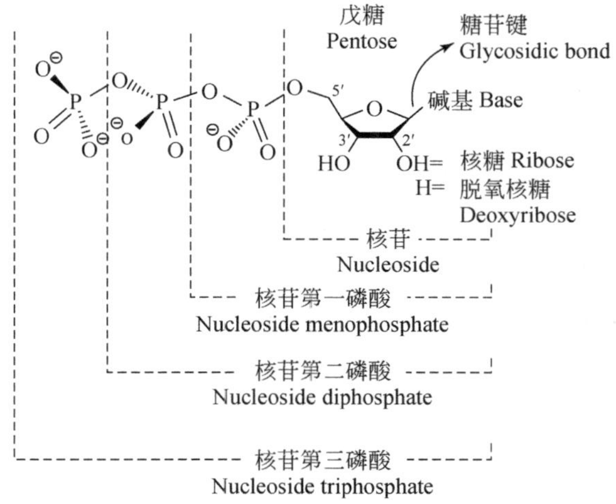

图 10-3　核苷酸的结构（引自维基百科）

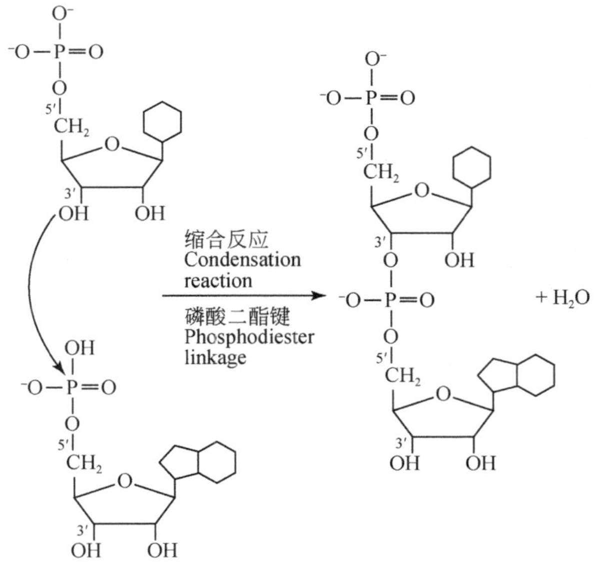

图 10-4　相邻两个核苷酸之间通过 3′，5′-磷酸二酯键进行缩合反应而形成核酸（引自 TutorVista. com™）

称为烟酰胺腺嘌呤二核苷酸磷酸（简称为辅酶 II），在许多生物化学反应中起递氢体的作用，参与脂类、脂肪酸和核苷酸等多种合成代谢反应。在这些反应中，需要 NADPH 作为还原剂、氢负离子的供体，NADPH 是 $NADP^+$的还原形式。在植物的叶绿体中，光合作用光反应电子链的最后一步以 $NADP^+$为原料，经铁氧还蛋白-$NADP^+$还原酶的催化而产生 NADPH。产生的 NADPH 接下来在碳反应（暗反应）中被用于二氧化碳的同化。

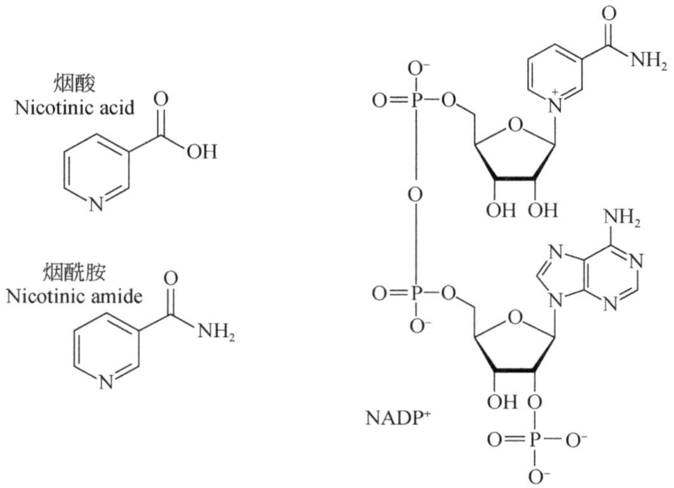

图 10-5　烟酸、烟酰胺和烟酰胺腺嘌呤二核苷酸磷酸（$NADP^+$）的结构（引自维基百科）

烟酸（吡啶-3-甲酸）是一种含有一个杂原子（N）的六元芳杂环化合物，在植物和细菌里通过天冬氨酸与 C_3（甘油代谢物）缩合而生成。烟酰胺是烟酸的酰胺化合物，通过 ATP 作用，形成 NAD^+（辅酶Ⅰ）或 $NADP^+$（辅酶Ⅱ），在许多生物氧化、还原反应中起传递电子和质子的作用。

NAD^+（烟酰胺腺嘌呤二核苷酸，辅酶 I，图 10-6）是脱氢酶的辅酶，如乙醇脱氢酶（ADH），用于氧化乙醇。它在糖酵解、糖异生、三羧酸循环及呼吸链中发挥着不可替代的作用。中间产物会将脱下的氢递给 NAD^+，使之成为 NADH。

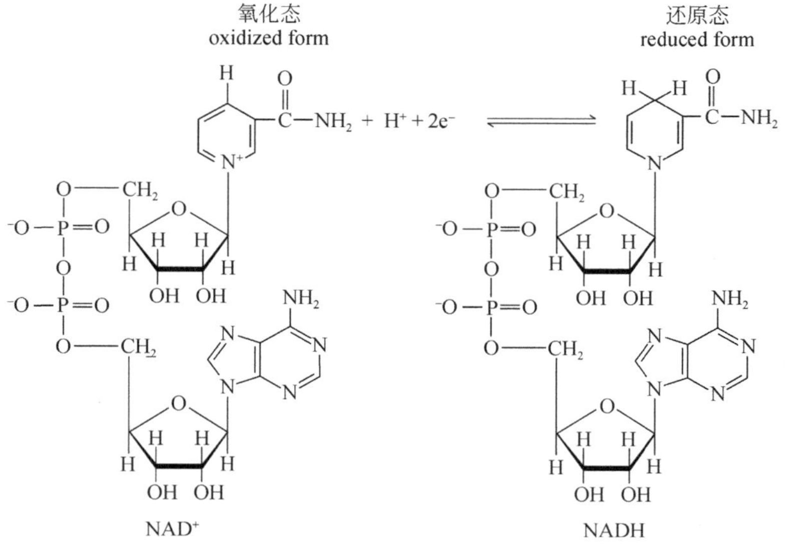

图 10-6　NAD^+和 NADH 之间的相互转化（由 Bruce A. Averill 和 Patricia Eldredge 提供）

$NAD^+/NADH$（或 $NADP^+/NADPH$）电极对的还原电势相同，约为-0.32V，一般位于电子塔上相当高的位置，即 NADH（或 NADPH）是很好的电子供体，但它们在细胞中的功能却很不相同，$NAD^+/NADH$ 直接参与产能（分解反应），而 $NADP^+/NADPH$ 则主要参与生物化学中的合成反应（马迪根等，2001）。

3. 作为高能化合物的核苷酸——生物体内的能量货币

三磷酸腺苷（ATP，图 10-7）是一种核苷酸，作为细胞内能量传递的“分子通货”，储存和传递化学能。ATP 在核酸和蛋白质合成中也具有重要作用。ATP 可通过多种细胞途径产生。例如，在植物的叶绿体中通过光合作用合成，在线粒体中通过氧化磷酸化由三磷酸腺苷合酶合成。其他一些核苷酸也可作为能量载体，如鸟苷酸（GTP，图 10-8）不仅是 mRNA 生物合成（即转录）时鸟嘌呤核苷酸的提供者（图 10-10），也是三羧酸循环中琥珀酸辅酶 A 转变为琥珀酸过程中的能量载体，还可以和 ATP 相互转换。

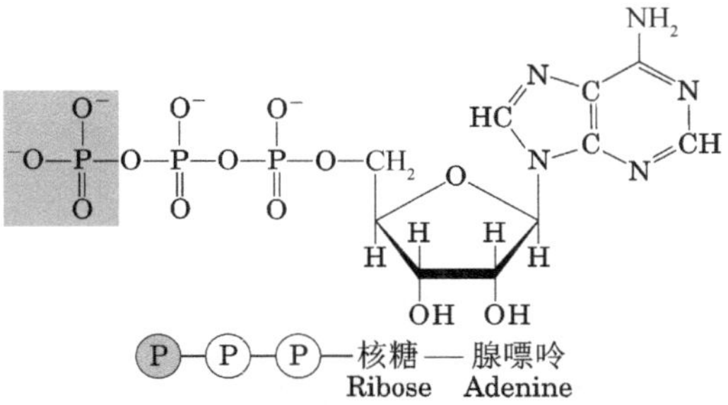

图 10-7　三磷酸腺苷（ATP）的结构，通过磷酸苷键的断裂移去 ATP 末端的磷酸基团将释放高的能量，这在细胞中与许多吸能反应相耦联（如灰色区域所示）（引自 Nelson and Cox，2004）

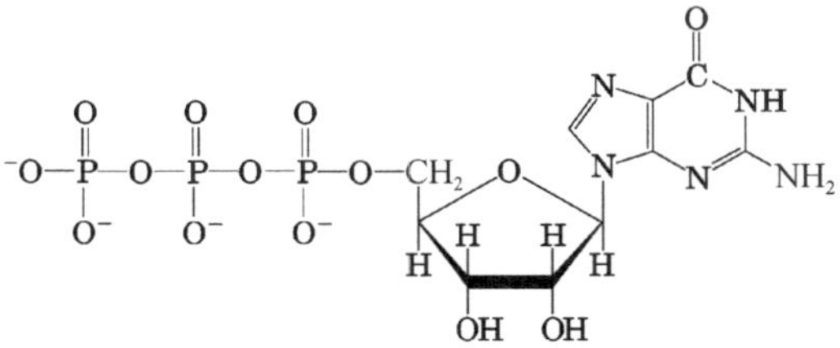

图 10-8　三磷酸鸟苷（GTP）的结构（引自 Nelson and Cox，2004）

像 ATP 这样的高能核苷酸是光合作用的产物，由于它们也是合成核酸的原材料，因此，在将光合作用相关的多肽结构信息化的过程中可能扮演了重要角色，此外，由于它们是最重要的“能量货币”，在其他生物化学通路构建与信息整合中可能也具有天然的优势。当然，在前生命时期，像 ATP 这样的核苷酸是可能自然形成的，在现在的生物体内，核苷酸可由氨基酸等合成。

4. 生物体内的高能化合物

一些磷酸化合物在水解时释放大量能量（图 10-9、表 10-3），称为含有高能磷酸键（>30kJ/mol），主要是磷酸苷键（一些多磷酸核苷类化合物，如 ATP、ADP）、混合苷键（由磷酸与羧酸脱水后形成的苷键，如 1，3-二磷酸甘油酸）、烯醇磷酸键（如磷酸烯醇式丙酮酸）和磷酸胍键（如磷酸肌酸）等。

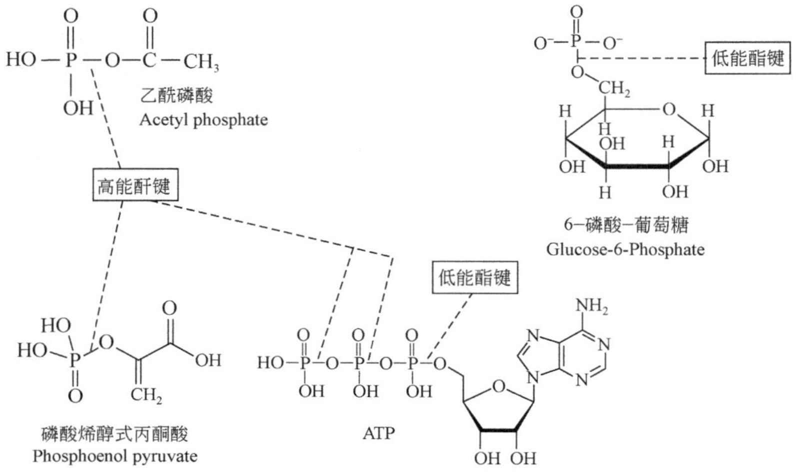

图 10-9　一些化合物的高能磷酸键

表 10-3　一些主要磷酸酯和磷酸酐水解所释放的自由能

化合物	释放的自由能（$\Delta G^{0'}$）/（kJ/mol）
高能	
磷酸烯醇式丙酮酸	−51.6
1，3-二磷酸甘油酸	−52.0
乙酰磷酸	−44.8
ATP	−31.8
ADP	−31.8
低能	
AMP	−14.2
6-磷酸-葡萄糖	−13.8

资料来源：引自马迪根等（2001）

磷酸化合物中的磷酸基团一般由氧原子以苷键或酯键形式相连接，只有形成共轭的酐键才是高能磷酸键，而酯键则不是高能磷酸键，如水解磷酸烯醇式丙酮酸中的磷酸键释放的能量是水解 6-磷酸-葡萄糖中磷酸键释放能量的 4 倍！ATP 的磷酸苷键虽不是最高效，但它却是生物体内最通常的能量流通货币，其重要性无与伦比。

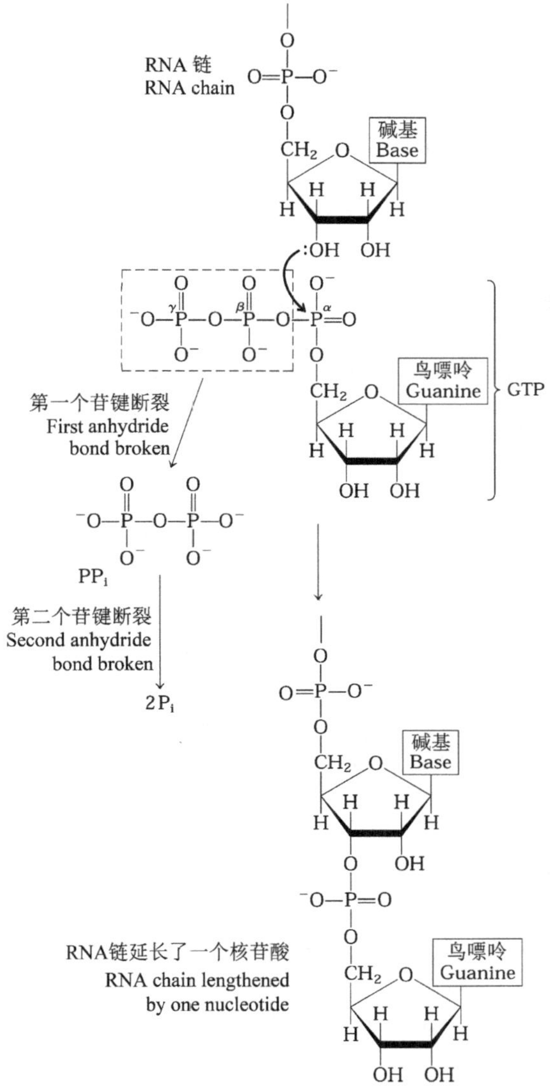

图 10-10 在 RNA 合成中的三磷酸鸟苷（引自 Nelson and Cox，2004）

用于 DNA 或 RNA 合成的所有核苷酸（脱氧核苷酸）——ATP（dATP）、GTP（dGTP）、CTP（dCTP）和 UPT（dTTP）都是通过高能磷酸键的断裂释放出能量以推动核酸的合成，图 10-10 显示了一个鸟苷酸被加到 RNA 链上去的情形，当一个鸟苷酸被添加到正在延长的 RNA 链上时，它的两个磷酸基团将脱落，释放的能量将会生成一个磷酸二酯键把剩下的磷酸基团和 RNA 链连接起来。DNA 的情况也是如此，只不过是脱氧核苷酸，此外，DNA 的新生链只能从 5′→3′端进行延长，也就是说，能量是由自由的核苷酸提供的。

总之，核苷酸既是遗传信息的载体，又是能量的载体，还是 H 的载体（它是有机物还原的黏合剂），而最重要的核苷酸—ATP 则是光合作用的产物，它与其他几种重要核苷酸之间还可以相互转化，或许它就是信息与代谢得以偶联之关键，因为它既是核酸又是蛋白质合成之必需！

三、脱氧核糖核酸——遗传信息的载体

1. 脱氧核糖核酸的结构——一种通过氢键维系的双螺旋

当脱氧核糖核苷酸聚合在一起时，就形成脱氧核苷酸重复排列的长链聚合物，即脱氧核糖核酸（deoxyribonucleic acid，DNA），通常是两条 DNA 单链通过碱基之间的氢键连接而形成相互缠绕的双螺旋结构（图 10-11）。两条 DNA 链的

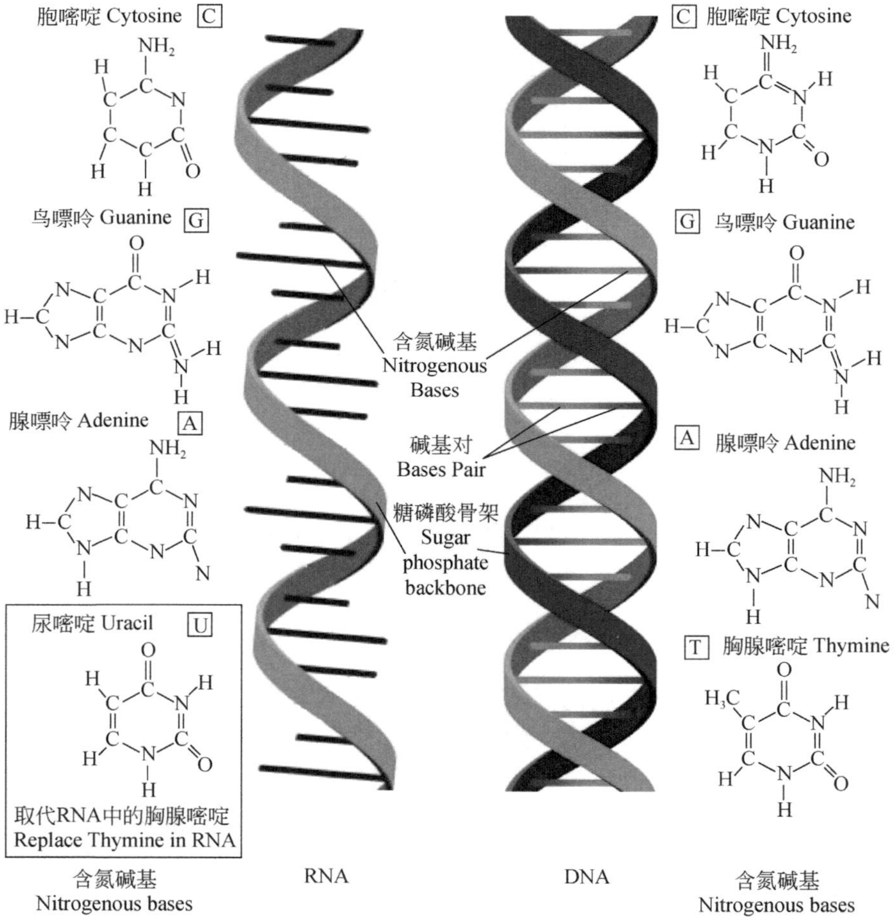

图 10-11　脱氧核糖核酸（DNA）和核糖核酸（RNA）基本结构的比较（引自 TutorVista. com™）

配对原则是腺嘌呤（A）与胸腺嘧啶（T）配对、鸟嘌呤（G）与胞嘧啶（C）配对（图 10-12），并且绝不会有例外。一个 DNA 链可能包含数百万个相连的核苷酸，但碱基却只有 A、T、G、C 四种。遗传密码使用的是一种 4 进制代码，就是由 DNA 链上这 4 个碱基的排列顺序所决定。

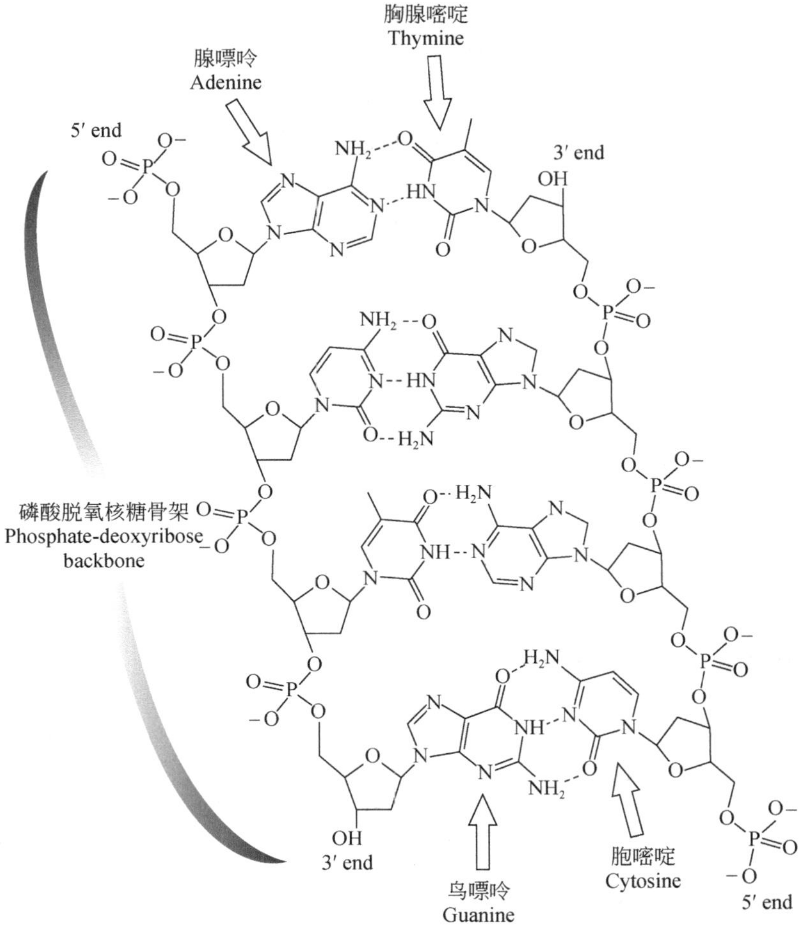

图 10-12　DNA 的化学结构，连接在两条磷酸脱氧核糖骨架上的碱基通过氢键彼此联系在一起，配对原则是 A—T、G—C（引自维基百科）

在 DNA 的 4 种碱基中，2 种为单环，2 种为双环，只有 2 种配对方式：A 与 T、G 与 C，前者通过 2 对氢键，而后者通过 3 对氢键。这样的设计，既能维持 DNA 的双螺旋结构，又方便复制，也方便转录为 RNA（但在 RNA 中用 U 取代了 DNA 中的 T）。

道金斯（2008）将形形色色的生命比作运载遗传指令的工具，而制造这些工具的方法就是 DNA 的序列，他感叹道，“工具本身千变万化，但是，相反地，制造这些工具的方法却极其单一，令人难以置信：仅仅是 A、T、C、G 的排列一次又一次地突变”。

一种碱基（在 DNA 中为胸腺嘧啶，在 RNA 中为尿嘧啶）的差异以及在核糖的第二个碳原子处是连接—OH 还是—H 的差异，使 DNA 和 RNA 呈现出巨大的结构和功能上的差异，前者为双链，后者为单链（图 10-11），前者专门用来储存遗传信息，而后者则要担负起将这些遗传信息转录、翻译及合成为蛋白质的功能。它们在细胞中的分子数量也有天壤之别（表 10-4）。

表 10-4　大肠杆菌的大分子组成

成分	细胞干物质/%	分子/细胞	不同型	每份拷贝数
细胞壁	10	1	1	1
细胞膜	10	2	2	1
DNA	1.5	1	1	1
mRNA	1	1 500	600	2～3
tRNA	3	200 000	60	>3 000
rRNA	16	38 000	2	19 000
核糖体蛋白质	9	10^6	52	19 000
可溶性蛋白质	46	2.0×10^6	1 850	>1 000
小分子	3	7.5×10^6	800	

资料来源：引自卢因（2005）

2. DNA 的复制——半保留式

DNA 的复制是一种半保留式的复制（semiconservative replication）方式，细胞分裂时，DNA 双链被解开，以每条链作模板合成新链（图 10-13），并分配到两个子细胞中去，这样，每个子细胞的一条链来自亲细胞，另一条链是按碱基互补配对原则新合成的。

具体地说，脱氧核糖核酸开始复制时，首先由螺旋酶与拓扑异构酶将双螺旋解开，每一条单链都作为下一条新链的模板（遵循碱基互补配对原则），接着由引发酶（又称为引物酶，是一种特殊的 RNA 聚合酶）合成一段 RNA 短链引物作为 DNA 复制的起始点（图 10-14），之后一个 DNA 聚合酶负责合成前导链，另一个则与后随链结合，制造一些不连续的冈崎片段，RNA 水解酶（RNase）会水解那些曾用于使 DNA 聚合酶起始复制的 RNA 片段，另一些 DNA 聚合酶会进到缺口并生成 DNA 填补之。当这一步完成时，前导链的一个缺口和后随链的数个缺口都会被填补上。DNA 连接酶将会填补这些缺口，从而完成新 DNA 分子的合成。试问，既然一些 DNA 聚合酶能生成 DNA 片段将 RNA 引物的缺口填补上，为何不一开始就如此而非要这个生成之后还得被降解的 RNA 引物呢？在聚合酶链反

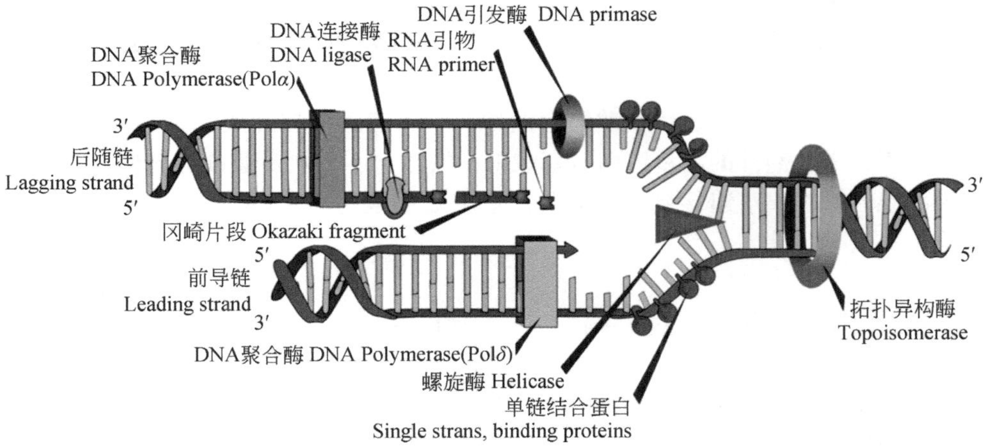

图 10-13 DNA 的复制（引自维基百科）

应（PCR）中人工合成的引物不也可以是 DNA 引物吗？这不能不让人猜测在生命起源中 DNA 和 RNA 之间可能曾经存在过的某种联系。当然，DNA 的复制肯定必须受制于某种信号的控制，它可能关联到引物酶的激活。

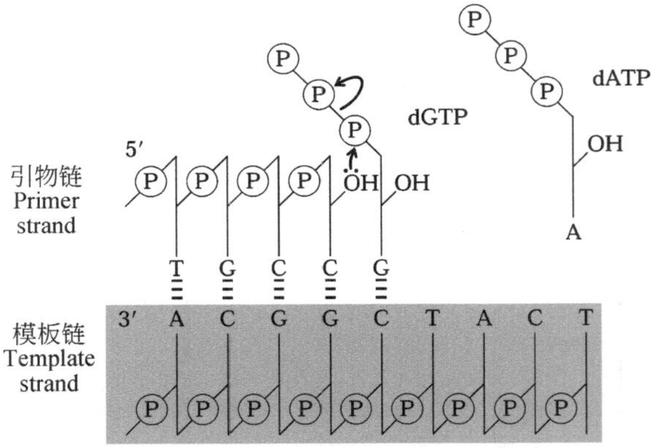

图 10-14 DNA 聚合酶既需要一个引物（一条短的寡核苷酸链，其实是 RNA）使核苷酸添加到上面去，又需要一个模板指导每个新的核苷酸的选择（引自 Nelson and Cox，2004）

对单细胞生物来说，细胞复制的过程就完成了遗传信息从亲代到子代的传递，而对多细胞生物来说，生殖细胞的减数分裂与受精完成遗传信息在个体间的传递。容易理解，DNA 通过微弱的氢键维持的双螺旋结构在复制时使解链相对容易，这使得 DNA 复制不需要太多的能量成本。

与蛋白质的合成相比，DNA 的复制似乎简单得多，并未使用像合成蛋白质专用的核糖体那样的复杂构造，虽然都是缩合反应，即蛋白质在氨基和羧基之间缩合（肽键），核酸在磷酸与羟基之间缩合（磷酸二酯键）。这可从合成机构的质量比较来说明：大肠杆菌 K-12 株的 DNA 聚合酶 I 由 928 个氨基酸组成，分子质量 103.1kDa，每个细胞约有 400 个分子，而核糖体无论在大小还是在数量上都要大或多得多（表 10-4）。

可能最关键之处在于，核酸缩合的原料——三磷酸核苷酸都是高能化合物，因此，不再需要额外的能量，而氨基酸则不然，它还必须要通过高能化合物——三磷酸腺苷（ATP）连接到 tRNA 上，才能被搬运进核糖体中，用于蛋白质的合成。

四、核糖核酸（RNA）——蛋白质与 DNA 之间的桥梁

现代生物中的 RNA 主要有 3 类（图 10-15），信使 RNA（mRNA）、核糖体 RNA（rRNA）和转运 RNA（tRNA）。在大肠杆菌中，rRNA 量占细胞总 RNA 量的 75%～85%，而 tRNA 占 15%，mRNA 仅占 3%～5%。

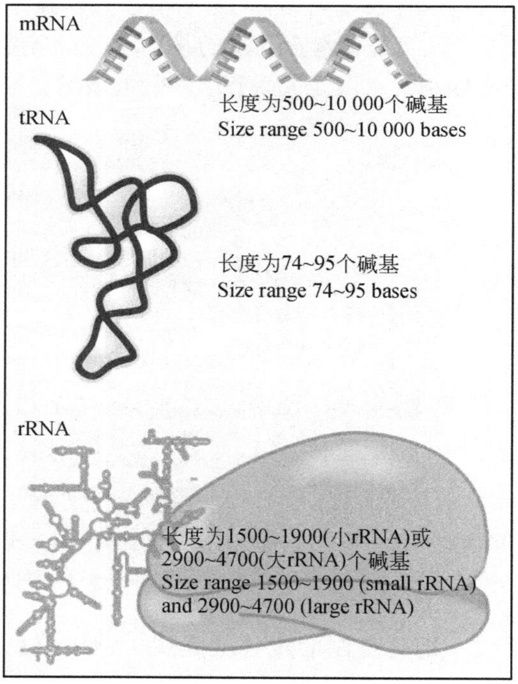

图 10-15　蛋白质合成需要的 3 类 RNA（引自 Lewin，2008）

RNA 并没有像 DNA 双螺旋那样简洁、规则的二级结构，许多 RNA 的三级结构像蛋白质一样复杂而独特。从二级结构来看，mRNA、tRNA 和 rRNA 都是类似的，只不过 rRNA 最为固定，tRNA 次之，mRNA 最为多样。

在绝大在多数的情况下，细胞中的 DNA 分子有 2 份拷贝（有性生殖物种的

生殖细胞——精子和卵子只有 1 份拷贝），这两条链依靠碱基之间的氢键形成规则的双螺旋结构。而 RNA 则以单链形式存在，虽然它的碱基之间也可以发生像 DNA 分子之间那样的相互作用，即一条 RNA 分子回折后也能在一定区域中形成双链结构［称为发卡（hairpin loop）］，不能配对的区域还能形成复杂而多样的结构，如各种各样的泡（bulge）和内环（internal loop）等（图 10-16、图 10-17）。稳定 RNA 结构的主要是一些弱的相互作用（特别是碱基堆积作用），这与 DNA 一样。

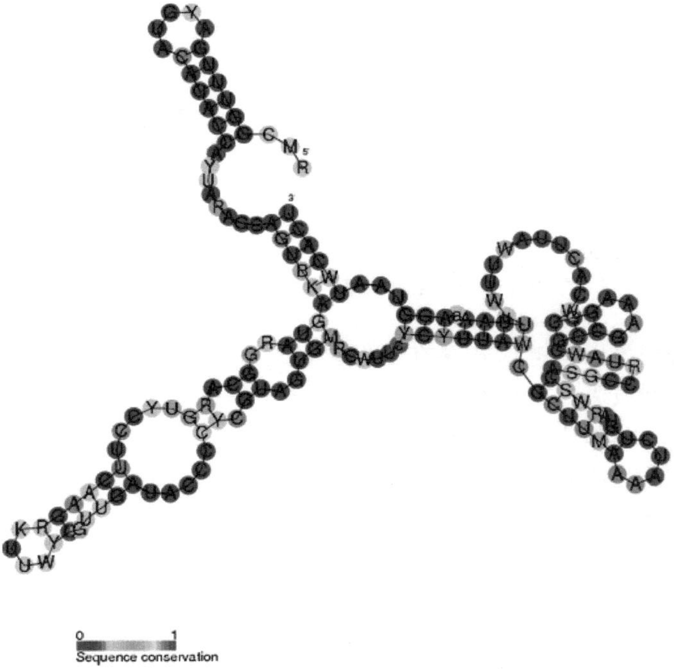

图 10-16　冷休克蛋白（cold shock protein，Csp）的 mRNA 的 5′非翻译区（5′UTR）的保守的二级结构（引自维基百科）

1. mRNA——合成蛋白质的蓝图

mRNA 的功能就是把 DNA 上的遗传信息精确无误地转录下来，然后再由 mRNA 的碱基顺序决定蛋白质的氨基酸顺序，完成基因表达过程中的遗传信息的传递。mRNA 约占总 RNA 的 5%，但种类较多，如哺乳动物细胞中约有几万种不同的 mRNA。在真核生物中，转录形成的前体 RNA 中含有大量非编码序列，大约只有 25% 序列经加工成为 mRNA，最后翻译为蛋白质。此外，mRNA 在细胞内周转很快，如在细菌中的半衰期仅有 2min。mRNA 分子大小取决于所翻译的蛋白质的大小，所以差异很大。

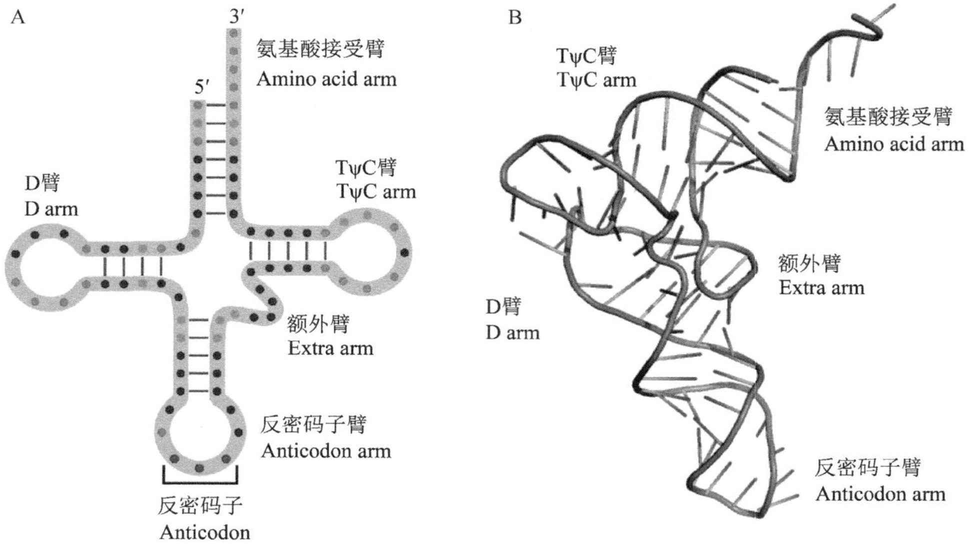

图 10-17 tRNA 的二级（A）和三级结构（B）

mRNA 分子虽以单链形式存在，但它可通过回折在局部区域形成双链结构（图 10-16）。据报道，在原核生物的 mRNA 中，一半以上的核苷酸通过碱基配对形成双链结构。真核生物的 mRNA 也具有丰富的二级结构。DNA 分子间的碱基配对是由复制程序决定的，是严格无误的，这是对遗传稳定性的保证。而 mRNA 是分子内的碱基配对，因此只能在局部区域配对，也正因为如此，在另一些区域就形成了不配对的泡状与内环结构等。

mRNA 的立体结构也可能是一种重要的辨识信号。例如，冷休克蛋白 mRNA 的 5′非翻译区（图 10-16）对大肠杆菌的冷休克响应十分重要，它就是一个 RNA 温度计（RNA thermometer），调节 *cspA* 基因相对应的表达。由于 mRNA 种类繁多，或许形成独特的立体结构才能有利于在一个小小的细胞中对成百上千种蛋白质合成等复杂过程进行有序管理。

2. tRNA——mRNA 上遗传密码的识别者和氨基酸的转运者

用于合成蛋白质的 20 种氨基酸与 mRNA 的碱基之间并没有亲和力，而 mRNA 只能作为蛋白质合成的模板，在一个特殊的合成机构——核糖体（由 rRNA 与蛋白质复合而成）中进行肽链的生成。这就需要有氨基酸的携带者将氨基酸搬运到核糖体中去，这个携带者就是 tRNA。

构成 RNA 的碱基有 4 种，由于一个氨基酸由 3 个碱基所决定，这样从理论上分析碱基的组合有 $4^3=64$ 种，但有 3 种终止密码子并不编码氨基酸，因此，有 61 个编码氨基酸的密码子。但是，构成蛋白质的氨基酸只有 20 种，这就意味着存在两个或多个密码子编码同一个氨基酸，称为简并性，已知大部分密码子具有这种特性。

已知的tRNA共有61种，也就是说，每个能编码氨基酸的密码子都有一个相对应的tRNA。同样，一种tRNA只能携带一种氨基酸（如丙氨酸-tRNA只携带丙氨酸），因此，一种氨基酸可被不止一种的tRNA所携带。

tRNA是分子最小的RNA，一般由70~90个核苷酸组成，它的二级结构呈三叶草形，并通过氨基酸接受臂-TΨC臂-D臂-反密码臂间折叠成右手反平行双螺旋（图10-17）。除额外臂和D环外，其他各个部位的核苷酸数目和碱基对基本上是恒定的。

tRNA的结构特征之一是含有较多的修饰成分，如二氢尿苷酸（D）和假尿苷酸（ψ），核酸中大部分修饰成分是在tRNA中发现的，它们呈规律性的排列。这些修饰的碱基对稳定的tRNA空间结构可能十分重要，据称仅靠4个常见的RNA碱基——腺嘌呤、尿嘧啶、鸟嘌呤和胞嘧啶显然是难以形成tRNA这样坚固的立体结构的。

每种氨基酸都在特有的氨酰-tRNA合成酶（因有20种氨基酸，故有20种氨酰- tRNA合成酶）的催化下，与相应的tRNA结合：首先利用高能的ATP将氨基酸的羧基活化，形成氨酰- AMP，再在特定的氨酰-tRNA合成酶的催化下，将氨基酰转移到特定的tRNA的氨基酸臂上。原核细胞中起始氨基酸活化后，还需甲酰化形成甲酰甲硫氨酸tRNA，由N10-甲酰四氢叶酸提供甲酰基，而在真核细胞中则无此过程。

3. rRNA——合成蛋白质的工厂

rRNA一般与核糖体蛋白质结合在一起（作为mRNA的支架，使mRNA分子在其上展开）形成核糖体来进行对蛋白质的装配。rRNA约占RNA总量的80%。rRNA的分子质量相对较大。核糖体是一个大的核糖核蛋白颗粒，可解离成大小亚基（图10-18、图10-19）。细菌核糖体小亚基中含有16S rRNA，大亚基中含有23S rRNA和5S rRNA，大肠杆菌的16S rRNA由多达1542个核苷酸构成。即使是细菌的16S rRNA和23S rRNA，其二级结构也是十分复杂的（图10-20、图10-21），比tRNA的二级结构要复杂得多。此外，16S rRNA的结构高度保守。

4. RNA的合成——在细菌中只由一种RNA聚合酶就能完成

以DNA为模板制造RNA是由RNA聚合酶完成的。RNA聚合酶可以在特定的DNA序列（称为启动子）发动转录，以一股DNA链为模板，利用核苷酸合成RNA链（图10-22）。不像DNA那样还需要解旋酶的帮助，RNA聚合酶自身具备解旋的功能。

在细菌中，同一种RNA聚合酶催化3种不同的RNA（mRNA、rRNA及

核糖体 Ribosomes		rRNA	r-蛋白质 r-proteins
细菌 Bacterial (70S) 质量 Mass: 2.5MDa 66% RNA	50S	23S = 2904bases 5S = 120bases	31
	30S	16S = 1542bases	21
哺乳动物 Mammalian (80S) 质量 Mass: 4.2MDa 66% RNA	60S	28S = 4718bases 5.8S = 160bases 5S = 120bases	49
	40S	18S = 1874bases	33

图 10-18　细菌和哺乳动物核糖体组成的比较（引自 Lewin，2008）

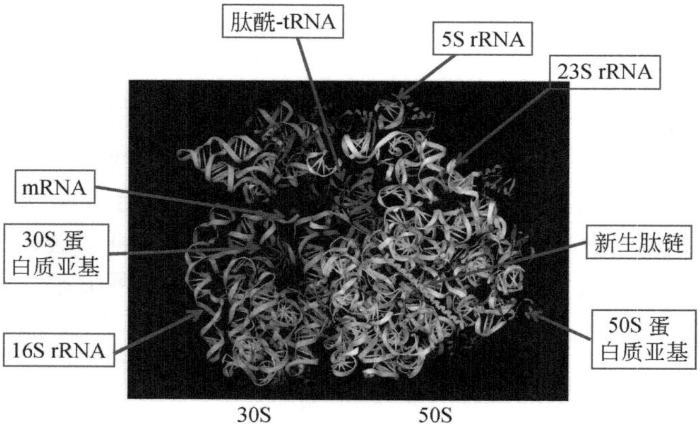

图 10-19　嗜热栖热菌（*Thermus thermophilus*）的 70S 核糖体晶体结构的横截面（Yusupov et al.，2001），左边为 30S 亚基，右边为 50S 亚基。肽酰-tRNA（橙色）在亚基之间的界面上，mRNA（绿色-黄色-红色）缠绕着 30S 亚基的颈部，一个模拟的 α 螺旋新生肽链（绿色）位于肽链出口通道中。16S rRNA 用青色表示，23S rRNA 为灰白色，5S rRNA 为蓝灰色，30S 蛋白质亚基为深蓝色，50S 蛋白质亚基为紫红色

tRNA）的合成。核心酶有 5 个亚基（约 400kDa），完整的全酶有着 6 个亚基：α_2、β、β′、σ 及 ω（约 480kDa）。真核生物的 RNA 聚合酶出现了更为复杂的分化，包括 RNA 聚合酶Ⅰ、Ⅱ和Ⅲ，以及线粒体和叶绿体中的 RNA 聚合酶种类。

五、蛋白质、RNA 和 DNA 合成之比较

1. 核酸的合成——以固有的 DNA 为模板，由蛋白质完成

对细胞来说，DNA 是永久的、稳定的、唯一的，只有在细胞分裂时才进行

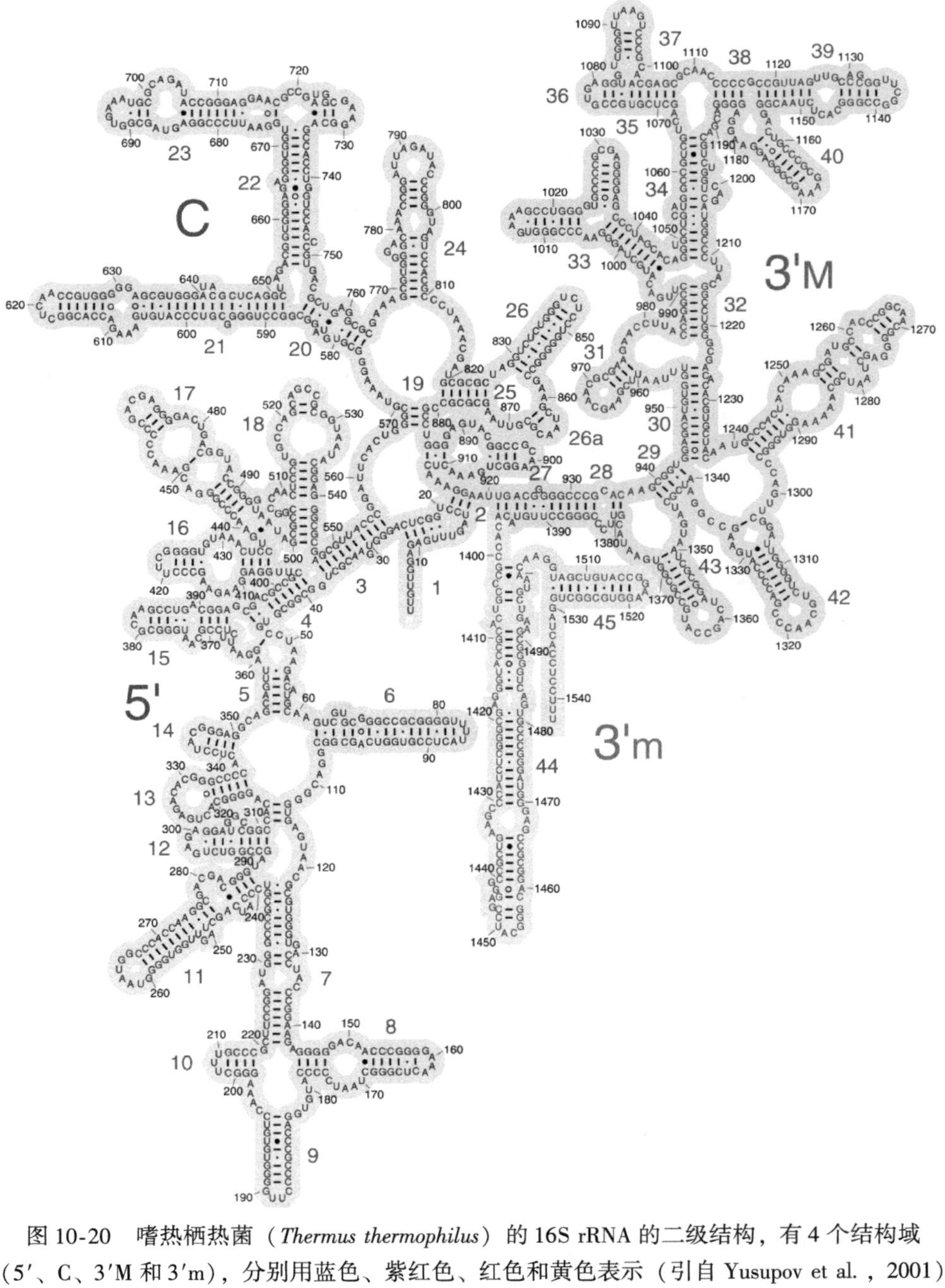

图 10-20　嗜热栖热菌（*Thermus thermophilus*）的 16S rRNA 的二级结构，有 4 个结构域（5′、C、3′M 和 3′m），分别用蓝色、紫红色、红色和黄色表示（引自 Yusupov et al.，2001）

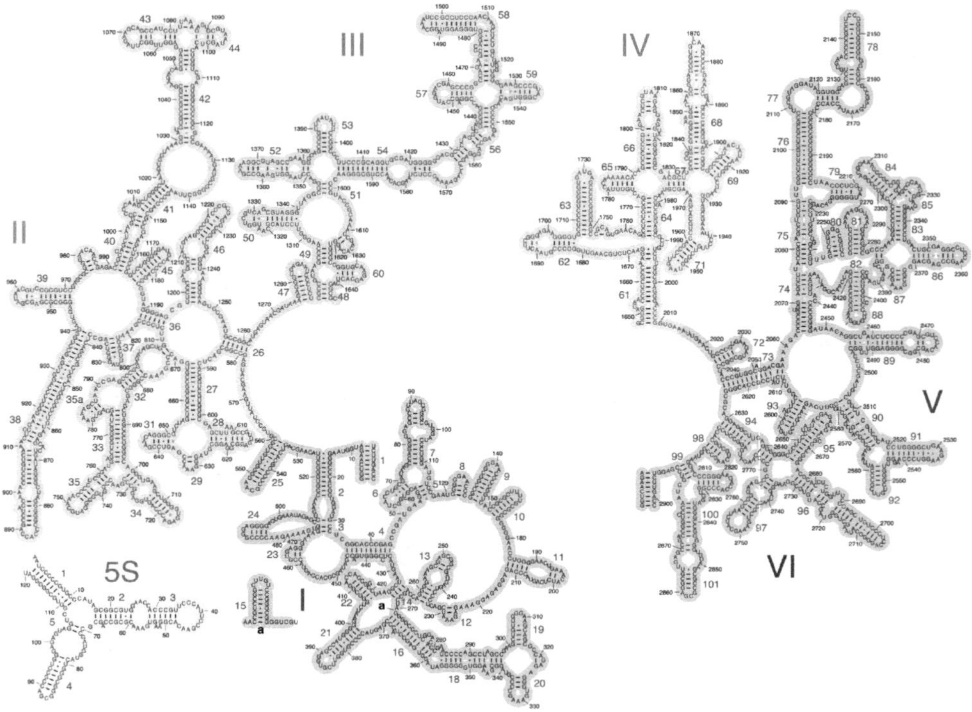

图 10-21　嗜热栖热菌（*Thermus thermophilus*）的 23S rRNA 和 5S rRNA 的二级结构。23S rRNA 有 6 个结构域：I（蓝色）、II（青色）、III（绿色）、IV（黄色）、V（红色）和 VI（紫红色）（引自 Yusupov et al.，2001）

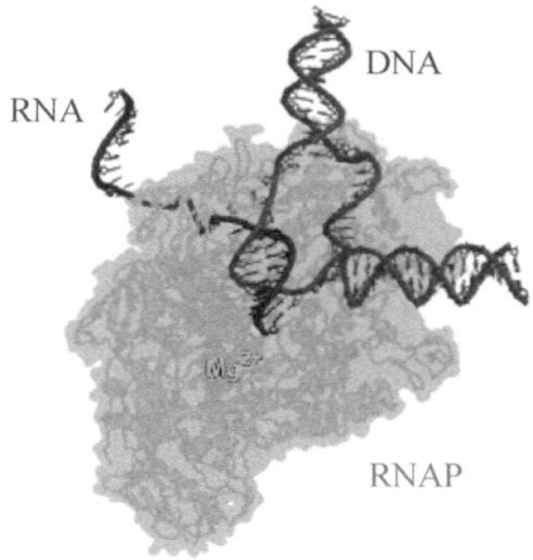

图 10-22　水生栖热菌（*Thermus aquaticus*）RNA 复制过程中的 RNA 聚合酶（RNAP），为了使 RNA 和 DNA 的路径看得更清楚，酶的一部分做了透明处理，镁离子（黄色）位于酶的活性位点（引自维基百科）

复制，而且需要尽可能的准确复制（这是种族遗传稳定性的基础）。DNA 的破损就意味着生命机制的破坏，因此，是致命的。DNA 的复制是为了遗传物种所固有的全部生命指令。但是，DNA 的复制也会出现偶然的错误（虽然在每个世代错误发生的概率极低），正是这样的遗传错误导致了物种变异的出现，这也是新的物种得以分化的重要遗传基础。生命正是在这种遗传与变异的相互作用（矛盾）中不断演化而来的。

RNA 的存在主要是为了蛋白质的合成，因此蛋白质的多样性也决定了 RNA 的多样性。与 DNA 不同，很多 RNA 分子是短暂的。例如，细菌 mRNA 的半衰期平均只有约 2min，多数细菌的 mRNA 甚至一边翻译一边降解！此外，为了制造数以千计的不同种类的多肽链，细胞储备了大量的 tRNA 和 rRNA（表 10-4）。

与蛋白质的合成相比，DNA 的复制机构相对简单，主要依赖几种酶：DNA 解旋酶（helicase）或 DNA 复制酶（replicase）、引物酶、DNA 聚合酶（DNA polymera）、DNA 连接酶、RNA 水解酶［ribonuclease，常缩写为 RNase，是一种可将 RNA 水解成小分子组成的核酸酶（nuclease）］。而 RNA 的合成似乎更为简单，如细菌用同一种 RNA 聚合酶完成 3 种不同 RNA 的合成。

2. 蛋白质的合成——以 mRNA 为模板，由 tRNA、rRNA 和蛋白质联合完成

与核酸的合成相比，蛋白质的合成则要复杂得多。首先，需要合成的蛋白质的种类繁多（如一个简单的大肠杆菌细胞都要生产数以千计的不同种类的多肽链）。其次，蛋白质的合成需要很多参与者，主要由 mRNA、tRNA、核糖核蛋白体以及有关的酶和蛋白质因子共同组成。据统计，参与蛋白质生物合成的成分至少有 200 种。例如，每一种多肽链的生产都需要 3 种 RNA 的参与，作为信息载体的 mRNA、氨基酸搬运工——tRNA（有几十种 tRNA，每种 tRNA 的拷贝数都有数千个）和组装肽链的工厂——rRNA（种类虽然不多，但有数万个拷贝）。核糖体虽然主要依赖于 RNA，也需要一些蛋白质的帮助（图 10-19）。

很显然，蛋白质的生产交织于一个被精细调控的十分复杂的细胞生物化学网络系统之中，即使在单细胞的原核生物中都如此复杂，对蛋白质种类数能高至一个数量级的真核细胞来说，其复杂程度就更不可言喻了。

3. 核酸和蛋白质的合成都需要能量

无论是核酸的合成还是蛋白质的合成都需要能量，这是它们的共同之处。但前者直接用高能化合物——核苷酸进行合成，而后者需要用 ATP 将氨基酸活化（键合到 tRNA 的氨基酸臂上去）（图 10-23）。

蛋白质合成的第一步解决了能量问题，第二步就是如何在核糖体中按照准确的信息指令通过肽键进行多肽链的组装。因为氨基酸和 tRNA 之间的酯键比之后产生的肽键能量更高，这个过程是放能反应，当两个底物在核糖体中接近时，应

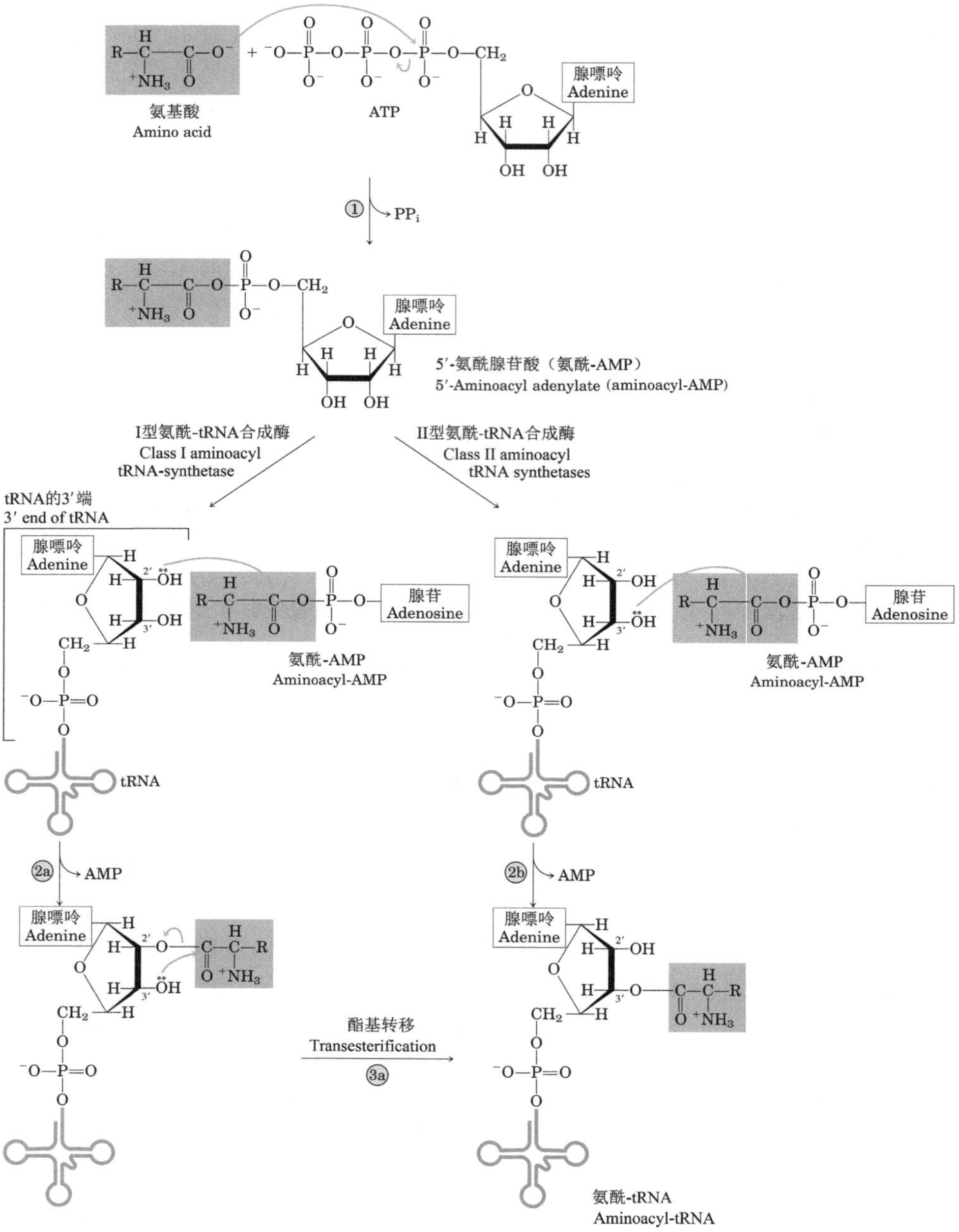

图 10-23　氨酰-tRNA 合成酶对 tRNA 的氨酰化（引自 Nelson and Cox，2004）

该能够自发进行（Hughes and Ellington，2011）。

因此，看似复杂的核糖体，只不过是一个蛋白质的装配车间，它必须能准确地识别与锚定特定的 mRNA，通过合适的 tRNA/氨酰-tRNA 进出通道将特定的氨基酸搬运进去，按 mRNA 的信息指令将氨基酸通过肽键进行连接，最后将形成的产品——多肽链从核糖体中输送出去。

与 DNA 或 RNA 的合成相比，蛋白质在结构与时序上则要复杂得多，DNA 只有一种分子，且仅在细胞分裂时合成，RNA 也只是从一条单一的链上进行拷贝式的合成，但是蛋白质不仅种类繁多，而且交织于复杂的生物化学网络之中，并贯穿于细胞的整个生命周期。因此，复杂的信息辨识与蛋白质生产的动态调控可能是核糖体结构复杂性之根本缘由。

4. 生命工厂——图纸（DNA）、装配者（RNA）和产品（蛋白质）

如果以一个工厂为比喻，那么生命的构件规则就是：DNA 保存有生命构件的蓝图，RNA 负责装配（识别图纸、搬运材料、在车间装配），而蛋白质就是各种用途的产品。这种生产过程必须依赖于外部环境进行动态调整，以确保个体生存的需求与适应。而 DNA 蓝图既是对祖先物种的继承，也在漫长的演化历程中由于遗传性和环境性机制得到不断修正。

无论是 DNA、RNA 还是蛋白质，它们的合成指令都依赖储存于 DNA 之中的基本的种族遗传信息，它也包含了个体动态适应性的基本法则。因此，生命也是一种程序化的生产过程。

六、生物大分子中的芳香族化合物与杂环化合物

所谓芳香族化合物是指以苯为基本骨架且性质与苯类似的一大类化合物，而当有机化合物中构成环系结构的原子中除 C 外还含有其他原子（如 N、O、S）时就称为杂环化合物。芳香族分子不饱和度很大，但由于共轭环的存在而具有特殊的稳定性，不易被破坏，这称为芳香性。杂环化合物也具有芳香性。在自然界中存在各种各样的芳香族化合物和杂环化合物。

生命系统中也存在多种多样的芳香族化合物和杂环化合物。在构成蛋白质的氨基酸中，苯丙氨酸和酪氨酸含有苯环结构，而色氨酸、组胺酸和脯氨酸则是含 N 的五元芳杂环化合物，其中色氨酸含有吲哚环（它是一个双环结构，包含了一个六元苯环和一个五元含氮的吡咯环）。而核酸的碱基都是六元芳杂环化合物，它们在结构上可分为两类：嘧啶（单环，含 2 个 N）和嘌呤（双环，含 4 个 N，由嘧啶与吡咯并环而成）。虽然都使用了含 N 的芳香杂环化合物，但在蛋白质氨基酸和核酸碱基之间还是泾渭分明的（前者是五元环，后者是六元环），且从元素的角度来看，核酸碱基的杂环中含有更多的 N。

此外，叶绿素中的吡咯环也是含一个 N 的五元杂环化合物。NADPH 是一个重要的还原性物质，其结构中的烟酸就是一种含 N 的六元芳杂环化合物（吡啶环）。辅酶 FAD（铁氧还蛋白-$NADP^+$还原酶的辅基）中的核黄素就是苯环与吡

嗪和尿嘧啶共用碳原子而形成的稠杂环化合物。作为重要的一碳载体的叶酸既含有含氮的杂环（蝶啶，一种由吡嗪和嘧啶并联而成的二杂环化合物），也含有苯环（对氨基苯甲酸）。

值得一提的是，无论蛋白质、核酸还是叶绿素，芳环中的杂原子都只有N，而没有O或S，一般以五元或六元环结构最为常见。总之，在生物大分子中存在大量的芳香性化合物特别是杂环化合物，它们在生命的支撑结构、催化作用、信息保存与光合作用等中具有不可替代的重要作用。

结　　语

结构、信息及其关联方式是一切生命存在的基础，它们就是蛋白质、DNA和RNA以及由它们构成的一个有机而复杂的生命体系。生命需要多样的分子结构及快速的生物化学反应能力，这是适应性或竞争性的基础，同时也需要精确的信息传递（遗传），这是物种稳定性的基础。动物学家格拉斯感叹道，“生物进化时不知怎样就获得了一套崭新的遗传信息，可能由于一些不明的‘内在因素’（internal factor），而这些现象在现有的生物中已不能观察（可能是根本不复存在了，或者因为我们看不见）”（詹腓力，1999）。

生命体系的构建过程中，似乎存在这样一个规则，不论是蛋白质、RNA或DNA，自身都不能完全独立地合成自身，而是形成了一种互为因果的循环联系：DNA需要蛋白质来完成复制，RNA需要以DNA为模板来转录，而蛋白质的合成离不开RNA的指导与反应平台（核糖体）的支撑。生命怎么会形成这样的一种闭合之环呢？是什么动机驱动的呢？有先后次序之分吗？开端已躲藏于循环之中，古老的痕迹不知到何处才能寻觅？

为何生命用这等平庸的化学文字就谱写出了如此神奇的生命乐章呢？一环又一环，环环相扣成那攀岩的“云梯”，一代又一代，代代相连成那种族的流延。为何同样一套简单的化学音符却吹奏出如此不同的生命旋律——朝生暮死的菌子、斑斓多彩的花草、耸入云霄的巨木、穷凶极恶的野兽、聪明智慧的人类……

第十一章　生命之根——追寻共同祖先之梦

光明的外表入不了我的浊眼，幸运近在咫尺——人们也看不见

——歌德（Johann Wolfgang Von Goethe，1749～1832 年）

生命是一种机制……即使将一个对象的一千个不同侧面的照片叠置起来，你也无法重建那个对象本身……分析会将有机体的创造过程分解成数目不断增长的物理化学现象，而化学家和生理学家自然除此之外，别无所求。但是，这并不意味着化学和生理学将理解生命的钥匙交给了我们

——伯格森（Henri Bergson，1859～1941 年）

如果相信生命不会从无冒出，不是亘古永存，也不是被神创造，那生命就必定是发展与演化的产物，必定会经历从无机到有机世界、从简单到复杂的进化过程，无论有多么的久远，也不可能绕过一个具有个体性的最原始的生命形态的发展阶段，这就是人们假想的共同祖先。

顾名思义，共同祖先是指衍生出一群生物的祖先，它可以指一个特定的类群，也可以指地球上所有的生命。很多人认为，存在一个最后的普遍性的共同祖先，地球上现存的和已经灭绝的所有生物都是自它衍生而来，它被称为 LUCA（the last universal common ancestor）或 LUA（the last universal ancestor）。

本章将简要介绍对共同祖先的探寻，特别是基于 16S rRNA 或 18S rRNA 对系统进化树的构建。理论上来说，如果我们能得到一个准确而完整的进化之树，就可以追寻到共同祖先。这真的可能的吗？这是本章需要阐述的一个重点问题。

一、共同祖先

1. 共同祖先的思想从何而来？

最原始的共同祖先思想是一种朴素唯物主义哲学思辨的产物，它可追溯至 2000 多年前的古希腊哲学家亚里士多德（表 11-1）。它也是进化论推演的一个产物，在 19 世纪博物学家和进化论的先驱达尔文那里得到了清晰的表述，即地球上的一切生物都源于一个共同的祖先。但是，为何这样的共同祖先得以诞生？在什么环境下？这个神秘的 LUCA 到底是什么呢？这些都还是未解之谜！

表 11-1　关于共同祖先思想的早期历史

学者	思想描述	文献
亚里士多德（公元前 384 ~ 前 322 年）	“自然界由无生物进展到动物是一个积微渐进的过程……”，这被称为伟大的存在之链	亚里士多德，1996
哲学家康德（1724 ~ 1804 年）	“从人类追踪到水螅，从水螅追踪至苔藓，到地衣，而最后就到自然最低级为我们所察觉到的种类，在这里我们就达到了粗糙的物质……”	康德，1985
E. 医生达尔文（1731 ~ 1802 年）	“所有的生物都属于来自一个祖先的大家庭”	玛格纳，2001
哲学家黑格尔（1770 ~ 1831 年）	进化“的进程是这样的：首先出现的是湿润含水的产物，从水中出现植物、水螅类和软体动物，然后出现了鱼类，随后是陆生动物，最后从这些动物产生了人……”	黑格尔，1986
博物学家达尔文（1809 ~ 1882 年）	“一切绝灭生物都能与一切现存生物分类在一起，这一伟大事实是现存生物和绝灭生物都是共同祖先的后代的自然结果”	Darwin，1872

2. 如何探寻共同祖先？

既然任何一种生物都有它的祖先，那我们就有可能一直追寻下去，直到找出 LUCA。将这样的一种追寻过程描绘出来，就可得到一个像图 11-1 这样的生命的系统发生树（phylogenetic tree）或演化树（evolutionary tree）。如果准确无误，就可根据这样的树状图找出具有共同祖先的各物种之间的亲缘与进化关系。在这样的图中，节点代表各分子的最近共同祖先，枝条长度表示进化距离。为了构建这样的系统发生树，人们必须遴选出一些关键的生命特征，还需借助于一系列的数学工具，如矩阵法、最大简约法、最大拟然法和后验概率法等。但是，无论特征如何恰当，也无论手段如何先进或复杂，对一个生存环境如此复杂而广阔、经历了几十亿年漫长的演化历程并且现在依然还栖息着数以百万计的生物物种（据估计这不过是地球上曾经存在过的物种总数的 1%）的地球生命世界来说，任何这样的系统发生树也只不过是真实进化关系的一种概略性的推测或估计。

照理来讲，只要能够构建出可信的系统发育树，就意味着生命起源与进化的问题得到了解决。换而言之，一个准确无误的包容了所有生物类群的生命之树（无论基于形态结构还是分子结构或其他生命特征）的构建就是共同祖先理论的最终实现。但是，实际情况如何呢？显然，这并非易事，因为至今还没有见到一个没有任何争议的公认的生命之树，当然，这样的生命之树或许永远都不可能完美无瑕。而对追逐生命起源的进化生物学家来说，如果能够完成进化之树的基部

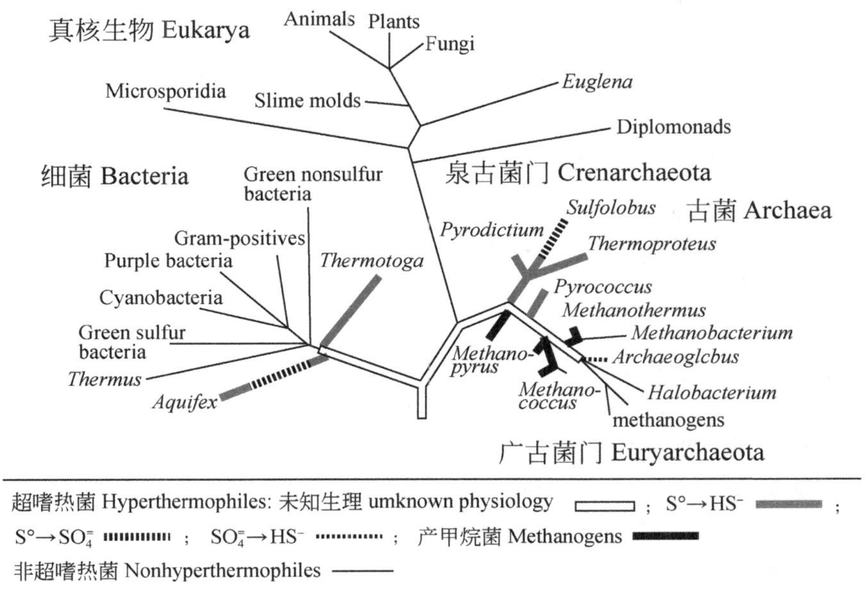

图 11-1　通过核糖体小亚基的 rRNA 序列构建的系统发育树，包括 3 个域——细菌、古细菌和真核生物，超嗜热菌中硫代谢的类型予以了标识（引自 Noll and Childers，2000）

类群亲缘关系的准确构建，也就达到目标了。

遗憾的是，由于人们还不知晓生命起源的最初过程，导致现在人们虽然构建了生命的进化之树，但是在关于树的基部到底谁是共同祖先的问题上，依然留下了未解之谜。虽然在这样的进化树中，关于较为高等的真核生物的亲缘关系可能相对准确（因为还可以用化石证据或形态特征予以校正），但对原核生物（细菌和古菌）来说，只能停留于一些主观性猜测（准确与否根本无法验证），甚至连猜测都很困难！

二、朦胧的曙光——来自“神奇”的 rRNA 分子

1. 分子钟的概念

逻辑上来说，如果能找到一种生物体内普遍存在的分子，而且这种分子的变化十分缓慢且遵循一种时序性的变化规则（类似时钟），就有可能用于分析所有生物类群的进化关系，即描绘出系统进化之树。

Zuckerkandl 和 Pauling（1962）通过比较不同生物世系的同一血红蛋白（hemoglobin）分子的氨基酸排列顺序发现，氨基酸随着时间的推移大致以一定的比例相互置换着，即氨基酸在单位时间以同样的速率进行置换。他们将这样的观察一般化之后，提出了所谓的分子钟（molecular clock）假说，即基因或蛋白质的

序列随时间的推移以相对恒定的速率变化，而且同一基因或蛋白质的变化速率在不同世系的有机体中大约一致。

1968 年，日本学者木村资生（Motoo Kimura）提出了所谓的分子演化中性学说（neutral theory of molecular evolution），该学说有两个要点，其一，大部分突变都是中性的（对生物的演化适应性并无实际作用，它们既不会被自然选择促进，也不会被抑制），它们要么逐步扩散到整个种群，要么通过“基因漂移”的随机过程而消失，但大部分中性突变被固定下来了；其二，每一种大分子在不同生物中的变化速率都是一样的（Kimura，1968）。可以认为，中性学说是分子钟假说的一种延伸。

依笔者之见，分子钟或中性理论的倡导者与达尔文一样都关注随机变异（当然前者在分子水平，后者在表型水平），只不过前者对不受自然选择作用的那些变异感兴趣，而后者则关注受到自然选择作用的那些变异；可是，任何水平的变异既具有随机性，又不可能完全随机，而分子钟或中性理论的信奉者就是要找出既普遍存在又逃脱了达尔文选择的神奇分子，或者说一个普适性存在且完全不受达尔文选择影响的分子就是他们梦幻中的时钟分子。当然，这样的分子还必须具有足够的复杂性，以便容纳相当大的时序性变异，而过于简单的分子是不可能作为这种时钟分子的。我们能找到满足如此苛刻条件的时钟分子吗？

2. 基于 16S rRNA 或 18S rRNA 的系统进化树

20 世纪 70 年代，美国著名的微生物学家 Woese（C. R. Woese，1928 ~ 2012 年）声称找到了一个可以作为时钟的神奇分子——16S rRNA（在真核生物中为 18S rRNA）。Woese 和 Fox（1977）通过距离矩阵法，计算出不同序列之间的进化距离（还揭示出一些特征序列），最后构建出一般的系统发育树，勾画出了现代生物类群的相对进化路线与位置（图 11-1）。

基于这样的一个系统树，Woese 和 Fox（1977）提出将现代的所有生物区分为三大类（域）——细菌（bacteria）、古细菌（archaea）和真核生物（eukarya），古细菌与真核生物分化自一个共同的祖先（未知），而古细菌-真核生物与细菌拥有一个共同祖先，它是系统树最基部的一个节点。他们将这个可能的共同祖先作为未解之谜留给了后人，连猜测一个都没有。

那么，生命进化树中的这个可能共同祖先到底是什么呢？连克里克（DNA 双螺旋结构的主要发现者）都认为要到太空世界中去寻求帮助，因为他认为古细菌与真细菌非常不同，不可能在地球上有限的时间从同一祖先进化而来，然而它们却有共同的遗传系统，所以势必有一个祖先在别的星球上（詹腓力，1999）。

在原核生物的分类中，由于结构过于简单，无法像动植物那样建立基于形态学的分类体系，因此，传统上也主要以生物化学特征作为鉴别的重要依据。由于核糖体 RNA 的结构具有较好的保守性，因此在原核生物的大类群的区分方面备受重视。这就是为何 Woese 的方法得到极大的青睐（不仅在微生物领域，而且也在真核生物领域）并一直沿用至今的缘由。但遗憾的是，在解决关于生命起源的问题上，它好像派不上什么用场，因为在基部类群的问题上，没有任何其他可信的时序性证据能够予以辅佐。

3. 新分类体系的提出——古菌作为一个独立的域

Woese 和 Fox（1977）比较了大肠杆菌、万氏甲烷菌和酿酒酵母的核糖体小亚基中的 rRNA 的结构（图 11-2），认为可以将古菌看成从细菌到真核的酵母菌的一种过渡类型。因此，他们提出了将古菌从细菌中分离出来以作为一个与细菌和真核生物并列的一个独立的域，这是一个惊人之举！之后，很多人也就习惯这样去想，古细菌在进化上是连接细菌与真核生物的桥梁。

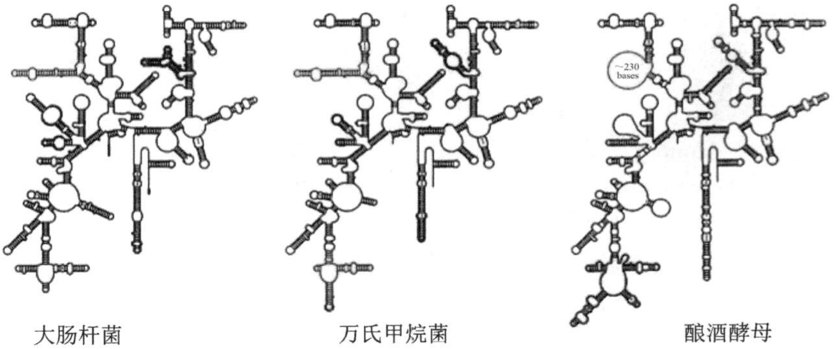

大肠杆菌 *Escherichia coli*（细菌 Bacteria）　万氏甲烷菌 *Methanococcus vannielii*（古生菌 Archaea）　酿酒酵母 *Sachromyces cerevesiae*（真核生物 Eucaryotes）

图 11-2　区分生命为 3 个域的核糖体小亚基中的 rRNA 的关键结构差异（引自 Woese，1987）

像域这样的大的分类概念似乎也没有一个客观的判断标准，而更像是一种主观的界定、规定或划分。不停地推出一些新的生命类型或体系也是分类家的一种普遍嗜好！例如，从图 11-2 的结构比较，如何才能有一种不同域的感受呢？域到底意味着什么呢？

4. 与古菌地位相关的其他特征

除了核糖体小亚基中的 rRNA 在结构上呈现出一定的过渡性（细菌→古菌→真核生物），是否还有其他证据呢？或者说，古菌是怎样特殊的一个生物类群而值得将它们作为一个不同的域呢？

古菌最早发现于一些极端环境，如火山温泉（图 11-3A 为美国黄石国家公园的大棱镜温泉），它也存在于深海热液喷口（图 11-3B）。现已知道，古菌多是一些嗜极种类，常常生存于一些极端环境，如大于 100℃ 的温泉、盐湖、强酸或强碱性水体或动物的消化道之中。例如，一种古生菌——硫化叶菌（*Sulfolobus*）是化能营养菌，它既嗜酸（最适 pH 为 2～3），也嗜热（最适生长温度为 70～75℃）。但是，古菌也广泛栖息于土壤、海洋和沼泽等十分多样的生境之中。需要指出的是，能够在类似极端环境中生存的也不仅仅只有古菌。

古菌不仅仅限于生存于极端环境，甚至同一类古菌在生存环境上也有很大的可塑性。例如，隶属于宽广古生菌门的产甲烷菌（*Methanogenus*）包括 4 目 12 科 31 属，它们为专性厌氧菌，但具有宽广的温度适应范围：低温菌为 20～25℃，中温菌为 30～45℃，高温菌为 45～75℃。

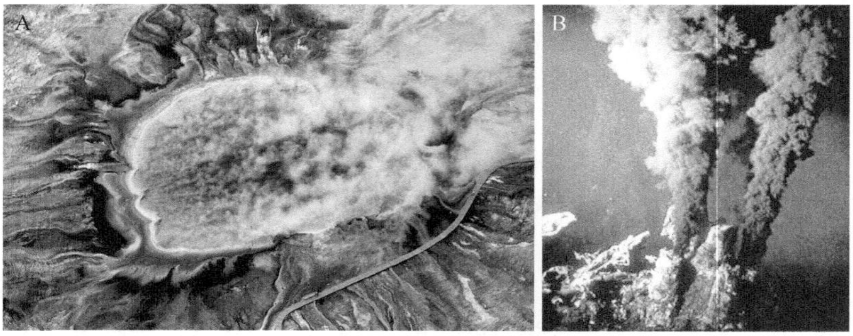

图 11-3　地面热泉（A）和深海热液喷口或“黑烟囱”（B）
（来源：A. 维基百科；B. The Daily Galaxy）

表 11-2 就是对细菌、古菌和真核生物在形态、遗传与生理特征的比较。总的来看，古菌在能量产生与新陈代谢方面与细菌有许多相同之处，而其复制、转录和翻译则更接近真核生物。

古菌的能量来源从有机物糖类到氨直到氢气，但是没有一种古菌能像蓝细菌和高等植物那样能进行固定 CO_2 的光合作用，虽然少数古菌（极端嗜盐古菌 *Halobacterium salinarum*）能利用光能合成 ATP（因此，也能称得上是一种光合作用），但它依靠一种特殊的色素蛋白复合体分子——细菌视紫质来创造膜内外的 H^+ 梯度，使 ATP 合成酶得以运转。但是这也不是古菌的专利，也被真细菌所用。因此，要说有什么不同，就是古菌不能靠叶绿素或细菌叶绿素来进行光合作用。但问题是在细菌中也存在类似的现象。

之前，在古菌中从未报道过存在细菌叶绿素 a 的生物合成，因为它们并不进行依赖于细菌叶绿素的光合作用。但是，最近 Meng 等（2009）在古菌中发现了一种细菌叶绿素 a 合成基因（bacteriochlorophyll a synthase gene）。可问题是，这样的基因到底是本来就有的呢还是从其他光合细菌通过水平转移（horizontal transfer）而来的呢？如果相信前者，就只好假定古菌本来是能够进行利用叶绿素或细菌叶绿素的光合作用的，到后来逐渐退化，最终就只在少数种类中还残留了个别不发挥作用的细菌叶绿素 a 基因。但实际上到底是何种途径也无法确定。

表 11-2　三域（细菌、古菌和真核生物）特征的比较

特征	细菌 Bacteria	古菌 Archaea	真核生物 Eukarya
形态和遗传			
原核细胞结构	是	是	否
共价闭合环状 DNA	是	是	否
组蛋白	无	有	有
被膜包围的核	无	无	有
细胞壁	含胞壁酸	不含胞壁酸	不含胞壁酸
膜脂质	酯键连接	醚键连接	酯键连接
核糖体大小	70S	70S	80S
起始 tRNA	甲酰甲硫氨酸	甲硫氨酸	甲硫氨酸
多数基因中有内含子	否	否	是
操纵子	有	有	无
mRNA 加 5′端帽和 3′聚 A 尾	无（部分有聚 A 尾，但作用与真核不同）	无	有
质粒	有	有	稀少
核糖体对白喉毒素敏感	否	是	是
RNA 聚合酶	1 个（4 亚基）	几个（各 8 ~ 14 亚基）	3 个（各 12 ~ 14 亚基）
需要转录因子	否	是	是
启动子结构	－10 和 －35 序列（Pribnow 盒）	TATA 盒	TATA 盒
对氯霉素、链霉素和卡那霉素敏感	是	否	否
生理			
产甲烷作用	无	有	无
还原 S 或 SO_4^{2-} 到 H_2S，或 Fe^{3+} 到 Fe^{2+}	有	有	无
硝化	有	有	无
脱氮	有	有	无
固氮	有	有	无
基于叶绿素的光合作用	有	无	有（在叶绿体中）
基于视紫红质的能量代谢	有	有	无
化能营养（Fe、S、H_2）	有	有	无
气泡	有	有	无
聚-β-羟基脂肪酸作为碳储存颗粒	有	有	无
在 80℃以上生长	有	有	无
在 100℃以上生长	无	有	无

资料来源：引自 Madigan 和 Martinko（2006）

从表 11-2 不难看出，与真核生物相比，原核的细菌和古菌在与能量代谢和碳代谢相关的生理功能上要丰富多样得多，或者换句话说，在基础代谢方面，细菌和古菌表现出了惊人的可塑性，而真核植物看似只选择了基于叶绿素的光合作用这一条进化之路，虽然它是如此的宽广与自由！

一般将细胞膜上的脂类统称为膜脂（membrane lipid），它们构成了生物膜的基本骨架；所有的膜脂都具有两亲性，即一个亲水（极性）端和一个疏水（非极性）端；大多数膜脂都具有磷酸基团，因此称为磷脂（phospholipid）。多数磷脂分子的极性端通过甘油基团与非极性端相连，而磷脂分子的疏水端则是由两条烃链构成，一般每条链含有 14～24 个偶数碳原子，其中一个烃链常含有一个或数个双键，这能使烃链出现一定程度的旋转（图 11-4）。很显然，磷脂的基本部件是脂肪酸（主要是长链）、甘油和磷酸。

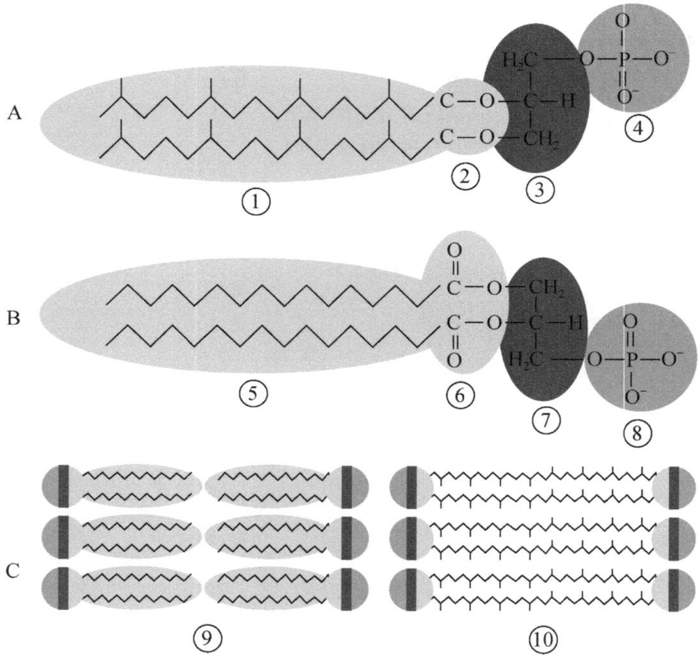

图 11-4　膜的结构（来源：维基百科）

A. 古菌的磷脂：①异戊二烯链；②醚键；③L-甘油部分；④磷酸基团。B. 细菌或真核生物的磷脂：⑤脂肪酸链；⑥酯键；⑦D-甘油部分；⑧磷酸基团。C. ⑨细菌和真核生物的双脂层；⑩古菌的单脂层

古菌在膜脂的结构上与细菌和真核生物也有一定差异。古菌膜脂由分支碳氢链和 D 型磷酸甘油通过醚键相连而成，而在细菌和真核生物中，则是由不分支脂肪酸和 L 型磷酸甘油通过酯键连接而成。细菌和真核生物的细胞膜由双层类脂构成，但一些嗜热古菌的双层类脂出现了共价交联，形成了结实的疏水层（变成了一种两端亲水的单脂层），这种结构增强了膜的机械强度和耐热性。一般来说，膜脂中脂肪酸的熔点或热稳定性顺序为：直链饱和脂肪酸>带支链饱和脂肪酸>不饱和脂肪酸，但古菌类脂分子间的共价交联极大地增强了耐热性（可避免双层

膜在高温下变性分开)。

此外，嗜热古菌的双链 DNA 结构也呈现出较好的稳定性。例如，大部分嗜热古菌的生长上限温度和 DNA 中 G+C 含量之间存在正相关。在 DNA 双链中，G 和 C 是以 3 个氢键相连，而 T 和 A 只以 2 个氢键相连，而氢键的多少体现连接的能量，即氢键越多，解链能量需要越多。因此，古菌 DNA 中的 G+C 含量越高，解链温度也越高，对高温和碱的耐受性也越强。

但是，需要指出的是，一些嗜热古菌在细胞膜结构和核酸成分上的这种热适应性与系统发生真的有必然的关系吗？这能反映时序性的物种演化过程吗？还有其他证据来佐证吗？

值得一提的是，叶绿素或细菌叶绿素中的长脂肪烃侧链（链长约 20 个 C）与磷脂中的长链脂肪酸（含 14 ~ 24 个 C）之间是否存在一定的同源性呢？叶绿素分子的这个长脂肪烃侧链也是插入膜中的。此外，古菌磷脂中的异戊二烯链与类胡萝卜素分子中的异戊二烯链以及一种重要的脂溶性电子载体——质醌分子中的异戊二烯是否也是同源呢？不仅如此，不论是叶绿素还是类胡萝卜素，它们的长度与单层膜的长度均十分接近。难道这些不是在预示这些色素分子的起源与膜脂存在密切的关系吗？

三、对 Woese 的系统进化树之疑问

1. 进化树的基部结构看似迎合了“常识”

用核糖体小亚基的 rRNA 序列构建的图 11-1 虽然没有给出谁是共同祖先，但围绕共同祖先的都是一些嗜热的化能自养菌。例如，细菌中的产液菌（能氧化 H_2）和栖热袍菌，古生菌中的热网菌和甲烷球菌等（能氧化 H_2）。这样的进化安排自然符合人们的一般看法，即早期的地球环境是炽热的，化能自养可能是生物界最古老的能量利用方式，因此，嗜热细菌作为地球早期生命形式的进化遗迹也就被认为是最合理的方案了。这看上去，生命之树的绘制似乎接近于大功告成了！

基于类似的考虑，有学者（Pech and Nierhaus，2011）甚至定义了与 ATP 产生相关的进化的 3 个阶段：①呼吸前（大于 26 亿年前），主要的能量产生途径为厌氧糖酵解，即 C_6 化合物（葡萄糖、果糖）分解为 C_3 化合物（丙氨酸），通常认为这些糖类由环境中得来，根据米勒模仿古代大气的组成和物理因子（闪电、温度）的实验，它们通过古代大气中的高温和电击形成；②在 26 亿~24 亿年前，光合作用产生，使生命不再依赖外源性的高能组分，如 C_6 化合物；③在小于 20 亿年前，一些光合作用形成的酶经过细微的修饰，被再利用，催化呼吸作用的相关反应。笔者认为，虽然这样的划分考虑了早期地球上有限的化石与地质化学证

据以及分子钟的估算，但也只是一种间接性的推测或猜测而已，当然这样的猜测迎合了所谓的一般“共识”，因此看上去显得颇为“合理”。事实上，现在仍然缺乏足够的证据来阐明异养和自养哪个最先出现，那就更不用说能量产生途径了。虽然根据岩层中三价铁的大量沉积可以判断光合产氧的出现时间（大约20亿年前），但是如何根据化石证据来区分化能自养和光能自养呢？这仍然是一个无法解决的困难。

2. 结构与时间的关系未必就那么完美

基于核糖体小亚基中的rRNA序列构建的一般系统树果真如此完美吗？绝对不是！一些学者指出了可能存在的一些问题。首先，进化事件发生的准确时间是不可能从进化树来获知的，虽然很多人试图这样做；其次，序列的变化也很难与时间准确相关，因为不同世系的进化钟也不是恒定的；最后，仅仅依据一种分子的序列，也无法从进化树中找出现代世系的共同祖先（Pace，1997）。

不同类群序列的比对如何能够决定它们进化时间的先后呢？当然，如果有一些其他证据（如化石）的帮助还是有可能的。但是，对于生命起源早期出现的一些无法留下化石痕迹的微小的单细胞原核生物来说，基于这种序列的比对是根本无法推测出进化的时间先后的。谁有证据能确认产液菌是细菌中最古老的呢？谁能说化能营养就一定比光能营养起源早呢？从序列本身，再怎么比较，也不会产生时间先后的概念。对这个神化的rRNA分子来说，是什么引起了它的缓慢变化的呢？仅仅是缘于时间的随机变化吗？难道生存环境不可以引起它的变化吗？如果既有时间的影响又有环境的影响，那如何才能将它们分离开来呢？

谁能保证一种分子的变异能建立起所有的进化关系呢？以细胞色素c为例吧，这是一类对“分子钟”概念的提出起到过关键作用的分子，它既复杂、又广泛分布（作为电子载体存在于几乎所有的生物类群之中）且变异也十分缓慢，看上去十分符合理想时钟分子的条件。但是，雅荷雅（2003）指出，一些研究表明，这种分子在生物中表现出难以置信的变异：两种不同爬虫间的差异，要比鸟与鱼或鱼与哺乳动物的大，同一鸟类分子间的差异，比这类鸟与哺乳动物的还要大；此外，看上去相似的细菌，在分子中的差异，要比哺乳动物、两栖动物或昆虫的大。类似的例子应该举不胜举！

最近通过对一种能在接近沸点温度下生长的超嗜热菌（*Aquifex aeolicus*）的基因组序列测定发现：①如果用FtsY（参与细胞分裂调控的蛋白质）作为分子计时器，该菌与Woese进化树上位于细菌分支的枯草芽孢杆菌（一种土壤细菌）相近；②如果以一种参与色氨酸合成的酶为标准，该菌应属于古菌；③如果选择合成胞苷三磷酸的酶时，则古菌不再形成独立的一群。因此，不同的基因似乎在讲述不同的进化故事，而这不同的故事也似乎与进化的时序性并不那么紧密相关。

Denton（1985）指出，“在分子水平上的每一生物种类都是独特、孤立的，并且与任何媒介没有关联。因此，像化石一样，分子没有给长期寻找难懂的中间形式的进化论生物学家以证据……在分子水平上，任何生物体没有可以比作‘祖先’、‘原始’或‘高级’的亲缘关系……无疑，如果这些分子证据在一个世纪以前存在的话……器官进化的观念也许根本不会存在”。

再回到16S rRNA（或18S rRNA），难道它们果真如此神奇吗？笔者认为，如果没有绝对时间的进化矫正，它们充其量只能在有限的范围中提供一种系统发育关系或进化的极为有限的参考，对共同祖先周围的基部类群尤其如此。

3. 基因转移与丢失的捣乱

生命的系统树还面临一些其他的棘手问题。例如，不同物种之间的基因水平转移（horizontal gene transfer）可能使现在的系统树相互交叉（这在结构简单的原核生物中更是问题）。此外，像在一些真核生物（如寄生虫）中发生的基因丢失现象难道就不在原核生物中发生吗？再就是关于真核生物的起源问题，这依然是生命科学的最大谜团之一。但目前至少在一些真核生物细胞器的起源问题上基本达成了共识，即按照内共生学说，线粒体可能起源自好氧的变形菌门细菌，而叶绿体则起源自蓝细菌，这些细胞器有单独的基因组，但一些蛋白质（如在叶绿体内）的合成仍然依赖于核基因，这表明细胞器基因组与核基因组之间存在整合或交换，这其实与基因的水平转移并无本质差别。从根本上说，基因的水平转移、复制、丢失等就是一种谱系痕迹的改写、擦除或毁灭过程。

此外，系统树的准确性似乎还受到体制可塑性的影响。体制可塑性越大的生物类群（简单的原核生物），在系统树中就越有可能是盘根错节的，而体制可塑性越小的生物（复杂的真核生物）在系统树中就越有可能是泾渭分明的。因此对变异速率快的原核生物来说，现存的系统树可能根本不能反映什么真正的演化关系，说不定充其量只是现存原核生物的基于分子结构相似性的一种归类而已。

4. Woese 对共同祖先假说的修正

20 世纪 70 年代，Woese 利用核糖体小亚基的 rRNA 序列构建了现代生命的系统发育树，但也没能解决共同祖先的起源问题，随着微生物基因组数据的日益增多，人们对基因水平转移对谱系痕迹的可能影响日益担忧，也开始怀疑用这样的分子序列构建的系统发育树是否真正可靠。

为此，Woese（2002）提出了一种新的假说，认为生命伊始之际，至少存在 3 种结构简单而松散的细胞组织形式，它们在同一个环境中生存与进化，通过基因交流，共享进化发明，从这 3 种独立的原始生命形式演化出了细菌、古菌和真核细胞（这是他亲自划定的 3 个域）。他认为，这 3 种生命形式是独立进化而来的，但进行了基因交流，现代细胞的组织形式代表了一种嵌合关系（某些情况下

3 种细胞类型的两者高度相似，而另一些情况下又差异很大），而这正是它们以截然不同的组织形式开始的证据，在随后的进化过程中，它们进行了频繁的遗传“交流”与“互换”，终于合而为一。

Woese 说，“随着细胞的结构越来越趋于错综复杂，终于到达一个完整细胞结构出现的关键点”，而他称这个关键点为“达尔文开端”，即自这一时间开始有了系谱的线索，也就是物种起源的开端，在此之后，所有特定细胞类型的组织结构在进化过程中只有微小的变化发生。

Woese 说，“如果我们禁锢于达尔文的思维模式，就不能指望对细胞进化作出真正正确的解释……生物学超越达尔文共同起源假说的时代已经到来……共同起源学说以及任何共同起源学说的‘变种’都没有抓住要旨，即细胞产生的进化过程的本质——动力学”。他甚至宣称，地球上细胞进化的驱动力来自基因的水平转移，即获得外来细胞的组成成分（包括基因和蛋白质等）来促进自身细胞实体的进化。

不难看出，为了维护他所创立的三域理论之完美性，Woese 真可谓煞费苦心，他极其主观地将根本性的变异定格于 3 种类型正式确立之前，而将之后所发生的变异规定为对体制的影响微不足道（依据何在呢?）！进一步，他提出来应该否定达尔文的一个共同祖先的理论，而主张有 3 个祖先同时起源，这既维护了他自己的理论，同时还有伟大的“创新”！

5. 无法验证的逻辑假定或前提条件

对微小而结构简单的原核生物来说，由于难以找到在形态上可以辨识的化石记录，相应的生命进化树的构建可能只好依赖于一些基本的逻辑假定，即设想在生命的进化历程中，生命机制（无论在什么层次，如 rRNA 的结构或某些生物化学途径）存在从简单到复杂的变化规律，这虽然可能符合绝大多数的物种分化规律（特别是对结构复杂的动植物更应该如此），但是对于可塑性大的低等生物来说，快速变异或退化就是这种关系是否真正能够反映进化历程的最大疑问。人们推测化能细菌最先起源无非是说它的代谢途径可能更为简单，但谁又能提出确凿的证据来否定它从光养细菌退化而来的可能性呢?

人们常常将热泉的化能原核生命（细菌或古菌）作为地球早期生命的遗迹，但是，很多能进行光合作用的蓝细菌也能生活于热泉，此外，海底的热泉生物群落不仅有细菌，还有双壳类、腹足类、虾、水母甚至鱼类。因此，现存的嗜热细菌仅能提供原始生命模型的一种可能性，但未必就是充分必要条件。

6. 共同祖先或许只是一个已经逝去的影子

如果持一种极端悲观的看法，也许在所有现存的原核生物中都没有所谓共同祖先的身影，因为地球生命诞生初期的环境条件早已不复存在，而微生物又是如此地容易变异，留下的也许只是一些稳定性好的构建生命基础的核心基因而已。从这种意义上来说，也许生命树基部的原核生物的位置仅能反映某种分子（如16S rRNA）在结构上的一种相似性而已。如果人们能确认地球早期的环境条件，而且在现在的地球上能够找到它，还要假定这种环境一直延续至今并包含了最早的祖先，而且还要进一步假定这些共同的祖先生物没有发生本质的变化（这其实是不可能的!）……而只有满足了这一系列的条件，我们才有可能十分幸运地找到我们的共同祖先物种，但是，笔者相信这几乎是完全不可能的。因此，关于现在提出的生命树基部的原核生物的位置的正确性是无法得到证实的。

地球早期的原始生命形态在其起源之后能够一直保留至今吗？在真核生物的世界，物种的创造过程是一种绝对独特的事件，绝不会精确重演，否则我们能看到现在的地球上还生存有数百万个不同的物种吗？你能相信那些微小的细菌（或古菌）能够在地球环境的巨变以及漫长的时间长河（大于30亿年）中能够保持不变吗？况且，有人估计，现存物种（容易辨识的类型）的总数，只不过是地球上曾经存在过的物种总数的1%，那微小的原核生物又会如何呢？

一个物种的寿命到底有多长呢？Raup（1994）统计了17 500属的已经灭绝的海洋动物（脊椎动物、无脊椎动物盒微体化石）的寿命，发现大多数属的寿命在2000万年之内，最长的可持续1.6亿年。但这统计的是属，如果是种的寿命那就应该更短了，物种的平均寿命可能为500万~1000万年（May et al.，1995），也有人认为这个数据约为100万年（Belk and Borden，2004）。而对体制可塑性大的原核生物来说，种属的寿命可能会更短（个体的寿命也是如此）。细菌（古菌）可能是以一种基因频繁的交流与重组（维持流动性强的公共基因库）来实现对环境的适应的，因此，现在的这些物种也许就是微生物这个超级泛种在特定的生存环境下的一组临时演员罢了，或许历史上曾出现过无数这样的物种组合。不要相信现在的这些微生物就是30亿年前的祖先！当然，这也是一个无从证明也无从证伪的假设。

但是，这并不是说我们不要去探讨生命的起源，而是说我们不必受现在已有的进化树的束缚，而应该去尝试新的探寻之路，去寻求新的逻辑原理。例如，关于生命的共同祖先是光养还是化养的问题，能否从生态的视角来进行考虑呢？光能遍布世界的每一个角落，而且是永不停息的能量驱动机制，能在数亿年的时间尺度上持续地推动进化过程；而相比之下，能够驱动生命起源的化能环境可就非常局域了，能够形成如此长时间尺度的稳定进化环境也是难以想象的。因此，生命的光养起源为何就不可能呢？

结　语

生命是一种能量（主要是太阳光能）驱动的物质性实体，它以自身的变化去应对生存环境不可预测的永恒变化。任何生命都是由不计其数的有机和无机的分子按一定的原则聚集而成，当然一些有机分子可能变化较快，而另一些有机分子则可能变化较慢，人们常常将这种缓慢地变化称为“保守”。虽然古罗马诗人卢克莱修（1981）说过，“离开了事物的动静，人们就不能感觉到时间本身”。但是，能否用某种动静来准确地把握时间则又是另一回事了。

人们期待着能够通过一些广泛分布、足够复杂且相当保守的分子（如细胞色素 c、16S rRNA）的变异规律去复原物种进化的轨迹，在这里人们期待一种没有导向性的随机变异，而且彼此间的差异随着时间的流逝会越来越大，就像星体大爆炸后碎片飞得越来越远一样。但是，没有哪一种分子只发生完全随机的变化，而一点都不受到指向性环境趋势的影响的，这是绝对不可能的。如果物质的变异具有累积性并能找到其他可靠的时间参照物（如化石），分子钟或许会派上用场（甚至大用场），这是在复杂的大型动植物那里可见的情形。但是，对简单、微小、多变、缺乏变异累积性且没有其他可靠辅助辨识手段的细菌和古菌来说，任何一种分子钟都只可能是对现存物种按一种特定物质结构进行的归类，就像林奈那时的分类学一样，在这样的情况下，从任何一种分子的动静都不可能准确感知时间的轨迹本身，因此也就不可能复原准确的演化路线。

因此，相信存在任何这样的神奇分子能够厘清系统发育树基部类群之间的进化关系的人，只能是掩耳盗铃。而且，细菌（古菌）以如此之快的速率进行着基因的变异、转移与混合，加上原始地貌已面目全非，原始大气已荡然无存，因此，30 多亿年前的 LUCA 早已被不可唤回的岁月带走了（要么已悄然绝迹，或者改头换面了）。因此，笔者相信，无论是过去、现在还是将来，即便是给予膏田沃野，这样的努力也扎不下任何希望的根须，更闻不到醉人的芳泽，而收获的只会是荒芜与悲戚！

第十二章　生命起源在光合系统的进化中启程

宇宙的每一种元素都积极地与其他的元素编织在一起：在它本身之下，借着一种奇异的“结合”现象使一切低于它的有机物能在某一个焦点上汇聚共存；而就在它本身以上，它们是被高一层次的统一性所影响，受更高次序之支配操纵，走向高层次统一性的目标

——德日进（Pierre Teilhard de Chardin，1859～1941 年）

形成有关生命整体的概念，这不可能是将一些简单的概念结合起来，而生命本身在其进化过程中已经将这些简单的概念留在了后面。局部怎能等于整体？内容怎能等于形式？生命运作的副产品又怎能等于运作本身呢？

——柏格森（Henri Bergson，1881～1955 年）

生命到底是如何起源的？这是生命科学尚未解决的终极难题。从古希腊一直到现在，从哲学家到科学家，人类从未停止对这一问题的思考。除了神创论或外星起源论者外，现在的基本共识是生命是地球环境演化的产物，更具体地说，生命的起源是通过化学的过程来实现的，就如达尔文和恩格斯等曾经预言的那样。

细胞是物质世界从纯粹的化学性迈向复杂的生命性的标杆。细胞也是能够进行自我复制与分裂的独立的生命实体，迄今为止，关于其超微结构、化学组分、生物化学与遗传过程等的研究资料或专著之多，真可谓汗牛充栋、浩如烟海。但是，关于简单的有机分子是如何发展成细胞这样的关键而核心的问题，却鲜有涉及，依然是未解之谜。哲学家德日进曾形象地说过，“细胞的研究像是一个上弦月，只照亮了它与高等生物关系的那一面，而把另一面（我们称之为前生命的那一面）遗落掉，任它漂泊在黑暗中了……虽然把细胞从其他物质的结构中分离出来以后似乎十分伟大、十分奇特，但它终究是与世上其他东西一样，除非被放到一系列过去和将来的演化线里，它便不能被‘了解’……”（de Chardin,1955）。神创论者詹腓力（1999）幸灾乐祸地说道，“要解释当初生命如何开始，最基本的难题是生物的结构太复杂。仅从理论上来说，除非生物已经存在，否则达尔文式的选择毫无设计功能……但是化学元素却不会产生后代，因此必须要有化学作用来让‘繁殖’与‘选择’发挥其功能”。

最初诞生的这些微小的单细胞生命实体几乎不可能留下可以像多细胞（特别是肉眼可见）动植物那样能够进行辨识的化石痕迹，这是解析生命起源之所以困难重重的根本缘由。这样，人们只能从对现代原始生命的解析中去探寻在那蛮荒

邈远的远古（距今30多亿年前）所发生的生命起源的可能过程，因此，也只能借助于一种想象远多于事实的逻辑推演。那么，如何才能在迷雾朦胧中拨云见日呢？笔者很欣赏德日进的一句名言："我所探测的不是过去'本身'，而是描绘出一个站在演化顶端的观察者所看到的"（de Chardin，1955）。

在本章中，笔者将勾画出生命起源的可能途径，请不要期待能见到一个精确的形而上学的模式，但我也不希望只是对那渺茫终点或朦胧雾影的一种忘情憧憬，而期待着是一种根植于科学事实与逻辑推理的客观而独特的透视，当然，笔者也无法自诩这一定就是真知。让笔者借用歌德在"永远"一诗（创作于1784年）中留下的一句名言来自勉吧，"智者在独思之时以及诗人只能从美丽的幻想见到光明"。

一、关于原始生命创造的动因

1. 业已消失的证据

《生命起源的七条线索》一书的作者凯恩斯·史密斯（1995）说，"一个进化过程曾于从前某个时间开始，但现在却似乎已不再有任何进化过程的新的开始。生命之树目前已枝繁叶茂，但这样的树却显然只有一棵，在同一个场地甚至没有任何近代幼苗存在的迹象。那么，为什么现代或近代自然发生的迹象均不存在呢？……假定大自然的规律40亿年前与现在并无任何区别，那么这样的有机物，即那种我们称之为原生有机物的东西，为什么现在却找不到了呢？为什么我们对此一无所知呢？这是不是因为地球上总的环境已经改变的缘故？是不是因为产生并维持最初的生命火花所需的条件已不再存在？这是一个标准答案"。

达尔文曾说：有机物不再重新自然产生，因为任何新的生命形态会被已经进化的生命形态迅速吃掉，这样的观点也许可以解释为什么在生命之树的周围没有明显的、发育完好的幼苗存在（凯恩斯·史密斯，1995）。Coll 和 Stalport（2011）悲观地指出，"地球只有1%的表面是20亿年前的，而板块构造运动使生命起源的前生物印迹都无法挽回地消除了……现今，我们没有任何一个已知的理化过程可以明确解释地球上生命的出现。在太阳系中没有有任何意义的比较点，我们不幸遗漏了有关无生命的化学组分向最简单的有机生命体转化过程中所必需的条件。另外，地球的地质学记录没有提供任何有关这种转化的直接线索。地球也没有为我们提供确切的参考证据……"。

看来，这似乎是一个不容怀疑的事实，即地质运动和生命进化的联合作用已经将地球早期生命得以诞生的那个可能与现代十分不同的环境几乎彻底地改造或毁灭了，即使没有被地质运动毁坏的地方，在现在这样的一种独特的氧化环境加上极为活跃的生物群落对生源要素的快速周转中，远古的原生有机物，即使能够偶然出现，也容不得它们能够逗留如此之长久的时日以便能进入曾经有过的那种极为缓慢的起源与进化过程了。

凯恩斯·史密斯（1995）说，“我们又如何能够描述进化最初阶段的情形呢？我们当然无法确切描述当时的情况；因为各种环境细节都已失去。但原则还是可以理解的，我们应该能理解激励进化的种种情况以及进化可采取的方向”。笔者很赞赏他的这种原则性的说法，虽然笔者完全不能赞同他在《生命起源的七条线索》一书中提出的关于生命起源的假想路径！

2. 生命的冲动

哲学家柏格森（1907）指出，“无机材料的阻力是生命运动首先需要克服的障碍。通过谦卑的屈服，通过使自己变得非常弱小驯顺，屈从于物理和化学的力量，甚至情愿与它们做一段同行，如同铁路岔道暂时采取了与它正努力与之分开的铁道相同的方向，生命似乎已经成功地克服了这些障碍。对于这些以最简单形式出现的生命现象，很难说清它们是否依然是物理现象和化学现象，或者它们是否已经是生命现象。因此，生命便不得不服从无机材料的习惯，以便一点一点地（实际上是磁化）将它吸引到另外一条轨道上来……最先出现的有生命形式全都极为简单。它们也许是些不具分化的原生质小块，其外观近似于今天观察到的变形虫，但它们却具有大量的内在冲动（push），这种冲动会将它们提高为甚至是最高形式的生命。很有可能，正是依靠这种冲动，最初的有机体才极力生长起来”。

柏格森从一个哲学家的敏锐视角，勾勒了（虽然只是粗泛地）物质世界从无机的物理–化学性走向具有内在冲动的有机生命性之演化情景，这样的见解颇为精深独到，发人深省。但是，这种内在冲动到底为何物呢？似乎为了避免完全陷入活力论的说辞，柏格森这样解释道，“有机材料的扩展有一个限度，而它很快就达到了这个限度；超过了某个点，有机材料就不再生长，而产生分化。生命要通过这个新障碍，大概必须依靠漫长的努力和非凡的精明。它成功地引进了数量不断增加的元素，为分化、为保持整一做准备。通过劳动分工，生命在这些元素之间系上了解不开的结”。那试问，为何会这样呢？或者说什么驱动了这样的过程呢？除了折回到冲动，柏格森似乎别无他途。

3. 用达尔文的理论来解释化学进化的动因

进化就是一步一步地去占领空的生态位——这是达尔文解释物种进化的思想。凯恩斯·史密斯（1995）说，“有机物不只是自行进化，它们还受周围的环境，即各种具体威胁和机会的驱使而走向进化……我敢说多数原生有机物会待在环境宽松的地区保持未进化状态。但问题是为什么其中一部分却选择一条比较困难的道路呢？人们也许会问为什么有些动物会从大海来到陆地（陆地的生存环境比大海苛刻得多）？为什么鸟类的祖先会飞向空中？为什么我们人类的祖先走进林中？为什么我们迟早会定居于火星？显然这并非完全是为了容易生存，因为无论哪种情况都需具备大量的复杂的技术。但如果具备了这种技术，那些拥有技术的有机物就会发现新的机会。有机物逐步占领环境，一个比一个困难的生态龛，获得在其他东西无法存在的地方生存下去的手段，这显然是进化的一个重要方向。这种现象与有机物是否具有天生的野心这一问题无关，而是自然选择在复杂的多相的世界中作用的结果”。但是，大自然究竟是如何用简单的有机物制造出具有独立个体性的生命的呢？原则性固然重要，但更重要的是如何基于抽象的原则性去合理地解释关于生命起源的可能技术途径（虽然不可能达到细节的程度）。

4. 自组织论

早在20世纪二三十年代，苏联学者奥巴林就认为，前细胞结构是在原始海洋中经过比较简单的非生物途径起源的，由有机物组织起来的一种生物，它是导致生命体系诞生的出发点。这种生成物在空间结构方面必然朝着结构复杂化和完善化的方向进化；在时间协调方面，必然朝着使内部发生的诸过程有一定秩序的方向进化（原田，1978）。这实际上就是现在称之为“自组织”的过程。

考夫曼等认为，拥有大量的相互作用成分的一些系统会本能地组织成有条理的模式，有时复杂系统能得到几个模式，而系统的“紊乱”可引起系统从一种模式转换成另一种模式。例如，生命起源以前浓汤般的东西中的化学物质能使自身加入复杂的代谢途径，而不同细胞“类型”之间的转换是复杂系统的一种紊乱，是一种自我组织的结果（贝希，1998）。考夫曼（2004）说，“在讨论生命起源的时候，我们看到，在分子物质和催化剂的多样性临界处，相变发生了，其中被催化的反应形成了一个巨体系的部分。分子物质则从实际基组流向了持续膨胀的相邻可能”。但笔者对这种看法的疑问是，如果不在相对独立的细胞之中，这又如何能够发生呢？

贝希（1998）对基于复杂理论的自组织生命起源观进行了猛烈的抨击：“一开始的时候，复杂系统是以一个数学概念描述计算机程序的行为，而且其支持者们还没有能够成功地把它与真实的生物联系起来……复杂理论的支持者中还没有哪个人走进实验室，将各种各样的化学品放入试管中进行调配，看一下自给的代谢途径是否能自动地组织起来……复杂理论也许会为数学做出重要贡献，而且也能为生物化学做出一定的贡献。但是这一理论却无法解释作为生命基础的生物化学结构的起源。甚至用不着尝试”。

5. 套盒理论

①何谓套盒理论？

凯恩斯·史密斯（1995）说，“人们经常用层次来描述不同的组织结构。有些地方被看成是表层结构，另一些地方则是较深层次的结构，还有一些地方则是中央结构。这是一种套盒隐喻。按照这种隐喻，整个组织被认为是一种盒中套盒的结构。在这种结构中，外层子系统基于里层子系统，所有系统基于中央核心”。他认为地球上所有生命的中央生物化学系统都是套起来的，即从里向外进化，新的盒子在外层形成。接着，他这样来说明这种设想的合理性的：“地球生命形态的多样性主要存在于表面，越往里多样性越少。在中心多样性则不存在”。他说，达尔文在《物种起源》一书中也阐述了这个论点，即有机物新近进化而成的特征确实已发现在很多情况下比已存在很长时间的特征具有更大的可变性。他通过设想的两种不同的组织方式来说明早期进化事件的不同次序。

② 控制结构

一种方式是从组织的控制结构（需要什么来控制什么）来进行推测，脱氧核糖核酸是生命的最初物质。凯恩斯・史密斯（1995）认为，在“这个中央内核中最里面的盒子应该是脱氧核糖核酸。盒子里装的是有机物的精髓，即最后的控制者，也是遗传信息。在这个盒子的外层是核糖核酸盒，再外层是蛋白质盒以及与蛋白质活动直接形成的产品或多或少相对应的盒子，即一种膜一样的远程控制结构。这种分层很容易看清楚，其方法是通过提出这样的问题，即需要什么来控制什么？对这个问题的答案总是归到脱氧核糖核酸，这意味着脱氧核糖核酸最早形成”。

这种控制结构按何种情景来进化呢？凯恩斯・史密斯（1995）说，“现在假定你已有能进化的脱氧核糖核酸分子，这时你就可设想这些分子中的信息可借以产生效应的其他方式，如对氨基酸等其他类分子产生间接影响以及将氨基酸结合在一起合成蛋白质的能力。控制结构就是这样通过不断向外发展，即通过不断从里往外套盒子的方法不断累积，最后形成中央内核。在这之后，控制结构继续往外发展，形成新的外层盒子并创造出千变万化的间接控制手段，通过这些手段，脱氧核糖核酸设法达到传播自己的目的”。但是，他认为早期地球上核苷酸的存在十分困难，因此，认为这种途径难以存在。

③ 供应结构

另一种方式是从组织的供应结构（需要什么来制造什么）来进行推测，最初的物质可能是一种相当简单的、不含氮的、类似二氧化碳之类的东西。凯恩斯・史密斯（1995）说，“有机物中央内核的这种供应结构在有机物的主要代谢途径中或多或少均能发现。这些代谢途径是关于合成或拆开某些微分子成分的工序排列次序。这些微分子成分包括氨基酸、核苷酸和类脂化合物等，它们都属于生命共有的‘生命分子’……处在最中心位置的中间分子又是些什么东西呢？这些分子约有 12 种，每种都含有碳、氢和氧等元素，少数还有磷酸盐……令人奇怪的是，在这些地区却没有氮原子。这是供应结构与控制结构之间一个显著的不同。在控制中心，即在脱氧核糖核酸、核糖核酸和蛋白质中，氮可以说是无处不在……如果我们在供应结构中也想要某种相当于脱氧核糖核酸的东西，即如果我们想在一组套起来的盒子的最里层放上某种物质，那么，我猜想这种物质应为二氧化碳。这种猜想的根据不是因为二氧化碳是所有有机物所需的碳的直接来源，而是因为它是植物的源泉，因而也是所有有机物的最终源泉”。

这种供应结构按何种情景来进化呢？凯恩斯·史密斯（1995）说，“二氧化碳总是处于供应结构的中心，然后才是核苷酸，再然后才是核酸，即脱氧核糖核酸和核糖核酸。进化总是按照正常的从里向外的方式进行，即从简单产品向复杂产品进化。脱氧核糖核酸控制结构也是从里向外建造而成，但整个建造过程却很晚才开始，即直到结构内部能供应核苷酸之后才开始……但在哈特曼看来，这个S假说带有一个必要的附加条款。由于没有可被复制的信息，即没有可被一代一代复制、再复制的方法，代谢途径及其他任何东西的进化都不可能发生，因此，任何种类的有机物都必须具有遗传物质。如果这种物质最初并不是核酸，那么它必定是某种别的东西。既然如此，我们就必须假定，在核酸为中心的控制系统形成之前存在另一种控制系统”。这样，又回到了问题的原点，供应结构还是离不开控制结构，于是凯恩斯·史密斯不得不试图去寻找另一种原始的遗传系统——晶体基因，他认为最初的有机物本质上是一种无机晶体，而不像现在的有机物那样是有机分子。这真是荒唐至极！

依笔者之见，套盒理论只不过假设了原始生命组织的两种可能的发展模式罢了，而它本质上则可以解读为到底应该是“遗传在先”还是“代谢在先”这样的问题（类似于“核酸在先”还是“蛋白质在先”这样的悖论）。凯恩斯·史密斯根据现代生命细胞中的控制（遗传）或供应（代谢）结构特点勾勒了两种进化情景，多少有些主观地假定了一种从里向外的发展模式。但是，他并未解释清楚最初的控制结构或供应结构是如何起源的。归根结底，这是因为他并不知晓引领生命起源的真正原因，也不知道生命存在的真正目的。

6. 智能设计论

贝希（1998）认为生物化学系统是一种智能设计，他说，“智能设计的结论很自然是来源于数据本身——不是来源于圣典或宗教信仰……什么是‘设计’？设计只不过是对许多部分有目的的安排。以这样一个概括性的定义，我们能够看出任何东西都可能是设计出来的……所依据的是相同的原理：单个成分的按序排列以取得可证明是同一的功能显然要依赖于各个组成成分……不同部件按顺序组合所完成的功能远比单个部件完成的功能强得多”。贝希又说，“一个系统的功能是由其内在的逻辑性所确定的：设计者往往希望通过应用某一系统达到一个目的，而这一目的并不一定与功能相同”。他所举的智能设计的例子之一就是AMP

的合成，他说，“由于需要如此之多的连续步骤才能制成 AMP，又不是用媒介物，而且我们的化学知识完全不会同意缺乏指导的途径生产，AMP 途径设计的例子看起来好像十分有力”。

贝希（1998）试图“证明为什么那么多生物化学系统不能够通过研究变种的自然选择的方式建立起来；对这些不可降低复杂性的系统来说，不存在直接的、渐进的途径，而且化学法则在强烈地阻止生物化学系统（如生成 AMP 分子的系统）的无计划发展……随着结构变得越来越复杂，越来越相互独立，渐进主义的障碍也越筑越高”。笔者想问贝希先生，您这个所谓的“不可降低复杂性的系统”既不是直接的又不是渐进的，那是什么呢？有何证据说复杂性与渐进性会渐行渐远呢？

贝希（1998）说，“对一个严密的设计假设来说，模糊的感觉从一开始就一直是其主要的敌人，这种感觉就是设计必须适应事物本身的发展才能证明其构思的可行性”。

看看针对细胞膜问题，贝希是如何解释他的智能设计的。贝希（1998）说，组成细胞膜的“分子与我们洗衣服刷盘子用的洗涤剂很相似……当洗涤剂分子置于水中时，它们往往相互结合。这种结合的最好例子是我们用洗衣机洗衣服时所见到的搅动产生的泡沫。泡沫由非常薄的洗涤剂液层组成（加上一些水），分子在液层中一个挨一个地挤在一起。泡沫的球面形状是由于表面的张力的作用形成的。表面张力将泡沫的面积减少到最小以容纳洗涤剂。如果将分子从细胞膜中取出加以提纯，使其脱离细胞的其他成分，然后溶于水，这些分子就会挤在一起形成一个封闭的球面形状”。贝希是一个智能设计论者，他说，“由于这些分子是靠自己的力量形成泡沫的，分子的缔合是无选择的，单一的分子又没有必要形成膜，所以很难从细胞膜推知智能设计”。

那试问，如果没有细胞膜，能有今天无限多样的生命世界吗？如果真有如贝希所说的智能设计，那第一个需要解释的就应该是细胞的起源问题。依笔者之见，可能正是由于脂类分子的这种自发的化学缔合性，才为球形的细胞膜乃至复杂细胞的进化铺垫了基础，这样的化学特性对原始细胞的自发形成来说是非常重要的一个前提。借用凯恩斯·史密斯对黏土晶体的所谓“零技术”的说法，笔者认为脂类分子的这种自行组合特性也是一种“零技术”，代表了这些物质在特定地表环境中想要组合的方式。

贝希（1998）认为，“复杂理论目前不过是一个幻象，而且分子的已知化学性能与此设想完全不符”。那试问贝希先生，您是如何解决这一问题的呢？您恰恰忽视了最有希望的客观化学性，却去盲目地信奉一个没有“实体”设计者的智能设计，其结果只能是换了一种不同面孔（装饰）的自组织罢了，而且更容易走向神创论。

还要问贝希先生，一个没有明确目的的智能设计会是一种怎样的设计呢？就像达尔文的自然选择面临的问题一样，谁来选择呢？自组织论者和智能设计论者的一个共同之处都是忽视了生命起源之内在目的性的明确存在，这也是两种学说都存在的一个根本缺陷。

7. 神创论

一些人高举神的权柄，既反对从无机界向有机界的过渡，也否认细胞机制可由此而生。神创论者雅荷雅（2003）宣称，“进化论者认定生命偶然形成。根据这个主张，无生命、无意识的原子聚集到一起形成细胞，随后，原子又形成了其他包括人在内的生物。此外，在桶里也加入正常状态下不存在、但他们认为必需的任何材料；让他们在这一混合物中尽可能多的加入氨基酸（在自然状态下氨基酸不可能形成）和蛋白质……让进化论者在大桶里放置大量组成生物体的磷、氮、碳、氧、铁和镁等元素……让他们按喜欢的方式加热、加湿该混合物，并用任何技术先进的设备按喜欢的方式搅拌之；再让最著名的科学家站在桶的旁边；让这些专家在桶旁等候 10 亿、甚至万亿年，自由地利用他们相信人类形成时所必需的各种条件……无论他们怎么做，也无法从这些桶里生产出一个人来。他们不能生产类似于长颈鹿、狮子、蜜蜂……数百万种其他的生物。的确，他们从这些物质中，甚至得不到一个单一的细胞……一句话，无意识的原子不可能集合而形成细胞，也不可能作出新的决定并将该细胞一分为二……物质是无意识、无生命的堆积”。当然，雅荷雅所说的我们现在连一个小小的细胞都无法创造出来也是事实。但是，生命的复杂性并不能否认生命起源的物质性，也不能否认生命从单纯的无机性向有机的意识性进化与跃升的事实。

二、关于第一个细胞诞生的猜测

de Chardin（1955）曾说，“细胞是‘生命自然的微粒’正如同原子是简单元素物质的自然微粒一样。因此要知道生命如何转成并决定其精确的性质，那么我们便应该设法了解细胞”。

1. 第一个细胞——生命起源最大的难关

因为所有的生命都是由细胞组成的，或者说，细胞是生命存在的基本单位，因此，如果我们知道了细胞是如何起源的话，关于生命起源的问题就可以得到最终的解决。因此说这是生命起源的最大谜团之一一点都不过分，但是，迄今为止，还没有令人信服的答案！

或许我们可以想象这样一种从简单到复杂的细胞进化模式：首先是简单有机物的进化，接着是形成细胞膜的脂类、蛋白质和核酸等的进化，最后是细胞膜的进化，即由非亲水性的油性物质形成油滴，进而与蛋白质和核酸等形成混合体，直到功能性细胞膜及原始细胞的成型。这是生命从简单化合物进化到个体性细胞的诸多可能模式之一，不过是一种猜想罢了。为何是这样的模式呢？还有，到底是何种神秘的力量驱动或诱发了这样的生命起源与进化事件呢？

2. 来自神创论者的批判

雅荷雅（2003）不相信第一个细胞能够诞生，他说，“即使这个细胞能存活一会儿，但最终会死亡；死后将一无所留，一切将恢复到原来的状态。这是因为，缺乏遗传信息的第一个活细胞不能繁殖，也不会开始新一代细胞。生命终止于死亡”。如果生命只是偶然，那笔者相信雅荷雅的说法，其实第一个细胞只是一种说法的象征，在真正的细胞诞生之前，肯定是在方向性选择的背景下经历了无数类细胞体的形成与死亡过程的洗礼之后才得以实现的，否则，在如此巨大的地球表面，一个肉眼都难以辨识的极其微小的细胞体的出现怎会花费了数亿年的漫长岁月呢？

3. 现代生物的细胞膜结构

让我们来看看现代生物的细胞膜结构吧。一般来说，细胞膜由磷脂质分子以双层排列而成，每个磷脂质分子都是双性分子，具有亲水头端和疏水尾端，双层磷脂质分子的亲水头端皆朝向水相，疏水尾端则两两相接埋于膜内，此外，膜上还镶嵌有各种类型的膜蛋白以及与膜蛋白结合的糖和糖脂（图 12-1）。但是，磷脂分子结构太复杂，即使在某些前生物条件下能够合成，仍难以相信这样的分子形成了第一个原始细胞（Luisi，2006）。

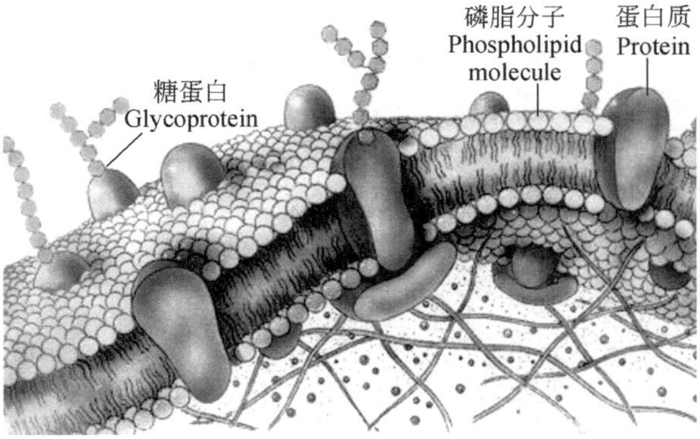

图 12-1　细胞膜的结构（引自互动百科）

如果撇开现代生物细胞膜的复杂结构，那么最简单的双脂层结构是否具有自然形成的基础呢？回答是肯定的，即在水溶液中，脂类物质可自动装配成双脂层的囊泡结构（也称为脂质体），这就意味着可能发展为细胞的这种囊泡结构并不需要所谓的“设计”外力，它是一种化学本性。考夫曼（2004）指出，“脂类是双脂层，可以降低到一种低能结构……脂类分子一端具有疏水性，一端具有亲水性。顾名思义，亲水性自然是喜欢水了。结果在水环境中，往往脂类所形成的双脂膜，其亲水的一端朝着水溶液，而疏水的一端则远离水溶液。其实，若你取一些胆固醇，或其他的脂类，或类脂的分子，并将它们溶解在水里，它们则会自发地形成双层膜囊泡”。

4. 曾经的主要学说——团聚体学说和微球体学说

一般认为，原始地球上通过非生物途径所合成的有机化合物可能被蓄积在原始海洋中，形成所谓的“有机汤”，但如果这种有机汤一直以溶液的形式存在，就不可能向原始细胞发展，除非发展出一种新的体系，它是一种从有机汤中分离出来但与液相不同的相，并有一定的边界，这依赖于高分子物质能够形成结构的特性，这是在低分子物质中看不到的，是高分子物质获得的一种能够自我装配的新性质（原田，1978）。

前苏联学者奥巴林（A. Oparin）提出了关于生命起源的团聚体假说（Coacervate Theory），他认为，发生在海洋原始汤中的有机物反应是杂乱无序的，而在团聚体中的反应则提高了一步，是在有序水平上进行的，它并非处于静态的热力学平衡，而是与外界发生着作用，是一种处于动态稳定状态的化学开放体系，即外界物质不断进入到团聚体系统中，并在其中进行化学反应，生成物又不断排到外界，体系内的化学变化由于物质的进出速率的均衡，而把整个体系维持在一定水平的稳定状态上。之后，进化出原生体（protobion），是一种比团聚体更高度组织化的体系，最后才产生了原始生命（原田，1978）。奥巴林在团聚体学说中表述出的一些思想具有广泛的影响，虽然它对细胞的形成只是勾勒出了一个概略性的轮廓，并未回答为什么会如此，因此，它本质上只是对生命自组织特性的一种叙述而已。

在奥巴林的团聚体研究中，所用的胶体物质全是由生物制成的天然物质，如果能用非生物途径产生的聚合物那当然更好。而美国学者福克斯（Fox et al.，1959）等用各种氨基酸的混合物在干燥无氧条件下加热到160～170℃得到了高分子聚合物，称为类蛋白质（proteinoid），表现出一定的酶活性。他们将这些类蛋白质加热溶解于稀的盐溶液，冷却后发现了无数球状的颗粒，称为类蛋白质微球体（proteinoid microsphere）。因此，他们提出了微球体学说（microsphere theory），将其看成是原细胞的模型。

但是，从科学上来说，微球体学说比团聚体学说并未前进多少，两种学说都回避了作为独立细胞体存在的一个最重要的前提——膜的形成问题，而只是强调了蛋白质能够自动聚合（或组织）成球体这样的性质。

5. 囊泡学说

现在一般认为，团聚体学说和微球体学说都只具有历史意义，因为现今对原始细胞起源的研究多转向囊泡，即所谓的囊泡学说（vesicle theory）。这主要是基于这样一个能自然发生的现象：当特定的两亲分子分散到水中时，会自发形成脂质体及其他类型的囊泡（图 12-2）。脂分子通过这样一种自我装配特性，可形成双层半透膜，封闭出一个内部水环境，在环境和囊泡内提供了一个疏水屏障。囊泡的形成造成了三相微观混合系统（内部/边界/外部），从而能够建立化学梯度、大分子分泌、选择渗透性和最重要的细胞类独立性的产生（Stano and Luisi，2011）。

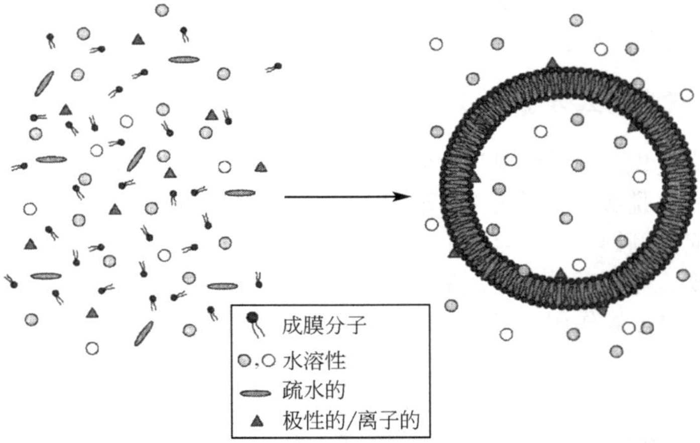

图 12-2　成膜表面活性剂自发自我装配成囊泡，其内腔中的水环境包含水溶性分子。其中任何疏水分子都会定位到膜上；如果在囊泡形成过程中有离子表面活性剂参与，那么带有互补电荷的离子和（或）极性溶质就会吸附到表面（引自 Stano and Luisi，2011）

这种双脂层的结构显然是所谓"相似相容"原理的产物。因为油（非极性分子）和水（极性分子）不相似所以不相溶，其结果就是为了使"水油接触面"达到最小，在体积一定的情况下，球体是表面积最小的几何体，所以油本身最想变成球体。依笔者之见，球形双脂层显然是在特定情况下两性分子聚集成稳定结构的一种必然选择，是一种不需要能量消耗的自发过程，而这种自发性可能是原始细胞自发形成必须迈出的第一步，也是关键的一步。

Stano 和 Luisi（2011）说，"囊泡的多种有利性质都强调了它们在从非生命到生命物质的转变中的重要性。它们的有利性能包括反应物的共区域化、对外部分子寄生物和抑制剂的保护、潜在的表面催化剂、膜中疏水色素的积累、电渗透和化学梯度的维持、大分子的储存、个体性的出现，以及最终形成自我维持的生物化学组织系统。毋庸置疑，脂肪酸囊泡是目前早期结构单元最合理的模型：除了在可能前生物条件下，其脂肪酸单体能够被合成外，这种囊泡还能够由单体自动装配形成，生成半渗透性的边界，主导生物化学反应，自发生长分裂，从而实现自我增殖”。这似乎是在罗列细胞膜的诸多的生理功能，这些都没有问题，问题是它们是如何秩序性地发展而成的呢？

Monnard（2011）也关注到了独立结构（膜）的重要性，他说，“独立结构（使分子与周围环境隔离开来的结构）对保证 RNA 多聚化的过程（如在脂双层结构中描述的那种多聚化过程，在最后的再水化后，会自发地再次装配成囊泡结构，部分包裹 RNA 产物）、高浓度反应物的积累和保持及特定 RNA 的单独进化肯定是必需的”。

与团聚体学说和微球体学说有所不同的是，囊泡学说重点关注了膜的自动形成问题，这固然重要，但它还是解释不了囊泡中的生物大分子（如蛋白质和核酸等）和复杂的代谢系统是如何及为什么形成的问题。

6. 脂双层为脱水的大分子聚合过程提供微化学环境

从化学上来说，在前生物进化阶段，主要生物大分子（蛋白质、多糖和核酸）的聚合都是通过脱水缩合反应来实现的，但是这种多聚化都不可能自发发生，因为都是吸能反应。例如，在水溶液中，磷酸二酯键的标准自由能约为+5.3kJ/mol，因此，为了实现这样的反应，要么单体被化学激活要么得到外能（如热能），无机多磷酸盐才能促进多聚作用，但反应速率很慢（Monnard，2011）。

Monnard（2011）认为，如果假设生命起源时，RNA 最先出现的话，就必须解决在没有酶的催化作用下 RNA 的起源问题。在无水和有水条件的循环变动中，如果热能可以为脱水过程提供活化能的话，是否可以驱动磷酸二酯键的合成呢？脂双层结构是否可能为这样的脱水缩合过程提供一种特殊的环境呢？通过非酶多聚化进行的真正 RNA 扩增，是 RNA 世界产生的奠基石。

Rajamani 等（2008）进行了这样的实验：将溶解在乙醇中的磷脂酰胆碱脂质加入到含有核苷单磷酸的水溶液中，则能自发形成膜结构，然后加热并用 CO_2 吹干，形成脂双层膜，在 70～90℃ 条件下孵育 2h，然后将样品再次水化，这样的干燥—加热—再水化过程重复了 7 次。如果样品只含有一种核苷酸单体，AMP（腺嘌呤-5′-单磷酸）或 UMP（鸟嘌呤-5′-单磷酸），就能检测到长度为 50～100 个单体的 RNA 分子，最多占生成的多聚物质量的 10%。AMP 和 UMP 的混合物产生长度较短的多聚物。如果没有脂质，虽然循环数一致，也不能检测到长于四聚体的产物。而在早期的地球上，70～90℃ 这样的环境是完全可能存在的（Lowe and Tice，2004）。

笔者认为，Rajamani 等的实验颇具启发性，它暗示脂质的膜结构可以为在相对温和（不太高的温度条件）的水环境下需要脱水的大分子聚合过程提供合适的微化学环境，这对解释在原始海洋中生命起源早期的生物大分子的脱水聚合可能十分关键。换句话说，如果有机分子的脱水聚合能发生在水溶液中且不需要过高的温度条件的话，这就砸开了禁锢我们思维的一大桎梏，为生命起源的可能场所开辟了无限宽广的空间，特别是我们不再需要钻到极端高温的海底热泉去寻找生命的诞生之地，等等。而且，这为以膜为核心的生命的光养起源也提供了一种环境上的可能。因此，膜对细胞起源的重要意义可能远远超出人们的想象，它可能会使我们品尝到希望的甘露，使被囚笼的思想重获生机，飘然远翔。

三、太阳光能是生命起源与扩展的根本动因

生命从什么缘由开始？这是探索生命起源无法回避的问题。现代的大多数学者都认同生命是化学进化（从无机界进化到有机界）结果的说法，但是，为何会出现导致生命诞生的这种化学变化却没有圆满的解释呢？在关于生命起源这一问题上，没有目的的随机论是一种主流的说法，但是，正如很多人指出的那样，如果仅凭随机，进化出现代生物中的大分子化合物是绝不可能的。虽然生命充满着随机，但笔者坚信，不承认生命演化的目的性，就不可能解开生命起源之谜。

1. 生命开始的缘由——光能驱动下基础化学构件的耦合与演化

众所周知，能量是推动地球上一切化学反应的根本动力，而生命是一种需要能量支撑的物质性实体。另外，宇宙中的一切物质和能量是不灭的。而地表生命所需能量的绝大部分来自太阳光能（少部分可以来自地球内部，如海底或陆地热泉）。可以这样说，没有阳光（太阳辐射能），地球上的绝大多数生命将不复存在。

虽然也有极少数的化能自养菌不依赖于太阳光能，但与几乎遍布地球表面每个角落的光能生物相比，化能自养菌只限于非常局域性的分布。因此，说光是地球上一切生命的核心驱动力一点都不夸张，这样，生命的起源问题就应该归结为光合作用是如何起源的问题上。由于光养生物既有大而复杂的高等植物，也有小而简单的蓝细菌和其他光养细菌，而一般认为进化是一种从简单趋于复杂的现象，因此，生命的起源最终就归结到单细胞的原核光养生物是如何起源这样的问题上了。

地球诞生初期的高温厌氧环境对简单有机化合物的产生及相应的低聚物的形成可能具有重要作用，20 世纪 50 年代米勒等的实验以及太空生物学（特别是陨星）证据支持这样的观点。笔者认为，从简单（包括低聚）有机化合物到包含有一系列功能性生物大分子的原始细胞的诞生这样的漫长历程离不开稳定性的太阳光能的驱动，而光合作用的起源可能最为关键，可以这样说，生命的演化之旅正是在前细胞体的光合系统的起源与演化之中开启航程的！

生命的光养起源需要什么样的基础性化学构件呢？其一，要利用光，就必须有接受、传递和转化光能的化合物，当然，能行使这种功能的只可能是有机化合

物。在现存的光合生物体内，接受和传递光能是由一类特殊的化合物（脂溶性）——光合色素（主要是叶绿素或细菌叶绿素，还有藻胆素、类胡萝卜素等）来完成的，笔者称这类物质为感光分子。因此，可以推测，在前生命的原始汤中，应该存在有构建光合色素的吡咯化合物以及简单的脂类分子等。

其二，仅有这些感光分子，要完成现在生物中哪怕是最简单的光合作用功能都还是不可能的，它们还需要蛋白质的结构与反应支撑，需要核酸的信息记录与传递。因此，在原始汤中，应该还存在有构建蛋白质的各种氨基酸、构建核酸的核苷酸（核糖、碱基、磷酸盐）等，这些生物大分子的基本构建材料应该就是在地球诞生之初的高温、厌氧等环境中由简单的无机化合物自发形成的，或许还有更复杂一些的高分子有机聚合物（如聚氨基酸等)。如果不承认基本生命构件的存在，就会陷入超目的论的误区。

之后，在漫长的地球演化历史中（特别是在炙热的时期或热带地区)，丰沛的太阳光能（包括射线）不断地作用于这些生命构件材料，通过各种各样的氧化还原反应，推动了更为复杂的有机化合物的合成。那些能够吸收、传递与利用太阳光能的复杂有机化合物及反应过程与机构更容易保留下来（按进化论的说法，就是被自然所选择)。

因此，原始生命的起源应该类似于一种积木搭建的过程。如果以一种拟人化的说法，大自然利用太阳光能，从原材料中选择与组合，目的是将光能转化成化学能，并对一些过程和结构不断地进行筛选与优化，最终才能迎来真正独立的生命实体——细胞的诞生。因此，对太阳光能的有效利用就是最原始的生命动机，在这个时刻，生命性还仅仅停留于最原始的光化学性水平。

2. 光合系统的基本构件——在生命前夜的“有机汤”中可能存在吗?

如果生命起源于光合作用的演化，那在生命前夜的有机汤中应该存在构成光合作用机构的物质基础或基本构件，形象地说，就像生产汽车之前需要零部件一样。现代光合作用机构需要的物质基础主要是脂质膜、色素分子、电子载体和能量载体。

①原始光合器官的基本构件

一个最原始的光合系统应该包含与外界有一定程度隔离的脂质膜结构（前细胞体)、膜蛋白（能与光合色素结合而形成色素蛋白复合体)、捕获与传递光能的色素（叶绿素、类胡萝卜素、藻胆素)、构成电子传递链的各种电子载体——叶绿素、细胞色素、质醌、PC、Fd 等（依赖于介质与氧化还原对的还原电位等的组合与优化）以及能量载体 ATP、氢和电子的载体 NADPH。电子载体中有些是膜结合的（如叶绿素、细胞色素 c)，有些能在脂质膜中（如质醌 Q）或水溶液中（如质体蓝素 PC、铁氧还蛋白 Fd）流动性地传递电子。ATP 和 NADPH 是完成光合碳同化（主要通过卡尔文循环）的两个最重要的化合物，不可或缺。当然现代光合生物中还有 ATP 酶，放氧光合生物中还有放氧复合体。

②光合作用本质上是一种膜连锁的过程

太空生物学证据表明存在前细胞脂质膜自发形成的天然基础。在陨石中存在复杂的两亲物质（同时具有疏水端和亲水端），当用氯仿将其从陨石粉末中抽提出来后，它们又能在水中自动地形成膜状囊泡（Pizzarello，2011）。这表明，地球形成初期的岩石中应该存在脂质膜形成的物质基础，只要有机制将它们溶出，就可能在水溶液中形成膜状囊泡，这是形成前细胞体必须迈出的重要一步。

可以这样说，没有膜，就不会有光合作用，更不会有生命的存在。首先光合色素（主要是叶绿素或细菌叶绿素）必须与膜蛋白结合才能进行光能或电子的传递。另外一个重要的电子载体（中转电子的分子）、叶绿素的同系物——细胞色素也是嵌套在类囊体膜中。细胞的能量货币——ATP 也是在膜内外质子梯度存在的条件下合成的。在最广泛的放氧光合作用中，水的裂解也是在膜蛋白复合体（由肽链、叶绿素分子、金属离子锰、Ca^{2+}和 Cl^{-}等组成）中进行的。因此，与光化学反应相关的电子传递、水的裂解、高能化合物的形成等均离不开膜的支撑！

③叶绿素分子和类胡萝卜素

光能的接受与传递依赖于叶绿素分子（镁卟啉化合物），还有藻胆素（一种开链四吡咯结构）和类胡萝卜素（由 8 个异戊二烯基本单位构成），其中最重要的是叶绿素（细菌叶绿素）分子。而早在 20 世纪初，科学家就用乙炔和氰化氢在加热的条件下成功生成了吡咯类化合物，20 世纪中期，科学家在放电条件下，也合成了碳链接近 10 的碳氢化合物，也能在 200～250℃ 以及镍、钴或铁为媒介的条件下，利用 CO 和 H_2生成 n-链烷。因此，叶绿素的前体分子在炙热（接受比现在高得多的紫外线辐射等）的早期地球环境是有可能存在的。

在 Murchison 陨石中存在的芳香环簇（图 7-5）是如此的复杂，暗示像叶绿素这样的吡咯环的自然存在一点都不会让人惊讶，陨石中 C_3～C_{17}羧酸的存在暗示链长约 20 个 C 原子的叶绿醇的前体的天然存在是完全可能的。还有一种可能，即叶绿素分子的这个长脂肪烃侧链也许可以在吡咯环与脂质膜的结合中形成。

在陨石中发现的氨基酸超过了 100 种，如在 Murchison 陨石中发现有 10 种氨基酸与地球上的蛋白质氨基酸相同（Pizzarello，2011）。虽然生命前夜不可能有现存生物体内复杂的蛋白质结构，但多肽链存在还是可能的，因为人们已经在加热的条件下得到了由数十个乃至上百个氨基酸组成的聚合物。因此，叶绿素用卟啉环接受与传递光能，用脂肪烃长链固定于膜蛋白的多肽链，这样的结构与过程并不需要特殊的外力，且在温和的水环境条件下也可能自然发生。

从结构上的相似性推测，叶绿素或细菌叶绿素中的长脂肪烃侧链或许就是由膜脂中的脂肪酸演化而来的，而类胡萝卜素或许就是从磷脂的异戊二烯链变异而来的，事实上，这些脂溶性的色素分子本来就与膜脂密不可分，具有天然的亲和性（相似相容）！因此，在这些重要色素分子的结构上也留下了膜结构成分的痕迹，暗示着它们在光化学系统共演化中的密切关系。

④电子载体

负责进行电子传递（所谓电子传递链）的物质除了叶绿素外，还有质醌、细胞色素、质体蓝素 PC、铁氧还蛋白 Fd 和 $NADP^+$。质醌是对苯醌的衍生物，它有一个侧链，为不同数目的异戊二烯单位（与磷脂中的异戊二烯链在结构上颇为相似）。苯醌类化合物及短链烯烃是可以在高温条件下由甲烷形成的，在陨石或彗星中发现的芳香族化合物比这更复杂，如臭樟脑、菲和芘等，因此，苯醌类化合物在生命起源前应该是可以自然存在的。细胞色素是一类以铁卟啉为辅基的电子传递蛋白，铁卟啉与叶绿素分子中的镁卟啉极为相似，只是螯合的金属离子不同（一个是镁一个是铁）而已，似乎可以认为细胞色素就是由叶绿素衍生而来的。质体蓝素 PC 是一种位于类囊体膜内表面的含有铜原子的蛋白质，可以看成是由简单肽链与金属离子相互作用发展而来的。铁氧还蛋白 Fd 是由一种金属离子铁、无机硫与肽链的半胱氨酸侧链的巯基结合而成的。因此，只要有简单的肽链存在，像 PC 和 Fd 这样的电子载体是容易自然生成的，并在光系统的演化中逐渐得到完善。

⑤能量载体

光化学反应的两个重要产物为 ATP 和 NADPH。ATP——三磷酸腺苷是一种核苷酸，它由腺嘌呤、核糖与磷酸聚合而成，这些都是容易存在的简单分子。例如，在 Murchison 陨石中就发现有腺嘌呤和类糖物质。因此，即便是在前生命时期，ATP 也应该是自然界中可以存在的化合物。ATP 是一种高能化合物，是生物体内的能量货币。光反应最终的电子（+质子）受体 $NADP^+$称为烟酰胺腺嘌呤二核苷酸磷酸，可由 ATP 与烟酸转化而来，而在 Murchison 陨石中也发现了烟酸。因此，生命起源前 NADPH 的自然存在也是完全可能的。

光能的传递和转化是光系统的核心，这中间贯穿的是电子的流动和质子的转移，而最初的目的就是为了生成 ATP 和 NADPH，这也是光系统是否成型的重要判别标准。细胞色素与叶绿素相似，是膜结合电子载体，质醌是脂溶性电子载体，能进行跨膜电子传递，而 PC 和 Fd 则是水溶性载体，一个位于类囊体膜内侧（腔内），一个位于内囊体膜外侧，光化学反应的电子最终传到了 $NADP^+$，并通过类囊体膜内外的质子（H^+）梯度，合成了 ATP。

抛开现今极为复杂的遗传信息承载和蛋白质合成的功能，仅从最原始的可能性考虑，在光合作用起源的最初阶段，核苷酸（或衍生物）可能承担了 3 个重要功能：①能量的货币（ATP）；②电子和质子载体（$DADP^+$/NADPH）；③可能的氨基酸的载体（后来发展到多肽链的合成）。或者说，原始光合作用的功能行使并不需要核酸，但光化学反应的化学能的载体却是核苷酸（ATP）及其衍生物（NADPH）。此外，在利用光合碳同化合成的糖类进一步通过呼吸作用（糖酵解和三羧酸循环）产生的另外两种强还原性物质——NADH 和 FADH 也是核苷酸的衍生物。形象地说，ATP 和 NADPH 恰似驱动生命车轮滚滚前行的发动机。

综上所述，在现存生物中见到的精致而复杂的光合作用机构出现之前，在生命前夜的有机汤中，支撑最简单（起码）光合作用的基本化学构件应该是已经存在的，自然界所做的事就是花了数亿年的时间，将它们拼接成型并不断优化与完善而已。这样的过程既是随机的，也不完全随机，因为它还必须受到方向性（有效的光合作用）选择的约束。换言之，如果这不是一个随机过程，就不必花费数亿年的时光，而如果它没有方向性，那像现在光系统这样的复杂机构或许就根本不可能产生。或者再进一步说，如果没有脂质囊泡的自发生成，没有光合作用的牵引，有机汤怎么可能以及为什么一定要形成细胞呢？没有这，在汤中漂荡，有机分子怎么就不可以呢？

3. 水成为电子供体才是生命得以扩展与蔓延的根本

具有极为复杂的裂解水机构的 PS II 可能是 PS I 演变的产物（虽然有不同的见解）。光是地球上最普遍与无限的能量来源，而水则是地球上最丰富的液态物质，如果将水变为电子供体，那么无限的能源与无穷的电子供应在漫长的时间过程中就会给依赖于膜的光合作用的建立以及由膜构建的个性化的细胞（真正的生命实体）的登场提供必然。不论你认为最原始的生命出现在地表或深海的热泉，还是温暖的水池或海滨，或是一切人们能够想象得到的地方，但是，裂解水机制的获得才是生命得以扩展与蔓延的根本。

生命的奇迹之一就是在光合作用中利用永不枯竭的太阳光能凭借一种温和的酶促反应的方式裂解了极为稳定、极难氧化的 H_2O，并将电子和质子分离。具体地说，水的裂解就是通过与多肽链结合的锰聚集体（还需要 Ca^{2+} 和 Cl^- 配合）、氨基酸残基及水分子之间的配位结合，在光能驱动下，将水氧化与裂解，并释放出电子与质子。

氧化水的成功一方面使水成为取之不尽、用之不绝的电子供体，另一方面又利用膜两侧的质子梯度合成了重要的能量货币——ATP，而且，其副产物 O_2 又几乎是最强的氧化剂，大部分氧化-还原对与之偶联都能获得极大的能量释放。这样的一种化学反应循环使生命的化学涌动得到了最大化的实现，不能不说，生命是一个如此伟大的化学杰作，它将永不枯竭的水作为电子供体，并释放出强氧化性的副产物 O_2。水裂解中心复合体的出现也许就是一个偶然的进化事件，但却受到了强烈的选择。

四、光合作用起源之素描

依笔者之见，再伟大的偶然机遇，在原始地球上细胞诞生的最初阶段，肯定不会有现存生命细胞中发生的如此复杂的代谢途径，这肯定经历了漫长的演化之旅。笔者坚信，地球早期细胞的起源一定源于光合作用这一最伟大的生命活动。

1. 从感光分子到光合色素

前已述及，在尚处于生命前夜的有机汤中，应该具备了形成光合作用最重要的物质，即叶绿素（或细菌叶绿素）的基础——含有 26 个 π 电子的高度共轭的卟啉环及一个能与之连接的长度约为 20 个 C 的烷链（请注意，构成细胞膜的磷脂中的长链脂肪酸含 14~24 个 C，叶绿素分子的“尾巴”或许就来自这样的膜结构成分，虽然这只是笔者的猜想）。这种卟啉分子既能通过共振传递光能，又能传递电子。

可以推测，或许正是它们之间的偶然碰撞在渺茫的概率中顽强而持续地进行着，才有可能形成能够感受与捕捉最后到利用光能的一种机制。现已知道，在现代光合生物中，叶绿素的生物合成过程中的中间产物以及游离的叶绿素分子是可以吸收光能的，这些天生的“感光分子”似乎与生俱来就具有通过光来改造与衍生自我的化学潜能——这不就是最终发展成生命的那种潜能吗？只要有光能的激发，这些分子就会反复地产生，并在无数次偶然的相互碰撞中试探反应与利用能量的新组合，探寻通向叶绿素分子诞生的成功之旅。

当然刚开始肯定不可能会有什么酶的催化，一切可能都是在太阳光能的驱动下的自然的物理化学作用过程。现存生物中，叶绿素的生物合成需经历 17 个酶促反应步骤或更多，但需要指出的是，它却始于一种普通而常见的氨基酸——谷氨酸，这或许具有重要的意义，因为谷氨酸是容易自然形成的常见的氨基酸之一，也是构成蛋白质的主要氨基酸之一。可以推测，可能应该是先有像类似叶绿素这样的感光分子，然后在光合系统的不断优化过程中逐渐形成了用常见的简单组分（如谷氨酸）通过一系列酶促反应来合成叶绿素的复杂但高效的途径。因此，真正的光合作用起源之前，类似卟啉环这样复杂的感光分子肯定不会稀少，但若要持续地满足光合作用的需求，肯定还需要建立从更普遍、更简单的原料来合成的途径，这可能就是我们现在见到的叶绿素的合成途径。这看上去像一种智能设计，但实则是一种方向性筛选的产物。

2. 细胞被膜与光系统的协同演化

在现代生物的光合系统中，所有叶绿素分子必须和蛋白质结合才能行使光能的传递与利用之功能。因此，在真正意义上的光合作用出现之前，在感光分子与多肽/蛋白质之间，必定经历了极为漫长的相互作用历程，而且必须是在相对封闭的条件下，笔者认为那些主张蛋白质和核酸在细胞出现之前就进行了完美的协同进化的说法（像艾根）简直就是无稽之谈！

可能首先必须有细胞被膜的前身——脂质囊泡的出现，这可视为前细胞体。前面也谈过，这样的脂质可能提供了一种有利于通过脱水的聚合反应的微化学环境，这样就有利于氨基酸脱水聚合成多肽链（甚至对核酸也是如此）。因此，当像卟啉这样的“感光分子”连同一些多肽/蛋白质被包埋于这样的囊泡膜之中时，虽然极其偶然但如果能出现相互作用机会的话，也许就能产生出一些类似于叶绿素的色素分子（可能从质膜的长链脂肪酸获取“尾巴”），而这样的色素分子与多肽链之间反复的相互作用说不定就发展成了现在的色素蛋白复合体的前体，后来逐渐演变成现在见到的定位于膜上的色素蛋白复合体。

考夫曼（2004）说，“某一天，共同演化的自主主体的一组行为偶然碰到了一起，并通过遗传变异和奇异的分子运动而得到了强化，这些分子运动可以捕获光子、检测能源，它们是‘精粒化’分子的有意识演化，并从此之后日复一日，年复一年地一直如此演化”，这种将意识赋予分子的说法未免太过于夸张了！

细胞诞生之前，自然界应该具备了形成原始细胞的物质基础。设想一下，在数十亿年前的古时候，在某个海岸附近存在了一些富含有机分子［有既疏水也亲水的两亲分子（如脂肪酸）、亲水性的大分子化合物（如多肽）、以及疏水性的大分子化合物（如长链脂肪烃）等］的小水体中，偶尔一些聚集成团的两亲分子在静静的水面上形成无数微小的双层膜囊泡。在无数这样的囊泡中，总有一些会与包埋或黏附其中的感光分子和其他生物大分子（如多肽）在光能的驱动下发生物理-化学性的相互作用。这样的过程既是偶然的，也是必然的。

或许在无数次这等原始囊泡的形成过程中，在囊泡内部偶尔含有过一些能够利用太阳光将无机元素合成简单有机化合物的复杂有机分子或分子聚集体，终于发展成能够进行光合作用的机构。例如，在前细胞的膜上，或许色素分子与多肽之间反复的相互作用就会向色素蛋白复合体方向不断完善（更有效地接受和传递光能），或者说，在无数次随机组合事件中，偶尔锚定于膜上的一些色素——多肽复合体由于能较好地吸收与传递光能，就被选择下来并进一步发展成光反应中心。可能最先出现的是像PS Ⅰ这样稍微简单一些的结构，而复杂的裂解水功能可能是之后获得的。偶尔有些蛋白质能利用膜内外的H^+梯度将ADP转化成ATP，于是就发展成了ATP酶，这种酶在放氧复合体出现后可能得到了更大的青睐。另外，一些核苷酸由于能携带氨基酸偶尔有助于那些色素蛋白复合体中的多肽的形成也得到了选择，或者说，一些类核酸的组合体偶尔获得了合成肽链的能力，于是就被选择下来并得到不断完善。

笔者倾向于认为，在原始海洋中作为原始生命前体的大分子化合物的形成更应该是在容易接近干湿交替状态的沿岸带的小型水体之中（但如何满足恒久性却是一个问题），而不大会在无边无际的汪洋大海之中，这种过程似乎可能是：有机汤→脂质体（油滴）与感光分子—多肽—核（苷）酸等的混合物→类细胞体→细胞。此外，脂双层结构有助于生物大分子（如 RNA）的脱水缩合作用这样的一种特性也为在相对温和的条件下细胞的起源与进化提供了一种可能途径。

3. 高效光合作用的选择——通向酶的诞生之旅

光合作用就是通过一系列氧化还原反应将被色素分子吸收和传递过来的太阳光能转化为化学能的过程。在光合作用的演化过程中，也许一些多肽或蛋白质（在某些条件下）的存在，偶然加速了某些反应的进程（而自身并不参与化学反应），这种反复的相互作用和选择过程或许终于导致了具有催化作用的蛋白质——酶的出现。而且，一旦一种蛋白质偶尔起到了催化作用，它可能就会受惠于稳定化和优化的选择，直到一种具有高效催化作用的酶的诞生。

笔者认为，构成最简单光合机构的基本组分首先必须存在，这是在无数组合中筛选出功能性组合的前提，只有在这样的功能单位出现之后，沿着一种功能性目标（最有效的光合作用）的自然选择才可能发生，系统才会进入结构与功能的不断优化过程。

一般来说，即使是放能反应也不一定会自发地进行，因为反应物首先需要被活化，即需要活化能。这是使一个化学反应中所有分子达到反应状态所需要的能量。而催化剂就是指能够降低一个反应活化能的物质。催化剂有一个特性，即它能够加快反应，但自身并不发生变化。

只有一个高效的光合作用系统才能生产更多的有机物，这种光合系统就会被更广泛地传播或扩展——这可能就是光合系统不断向高效方向演化的核心动力，这也是自然选择的方向性。因此，笔者猜测最初的酶可能就是在与光合作用过程相关的各种氧化还原反应与多肽/蛋白质的相互作用过程中逐渐形成的，如果通过酶促反应可以不断地提高反应速率，就可能获得竞争与被选择下来的优势，这应该就是酶促反应速率能够达到惊人速率的根本缘由。这样，蛋白质一方面成为光合系统的结构支撑部分，另一方面成为推动一系列生物化学反应高效进行的催化剂，因此就出现了酶蛋白与结构蛋白之间在功能上的分化。

酶之所以受到生命的青睐，因为酶可以进化出惊人的催化能力：可使自发发生的化学反应速率增加 $10^8 \sim 10^{20}$ 倍，这赋予了生命一切皆有可能的无限魔力！因此，可以毫不夸张地说，酶的进化是物质世界的运动与演化从无机世界攀上无比神奇的有机世界的核心一步。

酶促反应的惊人速率可以用这样一组数据来说明：无机铁将过氧化氢分解为氧气和水时，催化效率很低，当铁与原卟啉结合形成原血红素时，其活性增加了 1000 倍，若原血红素与过氧化氢蛋白结合，则活性提高 100 万倍（Granick，1957）。酶就是生命舞台上的魔术师，它以惊人的速率，制造出令人眼花缭乱的各种各样的复杂有机物！关于酶之所以如此神奇的原因，凯恩斯·史密斯（1995）曾说，“这种分子较大，大到可以控制它周围其他的分子并通过重新安排这些分子内部的共价键而将其改造。酶是有机物中一种主要的专业机床”。Hughes 和 Ellington（2011）认为，“催化作用的出现，以自身作为反应物或催化其他反应，将可利用的前体转化成产物，丰富了原始世界的化学多样性，最终形成自动催化循环”。

酶的高效性一方面取决于酶的循环催化特性，即酶能被生物化学反应循环利用，因为催化剂与产物是分离的，所以不会被消耗，也能持续地发生作用；另一方面，酶具有高度的特异性，因为，特化是高效的前提。

当然，催化剂并不是有机物质的专利，因为很多无机物也能催化另外的无机反应，其实，很多酶还是离不开无机金属离子的帮助。在生命之前的原始有机大分子的产生可能依赖于高能（在高温或强辐射条件下）以及近于无水（或通过脂质创造的微化学环境）条件下的脱水反应，而生命的进化则产生出了有机大分子脱水剂（酶），依赖它成功获得了在温和的稀溶液中进行脱水反应的能力。这不能不说是生命进化的伟大创举。但是，实在难以想象，如果没有生命选择的方向性及个体化的生命环境（如细胞隔膜），这种酶的进化如何得以实现？如何驾驭数以千计的蛋白酶类而建立起一个有序的生命体系？

总而言之，只有独立生命个体的诞生，才会拉开生命个性化演化的序幕，才会进入细胞内的分化，才会开始细胞内分子间协作机制的进化。而且才会逐渐地将一系列不同的循环反应耦联起来（艾根称之为超循环）。酶、生物化学反应循环及其耦联等的演化与发展，既有偶然性，也被方向性所选择，因此，也具有必然性。

依笔者之见，蛋白酶最大的神奇来自它通过一种非共价、低键能的结合力量（就像要分离黏合在一起的两个物体，一个人从一个方向用力无法撼动，但 2 个以上的人从不同的方向一起用力，就容易将它撕开了）轻易地就撕开了坚固的共价键（如光合作用中的水分子的裂解），再通过高能化合物将有机分子活化轻易地就形成缩合的共价结合，并演化出了令人无法想象的快速反应能力，而且本身还不被消耗，可以循环利用。要知道，共价键的键能要比非共价键的高 5 ~ 10 倍！正是这种神奇的化学作用方式，使在温和环境中利用简单物质制造复杂有机物成为可能，从而为生命的起源和演化之旅得以开启奠定了生物化学反应的基础。

五、神奇的卟啉环——点亮了生命之光

可以这样说，卟啉环就是光合色素分子——叶绿素的核心与灵魂，正是它特有的感光性才点亮了生命之光。这个神奇之环不仅能感受光子而且还能传递电

子，正是这样的特性，使得它不仅在光合生物而且在几乎所有其他的生命形式中都不可或缺。

1. 血红素与叶绿素之间在结构上的同源性

有两个事实强烈暗示细胞色素的血红素与叶绿素之间的同源性。其一是核心结构上两者的高度相似性（前者为铁卟啉，后者为镁卟啉）；其二是现存生物中两者生物合成途径的相似性，两类化合物的合成途径中存在若干完全相同的中间产物（比较图 12-3 和图 9-9）。

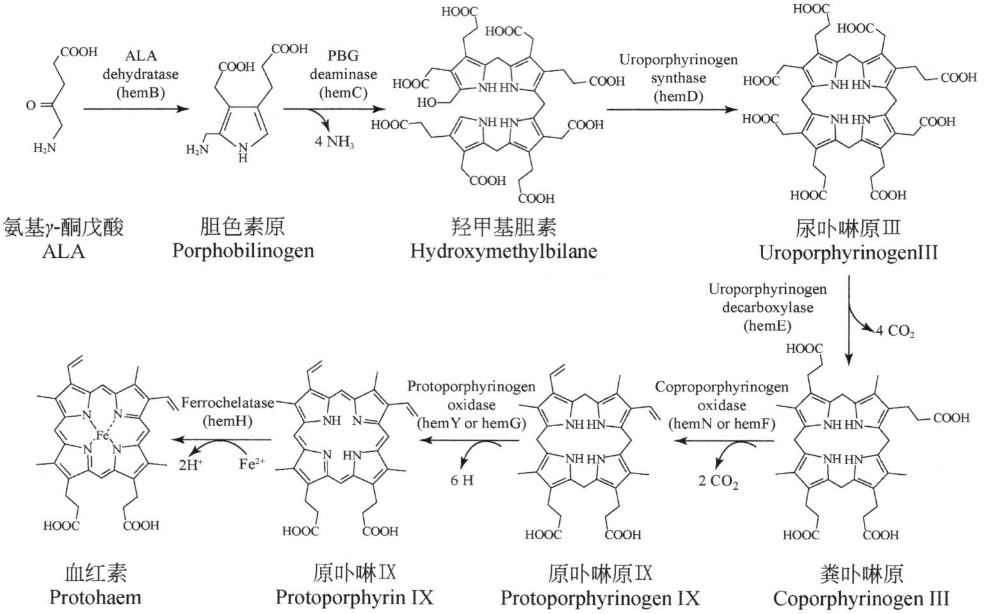

图 12-3　从 ALA 到血红素的生物合成途径。催化每个步骤的酶被标注了，相关的编码基因标注在括号中（引自 Panek and O'Brian，2002）

细胞色素 c 的变异相当缓慢：大约每 2500 万年有一个字母的变化，而其他蛋白质，如血纤维蛋白每 60 万年左右发生一次变化，比细胞色素 c 快 40 多倍（道金斯，2008）。对生物生存来说，越核心的过程在进化上可能越保守，自然选择也就越不能容忍大的变化，细胞色素就是这样的重要分子。

2. 为何化能营养菌也存在如此复杂的电子传递体？

与叶绿素类似，细胞色素也是重要的电子传递体，但它不像叶绿素那样还充当天线色素分子的角色，可是它作为电子载体的角色却在更为广泛的生物类群中发挥着作用。细胞色素同系物的氧化还原电位可呈现巨大的差异（表 8-1），这种多样性也为它们能够在各种不同组合的电子传递链中行使功能奠定了基础。

事实上，在几乎所有的生命（无论是光能还是化能，无论是放氧还是不放氧，无论是厌氧还是好氧）类群的电子传递链中都能找到细胞色素的身影。例如，细胞色素居然也是古菌——厌氧产甲烷菌的甲烷八叠球古菌（*Methanosarcina mazei*）的电子传递体，而这种古菌并不进行光合作用（图 12-4）。以硫化物、亚铁离子、氨、亚硝酸盐、H_2等为电子供体的许多化能细菌的电子传递链中都有细胞色素。

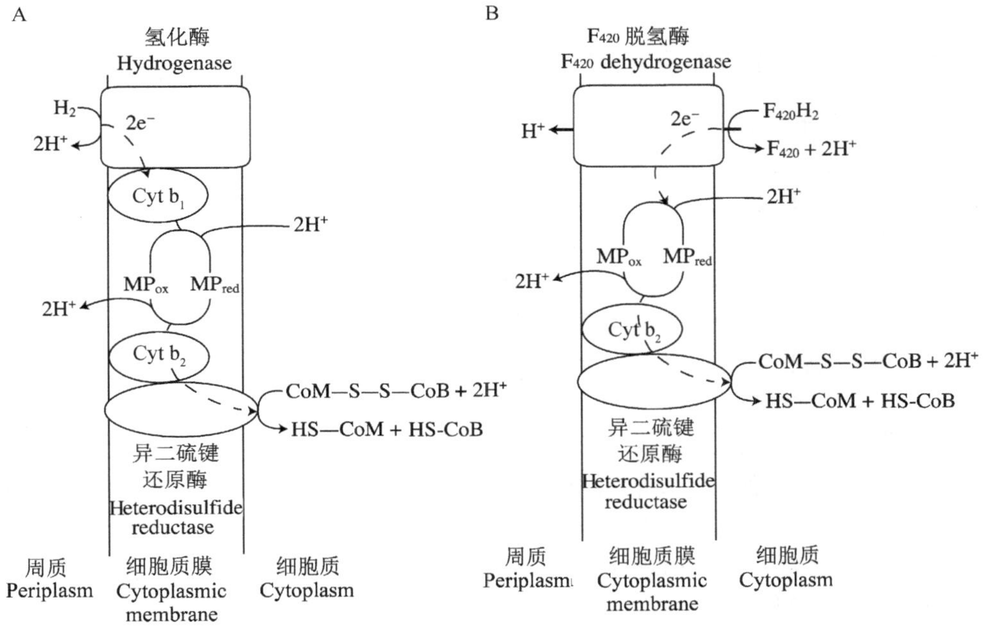

图 12-4　甲烷八叠球古菌从 CO_2 + H_2和从甲醇生成甲烷过程中异二硫键还原酶推动的质子动力势形成（引自 Schäfer et al.，1999）

A. 在 CO_2 + H_2存在的条件下，细胞质膜氢化酶氧化氢，将质子留在周质区域中，电子通过 Cyt b_1、亚甲基吩嗪（MP）和 Cyt b_2 传递到异二硫键还原酶。在电子传递过程中，质子被输出，异二硫键还原酶消耗质子。B. 当利用甲醇时，F_{420}脱氢酶在底物氧化过程中将电子从还原型 $F_{420}H_2$ 传递到亚甲基吩嗪（methanophenazine，MP），并伴随着质子输出

从表 8-1 不难看出，存在很多结构上简单得多的电子传递体，也能涵盖所有细胞色素的还原电位，至少从还原电位上来看，结构复杂的细胞色素作为电子载体并非不可替代。那为何在很多不需要进行光合作用的化能细菌中还需要像细胞色素这样复杂的电子载体呢？难道没有一种可能，即这些化能细菌是从光能细菌特化而来的？至少现在还没有谁知道血红素和叶绿素哪一个更为古老，除非你能找到化石证据。此外，我们能找出一个理由来说明在这些化能细菌中，没有其他可替代的在结构上更为简单的电子载体吗（当然不可忽视一个因素，即所有电子

传递链都是跨膜的)?

如果认为细胞色素最为古老，叶绿素衍生自细胞色素，那化能自养菌可能最为古老。如果认为细胞色素是叶绿素的衍生物，那光合细菌就是最为古老的。无论如何，细胞色素是几乎所有细菌的电子传递链的重要组分的事实表明它是最为古老的分子之一。但至少从生态上来看，既能行使光合作用又能进行电子传递的叶绿素似乎应该更为古老，而细胞色素应该更像是它的特化产物，当然，这只是一种主观的猜测。

3. 嗜热产甲烷古菌可能是 LUCA 吗?

在极少数的古菌中未发现细胞色素基因。有学者（王子晖，2011b）就认为，缺乏细胞色素是古老的象征，因此作为 LUCA 的物种应该缺乏细胞色素。在古菌中，发现细胞色素基因在甲烷火菌（*Methanopyrus kandleri*，Mka）、热自养甲烷嗜热杆菌（*Methanothermobacter thermautotrophicum*，Mth）、甲烷球菌（*Methanococcus iannaschii*，Mia）、激烈火球菌（*Pyrococcus furiosus*，Pfu）、深海热球菌（*Pyrococcus abyssi*，Pab）和超嗜热古菌（*Pyrococcus horikoshii*，Pho）的基因组中缺失，Mka、Mth 和 Mia 利用 H_2 和 CO_2 合成甲烷，而 Pfu、Pab 和 Pho 则代谢产生 H_2 和 CO_2，这些缺乏细胞色素的物种被划归为分子进化中异常保守的远古六菌，因此推测它们与缺乏细胞色素的 LUCA 关系很近。

笔者试问，为何 LUCA 就应该缺乏细胞色素基因呢？退一步，即使假设这是合理的，那么，其他古菌中的细胞色素基因又是从何而来的呢？这肯定就只好归结于水平基因转移了。在某些特殊的条件下，细胞色素基因的缺失是否是由于丢失呢？因为事实上，各种基因的丢失现象也并不罕见。

4. 甲烷古菌的辅酶 F_{430} 在结构上与叶绿素和细胞色素同源

卟啉环不限于叶绿素和细胞色素，还存在于一些古菌的辅酶中。甲烷古菌有一些独特的辅酶，这些酶存在于一些超嗜热古菌及有限的真细菌之中。这些独特的辅酶也被认为是支持古菌独立进化假说的基础之一，而在真细菌中的古菌辅酶则被认为是近期基因侧向转移的证据（Kim and Gadd，2008）。在真细菌和真核生物中的一碳单位的载体（C_1-carrier）为四氢叶酸（H_4F）和 *S*-腺苷甲硫氨酸（SAM），而在甲烷古菌中取而代之的是辅酶甲烷呋喃（MF）、四氢甲烷蝶呤（H_4MPT）和辅酶 M；除了这些一碳单位的载体外，产甲烷古菌还利用辅酶 F_{420}、辅酶 F_{430} 和 7-巯基庚酰基苏氨酸磷酸（图 12-5）。

值得一提的是 F_{430}，它是产甲烷古菌的甲基辅酶 M 还原酶（methyl co-enzyme reductase，MCR）的辅基，在甲烷生成的最后一步催化甲烷的释放。令人惊叹的是，F_{430} 与叶绿素（或细菌叶绿素）和细胞色素在结构上非常可能是同源的，因为它们都拥有一个大分子杂环化合物——卟啉，只是环内结合的金属离子不同罢

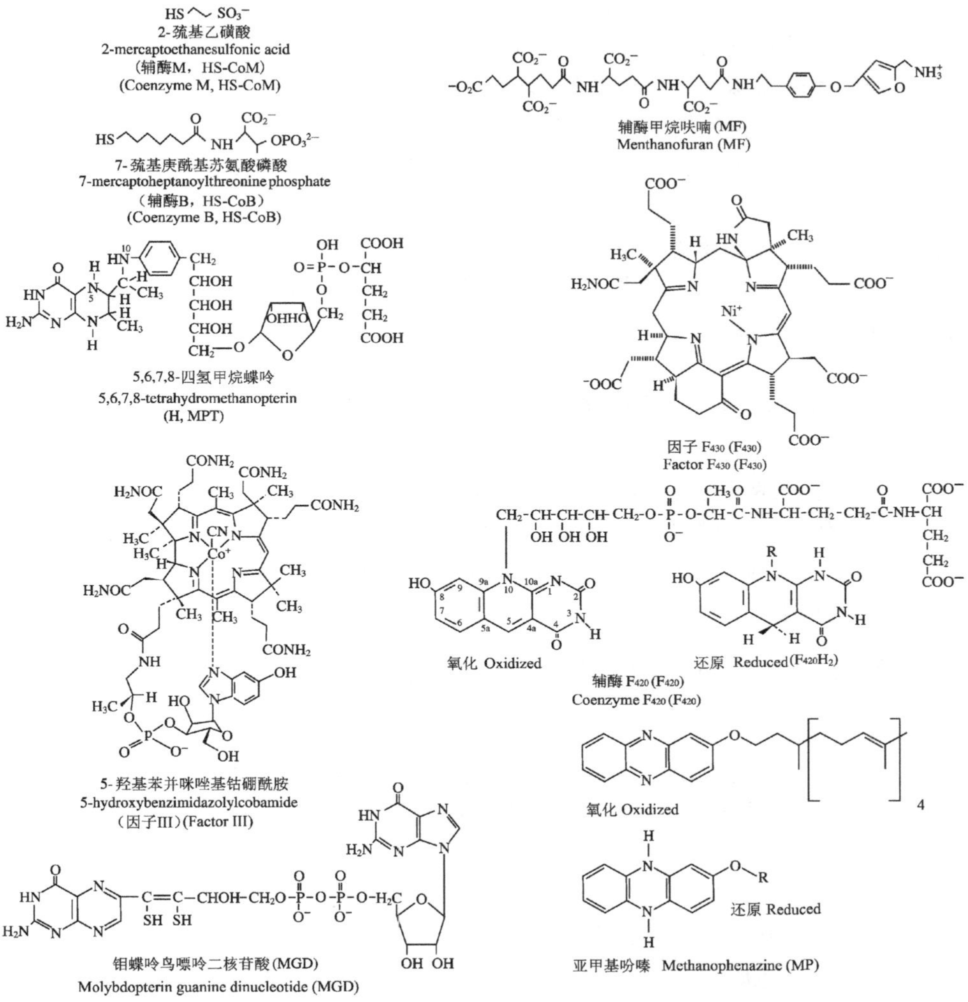

图 12-5　产甲烷菌辅助因子的结构（引自 Schäfer et al.，1999；Ferry，1999）

了，分别为镍（Ni）、镁（Mg）和铁（Fe）。

5. 古老的卟啉环——生命起源自光合作用的可能证据

也许你可以假设血红素更为古老，认为它们最初是在化能自养生物的电子传递链中发挥至关重要的作用，后来演变成叶绿素，紧接着就导致了后来光合自养生物的诞生。但是，地球表面的化能物质无论在空间上还是在数量上来说都是有限的，绝不可能像光能那样的广泛，那样的取之不尽用之不竭。尤其需要指出的是，对一个需要数亿年的生命起源过程来说，化能物质是如何支撑自然界完成如此伟业是值得怀疑的。当然，就目前的相关研究来看，这既无法证实也无法证伪。

笔者更愿意相信血红素是叶绿素的衍生物，以叶绿素为核心的光化学反应中心在光合作用的起源中得到不断的选择、发展与优化，而一部分叶绿素分子演变为血红素，在电子传递链的不同节点承担角色（应该是由膜结构、氧化还原电位等所决定的一种组合吧，虽然多少有些随机性），还有一些就演化成了像在产甲烷菌中存在的 F_{430}那样的辅基。变化多样的血红素分子是如此的成功，以至于它们也变为了非光合细菌的电子传递链之必需。因此，笔者认为，血红素可能演化自古老的光合分子——叶绿素，之后它成为了所有生命类群的电子传递链的必需成分，这可视为生命之光合作用起源的有力证据。

六、逆中心法则的生命演化——从蛋白质→RNA→DNA

至此，已详述了光合作用的起源，也涉及了蛋白质（包括酶）的问题，但还未涉及遗传信息的载体——核酸。演化之路是从蛋白质到核酸还是从核酸到蛋白质？是从 RNA 到 DNA，还是从 DNA 到 RNA？这样的争论已经持续了半个多世纪，胜负依然未见分晓。

1. 在化学结构上，蛋白质配作催化剂，而核酸配作遗传信息载体

蛋白质具有许多官能基团，化学性质活跃，在形态上的可塑性大，适宜完成各种各样的生命构建以及进行高效的催化作用；而核酸则基本缺乏催化功能（虽然 rRNA 在蛋白质的合成中具有重要功能），在化学上相对稳定，适于遗传信息的保存。

用于合成核酸的原料是核苷酸，它由碱基、戊糖（核糖或脱氧核糖）和磷酸基团组成，碱基共有 5 种，在 RNA 和 DNA 中各有 4 种，其中只有一种不同。核苷酸是含有高能磷酸键的化合物，像 ATP 还是重要的能量货币。核酸的合成不再需要额外的能量供给，只需在蛋白酶的催化下就能完成。

但是，氨基酸不含有高能磷酸键，因此，蛋白质合成过程中还需要高能化合物 ATP 将氨基酸活化（形成氨酰-tRNA）。由于蛋白质氨基酸有 20 余种，且有众多的侧链基团，因此能形成复杂多样的立体结构（三级和四级结构），或者说，蛋白质在形态和结构上的可塑性强。显然，蛋白质的生物化学合成步骤就要比核酸复杂得多，可能一是需要能量，二是种类繁多且结构复杂（活性基团多），需要更为复杂的识别与调控模式。

2. RNA 的起源与分化

在提供足够能量（无论通过什么方式，如紫外线、高温等）的前提条件下，氨基酸可以发生脱水聚合，核苷酸也可以，这在实验条件下已经可以实现。但通

过这种物理性随机作用机制，能否到达现存生物体内的蛋白质和核酸的复杂而有序的程度则是令人怀疑的。

笔者认为，从一切方面来看，含有高能磷酸键的核苷酸（像ATP）的存在对生命系统的发展似乎至关重要：一是它与光合作用相衔接（是光合作用的重要产物，是太阳光能转变而来的化学能的保存者）；二是它利用其储存的能量又能使氨基酸活化（氨酰-tRNA），使氨基酸得以在温和条件下缩合成肽键；三是它本身又能进行缩合，因此也是RNA和DNA得以诞生与发展的重要基础。

可以推测，高能的ATP与氨基酸的键合似乎并不困难，通过ATP上高能苷键的断裂先形成氨酰-AMP（消耗了ATP），接着这样的氨基酸被成功转移到另一个核苷酸的2′或3′羟基上，这种氨基酸就被活化，容易与已有的短肽链上的其他氨基酸进行缩合，而如果这种延伸的肽链又有助于光合色素的生成或与色素的结合而有利于光能的传递的话，我相信这样的随机事件就会得到选择、保留与优化（目的是促进原始而简单的光系统的构建）。为了对种类繁多的多肽或蛋白质的合成与代谢进行有效管控，在像tRNA那样含有几十个核苷酸并具有特异性立体结构的短链核酸上进行氨基酸的活化可能是一种选择，这很有可能就是tRNA前体形成与演化的缘由。具有成型的立体结构的专门用于活化氨基酸装配（多肽链）的机构的诞生也是一个必然，这就是rRNA的前身。这些不可能一蹴而成，必定是无数次随机组合与筛选的结果。

在前细胞体中，光合作用系统不断优化的结果，可能会促进各种tRNA前体的信息整合（仅将3个碱基对应一种氨基酸的信息整合起来，这就是所谓的遗传密码），这进一步会促进特定蛋白质合成的程序化，并最终会导致原始mRNA的形成与发展。

为何以及怎样是三联密码子呢？对20个蛋白质氨基酸来说，由于核酸只含有4种不同碱基，使用非重复的三联密码子已经足够了，因为这将有64个三联体密码子（$4^3=64$）分配给氨基酸和终止符号。如果一个密码子只使用两个碱基，将只能决定16种氨基酸（$4^2=16$），如果使用过多的碱基（如4个以上，$4^4=256$）则过于累赘。密码子应该是氨基酸-tRNA（密码子–反密码子）–核糖体（mRNA-蛋白质）在结构与反应上通过复杂而漫长的立体化学相互作用演化而来的，自然选择的方向是建立一种信息化的准确而高效地合成多肽链的反应与调控体系。

可以推测，特异和高效的肽链合成机构是rRNA出现与演化的缘由。这些RNA链与少数多肽链一起组合成了一个蛋白质合成的平台，为mRNA和tRNA联合作用合成多肽链的反应提供了一个十分稳定的专门化平台。tRNA、mRNA和rRNA的演化也许是同步的。这个合成蛋白质的专门机构演化成了现代生物中的核糖体，在这个机构中，rRNA特化成了核糖体的支架。

应该可以这样说，在高能的核苷酸衍生物（ATP）大量存在的前提条件下，核苷酸缩合而成不同链长的类 RNA 分子是完全可能的（即使没有酶的催化），这些分子中可能有一些特殊的结构容易从氨酰-AMP 接受特定的氨基酸（处于活化的状态）就发展成了 tRNA，而另一些类 rRNA 分子的组合可能偶然获得了组装活化的氨基酸（形成肽链）的能力（将其链接到另一个氨基酸或肽链上），在 rRNA 介导的肽键生成中应该不需要额外的能量了。如果这种组装结构得到选择与确立，进一步，一些类 mRNA 分子和类 tRNA 分子可能就会在与这种组装结构的随机组合中，使肽链的生成更为程序化与高效化，进而使肽链合成机构得到不断地完善。在这个过程中，RNA 也成功地分化出 3 种不同的类型——mRNA、tRNA 与 rRNA，这可能是蛋白质合成程序化和高效化之必需。

也许可以认为 tRNA 最先出现，一方面是因为它能携带活化的氨基酸，另一方面是它的结构也要简单得多（与 rRNA 相比）。也可以假定在长短不一的原始 RNA 链中，一部分 RNA（后来的 tRNA）偶尔能带上活化的氨基酸（当然这需要消耗一定的 ATP），而另一部分 RNA（后来的 rRNA）能与氨基酸或肽链结合，并能将活化的氨基酸与之拼装，在这种反复相互作用的过程中慢慢建立起肽链的氨基酸顺序与核苷酸排列之间的关系，并发展到具有信息储存意义的 mRNA。仅从能量的角度来看，ATP 就应该能实现氨基酸的随机链接，但如果要建立遗传性与有序性，核酸（也衍生自 ATP）及其随后的功能分化就成为必然。此外，核糖体之所以仍然还需要少数蛋白质/多肽链，可能是蛋白质可以弥补 RNA 难以形成较大的稳定结构之弱点。

在现存生物中，关于核酸和蛋白质合成的几乎所有过程都需要特定的酶的催化，但如果没有最原始的反应机制的存在，也不可能出现选择性的酶促反应。换而言之，酶不过是在一种特殊的进化机制下使这些原初的化学反应更为高效化而已。

总而言之，功能是选择的方向，结构为了完成功能才可能不断得到优化，RNA 的形成与分化肯定是为了更好地服务于光合作用相关的肽链的合成，这是一个向高效化、专门化与秩序化（信息化）的演化过程。否则，有机物就只能永远停留于混沌之中，地球上也就绝不会闪烁任何生命之光了。

3. 从 RNA 到 DNA 的演化之路

一方面，为了适应细胞的分裂行为，遗传物质的有效传递成为必需，因此，细胞中储存在各种 mRNA 中的遗传信息的整合必须成为选择的方向，把所有 mRNA 的信息连接起来，就是向 DNA 方向发展的起航。也许可以认为，随着蛋白质的增多，mRNA 也相应增多，偶尔一个整合性的 mRNA 长链更好地匹配了细胞的分裂行为，这样就会得到选择。另一方面，在一个极其微小的细胞中，为了对成百上千的蛋白及其相应的 mRNA 进行有效的时序性管控，遗传信息的整合也是必然趋势，即将细胞的所有生命过程浓缩 · 固化于恒久性的 DNA 指令之中，有序地指挥各种各样的 mRNA 与相应的蛋白质的合成与降解。现存细胞中的 mRNA 可谓五彩缤纷，来去匆匆。

但是，并不是把 mRNA 拼接起来就是 DNA，实际上，结构成分发生了两个变化：其一，RNA 分子中的尿嘧啶，在 DNA 中变成了胸腺嘧啶，虽然两者仅有细微的差别，即后者多了一个甲基；其二，RNA 分子中的核糖在 DNA 中变成了脱氧核糖。但是这两个变化却导致了两种核酸在形态上的显著差别：DNA 形成双螺旋的结构，而绝大部分 RNA 分子都是线状单链，虽然 RNA 分子的某些区域可自身回折进行碱基互补配对，形成局部双螺旋。或许出于某种结构上的缘由，如果脱氧核糖替代核糖以及胸腺嘧啶替代尿嘧啶能更加有利于形成稳定的双螺旋结构的话，那就是 DNA 被选择的方向性。

当然，或许仅仅就是为了避免混淆，因为生物经常要用既有联系又能区别的结构物质来行使不同的功能。例如，NADPH 和 NADH，两者的还原电位完全相同，功能也类似，但却用于不同的生物代谢途径。一个不容易混淆的井然有序的代谢系统当然会得到选择或青睐。

4. 用 mRNA 拼接 DNA 的证据

真核基因转录产物为单顺反子，即一个基因编码一条多肽链或 RNA 链，每个基因转录有各自的调节元件。在原核细胞中，通常是几种不同的 mRNA 连在一起，相互之间由一段短的不编码蛋白质的间隔序列所隔开，这种 mRNA 称为多顺反子 mRNA（即一个 mRNA 分子编码多个多肽链）。依笔者之见，原核生物多顺反子的存在，正好可视为是 mRNA 拼接成长链 DNA 的一个过渡阶段的证据。

另一个证据就是，在 DNA 聚合酶根据模板复制新的 DNA 链之前，还依赖一段 RNA 引物（如果这不是一个历史性遗物，为何 DNA 的复制需要这样一小段 RNA 链呢?）。这一引物是引物酶辨认起始位点后解开一段 DNA 并按照 5′端到 3′端方向合成的 RNA 短链。之后，DNA 聚合酶会通过磷酸二酯键的连接，添加与模板链配对的核苷酸，从而向引物链的 3′端方向合成 DNA。当然，最后 RNA 水解酶（RNase）会将 RNA 引物水解，另一些 DNA 聚合酶会生成 DNA 来填补这些缺口。

可以设想，如果不将 mRNA 的遗传信息整合进一个统一的 DNA 中去的话，对细胞中众多 mRNA 和蛋白质进行有效的时序性管控以及在细胞分裂中将亲细胞的物质和信息准确地分配到两个子细胞中去都是难以想象的！当然，完善的遗传系统的建立绝非易事，超越了人类的想象，应该是细胞前体在数亿年的演化历程，特别是无数次失败的分裂过程中才得以实现的。人们可能怀疑笔者推论的真实性，但是笔者坚信，在如此宏大的地球上，在如此之小的细胞中，如果给予了 10 亿年的时日，一切偶然皆有可能成为必然，一切不可想象的事件皆有可能发生，只要有一个演化的方向性。

蛋白质、RNA 和 DNA 三者在结构与功能的分化与完善，导致了一个完全独立的遗传系统的形成，而这又是通过细胞分裂维持生命形态相对稳定性的前提。笔者相信，只有一个真正可操作的遗传系统的出现，生命才从前细胞体时代迈进了细胞时代，才真正拉开了生物进化的序幕。

在生物化学机制上，细胞必须形成既有区别又有联系的一种结构体系，即一方面必须对信息进行准确的储存与复制，另一方面高效地实施生命构建，前者就是核酸体系，后者就是蛋白质体系。这两个体系在短时间尺度上相对独立，但不断相互作用，导致在长时间尺度上的协同演化。

七、细胞分裂机制是如何产生的?

原始细胞形成后，为什么会演化出细胞分裂的特性?首先，细胞本质上必须是一个独立的半开放体系，细胞膜允许物质的进出——营养物质的吸收及代谢物的输出，这是生命个体进化的基础。这样，细胞膜就必须对物质的通透具有选择性，允许一些小分子化合物（如养分）的进出，但是，大的分子肯定是难以自由通行的。

脂双层膜正好具有了这样的选择通透性：水、甘油、色氨酸、一个普通的蛋白质及钠离子在卵磷脂膜中的相对渗透性分别为 10^9、10^6、10^2、1 和 1，这就是说，双层磷脂膜对大分子和带电离子是不通透的，而小的非带电分子有较高的通透性，因此，这样的半透膜建立了对不同类型（如极性、大小）分子选择性摄取或释放的体系，而生物大分子若在囊泡内形成，则能在囊泡内部很好地保存并行使生命功能（Stano and Luisi，2011）。带电粒子不能自由穿越脂双层这一点十分重要，因为如果没有这一特性，H^+就不能形成跨膜电位，也就不能用于 ATP 的合成，更不会有现在生命系统的存在!

接下来，如果在前细胞体中发生了有机物质的合成，就会出现新的问题。在一个有限的前细胞体中如果发生光合作用驱动的有机物合成，就必然会导致有机物质在细胞体中的不断增加，也必然会导致细胞的破裂，或许正是这种反反复复的细胞破裂过程（脂质的化学特性决定了它们在水溶液中能自发形成脂双层的球形结构，这是这种过程能不断重复的重要基础）后来演化出生命最重要的机制之一——细胞分裂。因此，笔者主张能进行光合作用的原始细菌（最初可能没有产氧能力）应该是最先出现的单细胞生物。

或者简单地说，为了进行有机物质的合成，细胞膜必须对物质的进出有选择性，特别是它必须保证养分的进入和一部分废物的排出。但是，这也不能解决所有问题，如它如何来处置光合作用生产的有机物的堆积问题呢?

可以设想有 3 种可能的途径。①细胞不断增大。但事实上，这是不可能的，因为对漂浮于水中的原始细胞来说，细胞的增大就会由于沉降的加速而使它们快速葬身海底的风险骤增。②细胞将合成的有机物迅速分解，排出体外。③随着有机物的堆积，细胞一分为二，不断重复新的合成—分裂之过程。显然，生命选择了第3种途径。

这种途径似乎与现生细胞体积的周期性变化相吻合：细胞分裂形成的新细胞，最初体积较小，只有母细胞的一半，但它们能迅速合成新原生质，细胞随之增大，到母细胞一般大小时，便可继续分裂，如此循环往复（图12-6）。

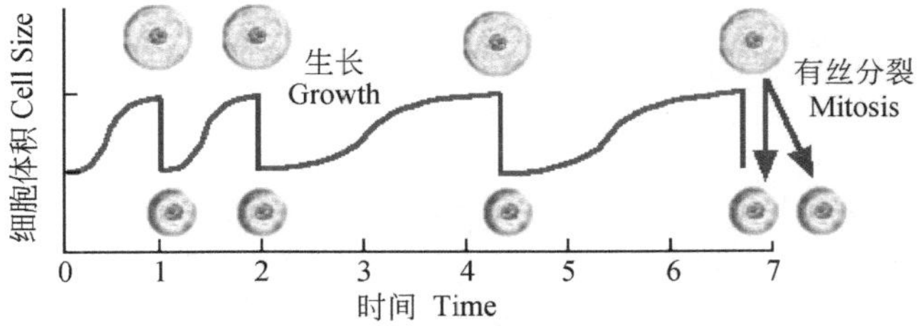

图12-6　细胞体积随细胞分裂的变化（引自Wikimedia）

利用光能不断合成有机物的一个结果就是，要求细胞体积不断增大，如果偶然出现分裂的细胞，而且有一部分存活下来，并逐渐被记忆下来，就能形成细胞分裂。这是一个重要的进化事件，因为能够具有物种特性的生命在本质上必须是一个能自我复制的系统。

八、如何解释细胞遗传机制的产生及密码的通用性？

可以设想，生命在诞生之初（或在前细胞体阶段）就面临着如何解决个性与共性以及随机性与秩序性之间的矛盾。原始的有机大分子物质只有偶尔形成了前细胞体时，才开始有个性的存在，这种个性化经过无比漫长的时光，终于在利用光能进行光合作用方面获得了一定的优势，使随机漂荡于“有机汤”中的生物大分子开始聚集、有序化和结构化。如何漂浮于水中以及如何有效利用光能进行有机物质合成就是原始海洋中制约或驱动原始生命产生、演化与发展的最大的选择力量。

艾根认为存在一种所谓的“一旦—永存”的选择机制，笔者并不认为这合乎情理。笔者宁愿相信，哪怕我们今天见到的最简单的细胞，其遗传系统也是在生命进化的漫长历史过程中不断优化的结果。早期的细胞肯定只能进行无性生殖，那是如何实现遗传结构的优化的呢？就像今天在细菌那里见到的，原始细胞之间肯定可以进行遗传物质的交换。

现代的研究证实，只能进行无性繁殖的细菌也能通过杂交进行遗传物质的交换。Lederberg和Tatum（1946）选择了大肠杆菌（*Escherichia coli*）的两株具有不同营养缺陷突变体，其中一株的生长需要添加甲硫氨酸和生物素，另一株需要添加苏氨酸、亮氨酸和硫胺，当这两株细菌混合数小时后，一些个体发生了遗传物质的交换，因为它们能够合成其代谢所需要的所有组分。他们发现了在最原始的细菌的不同个体之间也存在遗传重组的现象，称之为细菌接合（bacterial conjugation）。电子显微图像也显示细菌的原生质桥或性菌毛（图 12-7）的存在，一些菌株的细菌（称为供体）可以通过暂时形成的性菌毛连接另一个菌株的细胞（受体），进行单向的 DNA 片段转移，导致基因重组（Hayes，1953）。

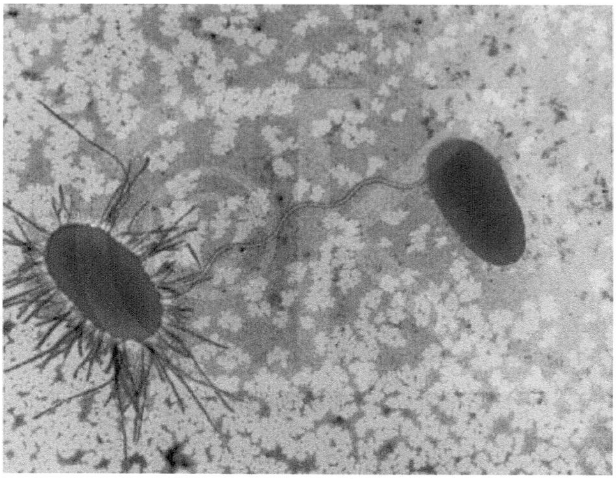

图 12-7　细菌结合：性菌毛吸引两个细菌靠近，形成一个细胞质结合管，通过该管 DNA 从一个细胞转移到另一个细胞（来源：http：//fyeahmedlab. tumblr. com）

可以想象，生命早期的原始细胞可能类似于一个超级泛种，应该广泛存在了细胞间遗传信息的交换机制。如果没有细胞结构和遗传机制的不断优化，如何能够形成像今天我们见到的如此精细的细胞结构呢？因此，现在的遗传密码系统肯定是在细胞形成—破（分）裂—稳定化的过程以及细胞之间的交换重组中不断发展与完善的结果。没有原始细胞之间遗传信息的频繁交换与不断优化，就不可能有今天生物界唯一的密码系统。这绝不可能是艾根先生宣称的所谓“一旦—永存”的选择机制。

病毒的作用可能也不容忽视。英国科学家 Man 等（2003）完成了对蓝藻噬菌体的全基因组测序，在一段 3. 8kb 长的 DNA 片段上发现了两个蓝藻的 PS II 基因，这两个基因所表达的特定蛋白质的功能主要是用来修补蓝藻的光合作用系统的。Sullivan 等（2006）通过系统发育树的构建推测，噬菌体的光合作用基因来源于蓝藻，并认为噬菌体在海洋蓝藻之间进行基因水平转移中可能扮演了重要角色。就是说，病毒既然能够从蓝藻那里截取基因，它肯定可以把一些基因传给另外的宿主，如果这个另外的宿主是不同的物种，就起到了基因混合的目的。

那病毒是如何起源的呢？有 3 种学说：①退化学说认为病毒可能曾经是一些

寄生在较大细胞内的小细胞，随着时间的推移，那些在寄生生活中非必需的基因逐渐丢失；②一些病毒可能是从较大生物体的基因中“逃离”出来的DNA或RNA进化而来的；③病毒可能进化自蛋白质和核酸复合物，与细胞同时出现在远古地球，并且一直依赖细胞生命生存至今。例如，噬菌体中有蓝藻光合基因这样的现象，既可以认为它来自逃逸的蓝藻的DNA或RNA片段，或者认为它与细胞一样古老（但不可能更老，因为没有宿主，现生的病毒是无法存活的），但至少后来它获得了从宿主细胞截取DNA的能力，至于它是否起源于寄生导致的退化，这也难以否认，蓝藻能被其他生物吞噬形成叶绿体，它退化成病毒的事件也不是不可能发生的。

如果病毒能在蓝细菌中进行基因的转移，为什么它不能在多细胞真核生物之间进行基因的转移呢？如果这是可能的话，也许就能简明地解释为何在进化的独立路线中出现相同器官的现象，为此，哲学家柏格森（1907）却费尽周折，提供了晦涩难懂的哲学解释。

九、细胞演化之旅——结构个性化、物质功能化、反应次序化和过程程序化

1. 结构个性化（细胞膜、内膜……）

在某种意义上来说，生命的起源始于有机物质的个性化体系的建立，或者说，没有个性便不会有真正生命的诞生。试问，如果有机分子只是飘忽无定地在“汤”中荡漾，怎会出现现在的生命？哪种生命不以个体形式而存在呢？因此，能导致独立生命系统形成的简单的质膜结构的出现（不论通过何种机制或过程）必定是细胞进化的最关键的一步。不仅需要前细胞体整体的独立性，一些重要生命过程（特别是光合作用）也需要细胞内的独立性，即需要内膜系统，看看蓝细菌的专门的光合机构——类囊体就是如此。

德日进曾说，“分子世界在细胞里头，同时也借着细胞‘以人格的样式表现了’（若我可以用我自己的话说——appears in person），接触、转入并消失在更高的生命结构里去”（de Chardin，1955）。

2. 物质功能化（脂质、蛋白质、RNA、DNA、糖类……）

在具备简单膜结构的前细胞体中，光合作用指向的选择过程促进主要生命物质的功能分化——脂质构建细胞膜、蛋白质主要扮演催化者、DNA储存遗传信息、RNA构成DNA与蛋白质之间的桥梁、糖类暂时性储存光合作用转化而来的化学能……。这不完全只是随机过程（虽然在很大程度上是），它更是具有目的性指向（最有效的太阳光能利用）的化学性与生命性的巧妙融合，它为生物化

学反应的秩序化与生命过程的程序化铺垫了基石（图 12-8）。

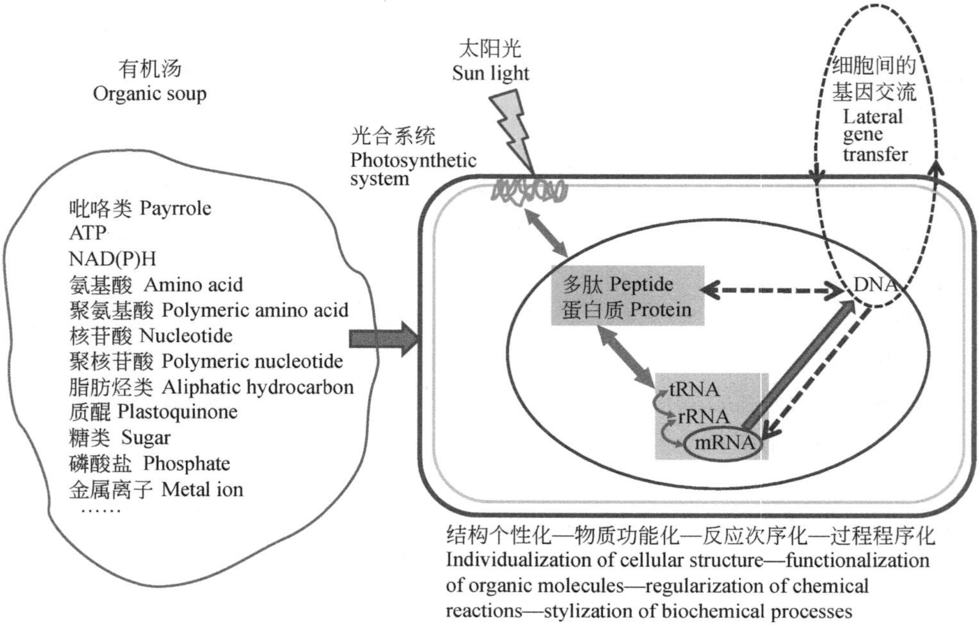

图 12-8 一种可能的细胞起源与演化机制，紫色的虚线箭头表示后生的作用关系

3. 反应次序化（反应循环及其连接）

在这里，笔者倒愿意借用艾根所描绘的反应循环→催化循环→超循环的发展模式。生命通过具有时限性的所谓“永恒”的反应循环，基于一系列复杂而精致的正负反馈关系，连接成一种时限性的生命平衡系统，以便能最有效地将太阳光能转化成化学能。看看蓝细菌的光化学反应中心发生的若干循环反应（水的裂解、电子的循环传递等）、碳的固定（卡尔文循环）和呼吸（三羧酸循环）……以及这些循环之间的连接与正负反馈调控等，这就是生物化学反应的秩序化过程。

4. 过程程序化（遗传信息体系及传递）

生命的另一个本质特征就是将遗传物质指挥生命构建过程程序化，即将生命构建过程信息化地储存于 DNA 之中，这是个性化的生命获得自我繁殖特性必须迈出的重要一步。最后是细胞分裂机制的逐渐形成，这得益于细胞膜的半通透性（小分子养分的进入与大分子碳水化合物的堆积），以及二者之间的矛盾及其必然的结果——细胞破裂过程的无数次重复。精确而周期化的细胞分裂才能使稳定的遗传成为了可能，这时像我们在现存生物中能所见到的细胞才成功地诞生了，细胞运行机制才得以程序化了。

十、生命感觉之心灵化——从化学性→感觉→知觉→精神性的扬升

细胞诞生之初，生命的本质就是一种化学性，它利用光从简单的无机物制造出复杂的有机物，因此富于物质的创造性。而这种创造性就使化学性进一步扬升为生命独有的活力。在那个最原始的物种的个体之间，也存在竞争性，但围绕的是光照、营养与空间，而这种竞争性（一种客观化学性）在一直延续到现代植物的这一进化分支上依旧如故。在这里，生命的感觉就是一种单纯的物理性（光）和化学性（养分）。

动物（以不劳而获为本性）的出现，使食物的获取成为生存的居于首位的主动性目的，在这里，虽然生命的本质依旧离不开化学性，但已失去了原始的物质创造性，取而代之的是有机物质的消耗与转化。它们的生存开始以其他生命（植物）的牺牲为代价，因此个体性夹带上了无情的自私性。从这种意义上来说，动物的出现就是自私性发展的开端，它向主观化学性不断延伸。而随着以其他动物为食的猎食者的登场，生命的自私本性中开始渗透出血腥的残暴性，有时达到难以置信的程度——猎杀同类！

在动物界，生命对运动与变化着的物质世界的感觉能力得到了辉煌的铺展——视觉、听觉、味觉、嗅觉、触觉……随着外界的刺激不断作用于这些感官，在一些进化分支上就必然会逐渐获得对外界的感觉信息进行记忆、组织、回想和解释等的能力，经过整理与分析的记忆就成为经验……这些就是所谓的知觉，再进一步，就演化出更为复杂而奇特的情感、想象、理性、精神……沿着这样的途径，客观化学性就实现了向主观化学性（动物本性）的扬升。具有讽刺意味的是，我们人类引以为豪的所谓理性与精神其实不过是这种自私（夹杂着残暴）的原始动物性的衍生之物罢了，而那个被精心粉饰与遮掩着的本原之物随时都有可能喷涌而出。

哲学家德日进说，“我们既已经赋予原子、分子、大分子这一系列的东西很模糊原始自由活动的能力，则细胞革命在心灵方面的表现便不是一种开始而是一种‘改变’而已”（de Chardin，1955）。而笔者倾向于认为，生命（或活力）就是一种束缚于细胞之中的客观化学性的衍生与升华，是一种能量驱动的生命涌动，它建立在原子与分子永不停息的随机运动的有序化之上，特别是在沿着动物界的一些进化分支中，它逐渐获得并不断强化感觉与知觉，并在一路的扬弃之中，最终攀上了心灵与理性的最高精神境界。

结　　语

为什么要生？对一个漂浮在茫茫大海中的单细胞的仅有数微米的原核蓝藻，生命的意义会是什么呢？不到一天，它就会一分为二，制造出一个与自己几乎一模一样的后代，世世代代，循环往复……对植物来说，本质上不过是光驱动的一种生命游戏，它的感觉就是一种对光及其结构物质——养分、水分等的“本能”反应。在绝大多数情况下，它通过一种最简洁的方式——生长来实现个体间（同种、异种）的竞争。只有在动物界才开始出现欢乐与痛苦，才发展出对生的眷念，对死的恐惧，即俗称的贪生怕死。在这里，内在目的性交织了欢乐，创伤疾病背负了痛苦。

何为自组织？简单地说，如果没有生存的目的，便不会有什么自组织。个体在生理上的自组织是一种内禀的程序与过程，它是通过被编织在DNA之中的遗传信息所指引，它也像一个上了发条而自动运转的时钟，最终崩解与消逝于一种时限的程序之中。较高级的动物个体在行为上的自组织以本能为基础，一方面依赖于在现实世界生存经历中的学习与适应，另一方面受制于种族遗传的整体利益。群落的自组织其实就是一种自然的生态演替，它是物种间相互作用的产物；而生态系统的自组织就是一种发育，它是一定的地理气候环境下生物群落与环境相互塑造的产物，这是一种更为缓慢的自然演化过程。

何为生命之本质？生命既伟大又渺小，既复杂又简单，既自私又无私……它根植于一系列的对立统一中——生与死，遗传与变异，个性与共性，偶然性与必然性，随机性与目的性，历史性与现实性……种族的车轮在无数个体昙花一现的生灭中滚滚前行并不断另辟蹊径，仿佛一切都在消逝着，而消逝的一切又都正在化为现实……生命最大的奇迹莫过于它通过30多亿年的演化历程从单纯的光化学性升华到人性之物质与精神的统一，或者说从在一个微小细胞中发生的光驱动的电子和质子的流动以及原子（素）的组合游戏中演化出那缠绵而美妙的“性”并历经无数的变异与扬弃最终达到了人性之肉体与灵魂（精神）的统一，这轨迹宛如一个向上攀爬的“双螺旋”！

辛普森有这样一句名言：“人类是一个毫无目的的自然过程的产品，这过程从来没有把人的出现当成一个最后目标”（詹腓力，1999）。但笔者认为，人也是由一种所有生命内禀的原初目的性的牵引之下进化而来的自然产品。在无数缠绵交织的复杂轨迹中，这最神秘的一支通向了被伟大的哲学家黑格尔所勾勒的“绝对理念”！几乎所有的有机大分子都只是与瞬时性的生命个体共舞，只有一个神奇无比的大分子能与日月同辉，这就是携带着无数种族的生命信息与法则的“双螺旋”的DNA！

主要参考文献

艾根 M，舒斯特尔 P. 1990. 超循环．曾国屏，沈小峰译．上海：上海译文出版社

鲍勒 P J. 1999. 进化思想史．田洺译．南昌：江西教育出版社

柏格森 H. 2000. 创造进化论．肖津译．北京：华夏出版社（原著出版于 1907 年）

贝时璋 . 1943. 卵黄粒与细胞之重建．科学，26：38-49

贝希 M J. 1998. 达尔文的黑匣子——生化理论对进化论的挑战．邢锡范译．北京：中央编译出版社

道金斯 R. 1981. 自私的基因．卢充中，张岱云译．北京：科学出版社

道金斯 R. 2008. 伊甸园之河．王直华，岳韧峰译．上海：上海科学技术出版社

笛卡儿 . 1986. 第一哲学沉思集——反驳和答辩．庞景仁译．北京：商务印书馆（原著出版于 1637 年）

笛卡儿 . 2001. 谈谈方法．王太庆译．北京：商务印书馆（原著出版于 1641 年）

杜布赞斯基 . 1972. 若无进化之光，生物学毫无道理．方舟子译 . 1972 年在美国生物学教师全国联合会上的演讲

恩格斯 F. 1925. 马克思恩格斯文库（第 2 卷）．莫斯科：苏联国家出版社（恩格斯 F. 1984. 自然辩证法．于光远等译．北京：人民出版社）

恩格斯 F. 1970. 反杜林论．中共中央马克思恩格斯列宁斯大林著作编译局译．殴根杜林先生在科学中实行的变革．北京：人民出版社（原著于 1876 ~ 1878 年完成）

方舟子 . 2005. 寻找生命的逻辑——生物学观念的发展．上海：上海交通大学出版社

费希尔 L. 2008. 称量灵魂：漫谈人类对自然认识的变迁．上海：上海科技教育出版社

盖尔曼 M. 2002. 夸克与美洲豹——简单性和复杂性的奇遇．杨建邺等译．湖南：湖南科学技术出版社

高中甫 . 1996. 歌德名作欣赏．北京：中国和平出版社

格莱泽 M. 2011. 不完美的宇宙．卜育译．上海：上海科学技术文献出版社

古尔德 S J. 2008. 熊猫的拇指．田洺译．海口：海南出版社

黑格尔 G W F. 1922. 黑格尔全集．莱比锡：迈纳出版社［黑格尔 . 1982. 逻辑学（上卷）．杨一之译．北京：商务印书馆］

黑格尔 G W F. 1959. 哲学史讲演录（第 1 卷）．贺麟，王太庆译．北京：商务印书馆

黑格尔 G W F. 1986. 自然哲学．梁志学，等译．北京：商务印书馆

霍布斯 T. 1986. 利维坦．黎思复，黎庭弼译．北京：商务印书馆（成书于 1651 年）

霍尔巴赫 . 1964. 自然的体系（上卷）．管士滨译．北京：商务印书馆（原著发表于 1770 年）

凯恩斯・史密斯 A G. 1995. 生命起源的七条线索．段吉勇译．北京：中国对外翻译出版公司

康德 . 1985. 判断力批判（下卷）．韦卓民译．北京：商务印刷馆（原版 1790 年）

考夫曼 F. 2004. 科学新领域的探索．池丽平，蔡勖译．长沙：湖南科学技术出版社

克拉墨 F. 2000. 混沌与秩序——生物的复杂结构．柯志阳，吴彤译．上海：上海科技教育出版社

乐燕平 . 1987. 《反杜林论》（哲学编）解说．河北：河北人民出版社

列宁 . 1915. 谈谈辩证法问题．列宁哲学笔记．中共中央马克思恩格斯列宁斯大林著作编译局

译．北京：人民出版社（1993年出版），305-311
卢克莱修．1981．物性论．方书春译．北京：商务印书馆（成书时间约于公元前1世纪上半叶，在作者死后才发表）
陆旋初．2009．比较解剖学和古生物学的奠基人：乔治·居维叶．http：//www.medstamps.com/outchina/showarticle.asp？articleid=3104
卢因 B．2005．基因 VIII．余龙，等译．北京：科学出版社
罗素．2008．西方哲学史（上卷）．何兆武，李约瑟译．北京：商务印书馆
马迪根 M T，马丁克 J M，帕克 J．2001．微生物生物学．杨文博，等译．北京：科学出版社
玛格纳 L N．2001．生命科学史．李难，等译．天津：百花文艺出版社
马有藻．2004．鲜为人知的生命源．美国荣主出版社
迈尔 E．1990．生物学思想发展的历史．涂长晟，等译．成都：四川教育出版社
迈尔 E．2009．进化是什么．田洺译．上海：上海科学技术出版社
梅特里 L．1996．人是机器．顾寿观译．北京：商务印书馆（原著于1748年匿名发表）
莫诺 J．1977．偶然性和必然性——略论现代生物学的自然哲学．上海外国自然科学哲学著作编译组译．上海：上海人民出版社
诺夫乔伊．2002．存在巨链：对一个观念的历史的研究．张传有，高秉江译．南昌：江西教育出版社
屈万山．1987．《赫拉克利特著作残篇》评注．西安：陕西师范大学出版社
荣国斌，苏克曼．2000．大学有机化学基础．上海：华东理工大学出版社
沈晓峰，曾国屏．1989．超循环论的哲学问题．中国社会科学，185-194
什可洛夫斯基 И．С．1984．宇宙，生命，智慧．延军译．北京：科学普及出版社
斯通普夫 S E，菲泽 J．2008．西方哲学史——从苏格拉底到萨特及其后（修订第8版）．匡宏等译．北京：世界图书出版公司
叔本华 A．1996．爱与生的苦恼．金玲译．北京：华龄出版社
王宁，兰艳黎，王伟武．2010．变形菌视紫红质十年的回顾与展望．生物物理学报，26：1036-1046
王子晖．2011a．引言．王子晖，拉兹卡诺 A．生命的来历：前生物进化与太空生物学．陈珊译．北京：科学出版社，1-17
王子晖．2011b．生命之根．王子晖，拉兹卡诺 A．生命的来历：前生物进化与太空生物学．陈珊译．北京：科学出版社，197-240
汪子嵩等，1997．希腊哲学史（第一卷）．北京：人民出版社
威廉斯 G C．2001．适应与自然选择．陈蓉霞译．上海：上海科学技术出版社
翁羽翔．2007．光合作用原初过程能量和电荷超快传递过程原理浅析．物理，36：820-832
武维华．2003．植物生理学．北京：科学出版社
沃尔珀特 L．2009．发育原理（第2版）．北京：高等教育出版社
席泽宗．2002．人类认识世界的五个里程碑．北京：清华大学出版社
谢平．2013．从生态学透视生命系统的设计、运作与演化——生态、遗传和进化通过生殖的融合．北京：科学出版社
雅荷雅 H．2003．进化论的欺骗性．Okmeydani- Istanbul of Turkey：Global Publishing（www.harunyahya.com）

亚里士多德 . 1991a. 物理学 . 徐开来译 . 苗力田 . 亚里士多德全集（第二卷）. 北京：中国人民大学出版社，1-262
亚里士多德 . 1991b. 论生成与消灭 . 徐开来译 . 苗力田 . 亚里士多德全集（第二卷）. 北京：中国人民大学出版社，393-468
亚里士多德 . 1991c. 天象学 . 徐开来译 . 苗力田 . 亚里士多德全集（第二卷）. 北京：中国人民大学出版社，469-602
亚里士多德 . 1992a. 论灵魂 . 秦典华译 . 苗力田 . 亚里士多德全集（第三卷）. 北京：中国人民大学出版社，1-94
亚里士多德 . 1992b. 论呼吸 . 秦典华译 . 苗力田 . 亚里士多德全集（第三卷）. 北京：中国人民大学出版社，203-230
亚里士多德 . 1993. 形而上学 . 苗力田译 . 苗力田 . 亚里士多德全集（第七卷）. 北京：中国人民大学出版社，25-338
亚里士多德 . 1995. 论植物 . 徐开来译 . 苗力田 . 亚里士多德全集（第六卷）. 北京：中国人民大学出版社，59-100
亚里士多德 . 1996. 动物志 . 颜一译 . 苗力田 . 亚里士多德全集（第四卷）. 北京：中国人民大学出版社
亚里士多德 . 1997a. 论动物部分 . 崔延强译 . 苗力田 . 亚里士多德全集（第五卷）. 北京：中国人民大学出版社，1-154
亚里士多德 . 1997b. 论动物生成 . 崔延强译 . 苗力田 . 亚里士多德全集（第五卷）. 北京：中国人民大学出版社，201-399
原田 . 1978. 生命起源的化学基础 . 庚镇城译 . 上海：上海科学技术出版社
詹腓力 . 1999. 审判达尔文 . 北京：中央编译出版社
詹奇 . 1992. 自组织的宇宙观 . 曾国屏，等译 . 北京：中国社会科学出版社
Adam Z. 2006. Actinides and the Origins of Life. Washington：University of Washington
Avers C J. 1985. Molecular Cell Biology. MA：Addison-Wesley，Reading
Beale S. 1999. Enzymes of chlorophyll biosynthesis. Photosynth Res，60：43-73
Becker W M. 1986. The World of the Cell. CA：Benjamin/Cummings，Menlo Park
Belk C，Borden V. 2004. Biology：Science for Life. Prentice Hall
Benner S A，Carrigan M A，Richardo A，Frye F. 2007. RNA 的历史、化学和地理生物学 . 吕星译 . 格斯特兰德等（主编）. RNA 世界 . 北京：科学出版社，2-17
Berg I A，Kockelkorn D，Buckel W，Fuchs G. 2007. 3- hydroxypropionate/ 4- hydroxybutyrate autotrophic carbon dioxide assimilation pathway in archaea. Scienc，318：1782-1786
Björn L O，Papageorgiou G C，Blankenship R E，Govindjee. 2009. A viewpoint：Why chlorophyll a? Photosynth Res，99：85-98
Blankenship R E. 2002. Molecular Mechanisms of Photosynthesis. Oxford：Blackwell Science
Blankenship R E. 2010. Early Evolution of Photosynthesis. Plant Physiol，154：434-438
Blankenship R E，Prince R C. 1985. Textbook errors：excited-state redox potentials and the Z scheme of photosynthesis. Trends Biochem Sci，10：382-383
Britton G，Liaaen-Jensen S，Pfander H E. 2004. Carotenoids Handbook. Basel：Birkhauser
Brown M R，Kornberg A. 2004. Inorganic polyphosphate in the origin and survival of species. Proc Natl

Acad Sci USA, 101: 16085-16087

Cairns-Smith A G. 1987. Genetic Takeover and the Mineral Origins of Life. Cambridge: Cambridge University Press (Paper Reprint of the 1982 Edition)

Cech T R. 2012. The RNA worlds in context. Cold Spring Harb. Perspect. Biol. 4: a006742

Chiras D D. 1991. Environmental Science, Action for a Sustainable Future. California: The Benjamin/Cummings Publishing Company, Inc.

Cnossen I, Sanz-Forcada J, Favata F, Witasse O, Zegers T, Arnold N F. 2007. Habitat of early life: Solar X-ray and UV radiation at Earth's surface 4 ~ 3.5 billion years ago. J Geophys Research 112: E02008. arXiv: astro-ph/0702529

Coll P, Stalport. 2011. 火星，21世纪太空生物学的目标．王子晖，拉兹卡诺 A. 生命的来历：前生物进化与太空生物学．陈珊译．北京：科学出版社，50-63

Cottin H, Despois D. 2011. 彗星与太空生物学．王子晖，拉兹卡诺 A. 生命的来历：前生物进化与太空生物学．陈珊译．北京：科学出版社，64-76

Crick F H C. 1968. The origin of the genetic code. J Mol Biol, 38: 367-379

Darwin C. 1872. On the Origin of Species by Means of Natural Selection or the Preservation of Favoured Races in the Struggle for Life (Sixth Edition). London: John Murry（达尔文 C. 1997. 物种起源．周建人，等译．北京：商务出版社．根据伦敦·约翰穆瑞书店1911年第6版译出）

Davies P. 2007. Are Aliens Among Us? Scient Am, 297: 61-69

Davis W M. 1899. The geographical cycle. Geogr J, 14: 481-504

Dawkins R. 2004. The Ancestor's Tale: A Pilgrimage to the Dawn of Evolution. New York: Houghton Mifflin Company

deChardin P T. 1955. Le Phénomène Humain. Paris: Seuil（德日进. 2006. 人的现象．李弘祺译．北京：新星出版社）

Denton M. 1985. Evolution: A Theory in Crisis. London: Burnett Books

Dyson F. 1985. Origins of Life. Cambridge: Cambridge University Press

Falkowski P G. 2002. On the Evolution of the Carbon Cycle. *In*: Williams P J le B, Thomas D N S Reynolds C S. Phytoplankton Productivity, Carbon Assimilation in Marine and Freshwater Ecosystems. Blackwell Science

Fenchel T. 1974. Intrinsic rate of natural increase: the relationship with body size. Oecologia (Berl.), 14: 317-326

Fenchel T, Finlay B J. 1995. Ecology and Evolution in Anoxic Worlds. Oxford: Oxford University Press

Ferry J G. 1999. Enzymology of one-carbon metabolism in methanogenic pathways. FEMS Microbiol Rev, 23: 13-38

Fox S W, Harada K, Kendrick J. 1959. Production of spherules from synthetic proteinoid and hot water. Science, 129: 1221-1223

Gaffron H. 1965. The Role of Light in Evolution: Transition from a One Quantum to a Two Quanta Mechanism. *In*: Fox S W. The Origins of Prebiological Systems and Their Molecular Matrices. New York: Academic Press, 437-460

García-Hernández D A, Manchado A, García-Lario P, Stanghellini L, Villaver E, Shaw R A, Szczerba R, Perea-Calderón J V. 2010. Formation of fullerenes in H-containing planetary nebulae. Astrophy J Lett, 724: L39-L43

Gilbert W. 1986. The RNA world. Nature, 319: 618

Gitt W. 2005. In the Beginning was Information: A Scientist Explains the Incredible Design in Nature. Green Forest, AR: Master Books. 29

Gold T. 1992. The deep, hot biosphere. Proc Natl Acad Sci USA, 89: 6045-6049

Gold T. 2001. The Deep Hot Biosphere: The Myth of Fossil Fuels. New York: Spring- Verlag New York, Inc.

Gottschalk G. 1986. Bacterial Metabolism (2nd ed). New York: Springer

Granick S. 1957. Speculations on the origins and evolution of photosynthesis. Annals NY Acad Sci, 69: 292-308

Grassé P P. 1977. Evolution of Living Organisms. New York: Academic Press

Groombridge B. 1992. Global Biodiversity: Status of the Earth's Living Resources. London: Chapman and Hall

Groombridge B, Jenkins M. 2002. World Atlas of Biodiversity: Earth's Living Resources in the 21st Century. California: World Conservation Monitoring Center/United Nations Environment Program/University of California Press, 340

Gudipati M S, Yang R. 2012. *In situ* probing of radiation-induced processing of organics in astrophysical ice analogs——novel laser desorption laser ionization time-of-flight mass spectroscopic studies. Astrophy J Lett, 756: L24 (5)

Guerrier- Takada C, Gardiner K, Marsh T, Pace N, Altman S. 1983. The RNA moiety of ribonuclease P is the catalytic subunit of the enzyme. Cell, 35: 849-857

Hartman H. 1998. Photosynthesis and the origin of life. Origins Life Evol B, 28: 515-521

Hayes W. 1953. Observations on a transmissible agent determining sexual differentiation in *Bacteriun coli*. J Gen Microbiol, 8: 72-88

Heim M, Römer L, Scheibel T. 2010. Hierarchical structures made of proteins. The complex architecture of spider webs and their constituent silk proteins. Chem Soc Rev, 39: 156-164

Hemmingsen A M. 1960. Energy metabolism as related to body size and respiratory surfaces, and its evolution. Rep Steno Hosp Copenh, 9: 1-110

Hodgson G W, Baker B L. 1967. Porphyrin abiogenesis from pyrrole and formaldehyde under simulated geochemical conditions. Nature, 216: 29-32

Horgan H. 1991. In the beginning……Sci Am, 264: 116-125

Huber H, Gallenberger M, Jahn U, Eylert E, Berg I A, Kockelkorn D, Eisenreich W, Fuchs G. 2008. A dicarboxylate/4- hydroxybutyrate autotrophic carbon assimilation cycle in the hyperthermophilic archaeum *Ignicoccus hospitalis*. Proc Natl Acad Sci USA, 105: 7851-7856

Hughes R A, Ellington A S. 2011. 11 核酸与代谢的进化. 王子晖, 拉兹卡诺 A. 生命的来历: 前生物进化与太空生物学. 陈珊译. 北京: 科学出版社, 143-152

Iltis H. 1932. Life of Mendel. Norton: New York

Joyce G F, Orgel L E. 1999. Prospects for Understanding the Origin of the RNA World, in the RNA World: the Nature of Modern RNA Suggests a Prebiotic RNA. *In*: Atkins J F. Cold Spring Harbor of New York: Cold Spring Harbor Laboratory Press, 49-77

Kauffman S. 1993. The Origins of Order: Self-Organization and Selection in Evolution (Chapter 7). Oxford: Oxford University Press

Kawakami K, Umena Y, Kamiya N, Shen J R. 2011. Structure of the catalytic, inorganic core of oxygen-evolving photosystem II at 1.9Å resolution. J Photochem Photobiol B Biol, 104: 9-18

Keller L P, Bajt S, Baratta G A, et al. 2006. Infrared spectroscopy of comet 81P/Wild 2 samples returned by Stardust. Science, 314: 1728-1731

Kim B H, Gadd G M. 2008. Bacterial Physiology and Metabolism. Cambridge: Cambridge University Press

Kimura M. 1968. Evolutionaryrate at the molecular level. Nature, 217: 624-626

Koonin E V, Senkevich T G, Dolja V V. 2006. The ancient Virus World and evolution of cells. Biol Direct, 1: 29

Knight R D, Landweber L F. 1998. Rhyme or reason: RNA-arginine interactions and the genetic code. Chem Biol, 5: R215-R220

Krasilnikova E N, Keppen O I, Gorlenko V M, Kondratieva E N. 1986. Growth of *Chloroflexus aurantiacus* on media with different organic compounds and pathways of their metabolism. Mikrobiologiya, 55: 325-329

Kruger K, Grabowski P J, Zaug A J, Sands J, Gottschling D E, Cech T R. 1982. Self-splicing RNA: autoexcision and autocyclization of the ribosomal RNA intervening sequence of *Tetrahymena*. Cell, 31: 147-157

Lane N. 2010. Life Ascending: The Ten Great Inventions of Evolution. New York: W. W. Norton & Company, Inc.

Lederberg J, Tatum E L. 1946. Gene recombination in *E. coli*. Nature, 158: 558

Lewin B. 2008. Genes IX. Jones and Bartlett Publishers, Inc.

Lodish H, Berk A, Kaiser C A, et al. 2008. Molecular Cell Biology (6th ed). New York: WH Freeman

Lowe D R, Tice M M. 2004. Geologic evidence for Archean atmospheric and climatic evolution: Fluctuating levels of CO_2, CH_4, and O_2 with an overriding tectonic control. Geology, 32: 493-496

Luisi P L. 2006. The Emergence of Life: From Chemical Origins to Synthetic Biology. Cambridge: Cambridge University Press

Madigan M T, Martinko J M. 2006. Brock Biology of Microorganisms (11th ed). Upper Saddle River, NJ, USA: Prentice Hall

Mann N H, Cook A, Millard A, Bailey S, Clokie M. 2003. Bacterial photosynthesis genes in a virus. Nature, 424: 741

Margulis L, Sagan D. 2001. Marvellous microbes. Resurgence, 206: 10-12

Martin W, Russell M J. 2003. On the origins of cells: a hypothesis for the evolutionary transitions from abiotic geochemistry to chemoautotrophic prokaryotes, and from prokaryotes to nucleated cells. Phil Trans R Soc B, 358: 59-83

May R M. 1988. How many species are there on Earth? Science, 241: 1441-1449

May R M, Lawton J H, Stork N E. 1995. Assessing Extinction Rates. *In*: Lawton J H, May R M. Extinction Rates. Oxford: Oxford University Press, 1-24

Meng J, Wang F, Wang F, Zheng Y, Peng X, Zhou H, Xiao X. 2009. An uncultivated crenarchaeota contains functional bacteriochlorophyll a synthase. ISME J, 3: 106-116

Michaelian K. 2009. Thermodynamic Function of Life. arXiv: 0907. 0040 [physics. gen-ph] .

Michaelian K. 2010. Thermodynamic Origin of Life. Earth Syst Dynam Discuss, 1: 1 – 39

Michaelian K. 2011a. Biological catalysis of the hydrological cycle: life's thermodynamic function. Hydrol Earth Syst Sci Discuss, 8: 1093-1123

Michaelian K. 2011b. Thermodynamic dissipation theory for the origin of life. Earth Syst Dynam, 2: 37-51

Monnard P A. 2011. RNA 世界的黎明：在可能的前生物条件下由单核糖核苷酸进行的 RNA 多聚化．王子晖，拉兹卡诺 A. 生命的来历：前生物进化与太空生物学．陈珊译．北京：科学出版社，126-142

Monod J. 1971. Chance and Necessity. New York: Random House

Morowitz H J, Kostelnik J D, Yang J, Cody G D. 2000. The origin of intermeditary metabolism. Proc Natl Acad Sci USA, 97: 7704-7708

Mulkidjanian A Y. 2009. On the origin of life in the zinc world: 1. photosynthesizing, porous edifices built of hydrothermally precipitated zinc sulfide as cradles of life on Earth. Biol Direct, 4: 1-39

Mulkidjanian A Y, Bychkov A Y, Dibrova D V, Galperin M Y, Koonin E V. 2012. Origin of first cells at terrestrial, anoxic geothermal fields. Proc Natl Acad Sci USA, 109: E821-830

Muller A W J. 1985. Thermosynthesis by biomembranes: energy gain from cyclic temperature changes. J Theoret Biol, 115: 429-453

Muller A W J. 1995. Were the first organisms heat engines? A new model for biogenesis and the early evolution of biological energy conversion. Progress Biophy Mol Biol, 63: 193-231

Muller A W J, Schulze-Makuch D. 2006. Sorption heat engines: simple inanimate negative entropy generators. Physica A, 362: 369-381

Musser G. 2011. How life arose on earth, and how a singularity might bring it down. Scientific American Retrieved, 2011-09-24

Nelson D L, Cox MM. 2004. Lehninger Principles of Biochemistry (4th ed.) . W. H. Freeman

Nelson N, Ben-Shem A. 2004. The complex architecture of oxygenic photosynthesis. Nat Rev Mol Cell Biol, 5: 971-982

Noll K M, Childers S E. 2000. Sulfur Metabolism Among Hyperthermophiles. *In*: Seckbach J. Journey to Diverse Microbial Worlds. Springer-Science+Business Media, B. V. , 95-105

Nussinov M D, Otroshchenko V A, Santoli S. 1997. The emergence of the non-cellular phase of life on the fine-grained clayish particles of the early Earth's regolith. Biosystems, 42: 111-118

Orgel L E. 1968. Evolution of the genetic apparatus. J Mol Biol, 38: 381-393

Orgel L E. 1987. Evolution of the genetic apparatus: a review. Cold Spring Harbor Symposia on Quantitative Biology, 52: 9-16

Orgel L E. 2000. Self-organizing biochemical cycles. Proc Natl Acad Sci USA, 97: 12503-12507

Orgel L E. 2008. The implausibility of metabolic cycles on the prebiotic earth. PLoS Biol, 6 (1): e18

Pace N R. 1997. A molecular view of microbial diversity and the biosphere. Science, 276: 734-740

Pai S. 1942. Diploide Intersexen bei Chirocephalus nankinensis Shen. Sci Rec, 1: 187-197

Palasek S. 2013. Primordial RNA Replication and Applications in PCR Technology. arXiv：1305. 5581v1
Panno J. 2005. The Cell：Evolution of the First Organism. New York：Infobase Publishing
Pasek M A. 2008. Rethinking early Earth phosphorus geochemistry. Proc Natl Acad Sci USA. 105：853-858
Pech M，Nierhaus K H. 2011. 最小的细胞．王子晖，拉兹卡诺 A. 生命的来历：前生物进化与太空生物学．陈珊译．北京：科学出版社，18-29
Pizzarello S. 2011. 陨星与生命起源前的化学．王子晖，拉兹卡诺 A. 生命的来历：前生物进化与太空生物学．陈珊译．北京：科学出版社，77-86
Popper K R. 1968. Conjectures and Refutations，the Growth of Scientific Knowledge. New York and Evanston：Harper & Row Publishers（波普尔 K R. 1986. 猜想与反驳—科学知识的增长．傅季重等译．上海：上海译文出版社）
Powner M W，Gerland B，Sutherland J D. 2009. Synthesis of activated pyrimidine ribonucleotides in prebiotically plausible conditions. Nature，459：239-242
Purves W K，Sadava D，Orians G H，Heller H C. 2003. Life：The Science of Biology（7th ed）. Sinauer Associates and W. H. Freeman
Raffaelli N. 2011. Nicotinamide Coenzyme Synthesis：a Case of Ribonucleotide Emergence or a Byproduct of the RNA World? *In*：Egel R，et al. Origins of Life：The Primal Self-Organization. Springer Berlin Heidelberg，185-208
Rajamani S，Vlassov A，Benner S，Coombs A，Olasagasti F，Deamer D. 2008. Lipid- assisted synthesis of RNA-like polymers from mononucleotides. Orig Life Evol Biosph，28：57-74
Raulin F. 2011. 行星上的太空生物学——外太阳系．王子晖，拉兹卡诺 A. 生命的来历：前生物进化与太空生物学．陈珊译．北京：科学出版社，30-49
Raup D M. 1994. The role of extinction in evolution. Proc Natl Acad Sci，USA. 91：6758-6763
Raymond J，Blankenship R E. 2004. Biosynthetic pathways，gene replacement and the antiquity of life. Geobiology，2：199-203
Robinson R. 2005. Jump-starting a cellular world：investigating the origin of life，from soup to networks. PLoS Biol，3（11）：e396
Sandford S A，Aleon J，Alexander C M O，et al. 2006. Organics captured from commet 81P/Wild 2 by the Stardust spacecraft. Science，314：1720-1724
Sandman G. 2009. Evolution of carotenoid desaturation：the complication of a simple pathway. Arch Biochem Biophys，483：169-174
Schäfer G，Engelhard M，Müller V. 1999. Bioenergetics of the archaea. Microbiol Mol Biol Rev，63：570-620
Schlick M. 1949. Of Nature Philosophy. New York：Philosophical Library（石里克 M. 1997. 自然哲学．北京：商务印书馆）
Schrödinger E. 1944. What Is Life? Macmillan（薛定谔 E. 2003. 生命是什么？罗来欧，罗辽复译．湖南：湖南科学技术出版社）
Segré D，Ben-eli D，Deamer D W，Lancet D. 2001. Origins Life. Evol B，31：119-145
Shapiro R. 1987. Origins：A Skeptic's Guide to the Creation of Life on Earth. Bantam Books
Sharov A A. 2006. Genome increase as a clock for the origin and evolution of life. Biol Direct，1：17

Sharov A A. 2009. Coenzyme autocatalytic network on the surface of oil microspheres as a model for the origin of life. Int J Mol Sci, 10: 1838-1852

Sharov A A, Gordon R. 2013. Life before earth. arXiv. arXiv: 1304. 3381v1

Smith E, Morowitz, H. 2004. Universality in intermediary metabolism. Proceed Nat Acad Sci, 101: 13168-13173

Stano P, Luisi P L. 2011. 前细胞进化：囊泡与原始细胞．王子晖，拉兹卡诺 A. 生命的来历：前生物进化与太空生物学．陈珊译．北京：科学出版社，153-172

Stork N E. 1997. Measuring global biodiversity and its decline. *In*: Reaka Kudla M L, Wilson D E, Wilson E O. Biodiversity II, Understanding and Protecting Our Biological Resources. Washington D C: Joseph Henry Press, 41-68

Sullivan M B, Lindell D, Lee J A, Thompson L R, Bielawski J P, Chisholm S W. 2006. Prevalence and evolution of core photosystem II genes in marine cyanobacterial viruses and their hosts. PLoS Biol, 4: e234

Taiz L, Zeiger E. 2010. Plant Physiology (4th edition). Sunderland, MA: Sinauer Associates

Tanaka Y, Ohmiya A. 2008. Seeing is believing: engineering anthocyanin and carotenoid biosynthetic pathways. Curr Opin Biotech, 19: 190-197

Thaxton C B, Bradley W L, Olsen R L. 1992. The Mystery of Life's Origin: Reassessing Current Theories. Dallas, Texas: Lewis & Stanley Publishing

Truman R. 2006. Searching for Needles in a Haystack. J Creat, 20: 90: 1036-2916

Umena Y, Kawakami K, Shen J R, Kamiya N. 2011. Crystal structure of oxygen-evolving photosystem II at a resolution of 1. 9Å. Nature, 473: 55-61

Vlassov A V, Kazakov S A, Johnston B H, Landweber L F. 2005. The RNA world on ice: a new scenario for the emergence of RNA information. J Mol Evol, 61: 264-273

Wächtershäuser G. 1990. Evolution of the first metabolic cycles. Proc Natl Acad Sci USA, 87: 200-204

Wiener N. 1948. Cybernetics: Or Control and Communication in the Animal and the Machine. Paris: (Hermann & Cie) & Camb. Mass. (MIT Press) (2nd revised ed. 1961)

Wilkinson D M. 2007. Fundamental Processes in Ecology, An Earth Systems Approach. Oxford: Oxford University Press

WittA N, Vijh U P, Gordon K D. 2003. Discovery of blue fluorescence by polycyclic aromatic hydrocarbon molecules in the red rectangle. Bull Am Astron Soc, 35: 1381

Woese C R. 1967. The Genetic Code: The Molecular Basis for Genetic Expression. Harper & Row, 186

Woese C R. 1987. Bacterial evolution. Microbiol Rev, 51: 221-271

Woese C R. 2002. On the evolution of cells. Proceed Nat Acad Sci, 99: 8742-8747

Woese C R, Fox G E. 1977. Phylogenetic structure of the prokaryotic domain: the primary kingdoms. Proceed Nat Acad Sci, 74 (11): 5088-5090

Yusupov M M, Yusupova G Z, Baucom A, Lieberman K, Earnest T N, Cate J H D, Noller H F. 2001. Crystal structure of the ribosome at 5. 5 Å resolution. Science, 292: 883-896

Zuckerkandl E, Pauling L B. 1962. Molecular Disease, Evolution, and Genic Heterogeneity. *In*: Kasha M, Pullman B. Horizons in Biochemistry. New York: Academic Press, 189-225